“十四五”职业教育部委级规划教材

纺织概论

刘秀英　罗建红　主　编
宋雅路　原海波　副主编

中国纺织出版社有限公司

内 容 提 要

本书以现代棉纺织设备为基础，系统介绍了从纤维到织物的纺织生产工艺过程。以纺织生产加工流程为主线，重点介绍各道工序的任务与要求、工艺过程、机构组成、主要作用原理和质量控制。

本书按照项目驱动、任务引领方式编写，分为两大模块。模块 1 为纺纱概论，包括纺织纤维与纺纱概述、原料的选配与混合、开清棉工序、梳棉工序、并条工序、粗纱工序、细纱工序、细纱后加工、精梳工序、新型纺纱 10 个项目。模块 2 为机织概论，包括机织物及其形成、织前准备、织造、原布整理与织物质量 4 个项目。

本书可作为职业院校纺织及相关专业的教材，也可作为纺织及相关行业职业技术培训的教材，同时可供纺织工程技术人员参考。

图书在版编目（CIP）数据

纺织概论/刘秀英，罗建红主编；宋雅路，原海波副主编．--北京：中国纺织出版社有限公司，2022. 2（2024.10重印）

“十四五”职业教育部委级规划教材

ISBN 978-7-5180-9221-5

Ⅰ．①纺… Ⅱ．①刘… ②罗… ③宋… ④原… Ⅲ．①纺织—概论—高等职业教育—教材 Ⅳ．①TS1

中国版本图书馆 CIP 数据核字（2021）第 264938 号

责任编辑：沈　靖　孔会云　　特约编辑：陈怡晓
责任校对：王花妮　　责任印制：何　建

中国纺织出版社有限公司出版发行
地址：北京市朝阳区百子湾东里 A407 号楼　邮政编码：100124
销售电话：010—67004422　传真：010—87155801
http：//www. c-textilep. com
中国纺织出版社天猫旗舰店
官方微博 http：//weibo. com/2119887771
三河市宏盛印务有限公司印刷　各地新华书店经销
2022 年 2 月第 1 版　　2024 年 10 月第 3 次印刷
开本：787×1092　1/16　印张：19. 75
字数：398 千字　定价：56. 00 元

前言

本书根据现代高等职业教育的培养目标与要求以及相关岗位能力的要求编写。根据课程改革与建设要求，教材在编写过程中力求改变传统教材的编写模式，按照教学过程、教学环节与技能三个模块组织编写，按照项目驱动、任务引领方式编排，突出体现职业素质与职业能力，注重以工作过程为导向。结合学生的素质结构与专业能力，以职业标准为主要依据来确定培养方案。

根据高等职业教育的培养目标与特点，本书重点强调纺织技术的应用，突出新设备、新工艺，并设计教学情境，以培养技术技能人才为目标，以纺织加工流程为主线，强调工作过程，以项目教学为中心。

本书是在校企合作的基础上编写而成的，由成都纺织高等专科学校教师与企业的技术专家共同撰写，刘秀英和罗建红担任主编，宋雅路、原海波担任副主编。本书分为两大模块，模块 1 的项目 1、项目 2、项目 3、项目 4、项目 5 由成都纺织高等专科学校刘秀英编写，项目 6、项目 7、项目 8 由成都纺织高等专科学校宋雅路编写，项目 9、项目 10 由成都巨合新材料技术有限责任公司刘光彬编写；模块 2 的项目 11、项目 12 由成都纺织高等专科学校罗建红编写，项目 13、项目 14 由成都纺织高等专科学校原海波编写。宜宾恒丰丽雅纺织科技有限公司的顾元德担任技术指导。全书由刘秀英统稿。

由于编者能力水平有限，书中难免存在不足、疏漏之处，恳请读者提出宝贵意见，以便不断修订和完善。

编者

2021 年 8 月

目录

模块 1　纺纱概论

项目 1　纺织纤维和纺纱概述

学习目标

1. 掌握纤维的分类。
2. 了解各种纤维的基本特性。
3. 掌握纱线的主要几何特征及基本概念。
4. 掌握纱线的表示方法。

重点难点

1. 纤维的特点。
2. 纱线（纤维）的细度指标。

任务 1　纺织纤维与纱线概述

学习目标

1. 掌握纱线的分类和结构特点。
2. 识别纱线代号与标识的内容，纱线性能的表示指标及其含义。
3. 规范写出纱线产品的代号与标识。

相关知识

一、纺织纤维的概念

纺织纤维是构成纺织品的基本单元。纤维的来源、形态与结构直接影响纤维本身的实用价值和商业价值，以及纱线和织物的性能。

以细而长为特征，直径几微米或几十微米，长度比直径大许多倍（成百上千倍）的柔软细长体，称为纤维。具有一定的物理、化学、生物特性而且能满足纺织加工和使用需求的纤维，称为纺织纤维。纺织纤维具有一定的力学性能和化学性能，以适应纺织加工和使用时的各种要求。例如，纺织纤维必须具备适当的长度和线密度，一定的强力、变形能力、弹性、耐磨性和柔软性，纤维相互间的抱合力和摩擦力，以及吸湿性、导电性、热学性能，稳定的化学性能和染色性能等。对于纺制特殊用途的纺织品，所选的纤维还应具有特殊的性能，如耐疲劳、耐腐蚀等性能。

二、纺织纤维的分类

纺织纤维的分类方法很多，可按纤维来源和化学组成、形态、色泽、性能特征等分类，分类方法不同，纤维名称类别也不同。

（一）按纤维来源和化学组成分类

纺织纤维按来源和化学组成可分为天然纤维与化学纤维两大类，如图 1-1-1 所示。

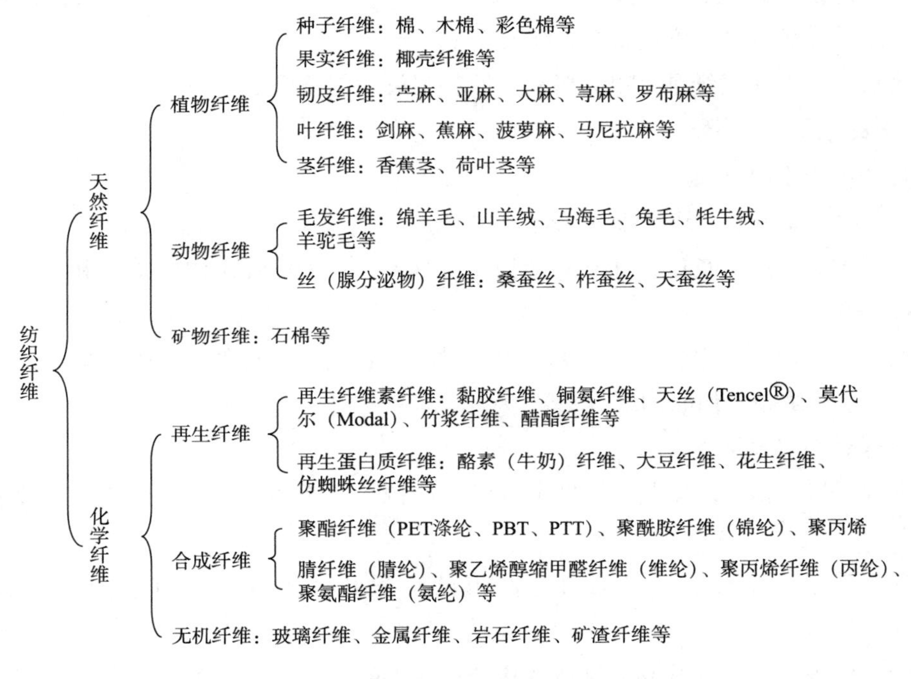

图 1-1-1　纺织纤维按来源与化学组成分类

1. 天然纤维

凡是从植物、动物、矿物或自然界中原有的纤维状物质中直接获取的纤维称为天然纤维。按其生物属性，可将天然纤维分为植物纤维、动物纤维和矿物纤维。

（1）植物纤维。植物纤维是从植物中取得的纤维的总称，主要组成为纤维素，又称为天然纤维素纤维。根据纤维在植物上生长部位的不同，又可分为种子纤维、茎纤维、韧皮纤维、叶纤维和果实纤维五种。

（2）动物纤维。动物纤维是从动物身上的毛发或分泌物中取得的纤维，主要组成物质为蛋白质，故又称为天然蛋白质纤维。

（3）矿物纤维。矿物纤维是从纤维状结构的矿物岩石中取得的纤维，其主要组成物质是硅酸盐，是无机物，属天然无机纤维。

2. 化学纤维

凡是用天然的、合成的高聚物以及无机物为原料，经人工的机械、物理和化学方法制成的纤维，按原料、加工方法和组成成分不同，可分为再生纤维、合成纤维和无机纤维。

（1）再生纤维。再生纤维是以天然高聚物为原料，以化学和机械方法制成的，化学组成与原高聚物基本相同的化学纤维。根据其原料成分，分为再生纤维素纤维和再生蛋白质纤维。再生纤维素纤维是以木材、棉短绒、甘蔗渣等纤维素为原料制成的再生纤维。再生蛋白质纤维是以酪素、大豆、花生、牛奶等天然蛋白质为原料制成的再生纤维。它们的物理化学性能与天然蛋白质纤维类似，主要有大豆纤维和牛奶纤维。

（2）合成纤维。合成纤维是以石油、煤、天然气及一些农副产品等低分子化合物为原料，经人工合成高聚物并经纺丝而成的纤维。

（3）无机纤维。无机纤维是以无机物为原料制成的化学纤维。

（二）按纤维形态分类

1. 按纤维纵向长短分类

按纤维纵向长短可分为短纤维和长丝。

（1）短纤维。短纤维长度为几十毫米到几百毫米，如天然纤维中的棉、麻、毛和化学纤维中的切断纤维。

（2）长丝。长丝长度很长（几百米到几千米），不需要纺纱即可形成纤维，如天然纤维中的蚕丝、化学纤维中未切断的纤维。

2. 按纤维横向形态分类

（1）薄膜纤维。薄膜纤维是高聚物薄膜经纵向拉伸、撕裂、原纤化或切割后拉伸而制成的化学纤维。

（2）异形纤维。异形纤维是通过非圆形的喷丝孔加工成的具有非圆形截面的化学纤维。

（3）中空纤维。中空纤维是通过特殊喷丝孔加工的在纤维轴向中心具有连续管状空腔的化学纤维。

（4）复合纤维。复合纤维是由两种及两种以上聚合物，或具有不同性质的同一类聚合物经复合纺丝法制成的化学纤维。

（5）超细纤维。超细纤维是比常规纤维细得多（0.4dtex 以下）的化学纤维。

三、纱线

（一）纱线的表示方法

纱线是由纺织纤维加工而成的，具有一定的力学性能、细度和柔软性的连续长体。一般纱线的标识为：原料+生产过程+线密度+用途，其中各项的含义如下。

1. 原料

混纺的表示：以“/”隔开；一般纤维比例多的在前，当比例相同时，按天然纤维、化学纤维的顺序排列。纤维原料的代号见表 1-1-1。

表 1-1-1 纤维原料的代号

原料名称	棉	涤纶	腈纶	黏胶纤维	富强纤维	维纶	锦纶	丙纶	氨纶
代号	C	T	A	R	F	V	N	P	PU

2. 生产过程

生产过程的代号见表 1-1-2。

表 1-1-2 生产过程的代号

生产过程	普梳	精梳	绞纱	筒子纱	烧毛纱	转杯纱	喷气纱	涡流纱	紧密纱	摩擦纱
代号	不标	J	R	D	G	OE	MJS	MVS	CS	FS

3. 用途

纱线用途的代号见表 1-1-3。

表 1-1-3 纱线用途的代号

纱线用途	经纱	纬纱	针织用纱	起绒用纱
代号	T	W	K	Q

常用纱线产品的代号见表 1-1-4。

表 1-1-4 常用纱线产品的代号

纱线产品	代号	举例
经纱线	T	28T
纬纱线	W	28W,14×2W
绞纱线	R	R28,R14×2
筒子纱线	D	D28,D14×2
精梳纱线	J	J18,J10×2
转杯纺纱	OE	OE60
针织用纱线	K	18K,10×2K
精梳针织用纱线	JK	J10K,J10×2K
起绒用纱	Q	96Q
烧毛纱	G	G10×2
涤/棉混纺纱线	T/C	T/C65/35 J13,T/C65/35 J14×2
涤/黏混纺纱线	T/R	T/R65/35 14.5,T/R65/35
棉/维混纺纱线	C/V	C/V55/45 28,C/V55/45 13.5×2
黏/棉混纺纱线	R/C	R/C55/45 18.5

续表

纱线产品	代号	举例
有光黏纤经纱线	RB	RB19. 5T
无光黏纤纬纱线	RD	RD19. 5W
棉/腈混纺纱线	C/A	C/A50/50 19. 5
锦/黏混纺纱线	N/R	N/R50/50 18. 5
棉/丙混纺纱线	C/P	C/P50/50 18. 5
氨纶纱	L	L18. 5
棉/氨包芯纱	C/PU	C/PU95/5 19. 5
低比例棉/涤混纺纱线	C. V. C C/T	C. V. C C/T70/30 15

注 混纺比例按干重混纺比例。

（二）纱线的分类

纱线形成的方法有两种，一种是短纤维经纺纱加工形成，称为短纤维纱；另一种是长丝纤维不经任何加工，即纤维直接作纱线用，或经并合、加捻及变形加工形成，称为长丝纱。可以根据纱线的形态、结构、生产方法和工艺分为不同的种类。

1. 按组成纱线的纤维种类分类

（1）纯纺纱。用一种纤维纺成的纱线称为纯纺纱。用“纯”字加纤维名称命名，如纯涤纶纱、纯棉纱等。

（2）混纺纱。用两种或两种以上纤维混合制成的纱线称为混纺纱。可分为棉型混纺纱、中长型混纺纱等。通常混纺的几种纤维性能互补，如羊毛与涤纶混纺，羊毛具有优良的吸湿性、保暖性，但强度低，纤维粗，成本高；而涤纶能使织物保持固有形态，降低成本，提高强度，纤维比羊毛细，两者混纺可纺成更细的纱线，从而使织物重量减轻。

如果是两种或两种以上长丝纤维混合在一起，因为不经过纺纱工序，这样的纱线称为混纤（丝）纱。

2. 按纱线粗细分类

棉型纱线和毛型纱线按粗细分为特细特纱、细特纱、中特纱和粗特纱，见表 1-1-5。

表 1-1-5　棉型与毛型纱线粗细划分

纱线类型	细度		
	棉型纱		毛型纱/公支
	tex	英支	
特细特纱	≤10	60 以上	≥80
细特纱	11~20	58~29	56~80
中特纱	21~31	28~19	32~56

续表

纱线类型	细度		
	棉型纱		毛型纱/公支
	tex	英支	
粗特纱	≥32	18 及以下	<32

3. 按纺纱方法分类

（1）传统环锭纺纱。传统环锭纺纱指用一般环锭纺纱机纺制的纱线。传统环锭纺纱技术可加工天然纤维和化学纤维，并进行纤维混纺，约有 90%的短纤维纱由环锭纺纱方法生产，制备的短纤维纱具有一定强度和外观，能满足各种织物的要求。

（2）新型纺纱。新型纺纱包括自由端纺纱和非自由端纺纱。

自由端纺纱是指加捻过程中，纱条的一端不被握持住，纤维聚集于纱条的自由端加捻成纱，有转杯（气流）纺纱、静电纺纱、摩擦（尘笼）纺纱、涡流纺纱等。

非自由端纺纱是指纱条喂入端的纤维结聚体受到控制而不自由，如自捻纺纱、喷气纺纱、平行纺纱、包缠纺纱、黏合纺纱等。

近年来，由复合纺纱与结构纺纱技术生产的新型纱线，主要是在传统环锭细纱机上加装特殊装置，其成纱名称分别以纺纱方法加专用外来名构成。如复合纺纱的赛络纺纱（sirospunyarn）、赛络菲尔纺纱（sirofil yarn）；如结构纺纱的索罗纺纱（solospun yarn）、集聚纺纱（compact yarn）、皮芯结构纺纱等。

4. 按纺纱工艺分类

（1）普（粗）梳纱。经一般的纺纱工程纺得的纱线。

（2）精梳纱。经精梳工程纺得的纱线。与普梳纱相比，精梳纱用原料较好，纤维伸直平行度好，纱线品质优良，纱线较细，均匀度好，毛羽较少。

（3）废纺纱。针对棉纱线，用较差的原料经普梳纱的加工工艺纺得的品质较差的纱线。通常纱线较粗，杂质较多。

5. 按花色（染整加工）分类

（1）原色纱。未经任何染整加工而具有纤维原来颜色的纱线。

（2）漂白纱。经漂白加工，颜色较白的纱线。

（3）染色纱。经染色加工，具有各种颜色的纱线。

（4）丝光纱。经丝光加工的纱线，如丝光棉纱、丝光毛纱。丝光棉纱是把纱线在一定浓度的碱液中处理，使纱线具有丝一般的光泽和较高的强力；丝光毛纱是把毛纤维的鳞片去除，使纱线柔软，对皮肤无刺激。

（5）烧毛纱。经烧毛加工，表面较光洁的纱线。

（6）色纺纱。有色纤维纺成的纱线。

6. 按产品用途分类

纱线按用途可分为机织用纱、针织用纱、起绒用纱、缝纫用纱、装饰用纱、产业用纱。

7. 按加捻方向分类

纱线按加捻方向可分为顺手（S 捻）纱和反手（Z 捻）纱。

8. 按卷绕形式类分类

纱线按卷绕形式可分为管纱、筒子纱、绞纱。

9. 按组成纱线的纤维长度分类

（1）短纤维纱。由短纤维经加捻纺制成的具有一定细度的纱线。

①棉型纱。由原棉或棉型纤维在棉纺设备上纯纺或混纺加工而成的纱线。

②毛型纱。由毛纤维或毛型纤维在毛纺设备上纯纺或混纺加工而成的纱线。

（2）长丝纱。由一根或多根连续长丝经并合、加捻或变形加工形成的纱线。

（3）长丝/短纤维组合纱。由短纤维和长丝采用特殊方法纺制的纱线，如包芯纱、包缠纱等。

思考练习

1. 纺织纤维如何分类？
2. 纱线如何分类？

拓展练习

按纤维性能分类

（1）普通纤维。应用天然纤维和常用化学纤维的统称，其在性能表现、应用范围上为大众所熟知，且价格便宜。

（2）差别化纤维。差别化纤维属于化学纤维，在性能和形态上区别于普通纤维，通过物理或化学的方法，进行改性处理，使其性能得以增强或改善，主要表现在织物手感、服用性能、外观保持性、舒适性及化纤仿真等方面的改善。如阳离子可染涤纶，超细、异形、异收缩纤维，高吸湿、抗静电纤维，抗起球纤维等。

（3）功能性纤维。在某种或某些性能上表现突出的纤维，主要指在热、光、电的阻隔与传导，在过滤、渗透、离子交换、吸附，在安全、卫生、舒适等特殊功能及特殊领域应用的纤维。需要说明的是，随着生产技术和商品需求的不断发展和提高，差别化纤维和功能性纤维出现了复合与交叠的现象，界限在渐渐模糊。

（4）高性能纤维（特种功能纤维）。用特殊工艺加工的、具有特殊或特别优异性能的纤维，如对位、间位芳纶，碳纤维，聚四氟乙烯纤维，陶瓷纤维，碳化硅纤维，聚苯并咪唑纤维，超高分子量聚乙烯纤维，金属（金、银、铜、镍、不锈钢等）纤维等。

（5）环保纤维（生态纤维）。是新概念纤维。笼统地讲就是天然纤维、再生纤维和可降解纤维的统称。传统的天然纤维属于此类，但是更强调纺织加工中对化学处理要求的降低，如天然彩色棉、彩色羊毛、彩色蚕丝制品无需染色；对于再生纤维，则主要指以纺丝加工时对环境污染的降低和对天然资源的有效利用为特征的纤维，如天丝纤维、莫代尔纤维、大豆纤维、甲壳素纤维等。

任务 2　棉纺常用的量和单位

学习目标

1. 了解含水指标的意义。
2. 掌握公定回潮率的概念。
3. 掌握各细度指标的概念。

相关知识

一、回潮率与含水率

干燥无水的纤维或纱线在空气中吸收水分的现象，称为回潮。

回潮率是指所含水分重量与线料干重的比值百分率。

含水率是指所含水分重量与线料湿重的比值百分率。

棉花含有水分的多少，习惯上用含水率表示。棉纱及半成品、化学纤维及其半成品、成品含有水分的多少，用回潮率表示。

公定回潮率是指在标准大气条件下（温度为 20℃±2℃；湿度为 65%±3%）的回潮率。

我国规定的常用纺织纤维与纱线公定回潮率见表 1-2-1。

表 1-2-1　我国纤维与纱线的公定回潮率

材料	原棉	棉纱线（公制）	棉纱线（英制）	黏胶纤维、富强纤维	涤纶	维纶	腈纶
公定回潮率/%	8.5	8.5	9.89	13	0.4	5.0	2.0
材料	苎麻、亚麻	羊毛	蚕丝	锦纶	氨纶	丙纶	氯纶
公定回潮率/%	12.0	15.0	11.0	4.5	1.3	0	0

如果纱线用不同原料混纺而成，则混纺纱的公定回潮率应由纱线中各成分的公定回潮率按干燥重量混纺比加权平均求得。

二、纤维的细度表征

1. 线密度

线密度是衡量纱线（纤维）粗细程度的指标。纱线（纤维）的线密度是指在公定回潮率下，1000m 长的纱线（纤维）质量克数，法定计量单位是特克斯（tex），简称特。纤维常用分特克斯（dtex）表示，1tex=10dtex。线密度（Tt）是定长制，纱线越粗，线密度越大。其计算式如下：

$$\mathrm{Tt}=\frac{G_k}{L}\times 1000 \qquad (1-2-1)$$

式中：G_k——纤维或纱线的公定回潮率时的质量，g；

　　L——纤维或纱线的长度，m。

2. 旦尼尔

旦尼尔（N_D）是指9000m长的纤维或纱线在公定回潮率时的质量克数，单位是旦尼尔，简称旦。旦尼尔 N_D 是定长制，多用于表示蚕丝和化学纤维的细度。其计算式如下：

$$N_D = \frac{G_k}{L} \times 9000 \tag{1-2-2}$$

式中：G_k——纤维或纱线的公定回潮率时的质量，g；

　　L——纤维或纱线的长度，m。

3. 公制支数

公制支数（N_m）是指在公定回潮率时，每克（毫克）纤维或纱线的长度米（毫米）数，单位为公支。它是定重制，纤维或纱线越粗，公制支数越小。其计算式如下：

$$N_m = \frac{L}{G_k} \tag{1-2-3}$$

4. 英制支数

英制支数 N_e 是指在公定回潮率时，每磅纱线长度的码数，单位为英支。它也是定重制。其计算式如下：

$$N_e = \frac{L}{840 \times G_k} \tag{1-2-4}$$

根据线密度、英制支数和公制支数各自的定义，可以进行相互之间的换算。换算时，不仅要注意长度和质量单位公制与英制的折合，还应注意公定回潮率是否相同。现以纯棉纱为例（纯棉纱的公定回潮率，在采用线密度和公制支数时为8.5%，采用英制支数制时为9.89%），换算关系如下：

$$\mathrm{Tt} = \frac{583.1}{N_e} \tag{1-2-5}$$

$$N_m = 1.715 \times N_e \tag{1-2-6}$$

$$\mathrm{Tt} = \frac{1000}{N_m} \tag{1-2-7}$$

思考练习

1. 简述回潮率与含水率的区别。
2. 细度指标有哪些？相互之间如何换算？

拓展练习

收集纱线其他性能指标。

任务3 纺纱概述

学习目标

1. 掌握纺纱的任务与实质。
2. 了解纺纱的基本作用。
3. 掌握纺纱的工艺流程。

相关知识

一、纺纱的任务与实质

在对原料进行检验和选配之后，原料送入车间进行纺纱加工。纺纱的任务是将原棉等无序的短纤维，通过一系列加工，纺制成连续的棉纱或混纺纱。将无序的纤维群向连续的集合体的转化过程，就是纺纱。

纺纱的实质是“松解”与“集合”。“松解”是破除纤维间不需要的联系，直至纤维呈完全伸直平行的单根状态。“集合”是将松散纤维沿轴向排列，形成耐用的集合体。

二、纺纱加工的基本作用

完成纤维由无序状态向有规律排列的转化，必须进行一系列加工。将棉纤维或棉型化纤加工成纱线的技术，称为棉纺技术。棉纺是利用多种纺纱设备的不同作用，分阶段、交替完成纺纱加工的各项基本作用，最后纺出合乎需要的纱线。因此，棉纺是一个多工序生产过程，其纺纱原理和纺纱加工的基本作用如下。

1. 开松、除杂、混合与梳理作用

压紧的原料首先必须经过开松，使其成为细小纤维束，清除其中所含的杂质、疵点，并均匀混合。开、清、混是相互关联的，开松是实现除杂与混合的先决条件。只有将纤维开松成细小的纤维束，并进一步开松成单纤维，才能更好地清除杂质并实现充分混合。欲使纤维成单根状态，必须在开松之后进行梳理，对有特殊要求的纱线还要经过更加细致的梳理，才能更多地清除杂质、疵点和短纤维。

2. 均匀、并合与牵伸作用

纱线和半制品均要求具有一定的均匀度。经过开、清、梳作用后制成的半制品纤维条，其条干均匀度较差，无法达到成纱的要求。因此，还需要经过并合作用，将多根纤维条并合在一起，使不同条子的粗细段能够随机搭配在一起，相互补偿，以改善条子中长片段的均匀度。并合后的纤维条很粗，要纺制成规定线密度的细纱，还要经过多次的抽长拉细作用才能实现。抽长拉细的过程，称为牵伸。一般纤维条需要经过100~200倍的牵伸才能成为细纱。

3. 加捻与卷绕作用

纱条经牵伸后变细，其截面内的纤维根数逐渐减少，纤维变得更加平行伸直，从而造成纱条的强力下降，容易产生断裂或意外伸长。因此，需要在纱条上加以适当的捻度，使其具有一定的强力。为保证细纱能达到一定的力学性能，满足成纱强力要求，更需要有较大的捻度，这就是加捻作用。为了便于半制品和成品的储存、运输和下道工序的加工，必须将各半制品和成纱卷绕成一定的卷装形式。

三、纺纱系统和纺纱工艺流程

纺纱生产中，由于纱线的用途和质量要求不同，所使用的原料也不相同，因而不可能采用统一的加工方法进行纱线的纺制。这就要求对不同的机台进行合理组合，经过不同的加工程序来进行生产。棉纺加工过程主要有开清棉、梳棉、精梳、并条、粗纱、细纱和后加工等工序。

纺纱时经过的加工程序称为工艺流程，生产中应根据不同的原料和不同的成纱要求来确定纺纱系统。棉纺加工一般有普梳（粗梳）系统、精梳系统、混纺系统和新型纺纱系统，各系统工艺流程如下。

1. 普梳系统

普梳系统在棉纺中应用最广泛，一般用于纺制粗、中特纱，供织造普通织物。其流程为：

原棉配棉→开清棉→梳棉→头并→二并→粗纱→细纱→后加工

2. 精梳系统

精梳系统是在梳棉工序与并条工序之间，加入精梳前准备和精梳工序，利用这两个工序进一步去除短纤维和细微杂质，使纤维进一步伸直平行，从而使成纱结构更加均匀、光洁。精梳系统的工艺流程为：

原棉配棉→开清棉→梳棉→精梳准备→精梳→头并→二并→粗纱→细纱→后加工

3. 棉与化纤混纺系统

化纤与棉纤维混纺时，因涤纶与棉纤维的性能及含杂不同，不能在清梳工序混合加工，需各自制成条子后，再在头道并条机（混并）上进行混合，为保证均匀混合，需采用三道并条工序。其普梳与精梳纺纱工艺流程如下。

（1）混纺普梳系统。

原棉：开清棉→梳棉→预并
涤纶：开清棉→梳棉→预并
} →混并Ⅰ→混并Ⅱ→混并Ⅲ→粗纱→细纱

（2）混纺精梳系统。

原棉：开清棉→梳棉→精梳准备→精梳
涤纶：开清棉→梳棉→预并
} →混并Ⅰ→混并Ⅱ→混并Ⅲ→粗纱→细纱

4. 新型纺纱系统

常用新型纺纱方法采用的工艺流程如下。

（1）转杯纺纱工艺流程：

开清棉→梳棉→并条（两道）→转杯纺纱

（2）喷气纺纱工艺流程：

开清棉→梳棉→并条（两道）→喷气纺纱

（3）摩擦纺纱工艺流程：

开清棉→梳棉→（精梳）→并条（两道）→摩擦纺纱

（4）涡流纺纱工艺流程：

开清棉→梳棉→并条（两道）→涡流纺纱

思考练习

1. 普梳系统的工艺流程是怎样的？
2. 精梳系统的工艺流程是怎样的？
3. 涤纶和黏胶混纺，设干重混比为65∶35（涤/黏），求折算成公定回潮率时的混比。

拓展练习

1. 了解后加工流程。
2. 了解纺纱各工序的半制品名称及特点。

项目 2　原料的选配与混合

学习目标

1. 掌握配棉的目的、意义与基本原则。
2. 了解原棉选配的依据，原棉选配的方法与配棉的注意事项。
3. 了解化学纤维的选配依据和选配方法，纤维在混纺纱中的转移规律。
4. 掌握原料混合的方法与特点。

重点难点

1. 原料混合的方法与设计。
2. 配棉方案的设计。

任务 1　原棉的选配

学习目标

1. 掌握配棉的目的、意义与基本原则。
2. 掌握原棉的主要性质同纺纱工艺和成纱质量的关系。
3. 掌握原棉选配的方法。
4. 了解原棉选配的依据与配棉的注意事项。

相关知识

纺织原料的来源广泛，种类繁多，但棉纺厂的主要原料是原棉和化学短纤维。原棉品种主要有细绒棉和长绒棉。细绒棉手扯长度为 25～33mm，线密度为 2. 22～1. 54dtex（4500～6500 公支），一般适纺 10tex 以上的棉纱，也可与棉型化学纤维混纺。我国细绒棉产量占世界棉花总产量的 90%左右。长绒棉手扯长度为 33～45mm，线密度为 1. 43～1. 18dtex（7000～8500 公支），适纺 10tex 以下的棉纱或特种工业用纱，也可与化学纤维混纺。长绒棉盛产于非洲，在我国主要产于新疆、云南等地区。我国长绒棉产量仅占世界棉花总产量的 10%左右。

在选择新纤维进行纺纱时，应注意纤维的可纺性。纤维原料的可纺性能是指纺织纤维能够实现设计成纱品质要求的纺纱难易的综合性能，可通过上机试纺（小量试纺、单唛试纺、多种原料混合试纺等）进行全面评价。

一、配棉的目的

原棉的主要性质如长度、线密度、强力、成熟度、色泽以及含水、含杂等，随棉花的品种、生长条件、产地、轧工等不同而有较大的差异，而原棉的这些性质直接影响纺纱工艺和成纱质量。因此，合理选择多种原棉，搭配使用，充分发挥不同原棉的优点，可达到提高产品质量、稳定生产、降低成本的目的。这种将多种原棉搭配使用的过程称为配棉。

配棉的目的是合理使用原棉，保持生产和成纱质量的相对稳定，节约原棉和降低成本。配棉时要根据不同产品的质量要求，选配合适的原料。例如，在不影响成纱质量的条件下，混用一定数量的低级棉、回花、再用棉，既可节约原棉，又可降低成本。

二、原棉选配的依据

原棉选配有以下依据：纱线的质量要求、产品用途、设备的装备水平和与之相配套的工艺和运转管理水平。配棉原则是：质量第一，统筹兼顾；全面安排，保证重点；瞻前顾后，细水长流；吃透两头，合理调配。

“质量第一，统筹兼顾”是要处理好质量与节约用棉的关系。“全面安排，保证重点”是指生产品种虽多，但质量要求不同，在统一安排的基础上，尽量保证重点产品的用棉。“瞻前顾后，细水长流”是要考虑库存原棉、车间上机原棉、原棉供应预测三方面的情况来配棉。“吃透两头，合理调配”是要及时摸清到棉趋势和原棉质量并随时掌握产品质量的信息，反馈情况，机动灵活、精打细算地调配原棉。贯彻配棉原则时力求做到稳定、合理、正确。

三、配棉方法

（一）传统配棉法

传统配棉法又称分类排队法。

1. 原棉的分类　分类就是根据原棉的性质和各种纱线的不同要求，把适纺某一类纱线的原棉划分为一类。在原棉分类时，先安排特细纱和细特纱，后安排中、粗特纱；先安排重点产品，后安排一般或低档产品。

2. 原棉的排队　排队就是在分类的基础上将同一类原棉分成几队，把地区或性质相近的原棉排在一个队内，当一批原棉用完后，将同队内另一批原棉接替上去。原棉接批时，要确定各批原棉使用的百分率，并使接批后的混合棉平均性质无明显差异。在排队时应注意以下问题。

（1）主体成分。由于同一产区原棉的可纺性比较一致，在配棉过程中选择某一产区的若干种可纺性较好的原棉作为主体成分。当来自不同产区的原棉的可纺性都较好时，可以根据成纱质量的特殊要求，以长度或线密度作为确定主体成分的指标。主体成分在总成分中应占70%左右，它是决定成纱质量的关键。

（2）队数与混用比例。不同原棉混用比例的高低与队数多少有关。在一个配棉成分表中，队数越多，则混用比例越低，在原棉接批时造成成纱质量波动的风险就越小；但队数过多，会使车间管理麻烦。一般选用 5~6 队，每队原棉最大混用比例应控制在 25%以内。小型棉纺企业，所进原料品种少，量也不大，配棉时会出现队数过少和个别成分混用比例过高的现象；但如果货单量不大，在一个交货单内不进行原料接批就避免了因原棉接批而使成纱质量波动大的现象，但原料成本会较高。

(3) 勤调少调。“勤”是指调换成分的次数要多，“少”是指每次调成分的比例要小。“勤调少调”就是调换成分的次数多些，每次调换的成分少些。勤调虽然会使管理工作麻烦些，但会使混合棉质量稳定。反之，如果调换次数减少，每次调换的成分增多，会造成混合棉质量的突变。如果某一批混用比例较大时，可以采用逐步抽减的方法。例如，某一批原棉混用比例为 25%，接近用完前，可先将后一批接替原棉用 15%左右，当前一批原棉用完后，再将后一批原棉增加到 25%，这样使部分成分提前接替使用，可避免混合棉质量的突变。

3. 原棉性质差异的控制 原棉性质差异控制范围见表 2-1-1。

表 2-1-1 原棉性质差异控制范围

控制内容	混合棉中原棉性质差异	接批原棉性质差异	混合棉评价性质差异	
产地	—	相同或接近	地区变动	<25%
			针织纱	<15%
品级/级	1~2	1	0.3	
长度/mm	2~4	2	0.2~0.3	
含杂率/%	1~2	<1	<0.5	
线密度/[dtex(公支)]	0.07~0.38(500~800)	0.05~0.22(300~500)	0.01~0.06(50~150)	
断裂长度/km	1~2	接近	0.5	

（二）计算机配棉法

传统配棉由配棉工程师针对某一纱线品种从数百种原棉唛头中选择合适的原棉唛头，并确定混纺比，这项工作面广、量大且需要依赖丰富的实践经验。计算机配棉是应用人工智能模拟配棉全过程。通过对成纱质量进行科学预测，实现及时指导配棉工作，并对库存原棉进行全面管理，准确地向配棉工作提供库存依据，保证了自动配棉的顺利完成。同时使原料库存管理与成本核算方便、快捷。计算机配棉管理系统的主控制模块包括三个子系统（分控制模块），即原棉库存管理系统、自动配棉系统和成纱质量分析系统。主控制模块可根据操作者需要，将工作分别交给三个子系统处理。

纺纱原料中主体成分为固定某产区时，计算机辅助配棉技术可以作为人工配棉的参考。当纺纱原料中主体成分在几个原料产区波动时，计算机辅助配棉技术很难发挥作用，因为各产区原棉对成纱质量的影响程度是不相同的。

四、原料选配应考虑的因素

原棉选配应根据纱线线密度、纱线用途及加工特点进行。常见产品的配棉会因纱线线密度不同、用途不同、加工工艺不同对配棉品级和长度的基本要求而不同。

(一) 根据纱线线密度选配原棉

纱线线密度越小，所选原棉的平均品级越好，长度越长。

(1) 特细特纱线：特细特纱线都用于极高档的精细产品，对成纱质量要求很高。单根纱线内包含的纤维根数较少，纤维根数的差异对纱线强力和条干影响极显著，细小杂质疵点极易暴露在纱线表面、影响其断头和条干均匀性，因此需选配长绒棉。

(2) 细特纱线：细特纱线都用于高档织物或股线，对成纱质量要求较高。应选择色泽洁白、品级较高、成熟度适中、强力较高、长度较长、整齐度较好和杂质疵点较少的原棉。

(3) 中特纱线：中特纱线的质量一般低于细特纱。可选择色泽略次、品级稍低、成熟度较低、纤维长度较短、杂质疵点较少的原棉。

(4) 粗特纱线：对粗特纱线的质量一般要求较低。因此可选用一般质量的原棉，或适当搭配部分低级棉和再用棉。

转杯纺一般以纺制 36tex 以上的粗特纱为主，其成纱中纤维较环锭纱紊乱，纤维长度差异对成纱强力的影响没有环锭纱大。因此，在选用原棉时，其纤维长度可比纺制相同线密度的环锭纱短 1～2mm，一般可大量配用低级棉和精梳落棉、抄斩花、车肚花及统破籽等再用棉。

(二) 根据纱线用途和加工工艺选配原棉

纱线用途很广泛，可作机织用纱、针织用纱和特种用纱等。配棉工作应根据产品的不同用途，选用合适的原棉。例如，帘子线对原料强力要求高，成熟度要求适当，但对色泽无要求；深色织物要求不能含有僵片，因为僵片死纤维会染不上颜色，从而出现色花现象。因此，需要根据纱线的用途选择原料。

此外，还应注意以下几点。

(1) 经纱和纬纱选配原棉的差别可在上述规定范围内调节。未包括的品种，按产品用途和质量要求，合理选择配棉类别；对有特殊要求的产品，可专配专纺。

(2) 一个配棉方案中各唛头间原棉的技术性能指标的差异，应控制在下列范围。

品级为 1～2 级；长度为 2～4mm；纤维线密度为 20～12.5dtex (500～800 公支)；含杂为 1%～2%；成熟度为 0.15；含水为 1%～2%；包装规格是紧包配紧包，松包配松包，体积大小均等。

(3) 在保证质量的前提下，混合棉的平均品级和平均长度的下限不受限制。

(4) 主体成分应占 70%左右。

(5) 每只唛头最大混用百分比≤25%，其大小应便于抓棉机的棉包台上排包。

(三) 回花和再用棉的使用原则

为节约用棉，应合理使用回花和再用棉，其一般使用原则如下。

1. 回花的使用

棉卷头、破棉卷、棉条、棉网、粗纱头、胶辊花、断头吸棉等回花的性质与混合棉的性质基本相同，仅棉结稍多，短绒略增，棉卷、棉条、棉网等回花可直接在本特纱回用，混用量不超过5%，粗纱头、胶辊花、断头吸棉等回花需要经过处理后才能在本特纱回用或降至较粗特纱中回用。

2. 再用棉的使用

再用棉包括开清棉机械的落棉（统破籽）、梳棉抄斩花和精梳落棉等，其特点是杂质和短绒较多，一般需要经过预处理（纤维杂质分离机或开清棉机），甚至经梳棉机加工后才可使用。

对于抄斩花，精梳纱、细特纱不回用（对要求低的产品可用少量）；中特纱使用量可使用本特纱产生量的部分或全部（对染色要求高的可不用）；粗特纱可尽量多用。

对于精梳落棉和头号统破籽需要合理使用。例如，纺制58.3tex或质量要求低的粗特纱时，可与低级棉部分混用。精梳落棉在某些中特纱中可少量搭配使用。

梳棉三吸花经处理后，在保证质量的前提下可用于58.3tex或棉毯用纱的部分原料，58.3tex以上的转杯纺纱可大量使用再用棉。

☞ 思考练习

1. 原棉是如何分类的？
2. 什么是配棉？配棉的目的是什么？配棉的依据是什么？
3. 如何做到合理配棉？

☞ 拓展练习

1. 收集配棉方案标准。
2. 收集具体配棉方案。

任务2　化学纤维的选配

学习目标

1. 掌握化学纤维选配的目的、意义。
2. 掌握化学纤维性能的选配与工艺质量的关系。
3. 了解化学纤维选配应注意的问题，化学短纤维转移对选配的影响。
4. 掌握化学纤维原料选配的方法。

相关知识

随着我国化纤工业的飞速发展，化学纤维的品种和规格日益增多，化学纤维有许多独特的优点。如何使用好化学纤维原料，使企业增效、增益是棉纺厂的一项重要任务，其中原料的选配是关键。

化学纤维原料的选配包括单一化学纤维纯纺、化学纤维与化学纤维混纺、化学纤维与天然纤维混纺的选配。

一、纤维选配的目的

1. 充分利用化学纤维特点

各种纤维具有各自不同的特点。例如，棉纤维吸湿性能好，但强力一般弹性低；涤纶强力和弹性均好，但吸湿性能差；两者混纺可制成滑、挺、爽的涤/棉织物。黏胶纤维吸湿性能好，染色鲜艳，价格便宜，但牢度差，不耐磨；而锦纶强力高，耐磨；在黏胶纤维中混入少量锦纶，所织织物的耐磨性和强力可显著提高。

2. 增加花色品种

目前差别化纤维、功能性纤维和新的纤维素纤维在棉纺加工系统中不断应用，同时各种规格的合成纤维、纤维素纤维和天然纤维等组合出现了二合一、三合一和五合一等多种产品。通过不同纤维纯纺或混纺，制成各种风格、用途的产品，满足社会的各种需要。

3. 改善纤维可纺性能

大多数合成纤维的吸湿性差，比电阻高，在纺纱过程中静电现象严重，合成纤维纯纺比较困难。为了保持生产稳定，可在合成纤维中混用吸湿性较高的棉、黏胶纤维或其他纤维素纤维，增加混合原料的吸湿性能和导电性能，改善其可纺性能。

4. 提高织物服用性能

合成纤维一般吸湿性能较差，作为内衣原料时，吸汗和透气性均不好。若混入适量棉纤维或黏胶纤维，可使织物吸湿性等服用性能得到改善。

5. 降低产品成本

化学纤维品种繁多，不仅在性能上差异大，其价格差异也很大，在选配原料时，既要考虑提高产品质量和稳定生产，还要注意降低成本，以取得较好的综合经济效益。在保证服用要求的情况下，可混用部分价格低廉的纤维，以降低生产成本。

二、化学纤维的应用

1. 化学纤维纯纺与混纺

化学纤维纯纺是指单一品种化学纤维进行纺纱。单一品种化学纤维由于生产厂商和批号等的不同，染色性和可纺性会有较大差异，因此，应注意合理搭配。

在国产化学纤维和进口化学纤维并用的情况下，宜采用混唛纺纱。混唛即不同化学纤维厂、不同批号的同品种化学纤维搭配使用，逐步抽调成分。混唛可做到取长补短，以保证混合原料的质量稳定，减少生产波动。但是混唛对混合的均匀性要求较高，混合不匀会造成纬向色档以及匀染性差的缺陷，严重时织物经向出现“雨状条花”疵点。因此，纺织厂在大面积投产前常将不同批号、不同国家的化学纤维在同一条件下进行染色对比，按色泽深浅程度排队，供混唛配料调换成分时参考。如果长年由某化学纤维厂对口供应原料时可采用单唛纯纺，这样不易产生染色差异。

除单一化学纤维纯纺外，还可对不同品种的化学纤维进行混纺，在衣着方面主要有涤/黏、涤/腈等化学纤维混纺。

2. 化学纤维与棉混纺

化学纤维与棉混纺，产品不仅具有化学纤维的特性，也具有棉的特性，应用也很广泛，如涤/棉、腈/棉、维/棉、黏/棉混纺。一般选用化学纤维长度为36. 38mm。由于化学纤维整齐度较好，单纤维强力较高，为确保成纱条干均匀，则要求选用的原棉长度长、整齐度好、品级高、成熟度好且线密度适中。生产超细特化学纤维与棉的混纺纱时，常用长绒棉；生产细特化学纤维与棉的混纺纱时，可选用细绒棉。为了提高化学纤维与棉混纺产品的质量，保证正确的混纺比，一般化学纤维与棉混合回花不在本特纱内回用。

三、化学纤维品种的选配

化学纤维原料的选配主要有纤维品种的选配、混纺比例的确定和纤维性质的选配三个方面。纤维品种的选配对混纺纱的性质起决定作用，混纺比例的确定对织物服用性能影响较大，纤维性质的选配则主要影响纺纱工艺和混纺纱的质量。其中纤维品种的选配和混纺比例的确定主要在开发设计产品时考虑。

化学纤维品种的选配应根据成纱用途来选择。

（1）针织内衣用纱。要求柔软光洁、条干均匀、吸湿性好，宜选用棉或黏胶纤维与维纶、腈纶等合成纤维混纺。

（2）外衣用纱。要求坚固耐磨，织物手感厚实、挺括、富有弹性，宜选用涤纶、锦纶与棉混纺。

（3）特殊用纱。如轮胎帘子线，要求坚牢耐磨、不变形，宜采用涤纶或锦纶作原料；渔网用线，要求易干不霉，质轻耐磨，选用维纶比较合适；工作服，要求耐酸耐碱，多选用氯纶为原料。

四、化学纤维性质的选配

化学纤维的性能与棉纤维的性能差异很大，具有棉纤维所不具备的特性，如卷曲度、含油率、比电阻、超倍长纤维等。下面就这些性能指标对纺纱工艺和成纱质量的影响进行分析。

（一）长度和线密度

与棉纤维一样，化学纤维长度越长，细度越细，单纤维强力越强，越有利于改善成纱强力。化学纤维的长度和线密度相互配合，构成棉型、中长型、毛型等不同规格。一般化学短纤维的长度 L（mm）和线密度 Tt（dtex）的比值一般为23左右。当该比值大于23时，织物强度高，手感柔软，可纺较细的纱，生产细薄织物；但该比值过大时，开清棉工序易绕角钉；当该比值小于23时，织物挺括并具有毛型风格，可生产外衣织物；但该比值过小时，成纱毛羽过多，可纺性能差。

（二）强度和伸长率

化学纤维的强度和伸长率影响成纱强力和织物风格。当混纺纱受拉伸时，断裂伸长率低的纤维先断裂，使成纱强力降低，所以，选断裂伸长率相近的纤维进行混纺，可提高成纱强力。同时，两种纤维混纺比的选择也应尽量避开临界混纺比。

（三）化学纤维的含油率、超长和倍长纤维、疵点以及热收缩性

含油太少，纤维粗糙发涩，易起静电；含油太多，纤维发黏易绕锡林。一般冬天宜选含油率略高的纤维，夏天宜含油率略低的纤维。超长、倍长纤维在纺纱过程中易绕刺辊、绕锡林，牵伸时出硬头，影响正常生产，出现橡皮纱。例如，在梳棉机上容易绕刺辊、绕锡林，在粗纱机和细纱机上容易出硬头，不易牵伸，有时会产生橡皮纱。一般纺超细、细特纱时，100g 纤维中超长、倍长纤维的含量控制在 3mg 以内，中特纱控制在 6mg 以内。僵丝、并丝、粗丝、扭结丝和异状丝等纤维疵点，对牵伸不利，容易造成条干均匀性不良，出现程度不同的竹节纱，也会增加各工序的断头。多唛混用时，应使不同规格的纤维的热收缩性相接近，避免成纱在蒸纱定捻时或印染加工受热后产生不同的收缩率，造成印染品出现布幅宽窄不一以及条状皱痕。这些性能对纺织印染工艺有一定影响，需正确把握。

（四）色差

通过目测纺同一品种的熟条、粗纱和细纱出现明显的色泽差异以及在络纱筒子上发生不同色泽的层次的现象称色差。原纱的色差，会使印染加工染色不匀，产生色差疵布。在化学纤维配料时，对染色性能差异大的原料，应找出合适的混纺比，减少原料的白度差异，接批时要做到勤调少调和交叉抵补。一般选 1~2 种可纺性较好的纤维为主体成分，在原料供应充分的情况下，最好采用同一批号化学纤维多包混配。

（五）卷曲数

化学纤维达到一定的卷曲数和卷曲度，可以改善条干并提高强力，改善可纺性能。

（六）化学短纤维转移对选配的影响

两种或两种以上的化学纤维进行混纺时，即使混纺比相同，但若混纺纱中两种纤维的性质差异较大，会使纤维在成纱中的分布情况不同，得到不同性质的混纺纱，使织物的手感、外观、耐磨等性质有明显差异。如果较多的细而柔软的纤维分布在纱的外层，则织物的手感柔软；如果较多的强度高、耐磨性能好的纤维分布在纱的外层，则织物耐磨。因此，研究纤维在混纺纱截面内的分布，使纤维转移到所需要的位置，具有一定的实际意义。

1. 纤维长度对转移的影响

选用线密度相同、长度不同的化学纤维进行混纺时，因长纤维容易被罗拉钳口握持，而另一端承受加捻，在纺纱张力存在的情况下，有向心压力，使纤维向中心转移；而短纤维离开钳口后，受张力控制较弱而被挤到纱的外层。

2. 纤维线密度对转移的影响

选用长度相同，线密度不同的两种纤维混纺时，因细纤维抗弯强度小，加捻时容易向纱的中心转移，而粗纤维易向纱的外层转移。

3. 纤维截面形状对转移的影响

天然纤维有固定的截面形状，但化学纤维可制成任意的截面，目前有圆形、三角形、五叶形、工字形、六边形等不同截面。当截面不同的纤维混纺时，抗弯强度小的纤维易向纱的中心转移，如用圆形截面和三角形截面的纤维混纺，由于圆形截面纤维抗弯强度比三角形截面纤维小，故易处于纱的内层，而三角形截面的纤维易分布在纱的外层。

除上述性质外，纤维的初始模量、纤维的卷曲等也影响纤维的转移。纤维在纺纱过程中的转移除受纤维本身性状影响外，还与纺纱工艺、纱线线密度、混纺比等因素有关，是一个较为复杂的问题。

在紧密纺纱时，纤维内外转移能力较小，纤维分布较均匀。

五、混纺比的确定

不同的混纺比对织物服用性能和耐磨牢度的影响也不相同。例如，涤/棉混纺，因涤纶保形性好，混纺织物的保形性随涤纶混合比例的增加而提高。当混用涤纶比例在20%以下时，织物稍有滑、挺、爽的感觉，保形性不突出；混用比例在80%以上时，织物吸湿性偏低，可纺性能和服用性能都变差。因此，欲提高织物的耐磨性、洗可穿性时，可提高涤纶的混用量。例如，欲改善织物的透气、透水性、柔软性等性能时，则需提高棉纤维的混用量。目前，市场上多采用涤/棉混纺比例为65/35，这样的织物兼顾了涤纶与棉的优点；再如低比例涤/棉织物（40/60、35/65、20/80等）虽然强度和耐磨性差些，但具有与65/35混纺织物相似的服用性能和洗可穿性能，又具有类似天然纤维的吸湿性、亲水性以及棉型外观和穿着舒适等特点。

六、化学纤维选配应注意的问题

化学纤维选配的目的是保证生产稳定、成纱质量达到用户要求。化学纤维品种质量差异小，主体成分突出，一般以1~2种可纺性好的纤维作为主体成分，含量占总量的60%~70%。一般采用单唛原料，也可采用多唛原料，为达到降低成本的目的，也可混入适量回花。

1. 采用单唛原料

（1）单一原料必须质量稳定、可纺性好。

（2）单一原料需要有足够的储备量，且供应渠道通畅。

（3）更换原料时必须了机重上。

2. 采用多唛原料

（1）原料接替变动，混纺比不能太大，性能要一致，否则容易产生色差疵点。

（2）对原料的混合要求较高。

（3）有光、无光不能混用。

（4）原料变化大时，要做颜色比对试验。

3. 使用化学纤维回花

在混并前一般按某种纯化学纤维处理，混并后按某种主体成分的纤维使用，或经集中处理后纺制专纺产品。

☞ 思考练习

1. 化学纤维选配的依据是什么？如何合理选配化学纤维？
2. 简述化学纤维性能的选配与工艺质量的关系。
3. 简述化学纤维选配应注意的问题。

☞ 拓展练习

了解常规化学纤维产品的具体选配依据。

任务 3　原料的混合

学习目标

1. 掌握原料混合的方法与设计。
2. 掌握混料方法的选择。

相关知识

不同的原料具有不同的的物理性能和化学性能。纺纱工艺设计时，应根据产品的用途和要求，结合原料资源和成本价格，采用不同的化学纤维混纺或化学纤维与棉混纺。但是，由于不同纤维间性状差异大，易产生混合不匀的现象，不仅使产品物理性能下降，还会造成织物染色不匀。因此，化学纤维与棉纤维以及不同化学纤维混纺时，对均匀混合有更高的要求。

一、混合的目的

混合的目的，一是使每种配料成分在混合料中保持规定的比例；二是使混合料的任何组成成分或单元体内各种成分的纤维能均匀分布。

均匀混合是保证质量的一个重要环节，尤其是对于混纺纱。若混合不匀，不仅会影响各道工序的顺利进行，而且会影响织物质量，更突出的是会导致织物染色不匀，布面呈现条痕、色疵等缺点，影响织物风格，降低其服用性能。

二、混合的方法

目前采用的混合方法有棉包散纤维混合、条子混合和称重混合等。

1. 棉包散纤维混合

在开清棉车间，将棉包或化学纤维包放在抓棉机的平台处，用抓棉机进行混合的方法称为棉包散纤维混合（简称棉包混合）。此方法在原料加工的开始阶段将不同品种、批号的化学纤维或原棉就进行混合，并使这些原料经过开清棉各单机和后面各工序的机械加工，进行较充分的混合。但这种混合方法，混纺比例不易准确控制。因为在此混合方法中，各种成分的混合比例是以包数多少体现的，而当包的松紧和规格不同时，会影响抓取效果，尤其在开始抓包和结束抓包阶段，混合比例更难控制。

2. 条子混合

在并条机上将经过清棉、梳棉、精梳工序加工制成的不同纤维的条子进行混合的方法称为条子混合（也称棉条混合）。棉型化学纤维与棉混纺时，由于原棉含有杂质和短绒，化学纤维只含有少量疵点而且长度整齐，为了排除原棉中的杂质和短绒，一般采用原棉与化学纤维分别经过清棉、梳棉、精梳工序单独处理后，再在并条机上按规定比例进行条子混合。这种混合方法的优点是混合比例容易掌握，对不同的原料进行不同的处理，有利于节约原料，减少对纤维的损伤。但难以混合均匀，管理较麻烦。为了提高混合均匀度，可采用增加并合道数的方法。

3. 称重混合

在开清棉车间，将几种纤维成分按混合比进行称重后混合的方法称为称重混合。例如，过去普遍采用的小量混合方法，将4~6种配棉成分中每一种成分按混棉比例要求分别称重，然后一层层铺放在混棉长帘子上，再喂入下一台机器加工。采用这种混合方法，各成分的比例虽准确，但劳动强度大，现已经很少使用。近几年制造了自动称量机，可以将纤维按不同混合比例自动称重后铺放在混棉长帘子上，以代替人工的抓取、称重和铺放工作，大幅减轻了劳动强度。一般一套开清棉联合机配备三台自动称量机和一台回花给棉机，整套设备的占地面积较大。目前此种混合方法主要用于中长化学纤维的混纺中。但对于有的成分，其混合比例为5%~8%时，只能将该成分与其中一个混合比例较小的成分采用称重混合方法，先混合后打包使用，这样可确保小比例混合成分在混合后能均匀分布在混用原料中。

☞ 思考练习

原料混合的方法有哪些？各有哪些特点？

☞ 拓展练习

了解混纺比的确定。

项目3　开清棉工序

学习目标

1. 掌握开清棉工序的任务、工艺流程和发展概况。

2. 了解开清棉机械的分类，能根据原料特性设计一套开清棉联合机组。

3. 了解开清棉各单机的机构组成、作用和工艺过程。

4. 掌握开松、除杂、混合和均匀作用的原理，各流程中的设计原则与提高这些作用的相关措施。

5. 了解工艺调节参数与调整方案、质量控制。

重点难点

1. 开松、除杂、混合和均匀作用的原理，各流程中的设计原则与提高这些作用的相关措施。

2. 开清棉工序中各单机之间的连接方式。

3. 工艺调节参数与调整方案、质量控制。

任务1　开清棉概述

学习目标

1. 掌握开清棉的任务。

2. 了解开清棉的主要机型。

3. 了解开清棉的工艺流程。

相关知识

一、开清棉工序的任务

将原棉或各种短纤维加工成纱线需经过一系列纺纱过程，开清棉是棉纺加工过程的第一道工序。原棉或化学纤维都以紧压成包的形式进入纺纱厂的，原棉中还含有较多的杂质和疵点，需要经过一定的工序进行处理。因此，开清棉工序的主要任务如下。

1. 开松

通过开清棉联合机各单机中的角钉、打手的撕扯和打击作用，将棉包或化学纤维包中压紧的块状纤维松解成小棉束，为除杂和混合创造条件。

2. 除杂

在开松的同时可去除原棉中50%～60%的杂质，尤其是棉籽、籽棉、不孕籽、砂土等杂质。

3. 混合

将各种原料按配棉比例进行充分混合。

4. 均匀成卷

将原棉或各种短纤制成一定规格（即一定长度和重量、结构良好、外形正确）的棉卷或化学纤维卷，以满足搬运和梳棉机的加工需要。若采用清梳棉联合机，则不需成卷，而是直接输出棉流到梳棉机的储棉箱中。

以上各项任务是相互关联的。要清除原料中的杂质疵点，就必须破坏它们与纤维之间的互相联系，为此就应该把原料松解成尽量小的纤维束。因此，本工序的首要任务是将原料进行开松，原料松解得越好，除杂与混合的效果越好。但开松过程中应尽量减少对纤维的损耗、杂质的碎裂和可纺纤维的下落。

二、开清棉机械的类型

在开清棉工序中，为了对纤维完成开松、除杂、混合、均匀成卷四大作用，开清棉联合机由各种作用的单机组成，按机械的作用特点以及所处的前后位置可分为以下几种类型。

1. 抓棉机械

如自动抓棉机。抓棉机械可从许多棉包或化纤包中抓取棉块和化纤，喂给前面的机械。它具有扯松与混合的作用。

2. 棉箱机械

如自动混棉机、多仓混棉机、双棉箱给棉机等。棉箱机械具有较大的棉箱和一定规格的角钉机件，把输入的原料在箱内进行比较充分的混合，同时利用角钉把原料扯松并尽量去除较大的杂质。

3. 开棉机械

如六辊筒开棉机、豪猪式开棉机、轴流式开棉机等。开棉机械的主要作用是利用打手机件对原料进行打击、撕扯，把原料进一步松解并去除杂质。

4. 清棉、成卷机械

如单打手成卷机。清棉、成卷机械的主要作用是用比较细致的打手机件，使输入的原料被进一步地开松和除杂，再利用均棉机构和成卷机构制成比较均匀的棉卷或化学纤维卷。采用清梳联合机时，则输出均匀的棉流，供梳棉机加工使用。

5. 辅助机械

如凝棉器、配棉器、除金属装置、异纤清除器等。

以上各类机械通过凝棉器和配棉器连接，组合成开清棉联合机。

三、开清棉机械的典型工艺流程

目前，国内的清梳设备生产企业主要有郑州宏大纺织机械有限公司、青岛宏大纺织机械有限公司、江苏金坛纺织机械总厂等，其生产的成套开清棉联合机普遍应用可编程（PLC）或计算机控制、变频调速或多电动机传动等，极大地提高了我国制造开清棉设备的水平。

下面介绍几种开清棉（成卷）机械的典型工艺流程。

1. 加工棉纤维的FA系列开清棉流程

FA002型自动抓棉机（2台并联）→FA121型除金属杂质装置→FA104A型六辊筒开棉机（附A045型凝棉器）→FA022型多仓混棉机→FA106型豪猪式开棉机（附A045型凝棉器）→FA107型豪猪式开棉机（附A045型凝棉器）→A062型电器配棉器（2路）→A092AST型振动式双棉箱给棉机（2台，附A045型凝棉器）→FA141型打手成卷机（2台）

2. 加工化学纤维的郑州纺织机械股份有限公司的开清棉流程

FA002A型圆盘抓棉机（2台并联）→AMP3000金属火星及重杂物三合一探除器→FA051A型凝棉器→FA028B型多仓混棉机→FA111A型单辊筒清棉机→FA134型振动棉箱给棉机→FA141型单打手成卷机（或A076F型成卷机）（3台）

四、现代开清棉新技术的特点

（1）精细抓棉。要求抓取的棉束尽量小而均匀，为其他机台的开松、除杂、混合和均匀创造良好的条件。

（2）多仓混棉。采用多仓混棉机，增大储棉量，实现棉流长片段大范围间的均匀混合。

（3）柔和开松。采用各种新型打手，辅之以弹性握持进行柔和开松。

（4）自调匀整。采用自调匀整装置，灵敏度高，匀整效果显著。

（5）机电一体化。将机械设备与电气控制技术、流体控制技术、传感器技术结合，实现生产过程中的在线监测和自动控制。

（6）短流程。采用混合开棉机、单道豪猪式开棉机。

思考练习

开清棉工序的主要任务有哪些？

拓展练习

收集不同的开清棉工艺流程。

任务2 抓棉机

学习目标

1. 掌握抓棉机的作用。
2. 了解抓棉机的工艺过程。
3. 了解抓棉机的特点。

相关知识

抓棉机是开清棉联合机的第一台设备，抓棉机的主要作用是按照确定的配棉成分和一定的比例抓取原料。原料经抓棉机械的打手抓取后，以棉流的形式送入下一机台，具有初步的开松和混合作用。抓棉机的机型较多，按其运动特点可分为两类：一类为环行式自动抓棉机；另一类为直行往复式自动抓棉机。它们的工作原理基本相同，在结构上都要满足多包抓取、连续抓取、安全生产、均衡供应的工作要求。

一、FA002型环行式自动抓棉机

图3-2-1为FA002型环行式自动抓棉机的机构简图。

FA002型环行式自动抓棉机适于加工棉、棉型化纤和中长化纤，主要由抓棉小车3、伸缩管2、内圈墙板5、外圈墙板6、输棉管道1和地轨7等机件组成。抓棉小车由抓棉打手4和肋条8等组成。

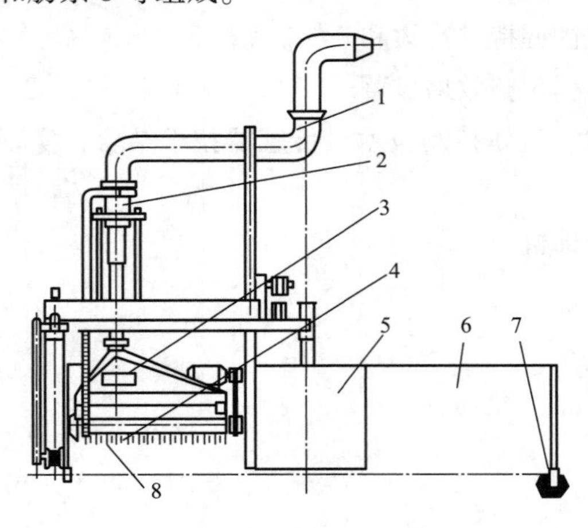

图3-2-1 FA002型环行式自动抓棉机

1—输棉管道 2—伸缩管 3—抓棉小车 4—抓棉打手 5—内圈墙板 6—外圈墙板 7—地轨 8—肋条

棉包放在圆形地轨内侧和抓棉打手的下方，抓棉小车沿地轨作顺时针环行回转，它的运行和停止由前方机台棉箱内的光电管控制。当前方机台需要原棉时，小车运行；当前方机台不需要原棉时，小车停止运行，以保证均匀供给。同时，小车每回转一周，间歇下降一定距离。小车运行到上、下极限位置时，会受限位开关的控制。抓棉小车运行时，抓棉打手同时作高速回转，借助肋条紧压棉包表面，锯齿刀片自肋条间均匀地抓取棉块，抓取的棉块由前方机台凝棉器风扇或输棉风机所产生的气流将棉块吸走，通过输棉管道落入前方机台的棉箱内。

二、FA006型直行往复式抓棉机

FA006型直行往复式抓棉机机构如图3-2-2所示，主要由抓棉小车、转塔、抓棉装置、打手、压棉罗拉、输棉管道、运行轨道和电气控制柜等组成，适用于加工各种原棉和长度为76mm以下的化学纤维。

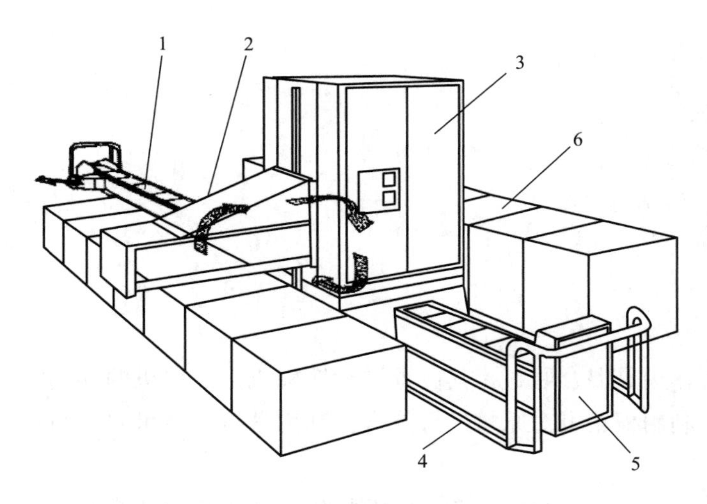

图3-2-2　FA006型直行往复式抓棉机

1—输棉管道　2—抓棉装置　3—转塔　4—运行轨道　5—电气控制柜　6—棉包

FA006型直行往复式抓棉机单侧可放置50个棉包，它采用间歇下降的双锯齿刀片打手，随抓棉小车作往复运动，对棉包顺序抓取。其间歇下降量可在0.1～19.9mm/次范围内进行无级调节，抓取的棉束小而均匀，平均重量为30mg，且棉束的离散度小，有利于后续进一步的开松和均匀混合。在FA006型基础上开发的FA006A型往复式抓棉机还具有分组抓取的功能，可处理相隔排放的不同原料，可同时纺多个品种，供应一至两条开清棉生产线。FA006B、FA006C型往复式抓棉机具有棉包自动找平、抓棉器打手倒挂装置、抓棉臂下降量数字精确控制功能。小车行走、压棉罗拉、转塔旋转三电动机变频传动，调整简单，稳定可靠。使用打手倒挂装置，使两个打手的高低位置根据抓棉方向的变化自动调节，始终保持前低后高。这样，两个打手在工作时负荷基本相当，减少了抓取棉束的离散度，降低了对纤维的损伤。此外，所有工艺参数都可在电气操作台的控制面板上设定和更改。

思考练习

自动抓棉机有哪几种型式？

拓展练习

1. 了解影响FA002型环行式自动抓棉机开松作用、混合作用的因素。
2. 查阅圆盘式抓棉机的工作视频。
3. 查阅往复式抓棉机的工作视频。

任务3 混棉机

学习目标

1. 掌握混棉机的作用。
2. 掌握混棉机的分类。
3. 了解混棉机的工艺过程。
4. 了解混棉机的特点。

相关知识

混棉机的主要作用是混合原料，其位置靠近抓棉机。混棉机的共同特点是都具有较大的棉箱和角钉机件，利用棉箱可对原料进行混合，利用角钉机件可对原料进行扯松，去除杂质和疵点。

混棉机分为棉箱式自动混棉机与多仓式混棉机，其中棉箱式自动混棉机主要有A006BS、A006B、FA016A等机型；多仓式混棉机（一般6~10仓）主要有FA022、FA025等机型。

一、棉箱式自动混棉机

（一）FA016A型自动混棉机的机构和工艺流程

FA016A型自动混棉机的机构如图3-3-1所示。该机一般位于自动抓棉机的前方，与凝棉器联合使用。原料靠储棉箱上方的凝棉器1吸入本机，通过翼式摆斗2的左右摆动，将棉块横向往复铺放在输棉帘3上，形成一个多层混合的棉堆。压棉帘4将棉堆适当压紧，因其速度和输棉帘相同，故棉堆被两者上下夹持而喂给角钉帘6。角钉帘对棉堆进行垂直抓取，并携带棉块向上运动，当遇到压棉帘的角钉时，由于角钉帘的线速度大于压棉帘，于是棉块在两帘子之间受到撕扯作用，从而获得初步开松。被角钉帘抓取的棉块向上运动时，与均棉罗拉5相遇，因均棉罗拉的角钉与角钉帘的角钉运动方向相反，棉块在此处既受撕扯作用又受打击作用，这样，较大的棉块被撕成小块，一部分被均棉罗拉击落在压棉帘上，重新送回储棉箱与棉堆混合；一部分小而松的棉块被角钉帘上的角钉带出，由角钉打手8击落在尘格7上。在打手和尘棒的共同作用下，棉块松解成小块后输入前方机械，继续加工，而棉块中部分较大的杂质如棉籽、籽棉等，通过尘棒间隙下落。均棉罗拉与角钉帘之间的隔距可根据需要进行调节，角钉帘上的棉块经均棉罗拉作用后，输出较均匀的棉量。储棉箱内的摇栅（或光电管）能控制棉箱内的储棉量。当储棉量超过一定高度时，通过电气系统使抓棉小车停止运行，停止给棉；反之，当棉箱内的储棉量低于一定水平时，电气系统使抓棉小车运行，继续给棉。FA016A型自动混棉机在出口处为双打手，即圆柱角钉打手8和刀片打手9，在混棉的同时加强了开松作用，并带有自动吸落棉装置。

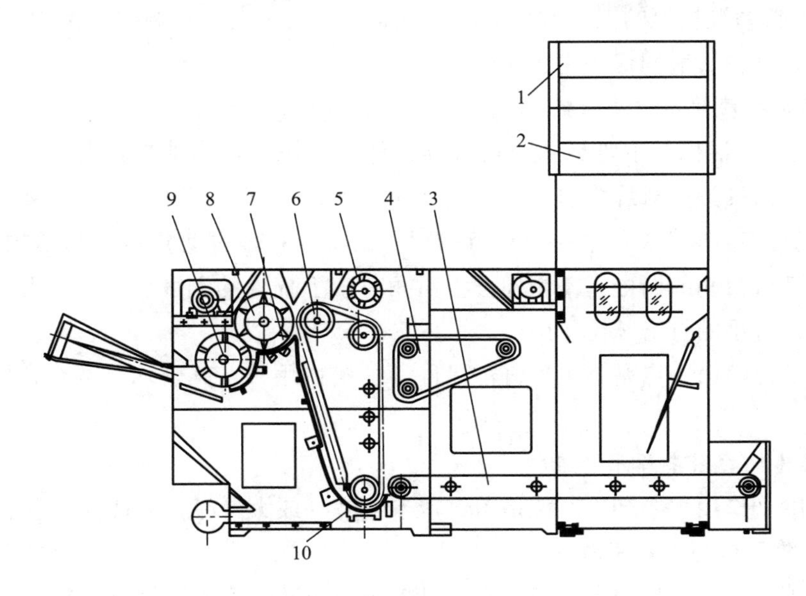

图 3-3-1　FA016A 型自动混棉机

1—凝棉器　2—翼式摆斗　3—输棉帘　4—压棉帘　5—均棉罗拉
6—角钉帘　7—尘格　8—角钉打手　9—刀片打手　10—漏底

(二) 混棉机的作用分析

1. 自动混棉机的混合作用特点

FA016A 型自动混棉机主要利用“横铺直取、多层混合”的原理达到均匀混合的目的。这种方法不仅使在同一时间内被角钉帘抓取的棉块能包含配棉所规定的各种成分，而且可使自动抓棉机喂入的各种成分原棉之间在较长片段上得到并合与混合。棉层的铺放情况如图 3-3-2 所示，图中 z 方向是水平帘的喂棉方向，x 方向是棉层的铺放方向，y 方向是角钉帘垂直运动的抓取方向。

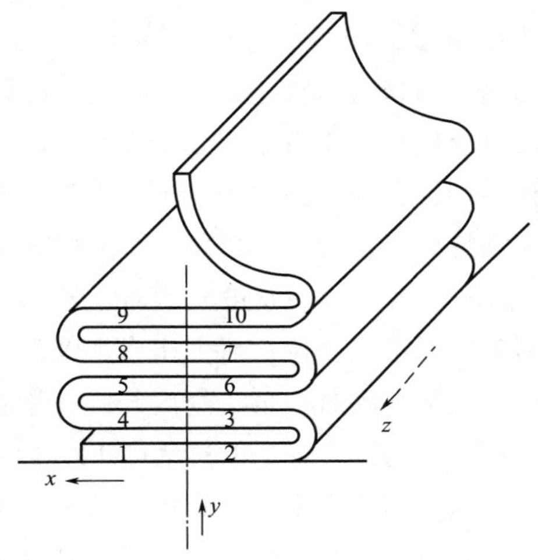

图 3-3-2　棉层的铺放示意图

FA016A 型自动混棉机的混合效果由棉层的铺放层数决定。影响混合作用的主要因素有：①摆斗的摆动速度；②输棉帘的输送速度。

2. 自动混棉机的开松作用特点

FA016A 型自动混棉机主要是利用角钉等机件对棉块进行撕扯与自由打击来实现对纤维的开松作用的。这种方法对纤维损伤较小，杂质也不易破碎。其开松作用主要发生在下面四个部位：①角钉帘对压棉帘和输棉帘夹持的棉层的加速抓取；②角钉帘与压棉帘间的撕扯；③均棉罗拉与角钉帘间的撕扯；④剥棉打手对角钉帘上棉块的剥取、打击和开松；⑤出口处角钉打手或刀片打手的打击开松作用。

以上开松部位除第一点是一个角钉帘机件的扯松作用外，其余均是两个角钉机件间的撕扯作用。

3. 自动混棉机的除杂作用特点

混棉机的除杂作用主要产生部位是角钉帘下尘格（或大漏底）和磁铁装置。

4. 自动混棉机的均匀作用特点

棉箱式混棉机的均匀作用主要产生部位是棉箱中的光电控制装置和均棉罗拉—角钉帘。

二、多仓式混棉机

（一）FA022 型多仓混棉机

1. FA022 型多仓混棉机的机构和工艺流程

FA022 型多仓混棉机适用于各种原棉、棉型化纤和中长化纤的混合，该机有 6 仓、8 仓和 10 仓之分，其 10 仓机构简图如图 3-3-3 所示。输棉风机 1 将后方机台的原料抽吸过来，经过进棉管 2 进入配棉道 6，顺次喂入各储棉仓 4。各储棉仓顶部均有挡板活门 5，前后隔板的上半部分均有网眼小孔隔板 8，当空气带着纤维进入储棉仓后，空气从小孔逸出，经回风道 3 排出。与此同时，网眼板将纤维凝聚并留在仓内，使纤维与空气分离，凝聚的纤维在后续纤维重力、惯性力和空气静压力的作用下，不断地从网眼板的上方滑向下方，填充储棉仓的下部。这样，仓内的储料不断增多，网眼小孔逐渐被纤维遮住，有效透气面积逐渐减小，仓内和配棉道内的气压逐步增高。当仓内储料达到一定高度，配棉道内的气压（静压）上升到一定数值时，压差开关发出满仓信号（也有采用仓顶安装光电管检测仓内储料是否满仓），由仓位转换气动机构进行仓位转换，本仓活门关闭，下一仓活门自动打开，原料喂入转至下一仓，依次逐仓喂料，直到充满最后一仓为止。在第二仓位观察窗的 1/3～1/2 高度处装有光电管 9，监视仓内纤维的存量高度。当最后一仓被充满时，若第二仓内纤维存量不多，原料高度低于光电管位置，则喂料就转回第一仓位；后方机台继续供料，使多仓混棉机进入下一循环的逐仓喂料过程。若最后一仓被充满时，第二仓内纤维存量较多，存料高度高于光电管位置，则后方机台停止供料，同时关闭进棉管中的总活门 14，但输棉风机仍然转动，气流经旁风道管进入垂直回风道，最后从混棉道逸出。待仓内存量高度低于光电管位置时，光电管装置发出信号，总活门打开，后方机台又开始供料，重复上述喂料过程。这样，储棉仓的高度总是保持阶梯状分布。在各仓底部均有一对给棉罗拉 10 和一只打手 11，原料经开松后落入混棉道12，顺次叠加在一起完成混合作用，然后被前方气流吸走。

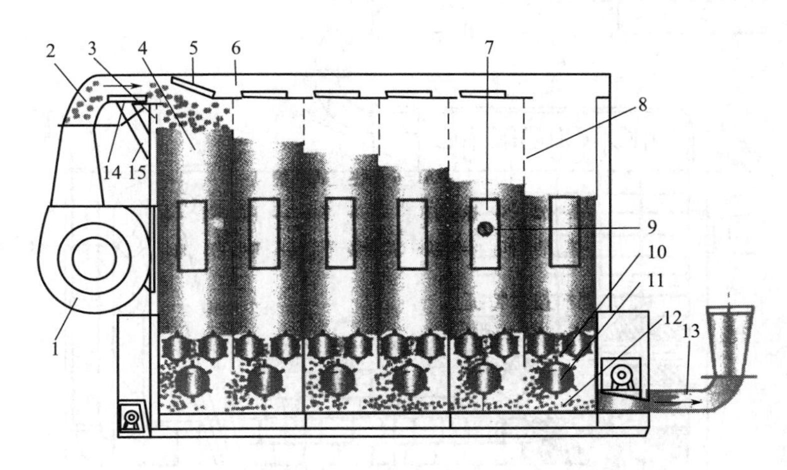

图3-3-3　FA022-10型多仓混棉机

1—输棉风机　2—进棉管　3—回风道　4—储棉仓　5—挡板活门　6—配棉道　7—观察窗　8—隔板　9—光电管　10—给棉罗拉　11—打手　12—混棉道　13—出棉管　14—总活门　15—旁风道管

2. FA022型多仓混棉机的混合特点

（1）时间差混合。FA022型多仓混棉机的混合作用主要是依靠各仓进棉时间差来达到均匀混合的目的。其工作原理可概括为“逐仓喂入、阶梯储棉、不同时输入、同步输出、多仓混合”，即不同时间先后喂入本机各仓的原料，在同一时刻输出，以达到各种纤维均匀混合的目的。

（2）大容量混合。FA022型多仓混棉机的容量为440～600kg，约为A006BS型自动混棉机容量的15倍，所以混合片段较长，是高效能的混合机械。为了增大多仓混棉机的容量，除了增加仓位数外，FA022型多仓混棉机还采用了正压气流配棉，气流在仓内形成正压，使仓内储棉密度提高，储棉量增大。

（二）FA025型多仓混棉机

1. FA025型多仓混棉机的机构和工艺过程

FA025型多仓混棉机的机构如图3-3-4所示。上一机台输出的棉流经顶部输棉风机吸入输棉管道1，在导向叶片的作用下，均匀喂入六只棉仓2，气体则由棉仓上网眼板排出。各仓原棉在弯板处转90°后叠加在水平输棉帘7上，向前输送，受角钉帘5的逐层抓取作用而撕扯成小棉束并输出。均棉罗拉4回击过厚的棉块，使之落入小棉箱3内，产生细致混合，剥棉罗拉6剥取角钉帘上的棉束并喂入下一机台。

2. FA025型多仓混棉机的混合特点

①时间差混合。同时输入、六层并合、不同时输出，依靠路程差产生的时间差来实现时差混合。

②三重混合。在水平输棉帘、角钉帘和小棉箱三处产生三重混合作用，因而能实现均匀细致的混合效果。

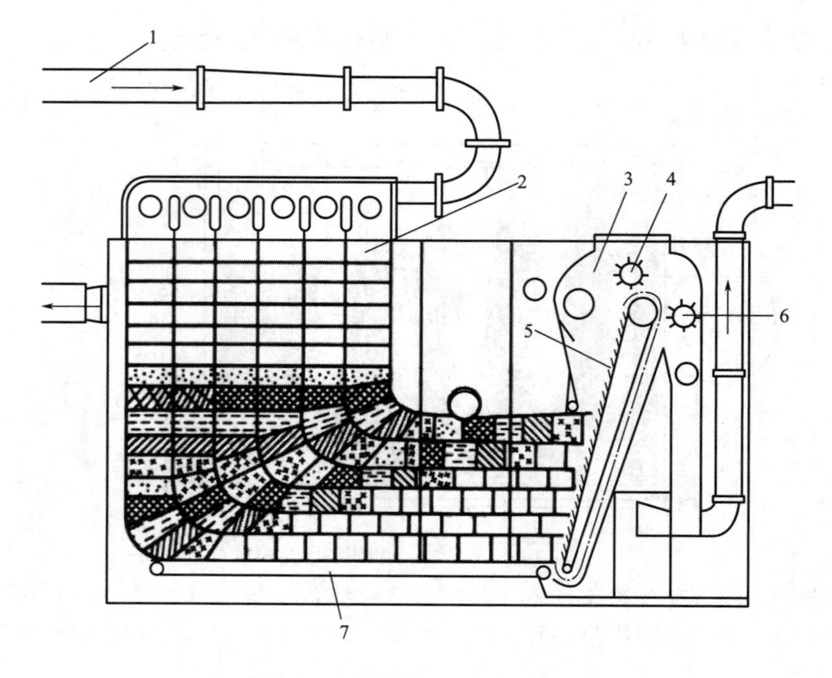

图 3-3-4　FA025 型多仓混棉机

1—输棉管道　2—棉仓　3—小棉箱　4—均棉罗拉　5—角钉帘　6—剥棉罗拉　7—输棉帘

思考练习

1. 混棉机有哪几种型式?
2. 阐述 FA016A 混棉机发挥主要作用的机构。

拓展练习

1. 收集各种混棉机的规格参数。
2. 了解影响 FA002 型自动抓棉机开松作用、混合作用的因素。

任务 4　开棉机

学习目标

1. 掌握开棉机的作用与分类。
2. 掌握开松作用的原理。
3. 了解开棉机的工艺过程。
4. 了解开棉机的特点。

相关知识

一、开松作用的原理

开棉机的共同特点是利用高速回转机件（打手）的刀片、角钉或针齿对原料进行击打、分割或分梳，使之得到开松和除杂。

（一）开松作用的分类

- 开松作用
  - 扯松作用
  - 打击开松作用
    - 自由打击开松
    - 握持打击开松

（二）各开松作用的概念与特点

1. 扯松作用

扯松作用是利用两个扯松机件的钉（角钉或钉棒）的相对运动，使棉束受到撕扯、开松作用。其特点是开松作用缓和、纤维不易损伤、杂质不易破碎，但开松效果差。

2. 打击开松作用

打击开松（简称打松）作用是利用高速回转的打手对棉束进行打击和分割，分为自由打松与握持打松两类。

（1）自由打松是指棉块在自由状态下受到打手的打击开松。其特点是开松作用缓和、纤维不易损伤、杂质不易破碎，但开松效果稍差。

（2）握持打松是指棉块在握持状态下受到打手的打击开松。其特点是打击力大、开松除杂作用明显，但杂质容易破碎、纤维容易损伤。

（三）开棉机的分类

根据打击和开松作用的方式不同，开棉机可分为自由打击开棉机（多辊筒开棉机、轴流开棉机等）和握持打击开棉机（豪猪式开棉机等）。在开清棉联合机的组合排列中，一般先安排自由打击的开棉机，再安排握持打击的开棉机。

二、六辊筒开棉机

（一）FA104A 型六辊筒开棉机的机构和工艺流程

FA104A 型六辊筒开棉机的机构如图 3-4-1 所示。1 为辊筒，共有 6 个，直径均为 455mm，每只辊筒上有 4 排角钉，每排 7~8 只角钉，辊筒转速自下而上逐渐加大。辊筒下方的尘格 2 采用振动式扁钢尘棒，尘棒隔距可以调节。相邻两只辊筒间装有剥棉刀 7，以防止返花。储棉箱 5 内装有调节板，用以调节棉箱内的储棉量。棉箱的两个侧面装有光电管，用于控制喂棉机械对本机的喂棉。棉箱下部装有输出罗拉，将原料喂给角钉打手 6。后方机台输出的棉流在凝棉器 4 的作用下，落入储棉箱，经角钉打手打击后喂给第一辊筒。原料在辊筒腔内受到自由打击作用，并在角钉和尘棒的共同作用下得到开松，杂质和短纤维从尘棒间隙落入尘箱。原料受逐个辊筒作用后，依靠前方气流的吸引，自下而上逐步运动，最后由上部的出棉口 3 输出机外。

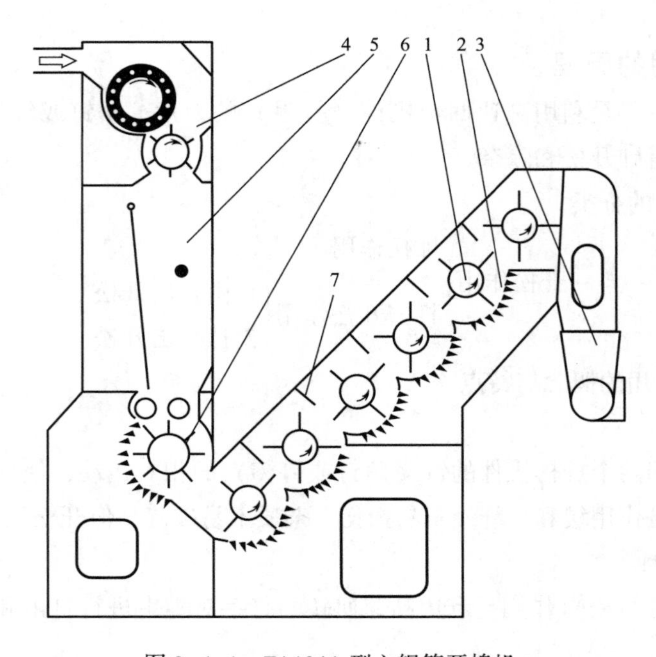

图 3-4-1　FA104A 型六辊筒开棉机

1—辊筒　2—尘格　3—出棉口　4—凝棉器　5—储棉箱　6—角钉打手　7—剥棉刀

(二) 六辊筒开棉机的作用特点

1. 开松作用

六辊筒开棉机的开松作用，主要通过棉块在自由状态下，反复经过角钉以及角钉和尘棒的打击、扯松来实现。棉块经角钉作用后，由于离心力的作用，与尘格撞击，迫使尘棒产生振荡，而棉块再次受到松解。被分离的棉籽、籽棉等大杂易下落，不嵌塞尘棒。

2. 除杂作用

六辊筒开棉机在第一至第五辊筒下方的尘格处进行除杂，因为采用连续多个角钉辊筒与振动式扁钢尘棒作用，除杂面积较大，具有较高的除杂能力。

(三) 六辊筒开棉机的应用

六辊筒开棉机只适用于加工棉纤维，不适用于加工化学纤维。因为化学纤维几乎不含杂质且长度较长，在加工过程中易产生返花现象。

三、豪猪式开棉机

(一) FA106 型豪猪式开棉机的机构和工艺流程

FA106 型豪猪式开棉机适用于对各种品级的原棉作进一步的开松和除杂，其机构简图如图 3-4-2 所示。原棉在凝棉器作用下进入储棉箱 1 中，由光电管 2 控制棉箱，以保持储棉高度恒定。当棉箱中的储棉量过多或过少时，可通过光电管控制后方的机台停止给棉或重新给棉，以保持箱内稳定的储棉量。通过改变调节板 3 的位置来调节输出棉层厚度。木罗拉 4 使原棉初步压缩后输送至金属给棉罗拉 5，给棉罗拉受弹簧加压，紧握棉层，使之经受豪猪打手6的打击、分割和撕扯作用。被打手撕下的棉块，沿打手圆弧的切线方向撞击到尘棒上。在打手、尘棒和气流的共同作用下，棉块被进一步地开松、除杂，被分离的尘杂和短纤维从尘棒间隙落下。在出棉口处装有剥棉刀，以防止打手返花。

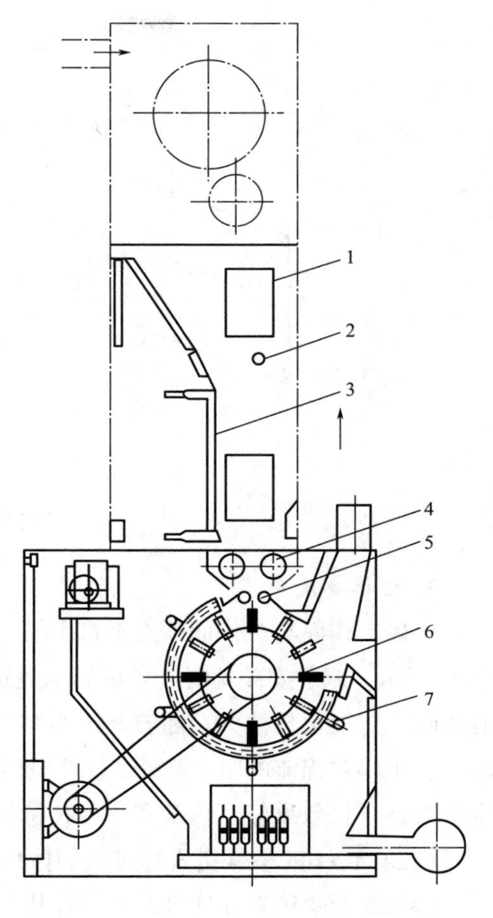

图3-4-2　FA106型豪猪式开棉机

1—储棉箱　2—光电管　3—调节板　4—木罗拉　5—给棉罗拉　6—豪猪打手　7—尘格

1. 豪猪打手的结构

豪猪打手轴上装有19个圆盘，每个圆盘装有12把矩形刀片，其结构如图3-4-3所示。刀片不在一个平面上且以不同的角度向圆盘两侧倾斜，刀片的倾斜角度成不规则排列，对整个棉层宽度都有打击作用，使得打手高速回转时不会因为产生的轴向气流而影响棉块在横向的均匀分布。

2. 豪猪式开棉机的尘棒

豪猪打手下方的63根尘棒分为四组，包围在打手的3/4圆周上，尘棒隔距可通过调节尘棒安装角来调节。尘棒的结构如图3-4-4（a）所示，*abef* 面称为顶面，用以托持棉块；*acdf* 面称为工作面，用以反射撞击到尘棒上的杂质；*bcde* 面称为底面。尘棒顶面与工作面间的夹角 α 称为清除角，安装时需要迎着棉块的运动方向，具有分离杂质和阻滞棉块以及与打手共同扯松棉块的作用。α 一般为40°~50°，其大小与开松除杂作用有关。当 α 较小时，开松除杂作用好，但尘棒顶面的托持作用较差。尘棒顶面与底面的交线至相邻尘棒工作面的垂直距离称为尘棒间的隔距。增大尘棒间的隔距，可更多地排除杂质。

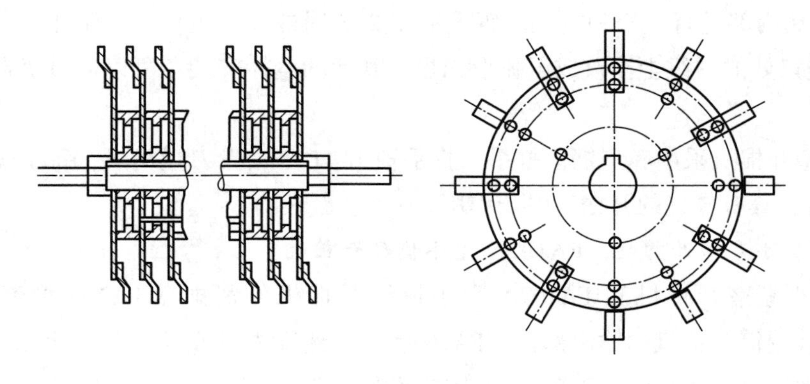

图3-4-3　豪猪打手

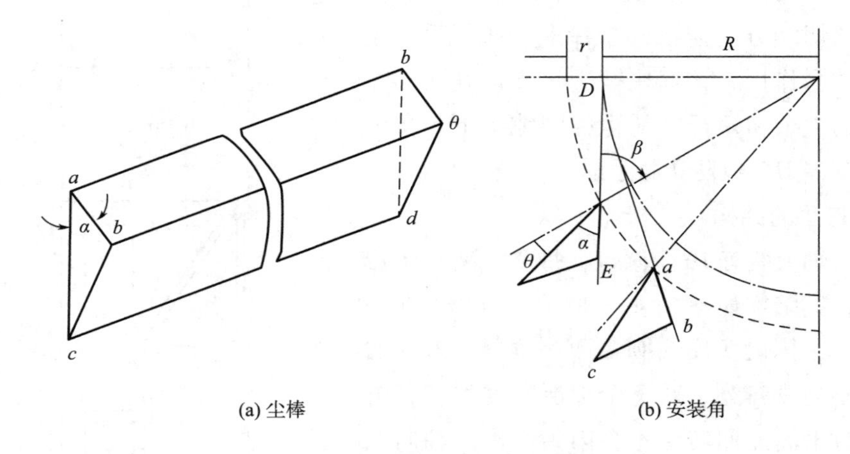

(a) 尘棒　　(b) 安装角

图 3-4-4　尘棒的结构与安装角

3. 尘棒安装角

尘棒工作面与工作面顶点至打手轴心连线之间的夹角 θ 称为尘棒的安装角，如图 3-4-4（b）所示。调节安装角时，尘棒间的隔距也随着相应改变。角的变化对落棉、除杂和开松都有影响，其变化规律为：随着 θ 角的增大，尘棒间的隔距逐渐减小，顶面对棉块的托持作用较大，尘棒对棉流的阻力较小，开松效果差，落杂少；反之，θ 角小时，尘棒对棉块形成一定阻力，开松效果好，落杂多，但托持作用减弱，容易落白花。

（二）FA106 型豪猪式开棉机的作用特点

FA106 型豪猪式开棉机的开松作用属于握持打击开松，打击力大，具有较强的开松、除杂能力，但纤维易损伤，杂质易碎。

（三）其他不同打手类型的开棉机

1. FA106A 型梳针辊筒开棉机、FA106B 型锯齿刀片开棉机

FA106A 型梳针辊筒开棉机与 FA106 型豪猪式开棉机的机构组成基本相同，区别之处是将豪猪打手换成了梳针辊筒，其主要用于加工棉型化纤。梳针辊筒由 14 块梳针板组成，运转时梳针刺入棉丛内部进行开松和梳理。辊筒的 1/2 圆周外装有尘棒，由于化纤不含杂质，故原 FA106 型进口处的一组尘棒改成了弧形光板，其他的尘棒安装角可以通过机器外的手轮进行调节。

FA106B 型开棉机采用鼻型锯齿打手，打手轴由 41 个锯齿刀盘组成，每个锯齿刀盘上有 30 个鼻型锯齿，具有较好的开松、除杂作用。

2. FA107 型小豪猪开棉机、FA107A 型小梳针开棉机

FA107 型小豪猪开棉机和 FA107A 型小梳针开棉机分别排在 FA106 型豪猪开棉机和 FA106A 型梳针辊筒开棉机的输出部位。FA107 型小豪猪开棉机的豪猪打手由 28 个圆盘组成，上面安装有矩形刀片。FA107A 型的打手为三翼梳针式，梳针直径为 3. 2mm。它们的机构组成、作用分别与 FA106 型和 FA106A 型相同。

四、FA105A、FA102、FA113 型单轴流开棉机

该系列机型为高效的预开棉设备，FA105A 型单轴流开棉机的机构简图如图 3-4-5 所示。进入本机的原料，沿导棉板呈螺旋状运动，在自由状态下经受多次均匀、柔和的弹打，使之得到充分的开松、除杂作用。

该机的主要特点是：①无握持开松，对纤维损伤少；②V 形角钉富有弹性，开松柔和、充分，除杂效率高，实现了大杂“早落少碎”；③角钉打手转速为 480~800r/min，由变频电动机传动，无级调速；④尘棒隔距可手动或自动调节，满足不同的工艺要求；⑤有可供选择的间歇或连续式吸落棉装置；⑥特殊设计的结构，加强了微尘和短绒的清除。

作为预开棉机，本机一般安装在抓棉机和混棉机之间。FA105 型适用于加工各种品级的棉花，FA113 型适用于加工棉、化纤和混合原料。

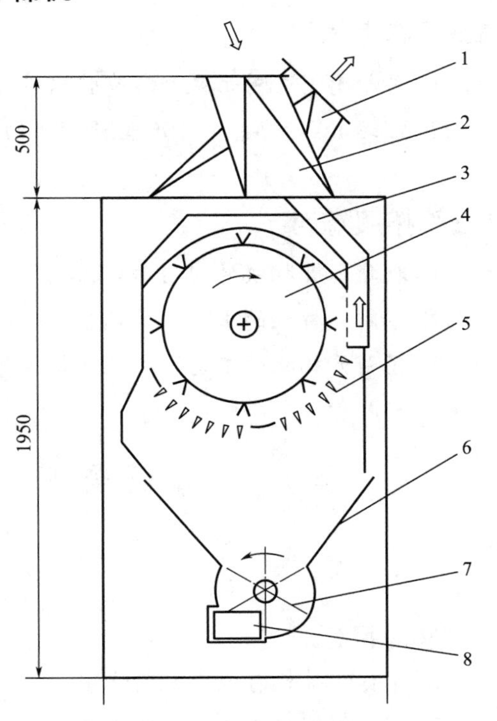

图 3-4-5　FA105A 型单轴流开棉机

1—进棉管　2—出棉管　3—排尘管　4—V 型角钉辊筒　5—尘格　6—落棉小车　7—排杂打手　8—吸落棉出口

五、FA103A 型双轴流开棉机

本机适用于加工各种品级的原棉，其机构简图如图 3-4-6 所示。原棉由气流输入打手室，并通过两只角钉辊筒对其进行自由打击，对纤维损伤较小。在棉流沿打手轴向做旋转运动的同时，籽棉等大杂沿打手切线方向从尘棒间隙落下。转动的排杂打手能把尘杂聚拢，经自动吸落棉系统吸走，并能稳定尘室内的压强。

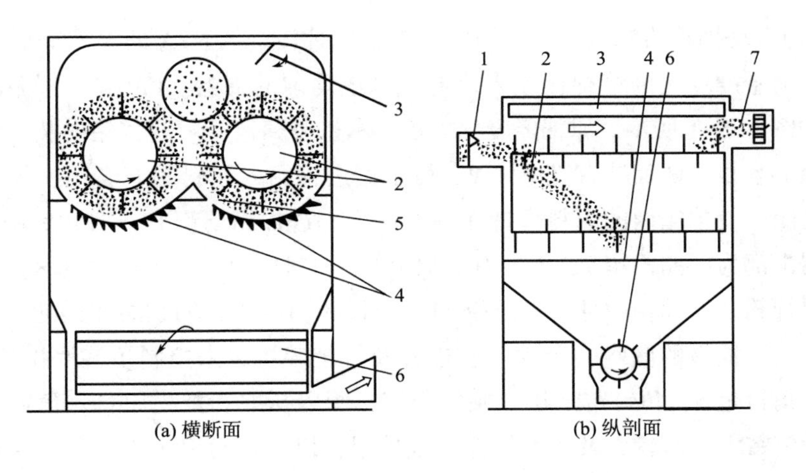

图 3-4-6　FA103 型双轴流开棉机

1—进棉口　2—角钉辊筒　3—导向板　4—尘棒　5—导向板　6—排杂打手　7—出棉口

☞ 思考练习

1. 开松有哪几种形式？各有什么特点？
2. 阐述 FA104A、FA106 型开棉机的特点。

☞ 拓展练习

1. 收集各开棉机的规格参数。
2. 了解开棉机的工艺参数调整。
3. 了解开棉机的工艺过程及其特点。

任务 5　给棉机与成卷机

学习目标

1. 掌握给棉机与成卷机的作用。
2. 掌握给棉机与成卷机的工艺过程。
3. 了解给棉机与成卷机的各机构的主要作用。

相关知识

一、给棉机

棉箱给棉机的主要作用是均匀给棉，并具有一定的混合与扯松作用。

1. 振动棉箱给棉机的工艺过程

FA046A 型振动棉箱给棉机主要采用振动棉箱代替传统 A092A 的 V 型帘棉箱，输出的纤维经振动后成为密度均匀的筵棉而喂入成卷机制成均匀的棉卷。FA046A 型振动棉箱给棉机的主要机构如图 3-5-1 所示。原棉经凝棉器喂入本机进棉箱 10，进棉箱内装有调节板 12，用以调节进棉箱的容量，侧面装有光电管 2，可根据进棉箱内原料的充满程度控制电气配棉器进棉活门的启闭，使棉箱内的原料保持在一定高度。进棉箱下部有一对角钉罗拉 9，用以输出原料。机器中部为中储棉箱 7，下方有输棉帘 8。原料由角钉罗拉输出后落在输棉帘上，由输棉帘送入储棉箱。储棉箱中部装有摇板 11，摇板随箱内原料的翻滚而摆动。当原料超过或少于规定容量时，摇板的倾斜会带动一套连杆及拉耙装置，来控制角钉罗拉的停止或转动。输棉帘前方为角钉帘 5，角钉帘上植有倾斜角钉，用以抓取和扯松原料。角钉帘后上方的均棉罗拉 6 从角钉帘上打落较大及较厚的棉块或棉层，以保证角钉帘带出的棉层厚度相同，使机器均匀出棉，并具有扯松原料的作用。均棉罗拉表面装有角钉，与角钉帘的角钉交叉排列。均棉罗拉与角钉帘之间的隔距可以根据需要进行调节。角钉帘的前方有剥棉打手，用于从角钉帘上剥取原料，使其进入振动棉箱，同时具有开松作用。振动棉箱由振动板 3 和输出罗拉 1 等组成。振动棉箱的上部装有光电管，用于控制角钉帘和输棉帘的停止或转动。经振动板作用后的筵棉，由输出罗拉均匀地输送至单打手成卷机。

FA046A 型振动棉箱给棉机是在 A092AST 基础上改进而成的。A092AST 的振动频率及振幅不可调节，而 FA046A 的振动频率及振幅可以调节，以满足不同原料的加工要求。

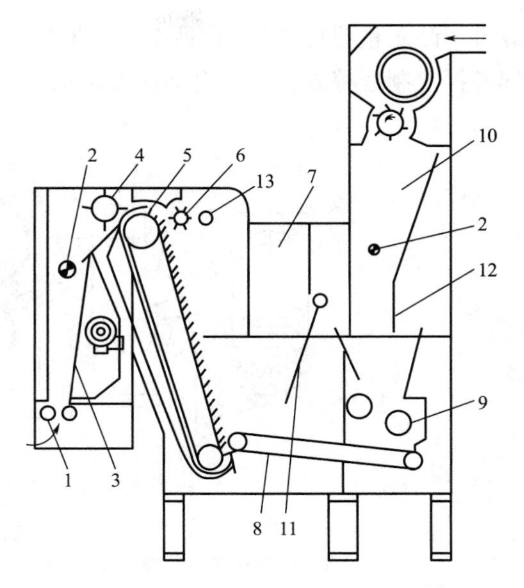

图 3-5-1　FA046A 型振动棉箱给棉机

1—输出罗拉　2—光电管　3—振动板　4—剥棉打手　5—角钉帘　6—均棉罗拉　7—中储棉箱　8—输棉帘　9—角钉罗拉　10—进棉箱　11—摇板　12—调节板　13—清棉罗拉

2. FA046A 型振动式给棉机的均匀作用

为达到良好的开松效果和均匀的出棉要求，振动式给棉机通过三个棉箱控制储棉量的稳定，从而实现均匀出棉的目的。均匀作用主要通过下面几个途径实现。

（1）在进棉箱和振动棉箱内均安装有光电管，用以控制进棉箱和振动棉箱内储棉量的相对稳定，使单位时间内输出的棉量一致。

（2）中储棉箱的棉量由摇板—拉耙机构控制。

（3）角钉帘与均棉罗拉隔距用于控制出棉均匀。当两者隔距小时，开松作用增强，输出棉束减小和出棉均匀，但隔距小时产量低（此时，应适当增加角钉帘的线速度）。

（4）振动棉箱控制输出棉层的均匀度，采用振动棉箱使箱内的原料密度更加均匀，因而可使均匀作用大幅改善。

二、成卷机（或清棉机）

原料经上述一系列机械加工后，已达到一定程度的开松与混合，一些较大的杂质已被清除。但仍有很多的破籽、不孕籽、籽屑和短纤维等杂质，需经过清棉机械的进一步开松与清除。清棉机械的作用是进一步对原料进行开松、均匀、混合，控制和提高棉层纵、横向的均匀度，进而制成一定规格的棉卷或棉层。

（一）FA141 型单打手成卷机的机构和工艺过程

FA141 型单打手成卷机适用于加工各种原棉、棉型化纤及长度为 76mm 以下的中长化纤，其机构简图如图 3-5-2 所示。FA046A 型双棉箱给棉机振动棉箱输出的棉层经角钉罗拉 15、天平罗拉 14、天平曲杆 16 喂给综合打手 12。当通过的棉层太厚或太薄时，铁炮变速机构自动调节天平罗拉的给棉速度。天平罗拉输出的棉层受到综合打手的打击、分割、撕扯和梳理作用后，开松的棉块被打手抛向尘格 13，杂质通过尘格落下，棉块在打手与尘棒的共同作用下进一步开松。在风机 11 的作用下，棉块被凝聚在尘笼 10 的表面，形成较为均匀的棉层，细小的杂质和短纤维穿过尘笼网眼，被风机吸出机外。尘笼表面的棉层由剥棉罗拉 9 剥下，经过凹凸防粘罗拉8，再由四个紧压罗拉7将棉层压紧后，经导棉罗拉6，由棉卷罗拉5绕在棉卷扦上制成棉卷，最后自动落卷称重。

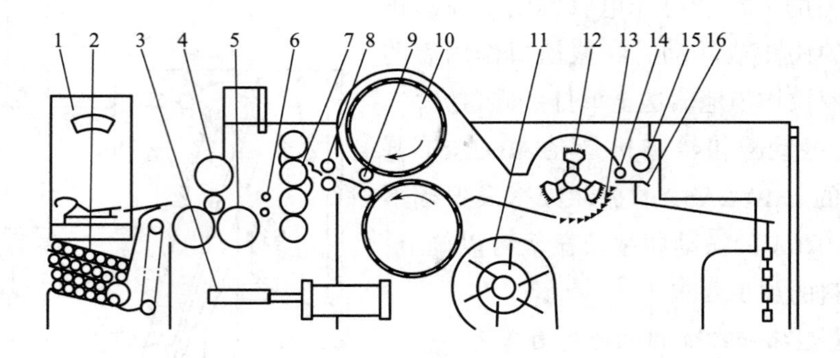

图3-5-2　FA141型单打手成卷机示意图

1—棉卷秤　2—存放扦装置　3—渐增加压装置　4—压卷罗拉　5—棉卷罗拉
6—导棉罗拉　7—紧压罗拉　8—防粘罗拉　9—剥棉罗拉　10—尘笼　11—风机
12—综合打手　13—尘格　14—天平罗拉　15—角钉罗拉　16—天平曲杆

（二）FA141型单打手成卷机的主要机构和作用

1. 打手的结构与作用

FA141型单打手成卷机采用综合打手。综合打手由翼式打手和梳针打手发展而来，其结构如图3-5-3所示。在打手的每一个臂上都是刀片安装在前面，梳针安装在后面，因此兼有翼式打手和梳针打手的特点。刀片的刀口角（楔角）为70°，梳针直径为3.2mm，梳针密度为1.42枚/m^2，梳针倾角为20°，梳针高度自头排到末排依次递增，用以加强对棉层的梳理作用。

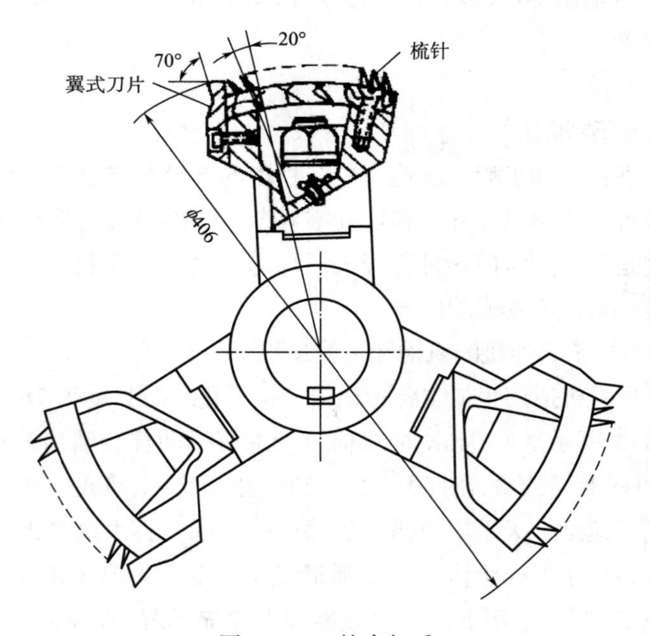

图3-5-3　综合打手

此外，打手刀片可根据工艺要求进行拆装，拆下刀片，换成护板，即可用作梳针打手。综合打手对棉层的作用是先利用刀片对棉层的整个横向施以较大的打击冲量，进行打击开松之后，梳针刺入棉层内部进行分割、撕扯、梳理，破坏纤维之间、纤维与杂质之间的联系而实现开松。综合打手作用缓和，杂质破碎较少，并能清除部分细小杂质。

2. 尘棒的结构和作用

综合打手下方约 1/4 的圆周外装有一组尘棒，其结构及作用与豪猪式开棉机的尘棒相同，也是三角形尘棒，与综合打手配合，起开松、除杂的作用。尘棒之间的隔距可通过机外手轮进行调节。

3. 均匀机构的结构与作用

FA141 型单打手成卷机的均匀机构主要包括天平调节装置和一对尘笼。清棉机的产品要达到一定的均匀要求，必须对棉层的纵、横向均匀度加以控制。产品的均匀度是在开清棉联合机中逐步达到的。

思考练习

1. 给棉机的主要作用是什么？
2. 成卷机的作用有哪些？
3. 简述给棉机的均匀作用。

拓展练习

1. 收集给棉机与成卷机的技术特点。
2. 了解 FA141 的工艺作用分析。
3. 收集 FA141 的工艺配置。

任务 6　开清棉联合机

学习目标

1. 掌握主要连接设备的作用。
2. 掌握开清棉联合机组合的原则。
3. 掌握开清棉联合机组合的具体要求。
4. 了解如何选择开清棉流程。

相关知识

开清棉工序是一个多机台生产流程。在整个工艺流程中，通过凝棉器把每一个单机互相衔接起来，利用管道气流输棉，组成一套连续加工的系统。为了平衡产量，原棉由开棉机输出后，在喂入清棉机前需要进行分配，故在开棉机与清棉机之间，需要安装有分配机械；为了适应不同原料的加工，开清棉各单机之间还要有一定的组合形式；为了使各单机保持连续定量供应，还需要安装一套联动控制装置。

一、开清棉联合机的连接

1. 凝棉器

凝棉器由尘笼、剥棉打手和风扇组成，其主要作用是：①输送棉块；②排除短绒和细杂；③排除车间中部分含尘气流。

A045B 型凝棉器的机构和工艺过程如图 3-6-1 所示。当风机高速回转时，空气不断排出，使进棉管内形成负压区，棉流即由输入口向尘笼 1 表面凝聚，一部分小尘杂和短绒则随气流穿过尘笼网眼，经风道排入尘室或滤尘器，凝聚在尘笼表面的棉层由剥棉打手 2 剥下，落入储棉箱中。

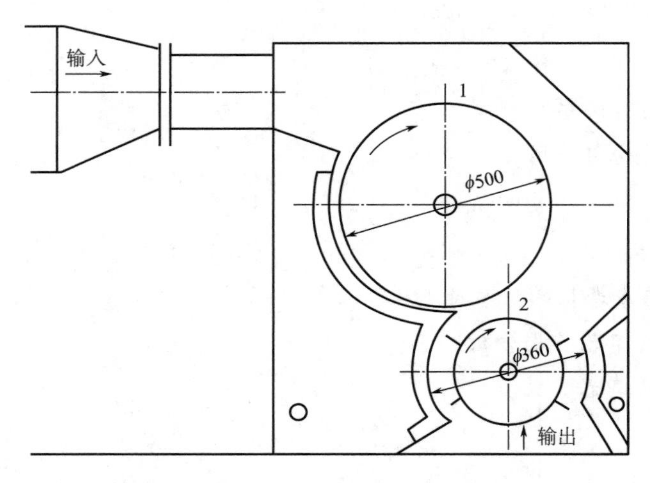

图 3-6-1　A045B 型凝棉器

1—尘笼　2—剥棉打手

2. 配棉器

由于开棉机与清棉机产量不平衡，需要借助配棉器将开棉机输出的原料均匀地分配给 2～3 台清棉机，以保证连续生产并获得均匀的棉卷或棉流。配棉器的形式有电气配棉器和气流配棉器两种。电气配棉采用吸棉的方式，气流配棉采用吹棉的方式。FA 系列开清棉联合机采用的是 A062 型电气配棉器。

A062 型电气配棉器的机构如图 3-6-2 所示，它装在 FA106 型豪猪式开棉机与 A092AST 型双棉箱给棉机之间，利用凝棉器的气流作用，把经过开松的棉块均匀分配给 2～3 台 A092AST 型双棉箱给棉机。

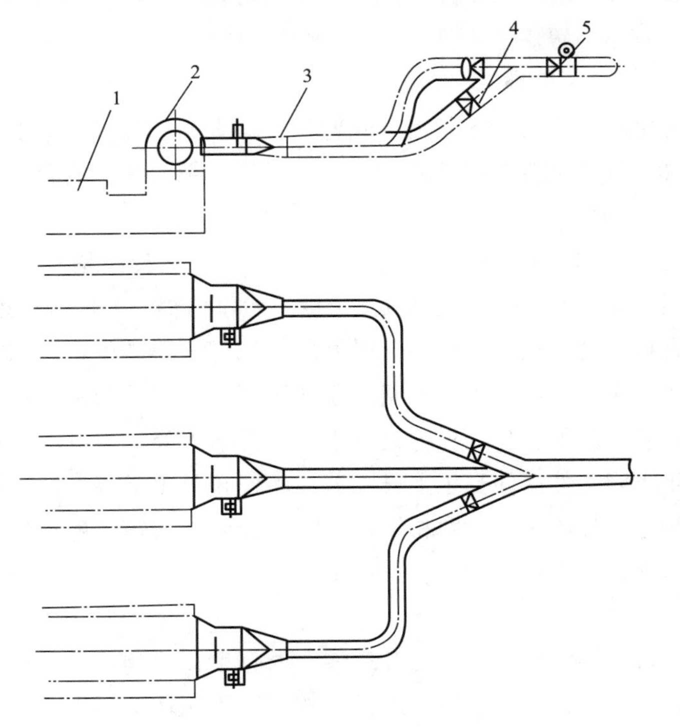

图 3-6-2　A062 型电气配棉器

1—A092AST 型双棉箱给棉机　2—A045B 型凝棉器　3—进棉斗　4—配棉头　5—防轧安全装置

3. 金属除杂装置

FA121 型金属除杂装置如图 3-6-3 所示，在输棉管的一段部位装有电子探测装置（图中未画出），当探测到棉流中含有金属杂质时，由于金属对磁场起干扰作用，发出信号并通过放大系统使输棉管专门设置的活门 1 作短暂开放（图中虚线位置），使夹带金属的棉块通过支管道 2，落入收集箱 3 内，然后活门立即复位，恢复水平管道的正常输棉，棉流仅中断 2～3s。而经过收集箱的气流通过筛网 4，进入另一支管道 2，汇入主棉流。该装置灵敏度较高，棉流中的金属杂质可基本清除干净，可防止金属杂质带入下台机器而损坏机件和引起火灾。

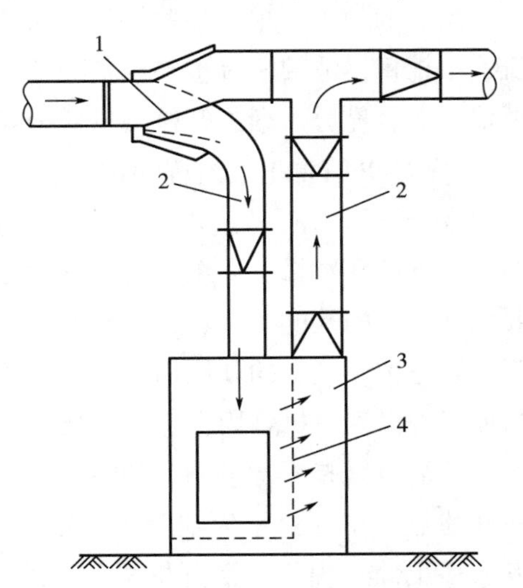

图 3-6-3　FA121 型金属除杂装置

1—活门　2—支管道　3—收集箱　4—筛网

二、开清棉联合机组的联动

开清棉联合机是用一套联动装置把各个单机联系起来的机械，使其前后呼应，控制整个给棉运动。当棉箱内棉量充满或不足时和当落卷停车或开车时，可使前后机械及时停止给棉或及时给棉，以保证定量供应和连续生产。此外，联动装置需要保障工作安全，防止各单机台因故障而充塞原棉，造成机台堵塞、损坏或火灾危险等。

1. 控制方法

联动装置在构造上可分为机械式和电气式两种，后者的控制较为灵敏、准确。国产开清棉联合机采用机械和电气相结合的控制装置。机械式如拉耙装置、离合器等，电气式如光电管、按钮连续控制开关等。

控制方法可分逐台控制、循序控制和联锁控制三种。逐台控制是一段一段地控制。例如，前方的一台机器不需要原棉时，可以控制其后方的一台不给棉，但后方更远的机器仍可给棉；反之，当前方的一台机器需要棉时，后一台机器的给棉部分便产生运动向前给棉。循序控制是对开清棉机的开车、关车的次序进行控制。联锁控制就是把某台机器的运动或某个机器的几种运动联系起来控制。例如，自动抓棉机打手的上升与下降，当打手正在下降时需要改为上升，应先停止打手下降，然后使打手上升；若先不停止打手下降，即使按动上升按钮，打手也无法上升。采用这种控制可避免两相线路同时闭合而造成短路停车事故。循序控制是对开清棉机开车、关车的次序进行控制。

2. 开关车的顺序

一般是先开前一台机器的凝棉器，再开后一台的打手，达到正常转速后，再逐台开启给棉机械。如果前一台凝棉器未开车，则喂入机台的打手不能转动；机台的打手不启动，则给棉机件不能开动。关车的顺序与开车顺序相反，即先停止给棉，再关闭打手，最后凝棉器停止吸风。

三、开清棉流程组合的工艺原则

开清棉工序是纺纱的第一道工序，通过各单机的作用逐步实现对原棉的开松、除杂、混合、均匀的加工要求。各单机的作用各有侧重，开清棉工艺主要是对抓棉机、混棉机、开棉机、给棉机、清棉机等主要设备的工艺参数进行合理配置，其工艺应遵循“多包取用、精细抓棉、混合充分、渐进开松、早落少碎、以梳代打、少伤纤维”的原则。

（一）开清棉工艺流程的选择要求

选择开清棉流程，必须根据单机的性能和特点、纺纱品种和质量要求，并结合使用原棉的含杂种类和数量、纤维长度、线密度、成熟数和包装密度等因素综合考虑。使用化纤时，要根据纤维的性能和特点，如纤维长度、线密度、弹性、疵点多少、包装松紧、混棉均匀度等因素考虑。选定的开清棉流程的灵活性和适应性要广，要能够适应不同品质的原棉或化纤的加工，做到一机多用，应变性强。

开清点是指对原料进行开松、除杂作用的主要打击部件。开清棉流程应配置适当个数的开清点，主要打手为轴流、豪猪、锯片、综合、梳针、锯齿等，每只打手作为一个开清点，多辊筒开棉机、混开棉机和多刺辊开棉机，每台也作为一个开清点。当原棉含杂高低和包装密度不同时，应考虑开清点的合理配置，根据原棉含杂情况不同，配置的开清点数可参见表 3-6-1。

表3-6-1　原料与开清点的关系

原棉含杂率/%	2.0以下	2.5~3.5	3.5~5.5	5.0以上
开清点数	1~2	2~3	3~4	5或经预处理后混用

根据纺纱线密度的不同，开清点数一般的选择要求为高线密度纱3~4个开清点，中线密度纱2~3个开清点，低线密度纱1~2个开清点，当配置开清点时应考虑间道装置，以适应不同原料的加工要求。

要合理选用混棉机械，配置适当棉箱只数，保证棉箱内存棉密度稳定。为使混合充分均匀，可选用多仓混棉机。

在传统成卷开清棉流程中，还要合理调整摇板、摇栅、光电检测装置，充分发挥天平调节机构或自调匀整装置的作用，保证供应稳定、运转率高、给棉均匀。使棉卷重量不匀率达到质量指标要求。

（二）组合实例

1. 纺棉流程

FA002A型自动抓棉机×2→TF30A型重物分离器（附FA051A型凝棉）→FA022-6型多仓混棉机→FA106B型豪猪式开棉机（附A045B型凝棉器）→A062型电器配棉→［FA046A型振动棉箱给棉机（附A045B型凝棉器）+FA141A型单打手成卷机］×2台

FA002A型自动抓棉机×2→A035E混开棉机（附FA045B型凝棉器）→FA106B型豪猪式开棉机（附A045B型凝棉器）→FA062型电器配棉器→［FA046A型振动棉箱给棉机（附A045B型凝棉器）+FA141A型单打手成卷机］×2台

2. 纺化纤流程

FA002A型自动抓棉机×2→FA022-6型多仓混棉机→FA106A型梳针式开棉机（附A045B型凝棉器）→A062型电器配棉器→［FA046型振动棉箱给棉机（附A045B型凝棉器）+FA141A型单打手成卷机］×2台

四、除杂效果评定指标

为了鉴定除杂效果，配合工艺参数的调整，要定期进行落棉试验与分析。表示除杂效果的指标有落棉率、落棉含杂率、落杂率、除杂效率和落棉含纤维率、总除杂效率等。

（1）落棉率。反映落棉的数量。通过试验称出落棉的重量，按下式计算：

$$落棉率=\frac{落棉重量}{喂入原棉重量}\times100\%$$

（2）落棉含杂率。反映落棉的质量。用纤维杂质分离机把落棉中的杂质分离出来进行称重，按下式计算：

$$落棉含杂率=\frac{落棉中杂质重量}{落棉重量}\times100\%$$

（3）落杂率。反映落杂的数量，也称绝对除杂率，按下式计算：

$$落杂率=\frac{落棉中杂质重量}{喂入原棉重量}\times 100\%$$

（4）除杂效率。反映去除杂质的效能，与落棉含杂率有关，可按下式计算：

$$除杂效率=\frac{落杂率}{喂入原棉含杂率}\times 100\%$$

（5）落棉含纤维率。反映可纺纤维的损失量，可按下式计算：

$$落棉含纤维率=\frac{落棉中纤维重量}{落棉重量}\times 100\%$$

（6）总除杂效率。反映开清棉工序机械总的除杂效能，可按下式计算：

$$总除杂效率=\frac{原棉含杂率-棉卷含杂率}{原棉含杂率}\times 100\%$$

思考练习

1. 凝棉器的作用是什么？
2. 配棉器的作用有哪些？
3. 简述开清棉联合机的组合原则与具体要求。

拓展练习

了解配棉器的原理。

任务7　开清棉产品的质量控制

学习目标

了解开清棉的质量指标。

相关知识

一、棉卷的质量检验项目与控制范围（表3-7-1）

表3-7-1　棉卷质量检验项目和控制范围

检验项目	质量控制范围
棉卷重量不匀率	棉：1.1%左右；涤：1.4%左右
棉卷含杂率	按原棉质量要求制订，一般为0.9%～1.6%
正卷率	>98%

续表

检验项目	质量控制范围
棉卷伸长率	棉:<4%;涤:<1%
棉卷回潮率	棉:7.5%~8.3%;涤:0.4%~0.7%

注 正卷指棉卷重量在标准重量的±1%~1.5%范围内的棉卷，超出此范围即为退卷（回卷）。

二、开松除杂质量

1. 开松质量

棉卷（棉流）应由轻小、均匀的小棉束（块）组成，应尽量减少紧棉束、紧棉团和钩形棉束等成分。开松是应采用“精细抓取、渐进开松、少伤纤维”等工艺原则，防止过度打击，减少短绒的增加量。

2. 除杂质量

原棉中的含杂应由开清棉工序和梳棉工序合理分担清除。其除杂好坏，由棉卷含杂率和含杂内容两方面考核。应使棉卷中容易碎裂的带纤籽屑、软籽和僵瓣等杂质数量减少，在此基础上减少棉卷含杂率。开清棉工序的除杂，应为梳棉工序的除杂做好准备，应贯彻“早落防碎”的工艺原则，尽早排除较大杂质，防止其在加工中被打碎成更多数量的小杂质。因此，生产上要求既要考虑棉卷含杂率，也要考虑落杂内容。

三、棉卷均匀度指标

1. 正卷率

为保证细纱重量不匀率符合规定的要求，要对棉卷逐只称重，以检验其是否是正卷。正卷的重量应控制在设计卷重的公差范围（±1%~1.5%）以内，超过范围，即作为退卷，需要重新加工。

2. 棉卷重量不匀率

棉卷的重量不匀率包括纵向不匀率和横向不匀率。生产中以控制纵向不匀率为主，因为它直接影响到梳棉生条的重量不匀率和细纱的重量偏差。纵向不匀率表示棉卷纵向每米长度的重量差异，在棉卷均匀度仪上进行试验，试验得出的数据，用平均差系数公式计算，求出棉卷重量不匀率的数值。

生产过程中，原料的性能、工艺配置、设备状态、运转管理水平和温湿度控制等因素，都直接影响棉卷重量不匀率。

思考练习

开清棉是怎样提高开松质量的？

拓展练习

收集加工化纤的工艺特点。

项目4　梳棉工序

学习目标

1. 掌握梳棉工序的任务、工艺流程、针齿情况、机器发展概况。

2. 掌握针面间作用的条件。

3. 掌握针面间作用的产生部位。

4. 了解给棉和刺辊部分的机构与作用，给棉和刺辊部分的分梳作用，梳棉机刺辊下方除杂方式及其控制落物率与落物含杂率。

5. 了解锡林、盖板间对纤维的梳理与除杂作用，棉结的产生与控制。

6. 了解锡林、刺辊间的纤维转移原理，锡林、道夫间的纤维转移原理，提高纤维转移的措施。

7. 了解梳棉机的除杂。

8. 掌握大小圈条的概念。

9. 了解工艺调节参数与调整方案、质量控制。

重点难点

1. 针面间作用的原理。

2. 针面的概念。

3. 各作用的产生方式与产生部位。

任务1　梳棉概述

学习目标

1. 掌握梳棉工序的任务。

2. 了解梳棉机的主要型号。

3. 掌握针面间的作用原理。

4. 了解梳棉机的工艺过程。

相关知识

经过开清棉工序加工后，棉卷或散棉中的纤维多呈松散棉块、棉束状态，并含有40%～

50%的杂质，其中多数为细小的、黏附性较强的纤维性杂质（如带纤维破籽、籽屑、软籽表皮、棉结等），所以必须将纤维束彻底分解成单根纤维，清除残留在其中的细小杂质，使各配棉成分纤维在单纤维状态下进行充分混合，制成均匀的棉条以满足后道工序的要求。

一、梳棉工序的任务

梳棉工序的任务是分梳、除杂、均匀混合和成条。

1. 分梳

在对纤维损伤尽量小的前提下，对棉层进行细致和彻底的分梳，使纤维束分离成单根纤维状态。

2. 除杂

在纤维充分分离的基础上，彻底清除残留的杂质和疵点。

3. 均匀混合

纤维在单纤维状态下充分混合并均匀分布。

4. 成条

使用梳棉机制成一定规格和质量要求的均匀棉条并有规律地圈放在棉条筒中。

梳棉工序的任务是由梳棉机来完成的，梳棉机上棉束被分离成单纤维的程度与成纱强力和条干均匀度密切相关；其除杂作用的效果在很大程度上决定了成纱质量的好坏；在普梳系统各单机中梳棉机的落棉率最多，而落棉中含有一定量的可纺纤维，所以梳棉机落棉的数量和质量直接影响用棉量。

综上所述，梳棉机良好的工作状态，对改善纱条结构、提高成纱质量、节约用棉、降低成本至关重要。

二、梳棉机的工艺过程

FA224型梳棉机的工艺过程如图4-1-1所示，棉卷置于棉卷罗拉17上，并借其与棉卷罗拉间的摩擦而逐层退解（采用清梳联时，由机后喂棉箱输出均匀棉层），沿给棉板15进入给棉罗拉16和给棉板之间，在紧握状态下向前喂给刺辊13，接受开松与分梳。由刺辊分梳后的纤维随同刺辊向下经过吸风除尘刀和预分梳板12、吸风小漏底被锡林剥取，杂质、短绒等在给棉板、除尘刀、分梳板、小漏底之间被吸风口吸入尘室成为落棉。

由锡林10剥取的纤维随同锡林向上经过后固定盖板19的梳理和后棉网清洁器20的吸尘后，进入锡林盖板工作区，由锡林和活动盖板进行细致的分梳。充塞到盖板针齿内的短绒、棉结、杂质和少量可纺纤维，在走出工作区后经清洁毛刷22刷下后由吸风口吸走。随锡林走出工作区的纤维通过前棉网清洁器8吸尘及前固定盖板7梳理后进入锡林道夫工作区，其中一部分纤维凝聚于道夫6表面，另一部分纤维随锡林返回，又与从刺辊针面剥取的纤维并合重新进入锡林盖板工作区进行分梳。道夫表面所凝聚的纤维层，被剥棉罗拉4剥取后形成棉网，经喇叭口汇集成棉条由大压辊2输出，通过圈条器1将棉条有规律地圈放在棉条筒中。

梳棉机是典型的盖板梳理机，主要由给棉刺辊部分，锡林、盖板、道夫部分和出条部分组成。

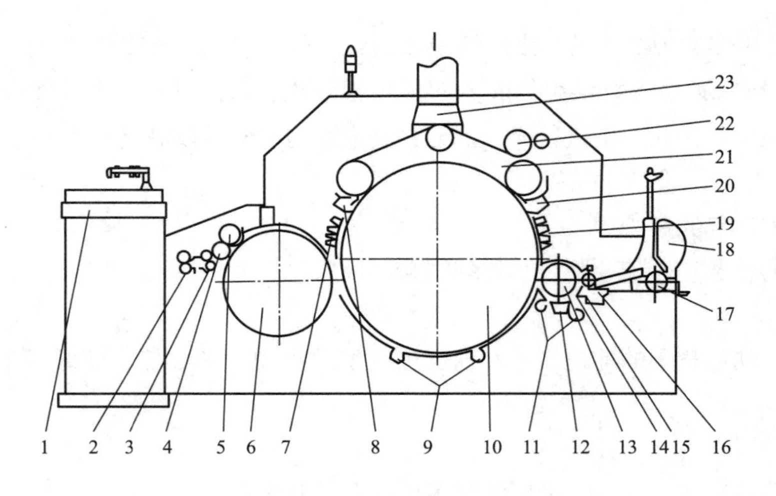

图 4-1-1　FA224 型梳棉机的工艺过程

1—圈条器　2—大压辊　3—轧碎辊　4—剥棉罗拉　5—清洁辊　6—道夫　7—前固定盖板
8—前棉网清洁器　9—锡林下方吸口　10—锡林　11—刺辊下方吸口　12—预分梳板　13—刺辊
14—落棉控制板　15—给棉板　16—给棉罗拉　17—棉卷罗拉　18—棉卷架　19—后固定盖板
20—后棉网清洁器　21—活动盖板　22—清洁毛刷　23—连续吸落棉总管

三、梳棉机的作用原理

（一）针面间的作用条件

由于梳棉机上各主要机件表面包有针布，所以各机件间的作用实质上是两个针面间的作用。两针面间要对纤维产生作用，则必须满足以下三个条件。

（1）两针面有一定的针齿密度，以便对纤维产生足够的握持力。

（2）两针面间要有较小的隔距，使纤维能够与两针面针齿充分接触。

（3）两针面间要有相对运动。

（二）针面间的作用

根据两针面针齿配置和两针面相对运动的方向不同，针面对纤维可产生三种不同的作用。

1. 分梳作用

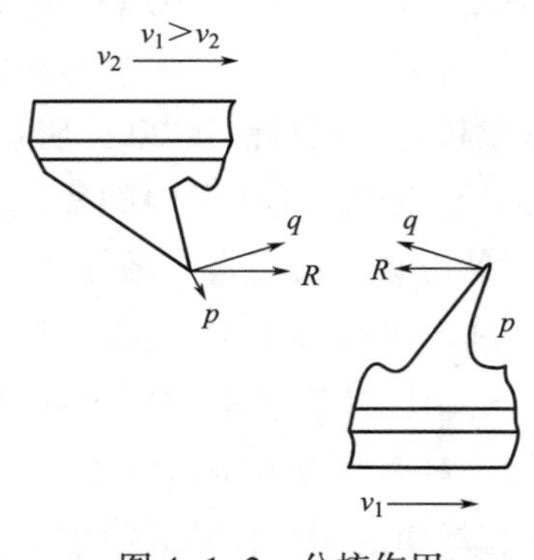

图 4-1-2　分梳作用

两针面的针齿相互平行配置，彼此以本身的针尖迎着对方的针尖作相对运动，则可得到分梳作用，如图 4-1-2 所示。由于两针面的隔距很小，故由任一针面携带的纤维都有可能同时被两个针面的针齿所握持而受到两个针面的共同作用。此时纤维与针齿作用力为 R，R 可分解为平行于针齿工作面方向的分力 p 和垂直于针齿工作面的分力 q，前者使纤维沿针齿向内，后者使纤维压向针齿。对两个针面而言，纤维都有沿针齿向内移动的趋势（v_1、v_2 为面针面速度）。因此，两个针面都有握持纤维的能力，从而使纤维有可能在两针面间受到梳理作用。

2. 剥取作用

两针面针齿的方向交叉配置，且一个针面的针尖沿另一针面针齿的倾斜方向运动，则前一针面的针齿从后一针面的针齿上剥取纤维，完成从一个针面向另一个针面转移纤维的作用，这种作用称为剥取作用，如图 4-1-3 所示。力的分解如前述，针面Ⅰ中，纤维在分力 p 的作用下有沿针齿向外运动的趋势，而对针面Ⅱ纤维在分力 p' 的作用下有沿针齿向内移动的趋势，所以针面Ⅰ握持的纤维将被针面Ⅱ剥取。在剥取作用中，只要符合一定的工艺条件，纤维将从一个针面完全转移到另一个针面。

3. 提升作用

如果两针面的针齿配置和分梳作用相同，但相对运动的方向与之相反，即一个针面的针背从另一个针面的针背上超越时，两针面的作用为提升作用（$v_1>v_2$），如图 4-1-4 所示。从受力分析可知，沿针齿工作面方向的分力 p 指向针尖方向，表示纤维将从针内滑出。若某针面内沉有纤维，在另一针面的提升作用下，纤维将升至针齿表面。

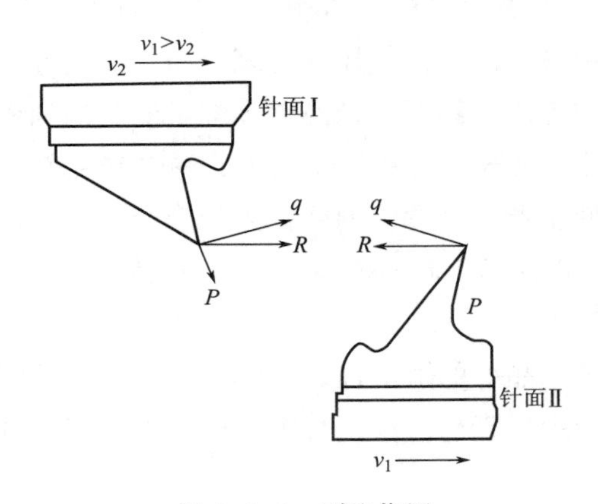

图 4-1-3 剥取作用

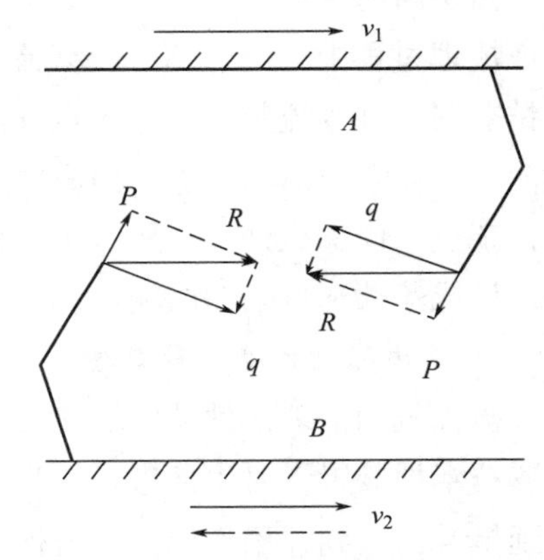

图 4-1-4 提升作用

四、新型梳棉机的特点

1. 新型梳棉机实现高产化

20 世纪 90 年代，梳棉机的台时产量一般在 20~30kg，设计出条速度在 30~80m/min；21 世纪前 10 年中，梳棉机的台时产量提高到 30~50kg，设计出条速度在 80~120m/min。梳棉机作为清梳联的主要组成部分，无论是一机单线，还是一机双线，梳棉机都是单机配备最多的机台，也占用着较大的装机面积。从提高清梳联产量和减少占地面积的角度出发，急需提高梳棉机的台时产量。近几年，新型梳棉机的台时产量逐步提高到 60~100kg，出条速度提高到 120~270m/min，国外个别新型梳棉机的台时产量甚至达到 150~250kg，出条速度达到 370m/min。

2. 抬高锡林，加宽机幅，增加梳理面积

通过增加工作机幅来增加梳理面积。传统梳棉机的工作机幅一般为 1000mm 左右，新型梳棉机出现了 1280mm、1500mm 的工作机幅，与同等梳理弧长的梳棉机相比，在保证梳理质量的基础上，提高了台时产量，梳理面积分别提高 28%和 50%。同等梳棉机幅下，新型梳棉机通过抬高锡林、加装前后固定盖板、增大梳理圆心角等方法增加了梳理弧长，来增大锡林梳理面积。

3. 梳理元件及速度配置

在增加梳理面积的基础上，新型梳棉机相应地增加了预分梳板、固定盖板和相应的清洁元件，来满足高产条件下的梳理要求。对于新型梳棉机，为了兼顾离心力、梳理面积与表面线速度的平衡，一般地，如果采用 1280mm 大直径锡林，锡林速度设为 400~500r/min；如果采用 1016mm 小直径锡林，锡林速度可升至 600~800r/min。对于传统梳棉机而言，喂入梳棉机理想的纤维状态是纤维束，且其质量在 30mg 以内。由于新型梳棉机的梳理负担相对较重，同样的纤维束质量很难满足梳理要求。为了进一步弥补清棉开松不足，新型梳棉机都配置 1~3 个刺辊，刺辊速度依次由低到高分布，针布由稀到密配置，以实现渐进开松，减少对纤维的损伤。刺辊个数可以灵活选配，加工质量较好的原棉或化纤时，可选择使用 1 个刺辊。此外，在喂棉箱中还配置有梳针式开松罗拉机构，在保证筵棉精确、稳定喂入的同时，可进一步对棉流进行开松处理。

4. 高效多点的集中除尘排杂系统

由于新型梳棉机产量高，必须将高效梳理中产生的大量杂质、灰尘和短绒及时排出吸走，保证梳理过程中气流合理。新型梳棉机普遍重视利用系统内气流气压的合理分布，以达到高效排杂、辅助分梳等目的。各点气压的大小、气流的走向，甚至管径的大小都可能影响到棉条的内在质量。活动盖板、前后固定盖板、道夫锡林三角区等关键部位设立了多达 10~20 处吸排杂点，使整机处于负压状态，无尘屑逸出，也使生产过程棉流通畅，生产顺利。有些机型设计成落棉和排杂两路输出，分别进入滤尘系统，以便对不同的废棉进行处理或回用。

5. 模块化设计及功能延伸

梳棉机和梳理元件的模块化设计可大幅提高对生产品种的适应性。有些型号的梳棉机配备罗拉牵伸装置，对生条进行初步牵伸，使生条的纤维伸直平行度、长短片段条干均匀度都得到提升，起到并条作用，使梳棉机功能得到延伸。

6. 在线控制系统

新型梳棉机还应全部或部分具备棉条自调匀整系统，在线质量（生条条干、棉结）检测监控系统，工艺自动设置系统（速度设定、盖板隔距设定与检测、落棉工艺设定等），盖板和锡林自动磨针系统，功能完善的自动控制系统，配置性能优良的梳理针布等系统。

思考练习

1. 梳棉机的任务有哪些？
2. 分梳作用有哪些条件？
3. 剥取作用应满足哪些条件？

拓展练习

1. 了解各梳棉机的技术特征与参数。
2. 收集国内外新型梳棉机的相关资料。

任务2 梳棉机各部分机构特点及工艺作用

学习目标

1. 了解梳棉机各机构的作用。
2. 掌握梳棉机各针面间的作用。
3. 掌握梳棉机的除杂。

相关知识

一、给棉刺辊部分

（一）给棉刺辊部分机构

给棉刺辊部分由棉卷罗拉、给棉板、给棉罗拉、分梳板、刺辊等机件组成，如图4-2-1所示。该部分的主要作用是握持、喂给、分梳和除杂。

1. 棉卷架与棉卷罗拉

棉卷架由生铁制成，中间沟槽用以搁置棉卷扦，确保棉卷顺利退绕。槽底倾斜的目的是使棉卷直径较小时增加与棉卷罗拉之间的接触面积，防止棉卷退解时出现打滑现象，减小意外牵伸。顶端凹弧上放置备用棉卷。棉卷罗拉也由生铁制成，中空，棉卷搁置在上面。当棉卷罗拉回转时依靠摩擦力使棉卷退解，其表面的凹槽可避免棉卷出现打滑现象。

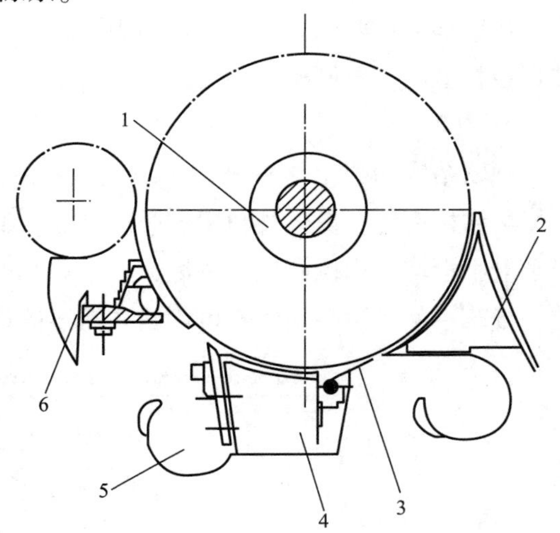

图4-2-1 FA224型梳棉机给棉和刺辊部分机构
1—刺辊 2—三角小漏底 3—导棉板
4—分梳板 5—吸风口 6—给棉板

2. 给棉板和给棉罗拉

给棉罗拉为一表面刻有齿形沟槽或包有锯齿的圆柱形回转体，根据与给棉罗拉的相对位置，给棉板有两种形式，其剖面形状如图4-2-2所示。

给棉罗拉与给棉板前端（鼻端）共同对棉层组成了强有力的握持钳口，依靠摩擦作用，向刺辊供给棉层，为了使握持牢靠，均匀喂给，给棉罗拉与给棉板必须满足以下条件。

（1）鼻端处的握持力最强。为使刺辊分梳时，棉束尾端不至于过早滑脱，要求最强握持点在给棉板鼻端处，给棉罗拉与给棉板间的隔距自入口到出口应逐渐减小，使棉层在圆弧段逐渐被压缩，握持逐渐增强。因此，给棉罗拉半径应略小于给棉曲率半径，其中心向鼻端方向偏过一偏心距。

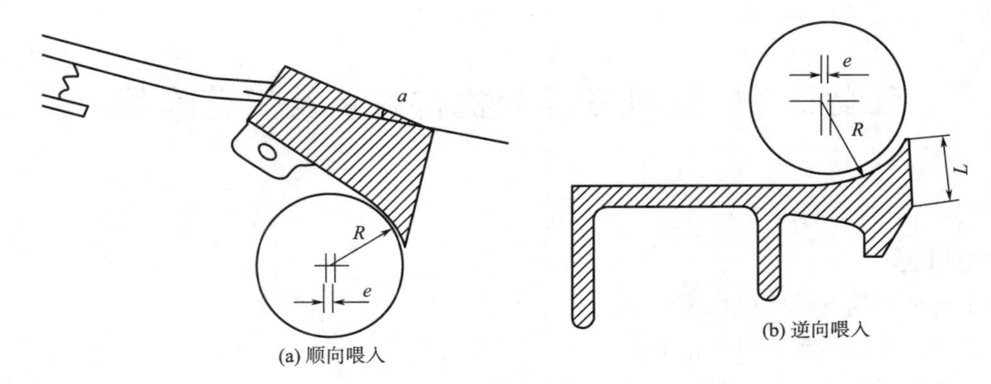

图 4-2-2　梳棉机给棉板与给棉罗拉的相对位置

（2）给棉罗拉对棉层应具有足够的握持力。给棉钳口握持力的大小与给棉罗拉对棉层的摩擦力有关，而摩擦力又取决于给棉罗拉的加压和给棉罗拉对棉层的摩擦系数和握持状态。

在给棉罗拉表面铣以直线或螺旋沟槽，或菱形凸起，或包卷锯齿，并进行淬火处理来增大给棉罗拉的摩擦系数和耐磨性能。不同的表面形式决定了给棉罗拉和给棉板对棉层的握持状态不同。FA224 型、FA225 型梳棉机上为直径 100mm 的锯齿罗拉。

在给棉罗拉两端施加一定的压力，且压力方向偏向给棉板鼻端，压力的大小应与机上罗拉直径相适应。不同机型其加压方式也不同。

3. 刺辊

刺辊结构如图 4-2-3 所示。刺辊主要由筒体 1 和包覆物（锯条）组成，筒体有铸铁和钢板焊接结构两种，筒体外包覆有金属针布。筒体两端用堵头 4（法兰盘）和锥套 3 固定在刺辊轴上，沿堵头内侧圆周有槽底大，槽口小的梯形沟槽，平衡铁螺丝可沿沟槽在整个圆周移动，校验平衡时，平衡铁 5 可固紧在需要的位置上。平衡后再装上镶盖 2 封闭筒体。

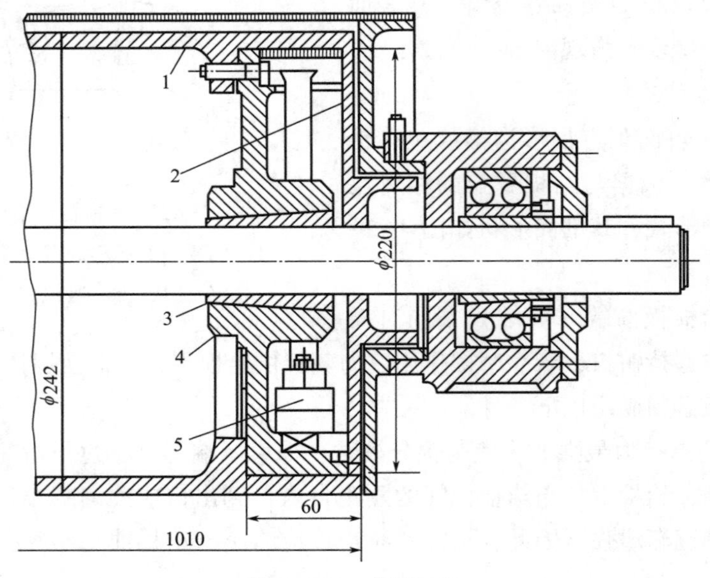

图 4-2-3　刺辊结构

由于刺辊转速较高，同相邻机件的隔距很小，因此对于刺辊筒体和针齿面的圆整度、刺辊圆柱针齿面与刺辊轴的同心度以及整个刺辊的静动平衡等，都有较高的要求。

FA224 型、FA225 型梳棉机采用的是钢板焊接结构，与铸铁筒体相比，其具有重量轻、平衡性好，启动惯性小的特点。

4. 刺辊车肚附件

刺辊车肚附件的主要作用是对纤维进行除杂、分梳和托持，不同型号梳棉机的车肚附件形式不同，但基本由除尘刀、分梳板和小漏底三部分组成。

（1）除尘刀。形如带刃扁钢或以钢板弯折成刀尖状，两端嵌在机框上的托脚内或固装于分梳板、小漏底的前端，其作用是配合刺辊排除杂质（破籽、不孕籽、僵片等），并对刺辊表面可纺纤维起一定的托持作用。

（2）分梳板。分梳板主要由分梳板主体、除尘刀 1、导棉板 4 和分梳板支承四部分组成，如图 4-2-4 所示。分梳板主体采用一组或两组锰钢齿片 3 组成。

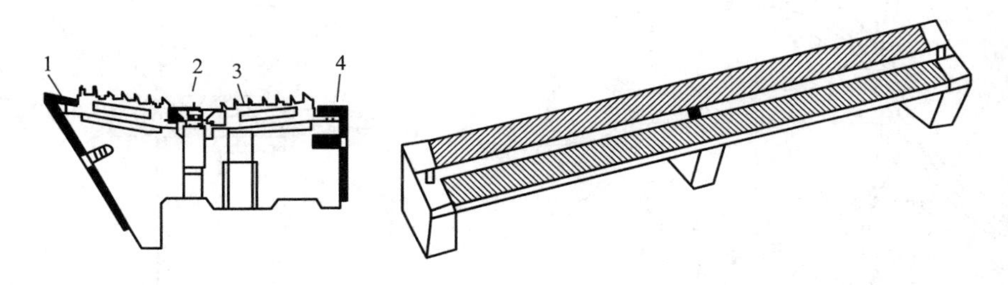

图 4-2-4　锯齿分梳板

齿片间用铝合金隔片间隔，并用螺钉 2 固定在分梳板支承上，再用胶合树脂固定在外壳上。齿面应与刺辊同心，表面平整，齿尖光洁。

除尘刀与导棉板（落棉量调节板）可分别用螺钉固定安装于分梳板的前后侧，各自表面有若干个长圆孔可单独调节与刺辊间的隔距。导棉板（落棉量调节板）与刺辊平行的一面，备有几种规格尺寸，以适应不同工艺的要求。分梳板上是否装加除尘刀、导棉板因机型而异。

分梳板的主要作用是与刺辊配合对刺辊上纤维进行自由分梳，松解棉束，排除杂质和短绒。

（3）小漏底。小漏底为三角形或弧形光板，采用平滑的镀锌铁板制造，其主要作用是托持刺辊（锡林）上的纤维，引导刺辊、锡林三角区的气流运动，以保证刺辊表面纤维顺利地向锡林转移。FA224 型梳棉机的车肚附件由两把带吸风口的除尘刀、两块落棉量调节板、一块分梳板和一个小漏底组成，除尘刀分别装在分梳板与小漏底之前。两块落棉量调节板分别装在给棉板和分梳板之后，可通过机外手轮调节其与刺辊及除尘刀之间的隔距，以调节车肚落棉量。

5. 新型梳棉机车肚附件

新型梳棉机下方不再使用小漏底，增加了锯齿分梳板的趋向，以增强刺辊部分的分梳作用。刺辊下方配置按除杂的方式分为自然沉降式除杂系统和积极式除杂系统。自然沉降式除杂系统，即只采用除尘刀切割气流除杂，如瑞士立达公司的 C51 型、A186 系列、FA201 系列、FA231 系列、MK6 型梳棉机；积极式除杂系统，即采用除尘刀与吸风槽组成的组合装置，如特吕茨勒公司制造的新型梳棉机和郑州纺织机械股份有限公司制造的 FA221 系列、FA224 系列、FA225 系列、JWFl20 系列梳棉机。

（1）自然沉降式除杂系统的刺辊下方配置。该类梳棉机刺辊下方配置除尘刀与小漏底或分梳板的组合装置两件及弧形托板，这样将刺辊下方分割成三个除杂区，如图 4-2-5（a）所示。含尘高的外围气流受到除尘刀或小漏底口切割后从除杂区折入车肚，其中的尘杂靠其自身重力沉降于车肚成落物。其分梳板的结构如图 4-2-5（b）所示，分梳板由分梳板主体、除尘刀、导棉板和加强筋四个部分组成。而 C51 型梳棉机刺辊下方只配两块分梳板，将刺辊下方分割成两个落杂区。

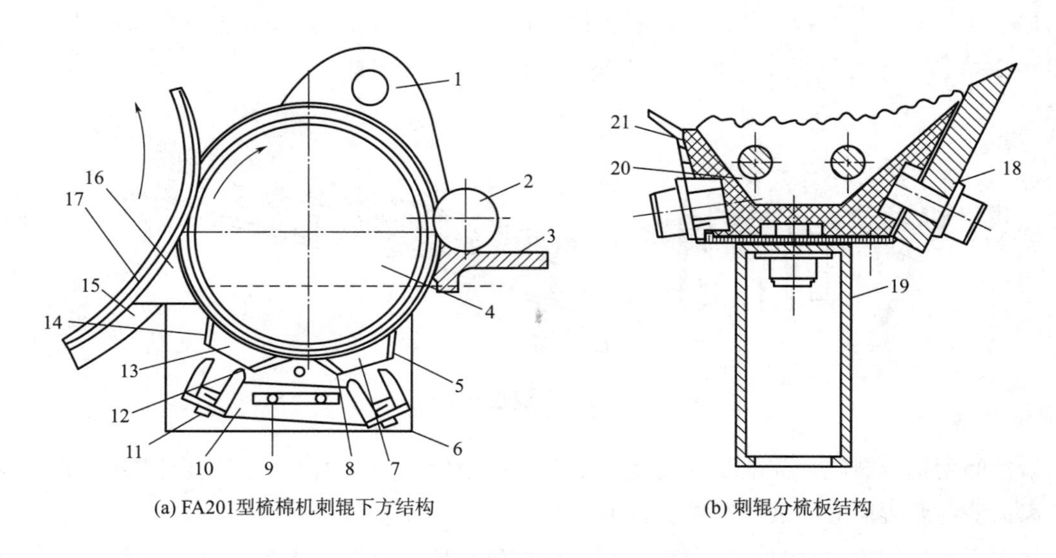

(a) FA201型梳棉机刺辊下方结构　(b) 刺辊分梳板结构

图 4-2-5　自然沉降式除杂系统的刺辊下方配置

1—刺辊吸罩　2—给棉罗拉　3—给棉板　4—刺辊　5—第一除尘刀　6—分梳板调节螺杆　7—第一分梳板　8—第一导棉板　9—托脚螺丝　10—双联托脚　11—分梳板调节螺丝　12—第二除尘刀　13—第二分梳板　14—第二导棉板　15—大漏底　16—三角小漏底　17—锡林　18—除尘刀　19—加强筋　20—齿片　21—导棉板

①分梳板。主体是分梳板组合的心脏，采用锯齿片用胶合树脂固定在外壳上，再用铝合金板作齿片间的夹片制成，如图 4-2-5（a）所示。FA201 型梳棉机在刺辊下安装两组分梳板。要求分梳板上锯齿横向均匀分布，分梳板圆弧表面平整，齿面与刺辊同心，齿尖光洁。

②除尘刀。刀角 30°，刀体有 6 个长圆孔，用螺丝固定，安装于分梳板主体的前侧，可以单独调节其与刺辊间的隔距。作用是切割刺辊表面的气流附面层，去除杂质。

③导棉板。由薄钢板制成 L 形，安装在分梳板主体的后侧面，与刺辊间的隔距可以调节。

④加强筋。保证分梳板主体不变形的基础，要求顶面平整，侧面与顶面相互垂直。

（2）积极式除杂系统刺辊下方配置。该类梳棉机刺辊下方结构示意图如图 4-2-6 所示，由落棉调节板、除尘刀与吸风除杂槽组合装置、分梳板、弧形托板组成。

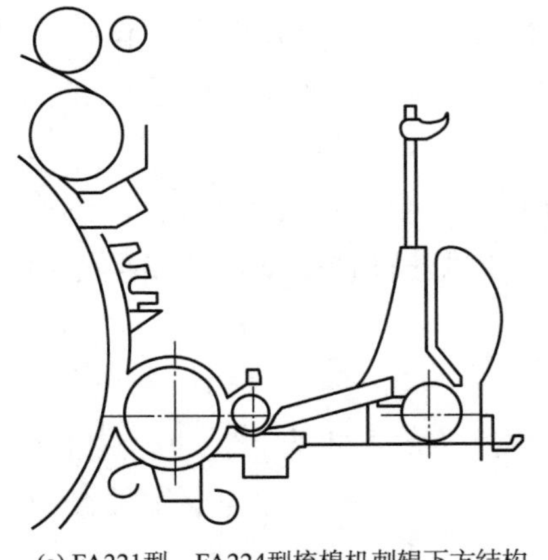

(a) FA221型、FA224型梳棉机刺辊下方结构

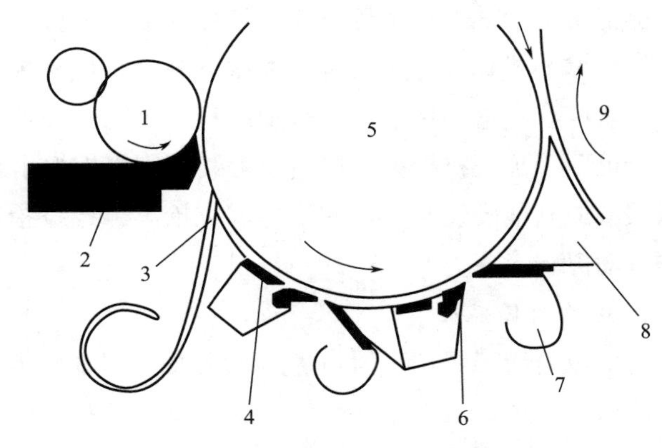

(b) C51型梳棉机刺辊下方结构

图 4-2-6 积极式除杂系统刺辊下方配置

1—给棉罗拉 2—给棉板 3—除尘刀 4—分梳板 5—刺辊
6—落棉调节板 7—吸风除杂槽 8—弧形托板 9—锡林

积极式除杂系统的原理是利用吸风主动引导刺辊附面层外层气流进入吸风槽而实现除杂，如图 4-2-7 所示。

①分梳板。属于单一性质的分梳板，与刺辊共同分梳纤维。

②除尘刀与吸风除杂槽组合装置。该装置利用吸风槽内的负压吸收由除尘刀切割下来的刺辊气流附面层，清除杂质。

③落棉调节装置。利用其安装的角度，控制刺辊表面气流附面层的厚度及除尘刀切割气流附面层的厚度，调节落棉量与除杂效率。

图 4-2-7 积极式除杂系统原理示意图

④弧形托板。为弧形无孔钢板，起托持纤维的作用。

（3）加装分梳板的作用。刺辊加装分梳板能起到预分梳作用，这是因为分梳板表面的锯齿对通过刺辊的纤维束和纤维进行自由梳理，增加了刺辊梳理区的梳理度，特别是位于喂入棉层里层的纤维束和小纤维块在刺辊梳理过程中受到的梳理作用较弱，在刺辊下安装分梳板可以弥补这个缺陷。

（二）给棉部分的握持作用

给棉罗拉和给棉板共同对棉层的握持作用，将直接影响给棉刺辊部分的分梳质量，因此给棉罗拉加压、给棉板圆弧面和给棉板规格对给棉部分的握持分梳作用有很大影响。

1. 给棉罗拉加压

梳棉机的给棉罗拉加压方式采用杠杆偏心式弹簧加压机构与流体加压装置，国产机型都采用杠杆偏心式弹簧加压机构。加压量的大小应该根据棉层定量、结构、刺辊速度和罗拉直径等因素综合考虑后调节，一般加压量为38~54N/10mm。

给棉罗拉加压机构设有厚卷自停装置。当棉卷出现厚段（超过双层棉卷厚度）或棉卷内夹有铁丝或其他硬物时，迫使给棉罗拉抬高，螺钉抬起，通过连杆使微动开关发生作用，使道夫自动停转。

2. 给棉板圆弧面

给棉板与给棉罗拉正对位置为圆弧面，其轴心与给棉罗拉的不重合，上下呈偏心配置，这样可形成一个进口大出口小的纤维通道，可有效控制棉层，在刺辊分梳棉层中棉束的头端时，棉束尾端不至于过早滑脱。

（三）给棉刺辊部分的分梳作用

给棉刺辊部分的分梳可分为两部分，一是握持分梳，二是自由分梳。

1. 握持分梳

握持分梳时，棉层被有效握持，经给棉钳口缓慢地喂进刺辊锯齿的作用弧内，如图4-2-8所示。高速回转的刺辊以其锯齿自上而下地打击、穿刺和分割棉层。由于棉层的恒速喂入，纤维或棉束受到的握持力逐渐减弱，在刺辊锯齿的抓取和摩擦作用下逐渐被锯齿带走，被带走的纤维或纤维束的尾端在相邻纤维束摩擦力的控制下滑移，受到分离与伸直。因为棉层在给棉罗拉与给棉板间受到较大圆弧面的控制，同时刺辊有较大的齿密，对棉层的作用齿数较多，加上刺辊与给棉罗拉的速度差异可达千倍左右，所以棉层中70%~80%的棉束可被刺辊分解成单纤维状态。

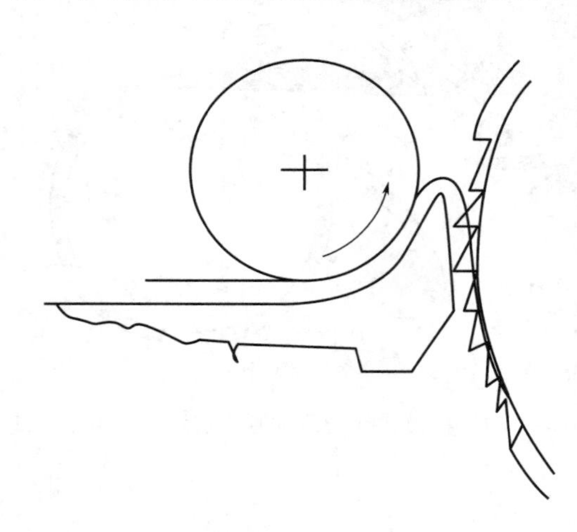

图4-2-8 握持分梳过程

2. 自由分梳

自由分梳作用发生在刺辊与分梳板之间，当刺辊带着纤维经过分梳板时，纤维尾端从锯齿间滑过，位于刺辊纤维层表面，使握持分梳时受到较弱梳理作用的纤维束、小棉块得到分梳，从而减少了进入锡林盖板工作区的纤维束和棉束长度，提高了纤维的分离程度，为锡林盖板工作区的细致分梳创造了良好条件，所以该分梳也被称为预分梳。

（四）刺辊部分的除杂作用

刺辊车肚是梳棉机主要除杂区，可去除棉卷50%~60%的杂质。经过刺辊良好的分梳作用，包裹在纤维间的杂质被分离出来，或与纤维间的联系力松解，在刺辊高速回转的离心力作用下，利用气流控制和机械控制相结合的方法，使杂质充分落下，纤维尽可能地少落并得到回收。

1. 气流附面层原理与落杂区划分

（1）气流附面层。当物体高速运动时，运动物体的表面因摩擦而带动一层空气流动，由于空气分子的黏滞与摩擦，里层空气带动外层空气，这样层层带动，在运动物体的表面形成气流层，称为附面层。附面层有以下特点。

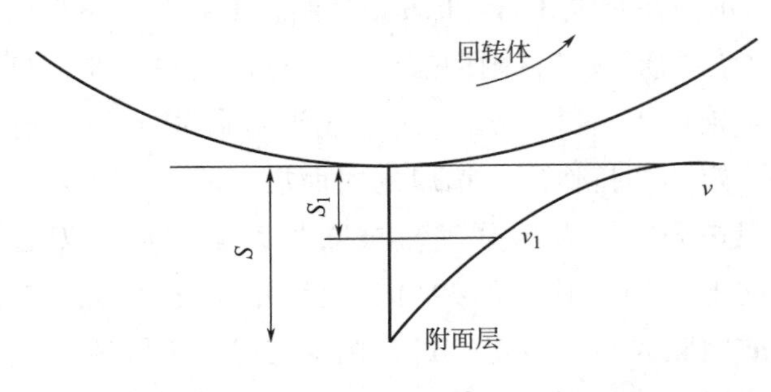

图 4-2-9　气流附面层厚度与速度分布

①附面层的厚度。在一定范围内，附面层厚度 S 与附面层形成点 A 的距离成正比，离形成点越远，附面层厚度越厚，如图 4-2-9 所示（图中 v 表示回转体表面速度，v_1 表示附面层某点速度，S 表示附面层厚度，S_1 表示某点厚度）。与形成点的距离达到一定值后，附面层厚度达到正常，即这一厚度为一常数。

②附面层速度分布。附面层内，受空气黏滞阻力的影响，距运动物体表面距离不同的各点上的气流速度不同，距运动物体越近，速度越大，并接近于运动物体表面速度，距运动物体表面越远，其速度越小，在速度小至运动物体速度 1%的地方，就是附面层的边界。附面层中各层气流速度形成一种分布，如图 4-2-9 所示。

③回转体附面层中不同性质物体的运动规律。当物体随气流做回转运动时，如果在回转体的附面层中悬浮有两种不同比重的物体，受气流速度及离心力的影响，物体有向附面层外层移动的趋势。质量大、体积小的物体，因离心力大而在附面层中悬浮的时间短；质量轻、体积大的物体，则在附面层中悬浮的时间长，从而促使附面层内不同质量物体分道而行，附面层外重物多于轻物，内层轻物多于重物，如图 4-2-10 所示。

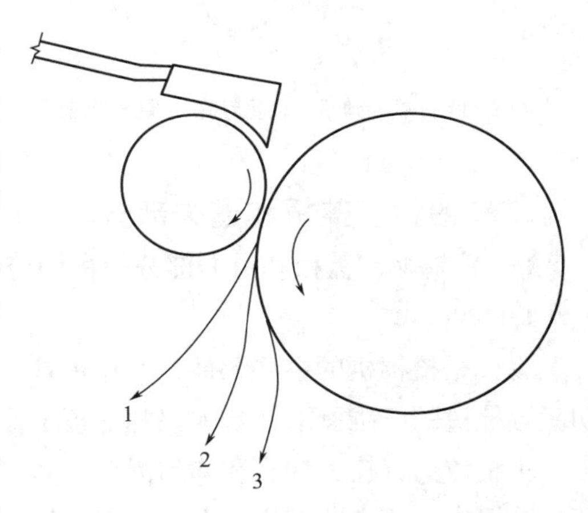

图 4-2-10　纤维与杂质的运动轨迹
1—较重杂　2—较轻杂　3—纤维

刺辊对棉层进行分梳时，纤维和杂质被锯齿带走并随其作回转运动，脱离锯齿的纤维与杂质便悬浮于刺辊的附面层中，杂质因体积小、重量大而多处于附面层的外层，纤维因其体积大、重量轻而多处于附面层的内层，并沿着各自的运动轨迹离开附面层下落，如图 4-2-10 所示。利用纤维与杂质在附面层中的分离现象，对附面层进行不同的切割，即可达到去杂保纤、调节落棉的目的。在附面层中，纤维与杂质的运动是相互影响的，有些纤维与杂质粘连较紧而随杂质一起落下成为落棉，也有一些与纤维黏滞力较强的细小杂质随纤维继续在附面层中前进。

（2）落杂区的划分。梳棉机机型不同，则刺辊车肚附件各异，落杂区的划分也各不相同，一般为 2~3 个落杂区，即给棉板至第一附件间的空档为第一落杂区，第一附件至第二附件间的空档为第二落杂区，第二附件至第三附件间的空档为第三落杂区，也有以表面有尘棒和网眼的第二附件为第三落杂区的特例。

2. 刺辊车肚的气流与除杂

刺辊车肚气流与除杂原理如图 4-2-11 所示。在刺辊 3 与给棉板 5（给棉罗拉 4）隔距点处，因隔距小而又有棉须，故可看作刺辊附面层的形成点，附面层形成并逐渐增厚，要求自给棉板下补入气流，补入气流对刺辊上纤维有一定的托持作用，增厚的附面层在除尘刀 7 处受阻被分割，大部分气流被除尘刀阻挡而沿刀背向下流动，其中的杂质、短纤维随之落入车肚或被吸风口 7 吸走。进入刺辊与除尘刀隔距的气流通过分梳板 8 的导棉板 6 后又开始增厚，并要求从导棉板下补入气流。增厚的附面层又被小漏底除尘刀所切割，尘杂随被切割的气流落下并吸走。通过小漏底 1 的气流与锡林 2 带动的气流汇合，一部分进入锡林后罩板，一部分进入刺辊罩盖内被吸尘罩吸走。若吸尘不畅，则会使刺辊罩盖内静压增高而迫使气流从给棉板（给棉罗拉）与刺辊隔距点处喷下，使部分纤维脱离锯齿进入落棉。

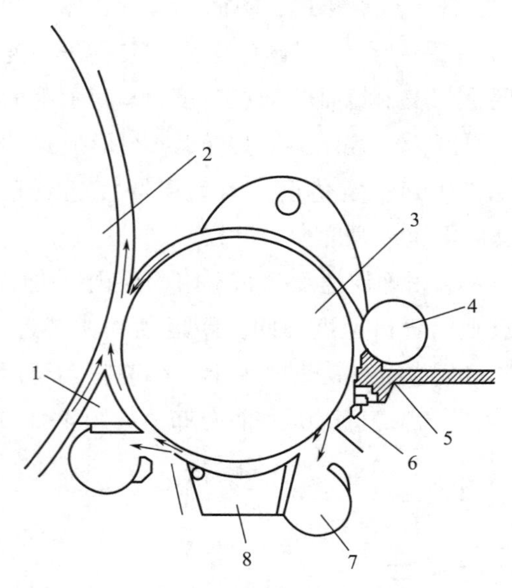

图 4-2-11　刺辊车肚气流与除杂原理示意图

二、锡林、盖板和道夫部分

（一）锡林、盖板和道夫部分的机构与作用

1. 锡林

锡林是梳棉机的主要元件，其作用是将刺辊初步分梳过的纤维剥取并带入锡林盖板工作区作进一步细致的分梳，伸直和均匀混合，并将纤维转移给道夫。道夫的作用是将锡林表面的纤维凝聚成纤维层，并在凝聚过程中对纤维进一步分梳和均匀混合。

锡林、道夫均由钢板焊接结构或铸铁辊筒和针布组成，辊筒结构如图 4-2-12 所示。辊筒两端用堵头（法兰）和裂口轴套将辊筒与轴连接在一起。由于二者均为大直径回转件，同相邻机件的隔距很小，为保证机件回转平稳，隔距准确，对辊筒圆整度、辊筒与轴的同心度和辊筒的

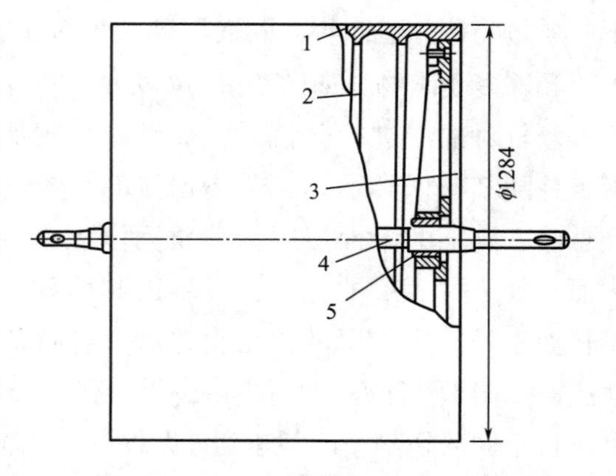

图 4-2-12　锡林辊筒的结构

1—辊筒　2—环形筋　3—堵头

4—辊筒轴　5—裂口轴承

动静平衡等要求较高。

2. 活动盖板

活动盖板的作用是与锡林配合，对纤维作进一步细致的分梳，使纤维充分伸直和分离，并去除部分短绒和细小杂质，在单纤维状态下均匀混合。不同的梳棉机具有不同的活动盖板根数，基本上在80~106根，其中工作盖板（参加锡林、盖板工作区分梳作用）在28~41根（FA224型梳棉机的盖板总数为80根，工作盖板为30根）。所有活动盖板用链条或齿形带连接起来构成回转盖板，由盖板传动机构传动，沿着锡林墙板上的曲轨慢速回转。

3. 固定盖板

固定盖板安装位置可分为前固定盖板和后固定盖板，机型不同，其安装数量和组合不同。

如图4-2-13所示，前固定盖板2安装在前上罩板1和抄针门4之间，其作用是使纤维层由锡林向道夫转移前，再次受到分梳，以提高纤维伸直平行度和改善生条质量。

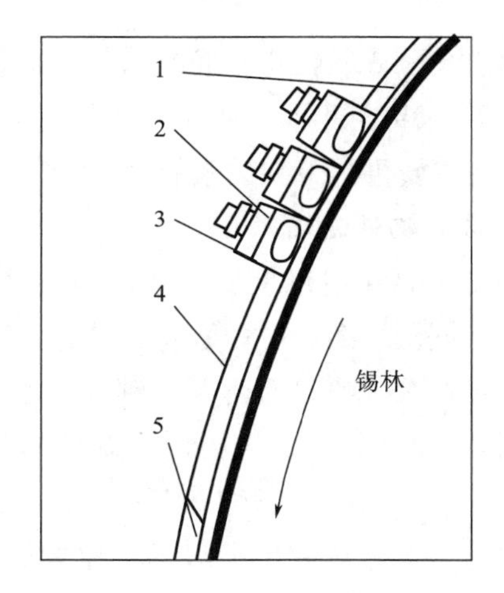

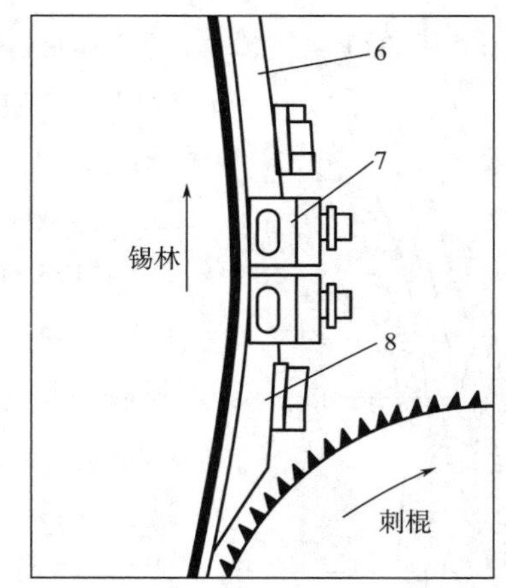

图4-2-13 带棉网清洁器的固定盖板

1—前上罩板 2—前固定盖板 3—联接板 4—抄针门

5—前下罩板 6—后上罩板 7—后固定盖板 8—后下罩板

固定盖板若配以除尘刀及吸风系统（棉网清洁器），则进一步加强了梳棉机对杂质、短绒、微尘的排出作用，使生条质量大大改善。

4. 前、后罩板

前、后罩板包括后上、后下罩板，前上、前下罩板和抄针门，它们的主要作用是罩住锡林针面上的纤维，以免飞散。前、后罩板用厚度为4~6mm的钢板制成，上下呈刀口形，用螺丝固定，安装于前、后短轨上，根据工艺要求调节其高低位置以及它们与锡林间的隔距。后下罩板位于刺辊的前上方，其下缘与刺辊罩壳相接。调节后罩板与锡林间入口隔距的大小，可以调节小漏底出口处气流静压的高低，从而影响后车肚的气流和落棉。前上罩板的上边缘位于盖板工作区的出口处，它的高低位置及其与锡林间的隔距大小，直接影响纤维从盖板向锡林转移，从而可以控制盖板花的多少。

5. 锡林车肚罩板

FA224型梳棉机锡林下安装有十二块光滑的弧形板和两只吸口来取代过去的两节或尘棒大漏底，锡林车肚罩板由铁皮或经过防棉蜡和增柔剂黏结处理的光铝板制成，它的入口前缘呈圆形以免挂花，出口和小漏底衔接。车肚罩板的主要作用是托持锡林上的纤维，并使落下的短绒和尘屑从吸风口排走。墙板处有调节和紧固螺钉，可调节罩板和吸口与锡林隔距。

6. 锡林墙板和盖板清洁装置

锡林墙板为一圆弧形铁板，和锡林轴承为一体，固定于锡林两侧的机框上，其上安装有曲轨、弓板盖板调节支架、抄磨针托架和调节刺辊与道夫的螺钉等部件。

盖板清洁装置由一根包有弯脚钢丝针布的毛刷辊和一根包有直脚钢丝针布的清洁辊及吸风罩组成。当活动盖板走出工作区时，由毛刷辊将盖板上的盖板花刷下，转移给清洁辊后由吸风口吸走。毛刷辊与盖板间的相对位置可调。

（二）刺辊与锡林间纤维的转移

刺辊表面的纤维经过预分梳后，在刺辊与锡林的隔距点处完成向锡林针面的转移，为了使纤维能顺利转移给锡林，刺辊与锡林针面间剥取配置，剥取作用的完成效果与下列因素有关。

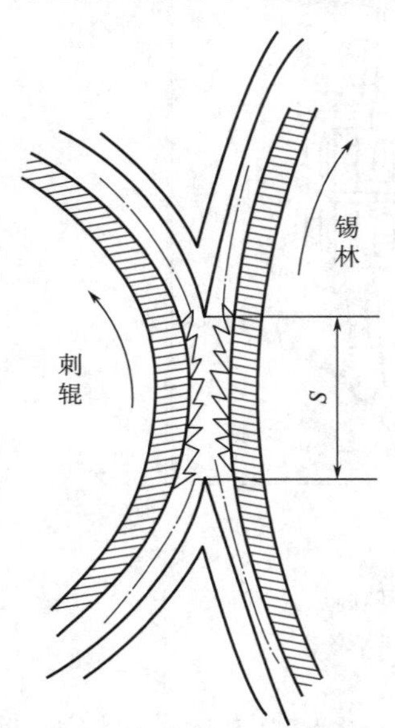

图4-2-14　刺辊与锡林间纤维的转移

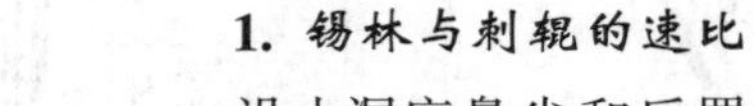

1. 锡林与刺辊的速比

设小漏底鼻尖和后罩板底边为转移区，其长度为S，如图4-2-14所示。设纤维长度为L，锡林表面速度为V_2，刺辊表面速度为V_1，则刺辊上某一锯齿经过转移区的时间t为S/V_1，设纤维在转移区开始时即被锡林针齿抓住另一端，在接近后罩板底部时以伸直状态转移至锡林，则在t这一段时间内，锡林某针齿抓取的纤维除通过S长度外，还应走过一段等于纤维长度的距离，即在同一时间内，锡林走过了$S+L$长的距离，即：

$$\frac{V_2}{V_1}=\frac{S+L}{S} \qquad (4-2-1)$$

由上式可知，锡林与刺辊的速比与转移区的长度及纤维长度有关。依靠刺辊离心力和进入转移区气流的作用，纤维在速比较小时也能被锡林剥下，但由于纤维在转移过程中受到的伸直作用差，从而影响锡林针面纤维层的结构。关车时因离心力较小而造成刺辊返花较多。因此，锡林与刺辊的速比应根据不同的原料和工艺要求来确定，一般纺棉时为1.4～1.7，纺棉型化纤或中长时为1.8～2.4。

2. 刺辊与锡林的隔距

此隔距越小，纤维转移越完全。由于隔距小，锡林针尖抓取纤维的机会多，时间早，纤维（束）与锡林针面的接触齿数多，锡林对纤维的握持力增加，有利于转移，一般隔距在0.13～0.18mm范围内选择。

（三）锡林与盖板间的分梳作用

1. 分梳作用

锡林与盖板针面间的隔距很小，两针面的针齿相互平行配置，有相对速度，则两针面发生分梳作用，在锡林、盖板针面和锡林、道夫针面都属分梳作用的配置。在锡林、盖板两针面间，纤维和纤维束被反复交替转移和梳理，使之受到充分梳理，绝大部分成为单根纤维状态。同样，在锡林、道夫的两针面间，也是利用分梳作用来实现锡林上的部分纤维转移给道夫针面的目的。

2. 纤维转移分梳的几种情况

锡林针面携带新纤维进入锡林工作区后，纤维被一针面抓取，而另一端受到另一针面梳理，而直接带出盖板梳理工作区；或者纤维在两针面间发生转移，接受反复梳理后被带出盖板梳理工作区。在锡林—盖板梳理区是经过一次梳理后就被转移出了梳理区，还是经过反复转移、多次梳理后转移出梳理区，取决于锡林与盖板两针面上的负荷大小。

（四）锡林与道夫间的凝聚作用

锡林与道夫间的作用常被称为凝聚作用，这是因为慢速道夫在一个单位面积上的纤维是从快速锡林许多个单位面积上转移、凝集而得的。而锡林与道夫间的“凝聚”，实质上是分梳。正是由于这种实质上的分梳作用，道夫清洁针面仅能凝聚锡林纤维层中的部分纤维，不能凝聚锡林纤维层中的全部纤维。

走出锡林、盖板分梳区的纤维接着要转移给道夫，而该类纤维从锡林针面转移到道夫清洁针面上，是依靠分梳作用来实现的。

锡林针面上的纤维离开盖板工作区后，在离心力的作用下，部分浮升在针面或在针面翘起，当走到前下罩板下口及锡林道夫三角区时，纤维在离心力和道夫吸尘罩气流的共同作用下，纤维一端抛向道夫，被道夫针面抓取，有少量纤维未经梳理就转给道夫，也有少量纤维在两针面间反复转移，如图4-2-15所示。

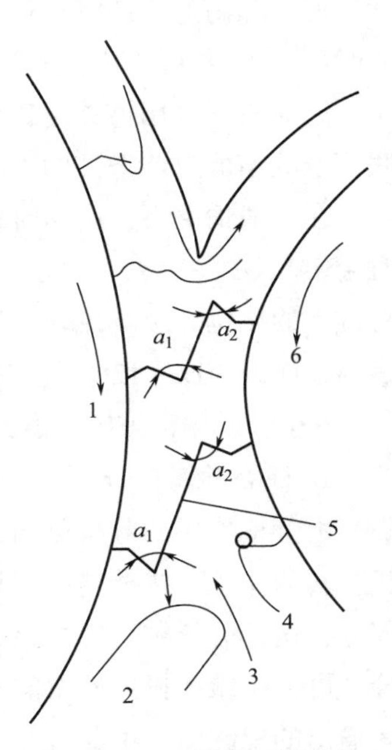

图4-2-15　锡林至道夫的纤维转移情况

1—锡林　2—大漏底　3—气流　4—后弯钩　5—纤维　6—道夫

棉网中的大部分纤维呈弯钩状，尤其以后弯钩居多，这是因为道夫针面在凝聚纤维的过程中，纤维的一端被道夫握持，另一端被锡林梳理。而锡林的表面速度远大于道夫的表面速度，因而被锡林梳直了的一端在前，握持的一端在后，这样纤维随道夫转出时就成了后弯钩纤维，所以生条中的弯钩以后弯钩居多。

1. 道夫转移率的概念和意义

道夫转移率是指锡林向道夫转移的纤维占锡林带向道夫的纤维总量的百分率。它不同于锡林转一转向道夫转移的纤维量 q，因为 q 只取决于产量和锡林转速，与其他因素无关，不能表示道夫转移纤维的能力。道夫转移率 γ_1 可用下式表示：

$$\gamma_1=\frac{q}{Q_c}\times 100\% \qquad (4-2-2)$$

式中：q——锡林转一转给道夫的纤维量，g；

Q_c——锡林离开盖板区与道夫作用前的针面负荷折算成锡林一周针面的纤维量，g。

在金属针布梳棉机上 Q_c 近似于 Q_0，道夫转移率 γ_2 也可用下式计算：

$$\gamma_2=\frac{q}{Q_0}\times 100\% \qquad (4-2-3)$$

式中：Q_0——锡林盖板针面自由纤维量，g；

γ_2——一般为 6%～15%。

2. 道夫转移率与产量、质量的关系

当梳棉机的产量增加、锡林速度不变时，q 增加得多，γ_2 增加得多，Q_0 增加得少。所以高产时道夫转移率 γ_2 提高，便相应降低了锡林盖板针面负荷，增强了锡林盖板的梳理作用。低速低产和高速高产时，γ_2 相差很多，但在实际生产中棉网质量相接近；高速低产和低速高产时，γ_2 相接近，但棉网质量前者较后者要好得多。

因而不能仅用道夫转移率的大小作为衡量梳理质量优劣的标准，由于很多影响因素相互联系，故不能忽略条件的不同，而单看转移率的大小。

在一般情况下，高速时的转移量大，应有适当高一些的道夫转移率。但是，转移率过高时会使“锡林一转，一次工作区分梳”或“锡林多转，一次工作区分梳”的纤维在棉网中占有过大的比例，影响梳理、混合作用。所以金属针布梳棉机的 γ_2 一般控制在 3%～14%的范围内，而以 10%～12%较为适宜。

（五）锡林、盖板和道夫部分的混合与均匀作用

1. 混合作用

由分梳作用的分析可知，纤维在锡林、盖板间和锡林、道夫间所受的是自由分梳作用和相互转移作用。锡林转一转从刺辊上取得的纤维量，在同一转中被锡林带出工作区的仅是一部分，这部分纤维与锡林上原有的纤维一起与道夫相遇时，转移给道夫的又是其中的一小部分。可见纤维在机内停留的时间不同，这样便使同一时间喂入机内的纤维可能分布在不同时间输出的棉网内。由此可知，纤维在针面间的转移就产生了混合作用。这种混合作用的效果取决于锡林、盖板两针面的负荷大小及进入锡林、盖板梳理区的锡林针面负荷的均匀性。如果两针面的负荷适中，进入锡林与盖板梳理区的锡林针面负荷均匀性大，则盖板针面吸放性能较好，两针面间纤维转移越频繁，混合作用也越好。

2. 均匀作用

由于盖板针齿较深，能充塞的纤维量较大，因而其针面负荷较大，同样盖板针面吸放纤维能力也较大。在锡林与盖板梳理区，当盖板针齿具有较强的抓取能力时，能尽可能地抓取、吸收纤维；但当锡林针面具有较强的抓取能力时，纤维就不断地从盖板针面上转移给锡林，此时盖板放出纤维。当进入锡林与盖板梳理区的锡林针面负荷突然增大时，锡林针面就不断地向盖板转移纤维，使锡林针面负荷降低；但当进入锡林与盖板梳理区的锡林针面负荷突然

减小时，锡林针面抓取能力强，就不断地吸收盖板转移过来的纤维，增大针面负荷。因此，这种针面的吸放纤维作用使得走出锡林与盖板梳理区的锡林针面负荷均匀。同时，由于针面吸放纤维作用有个过程，则梳棉机输出的生条不会出现突发性地、阶跃状粗细变化。但是，当喂入纤维量的波动片段长且不足以引起锡林和盖板针面负荷发生较大变化时，输出生条重量也将随之发生波动，此时梳棉机的均匀作用仅是起到延缓波动的作用。因此，必须控制好喂入棉卷的均匀度和注意棉卷搭头时的质量。只有当进入锡林与盖板梳理区的锡林针面负荷不均匀程度在盖板针面负荷吸放纤维可调节的范围内，才能使锡林与盖板梳理区的锡林针面负荷均匀。

3. 混合作用和均匀作用与生条和成纱质量的关系

开清工序将喂入原料的各种成分进行块状或束状纤维间的初步混合，梳棉机的锡林盖板和道夫部分对喂入的纤维做进一步混合。因此，锡林、盖板、道夫间由分梳、转移而引起的混合作用影响生条和成纱中各种成分按比例的均匀分布。由锡林、盖板间的分梳、转移作用而引起的吸放纤维作用和道夫的凝聚作用改善了生条的短片段不匀，为成纱的均匀度打下了基础。总之，锡林、盖板和道夫部分的混合作用与均匀作用对生条和成纱质量有直接影响，而提高混合作用与均匀作用的关键是提高锡林、盖板间和锡林、道夫间的分梳和转移能力。

（六）锡林、盖板部分的除杂作用

锡林、盖板部分的除杂作用主要是靠排除盖板花和抄针花进行的。因金属针布梳棉机不需经常抄针，一般5~10天才抄针一次，以清除嵌入针齿间的破籽、僵棉等，抄针花极少，故它主要是依靠盖板除杂。

纤维在锡林、盖板针面间进行交替、反复分梳和转移时，大部分短绒杂质不是随纤维一起充塞针隙的，而是随纤维在锡林和盖板间上下转移，部分短绒杂质转移到盖板后，不易再转移到锡林，这是因为向下转移只有一个抓取力，没有离心力，靠近工作区出口处，由于锡林高速回转产生的离心力将体积小、密度大的杂质抛向盖板纤维层表面，这些杂质来不及再转移到锡林已走出工作区，因而盖板花中含有较多的短绒杂质，并且盖板针面的外层表面附有较多杂质。

盖板花中的大部分杂质带纤维籽屑、软籽表皮、僵瓣，还有一部分棉结。16mm以下短纤维约占盖板花总量的40%以上，这是由于短纤维不易被锡林针齿抓取，因而存留在盖板花中。

盖板花的含杂率和含杂粒数会随盖板参与工作时间的延长而增加，盖板刚进入盖板梳理区时增加较快，接近走出工作区时有饱和趋势。

三、剥棉、成条、圈条部分

（一）剥棉装置

剥棉装置的作用是将凝聚在道夫表面的纤维剥下形成棉网。梳棉工艺对剥棉装置的要求如下。

（1）能顺利地从道夫上剥取纤维层，并保持棉层的良好结构和均匀性，不增加棉结。

（2）当原料性状、工艺条件和温湿度发生变化时，能保证稳定剥棉，棉网不会破洞、破边甚至断头。

（3）机构简单，使用、维修方便。

1. 三罗拉剥棉装置

三罗拉剥棉装置由剥棉罗拉3和一对轧（碎）辊4、5组成，如图4-2-16所示。剥棉罗拉表面包覆有“山”形锯条，“山”形锯条因其工作角为负角，不能握持纤维，所以工作时不会破坏棉网的结构。

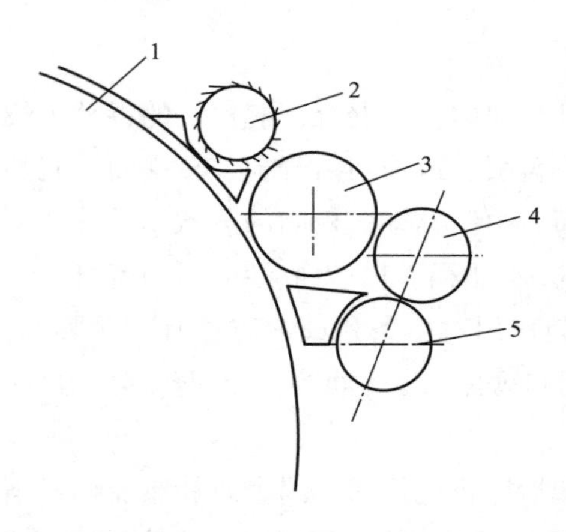

图4-2-16　三罗拉剥棉装置
1—道夫　2—清洁辊　3—剥棉罗拉
4—上轧辊　5—下轧辊

道夫1棉网中的大部分纤维，尾端被道夫针齿所握持，头端浮于道夫针面，当其与定速回转的剥棉罗拉相遇时，由于道夫与剥棉罗拉间的隔距很小（0.12~0.18），剥棉罗拉与纤维接触产生摩擦力，再加上纤维间的黏附作用，使纤维从道夫上被剥离。剥棉罗拉的表面速度略高于道夫，从而产生一定的棉网张力，这一张力既不会破坏棉网结构，又可增加棉网在剥棉罗拉上的黏附力，使剥棉罗拉能连续地从道夫上剥下棉网并交给上、下轧辊。上、下轧辊与剥棉罗拉之间配置有较小的隔距和一定的牵伸张力，依靠轧辊与棉网的摩擦黏附和棉网中纤维间的黏滞力将棉网从剥棉罗拉上剥下来。棉网从上、下轧辊间输出时，上、下轧辊对棉网中的杂质有压碎作用，可避免棉网在输出过程中因杂质而造成的结构变化。

三罗拉剥棉装置在剥棉罗拉上加装了一套安全清洁辊2和返花摇板自停装置，安全清洁辊表面包覆有直角钢丝抄针针布，由单独电动机传动，以高速击碎返花纤维并由尘罩吸走，可基本防止剥棉罗拉返花，轧伤针布的问题发生。

三罗拉剥棉装置结构紧凑，操作维修方便，剥棉效果良好，所以被大多数国内外梳棉机所采用。

2. 四罗拉剥棉装置

四罗拉剥棉装置如图4-2-17所示，该装置有一个较大直径的剥棉罗拉2和一个转移罗拉4、两个轧辊5，剥棉罗拉和转移罗拉表面包卷有山形齿，对纤维的作用相同。四罗拉剥棉装置的剥取原理与三罗拉相同。剥棉装置均配置有防返花装置，因机型不同而各异。图中防返花装置为两端装有限位开关的绒辊3，由剥棉罗拉传动，当绒辊因绕花上抬到一定位置时，通过控制杆推动限拉开关使机器停转，以保护金属针布，避免扎坏。使用罗拉剥棉时，在工艺上应注意以下几点。

（1）棉网要有一定的定量（一般在14g/5m以上），否则棉网强力过小，经不起拉剥，易产生破边、破洞，甚至出现断头现象。

（2）原棉品级过低、纤维过短，会导致棉网强力低，不易收拢成条，而引起断头。

（3）道夫与轧辊线速度增加时，为了使棉网能顺利地向喇叭口集拢，应有较大的牵伸张力。

（4）车间温湿度要严格控制，温度在 18～25℃，相对湿度在 50%～60%。当温度低而道夫速度高时，车间相对湿度应稍偏高。

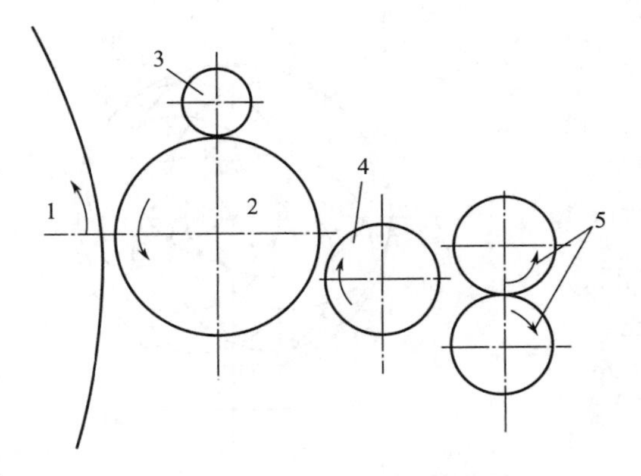

图 4-2-17　四罗拉剥棉装置
1—道夫　2—剥棉罗拉　3—绒辊
4—转移罗拉　5—上、下轧辊

（二）成条部分

棉网由剥棉装置剥离后，由大压辊牵引经喇叭口逐渐集拢、压缩成条。

1. 棉网

棉网在上下轧辊与喇叭口之间的一段行程中，由于棉网横向各点与喇叭口的距离不等，因而棉网横向各点虽由轧辊同时输出，却不同时到达喇叭口，即棉网横向各点进入喇叭口有一定的时间差，从而在棉网纵向产生了混合与均匀作用，有利于降低生条条干不匀率。

2. 喇叭口与压辊

从轧辊输出的棉网，集拢成棉条后是很松软的，经喇叭口和压辊的压缩后，方能成为紧密而光滑的棉条。棉条紧密度增加，不仅可增加条筒的容量，而且可以减少下道工序引出棉条时所产生的意外牵伸和断头。棉条的紧密程度主要取决于喇叭口出口截面大小、形状及压辊所加压力的大小等因素。

（1）喇叭口。喇叭口直径的大小，对棉条的紧密程度影响较大。喇叭口的直径应与生条定量相适应，如直径过小，棉条在喇叭口与大压辊间造成意外牵伸，影响生条的均匀度；如直径过大，达不到压缩棉条的作用，影响条筒的容量。喇叭口的出口截面是长方形，它的长边与压辊钳口线垂直交叉，使棉条四面受压来增强棉条紧密度。

（2）压辊。压辊加压的大小同样会影响生条的紧密程度。压辊的加压装置可以调节加压量的大小，一般纺化纤时压力应适当增大。采用凹凸压辊、双压辊等技术措施可使棉条压缩更紧密、条筒容量增加、断头减少。

（三）圈条部分

1. 圈条器

圈条器由圈条喇叭口、小压辊、圈条盘（圈条斜管齿轮）、圈条器传动部分等组成。其作用是将压辊输出的棉条，有序地圈放在棉条筒中，以便储运和供下道工序使用。

2. 大小圈条

棉条圈放有大、小圈条之分，棉条圈放直径大于条筒半径者称为大圈条，棉条圈放直径小于条筒半经者称为小圈条，如图 4-2-18 所示。大圈条的各圈棉条在交叉处留有气孔，即图中的 d_0，大圈条每层圈条数少于小圈条，重叠密度也小于小圈条，在条筒直径一样时，大圈条的条筒容量较小圈条少，但大圈条条圈的曲率半径大，纤维伸直平行度较好，可减少黏条并保持棉条光滑，圈条质量好。

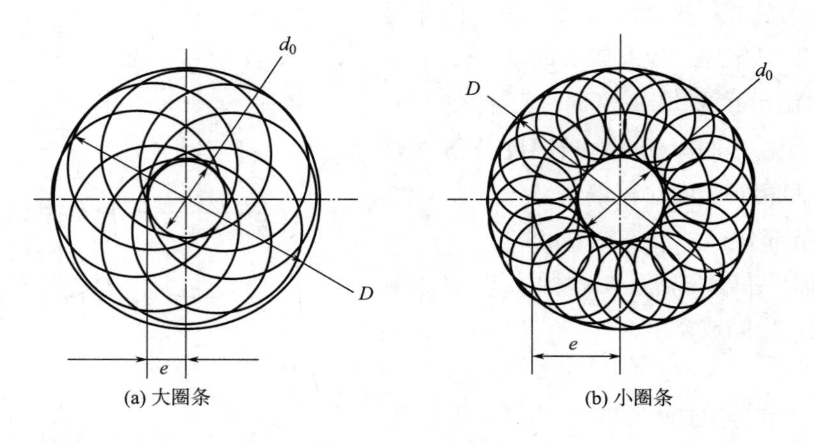

(a) 大圈条　　(b) 小圈条

图 4-2-18　小圈条

大小圈条的选用应视条筒直径而定，一般大筒使用小圈条，小筒使用大圈条。随着梳棉机的高产高速，条筒直径不断增大，圈条的曲率半径也在增加，所以在梳棉机上都采用大筒小圈条。

思考练习

1. 给棉和刺辊部分的机构与作用是什么？
2. 锡林、盖板和道夫部分的作用是什么？
3. 简述三罗拉剥棉装置与四罗拉剥棉装置的异同。
4. 圈条方式有几种？各有什么特点？

拓展练习

1. 绘画梳棉机的工艺简图和纤维流方向以及各机构运动方向。
2. 了解梳棉机给棉刺辊部分的工艺作用及影响因素。
3. 了解梳棉机锡林盖板道夫部分的工艺作用及影响因素。

任务 3　分梳元件

学习目标

1. 掌握针布的纺纱工艺性能要求。
2. 掌握金属针布的选用。
3. 掌握弹性针布的特点。

相关知识

梳棉分梳元件就是常说的针布，针布包覆在刺辊、锡林、道夫和罗拉式剥棉装置的剥棉罗拉、转移罗拉的筒体上，或包覆在盖板、预分梳板、固定分梳板铁骨的平面上。它们的规格、型号、工艺性能和制造质量，直接决定着梳棉机的分梳、除杂、混合与均匀作用，所以梳棉分梳元件是完成梳棉任务、实现优质高产的必要条件。

一、针布的纺纱工艺性能要求

（1）具有良好的穿刺和握持能力，使纤维在两针面间受到有效的分梳。

（2）具有良好的转移能力，使纤维（束）易于从一个针面向另一个针面转移，即纤维（束）在锡林与盖板两针面间，应能顺利地往返转移，从而得到充分、细致的分梳；而已分梳好的纤维又能适时地由锡林向道夫凝聚转移，以降低针面负荷，改善自由分梳效能，提高分梳质量。

（3）具有合理的齿形和适当的齿隙容纤量，使梳棉机具备应有的吸放纤维能力，起均匀混合作用。

针布分金属针布和弹性针布两大类。弹性针布的应用范围主要在弹性盖板针布这一领域。由于金属针布使用性能稳定，可选择的规格多，可防止纤维充塞和改善梳理效能，梳理质量好且稳定，抄针、磨针周期长，故其涉及所有类型的针布。

二、金属针布

1. 金属针布的齿形规格

针布的齿形和规格参数直接影响分梳、转移、除杂、混合均匀以及抗轧防嵌等性能。金属针布规格其型号的标记方法为：由适梳纤维类代号、总齿高、前角、齿距、基部宽及基部横截面代号顺序组成。棉的代号为A。被包卷的部件代号：锡林为C、道夫为D、刺辊为T。如图4-3-1所示，总齿高H是指底面到齿顶面的高度。齿前角β为齿前面与底面垂直线的夹角。工作角α为齿前面与底面的夹角，有$\alpha+\beta=90°$。纵向齿距P为相邻两齿对应点间的距离。参数中，以工作角、齿形、齿密和齿深较为重要。

为了进一步提高梳理效能，要求针布既能加强分梳又能防止纤维沉入针根，为此设计采用了具有负角、弧背等新型齿形。图4-3-2（a）为针布齿条齿顶形式：平顶形齿顶强度大，不易磨损，但刺入纤维束的能力较弱；尖顶形齿顶强度小易磨损，但分梳能力强；弧顶形的总体性能介于平顶形与尖顶形之间；鹰嘴形齿顶强度大，不易磨损，分梳能力强，握持纤维能力强。图4-3-2（b）为针布齿条齿尖断面形式：楔形握持与分梳纤维能力差；尖劈形握持纤维能力差，分梳纤维能力好；齿部斜面沟槽形握持纤维能力强，但分梳能力差。图4-3-2（c）为针布齿条不同齿形：直齿圆底形易充塞纤维，分梳能力好，握持纤维能力强；直齿平底形和折齿负角形分梳纤维能力强，齿浅有利于纤维在两针面间转移，对针面纤维负荷均匀、混合作用有利；双弧线形介于直齿圆底形与直齿平底形、折齿负角形之间，但这个形状制造困难。

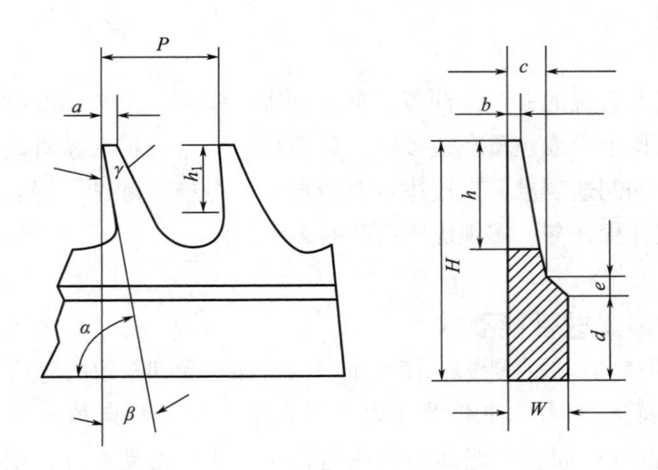

图 4-3-1 金属针布

H—总齿高 *h*—齿尖高（齿深） h_1—齿尖有效高 *α*—工作角 *β*—齿前角 *γ*—齿尖角

P—纵向齿距 *W*—基部厚度 *a*—齿尖宽度 *b*—齿尖厚度 *c*—齿根厚度 *d*—基部高度 *e*—台阶高度

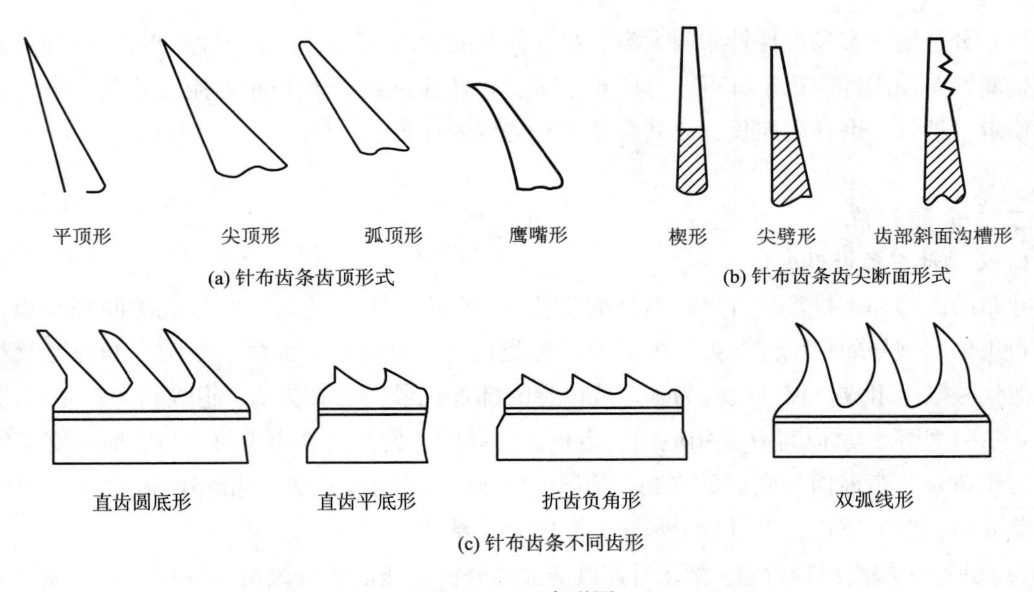

图 4-3-2 齿形图

齿顶面积：齿尖宽度和齿尖厚度的乘积即齿顶面积。齿顶面积越小，齿顶越锋锐。

齿尖耐磨度：针尖的耐磨度影响锋利度的持久性和针布的使用寿命。为了达到梳棉机高产高速的要求，必须采取有效措施，提高齿尖的耐磨度。

针齿光洁度：针齿毛糙，易挂纤维，增加棉结。所以新针布需喷砂抛光，新包针布应适当刷光。

2. 锡林针布

新型锡林针布（棉型）的特点为矮、浅、尖、薄、密、小（前角余角小、齿形小），可纺性能优良，近年来这些特点有了进一步发展。

3. 道夫针布

道夫针布的主要作用是抓取凝聚纤维，把已分梳好的单纤维及时从锡林上充分转移出来凝聚成棉网，道夫针布应具有足够的抓取力和握持力，因此道夫针布必须采用深而细的基本齿形。

道夫针布的规格应随锡林速度、锡林针布和梳棉机产量的变化而适当变化。一般采用增大前角和齿高来增加齿间容量，以此来顺利引导高速气流、解决纤维转移。

4. 刺辊针布

刺辊的主要任务是对纤维和棉束进行握持分梳并清除其中的杂质，然后把分梳过的纤维完善地转移给锡林。在握持分梳过程中，应尽可能减少对纤维的损伤，刺辊齿条使用合理的规格参数是完成上述任务的主要保证。

三、弹性针布

弹性针布和盖板针布是由底布和植在其上面的梳针组成。其结构及规格参数如图4-3-3所示。

底布由硫化橡胶、棉织物、麻织物等多层织物用混炼胶胶合而成，底布是植针的基础。底布必须强力高、弹性好且伸长小。

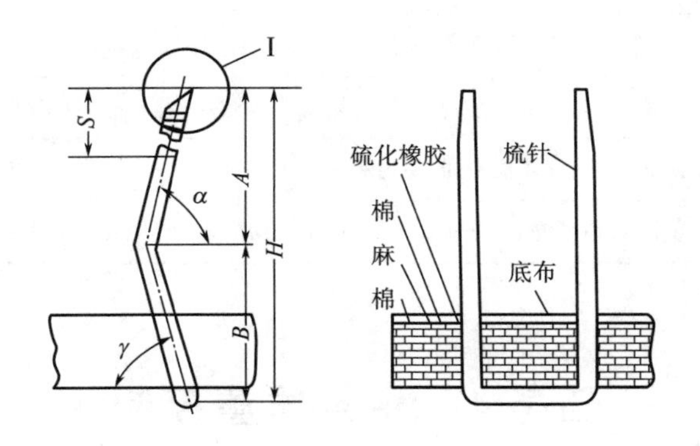

图4-3-3 弹性针布

A—上膝高度 B—下膝高度 S—侧磨深度 α—动角（工作角） γ—植角

目前，锡林道夫底布有六层橡皮面（VCLCCC）、六层中橡皮（CV-CLCC），其中，V代表橡胶，C代表棉织物，L代表麻织物。盖板底布有五层橡皮面、七层橡皮面、八层橡皮面等不同的规格。

四、针布选配

近年来高产梳棉机有了迅速的发展，产量从30~40kg/h提高到50~180kg/h。同时促进了新型针布的发展和刺辊分梳板、锡林前后固定盖板的推广应用，因而不仅要研究锡林、道夫、盖板、刺辊新型针布的选用与配套（即四配套），如加上分梳板、前固定盖板针布、后固定盖板针布的选用与配套，这七种针布的选用配套也可以简称“七配套”。

思考练习

1. 简述针布的纺纱工艺性能要求。
2. 锯齿针布的规格参数有哪些？其大小对可纺性能有何影响？

拓展练习

1. 了解梳棉机的新型针布的特点。
2. 了解梳棉机的针布选用与配套。
3. 金属针布齿条的规格参数见表4-3-1。

表4-3-1　梳理用齿条的规格参数

名称	作用说明
工作角 α	影响针齿对纤维的握持、分梳转移能力，α 大，转移能力强 α 小，握持穿刺的能力强
齿距 ρ	影响纵向齿密，ρ 越小，密度越大，分梳质量好
齿基厚 w	影响横向密度，w 越小，横向密度越大，分梳质量好
齿深 h	h 小，纤维充塞少，转移率高，齿尖强度高，但容纤维量降低
齿基高 d	d 过大，不易包卷，影响包后平整度，易倒条；d 过小，包卷易伸长变形
齿尖角 γ	γ 越小，齿越小，穿刺能力强，易脆断
齿顶面积 $a \times b$	$a \times b$ 越小，针齿越锋利，分梳效果好，棉结少；$a \times b$ 过小，则锋利度衰退较快

任务4　生条质量控制

学习目标

1. 了解生条的质量指标。
2. 了解生条棉结杂质的控制。
3. 了解生条均匀度的控制。

相关知识

在普梳系统中，梳棉工序之后的工艺流程几乎不再具有开松、分梳和清除杂质的作用，所以生条的质量，特别是棉结杂质含量直接影响成纱的质量。因此，对生条的质量控制尤为重要。

一、生条的质量指标

生条的质量指标可分为运转生产中的经常性检验项目和参考项目两大类。

(一) 经常性检验项目

1. 生条条干不匀率

生条条干不匀率反映了生条每米片段上的粗细不匀情况，检验指标有萨氏条干和乌斯特条干两种，一般萨氏条干应控制在 14%~18%，乌斯特条干 *CV* 值控制在 4%以下。

2. 生条重量不匀率

生条重量不匀率反映了生条 5m 片段的粗细不匀情况，重量不匀率应控制在 4 以下。

3. 生条棉结杂质

生条棉结杂质反映了每克生条中所含的棉结杂质粒数，该指标由企业根据产品要求自定，其参考范围见表 3-6-1。

4. 生条短绒率

生条短绒率指生条中 16mm 以下纤维所占的百分率，梳棉工序在一定程度上既可排除短绒，也会产生短绒。普通梳棉机的短绒生产量大于排除量，所以生条中短绒含量一般较棉卷多。采用多吸点吸风以后，大幅增加了梳棉机对短绒、尘屑的排除量，可使生条中的短绒含量小于棉卷，一般生条短绒率应控制在 4%以内。

(二) 参考项目

棉网清晰度是反映棉网结构状态的一个综合性指标，通过目测观察棉网中纤维的伸直度、分离度和均匀分布状况，能快速了解梳棉机的机械状态和工艺配置是否合理。

二、改善生条质量

根据质量控制原理，影响产品质量的因素主要有五个方面，即人为因素、机械因素、原料因素、工艺方法因素和环境因素，故一般提高产品质量的措施也是从这几个方面着手。在产量一定的条件下，提高生条质量的措施主要有下列几个方面。

(一) 控制生条棉结杂质

生条中的棉结杂质一部分是由原棉性状所决定的，另一部分是在开清棉和梳棉工序的加工过程中造成的。梳棉工序在刺辊锯齿的打击摩擦作用下和锡林盖板间的反复搓转作用下击碎大量杂质，并排除大量杂质和棉结，同时，又将弹性和刚性比较小而回潮率较高的低成熟纤维扭结成棉结。开清棉工序加工时所形成的棉团、索丝以及未被排除的带纤维杂质、短纤维和有害疵点，在梳棉工序中也易转化为棉结。在梳棉工序，一方面排除了大量结杂，另一方面又形成许多新的小棉结。总的说来，通过梳棉工序，棉结杂质的重量大为减少，而粒数有所增加，特别是棉结粒数大幅度增加，因此，梳棉工序是影响成纱棉结数的关键。控制生条棉结杂质就是在高产低耗的前提下尽可能多地排除棉结杂质，少形成棉结。生条中棉结杂质的控制范围见表 4-4-1。

表 4-4-1　生条中棉结杂质的控制范围

棉纱		优		良		中	
线密度/tex	英支	棉结数	结杂点	棉结数	结杂点	棉结数	结杂点
32 以上	18 以下	25～40	110～160	35～50	150～200	45～60	180～220
20～30	19～29	20～38	100～135	38～45	135～150	45～60	150～180
19～29	30～50	10～20	75～100	20～30	100～120	30～40	120～150
11 以下	51 以上	6～12	55～75	12～15	75～90	15～18	90～120

为控制梳棉工序的生条棉结杂质，应从以下几个方面着手。

1. 把好原料关

控制原棉中的棉结杂质含量，是控制成纱棉结的重要环节。其次控制混用原料中不成熟纤维、死纤维的含量和粗纱头、回花的混用量，可确保在梳棉时不产生大量棉结。

2. 清梳工序合理分担除杂任务

对大而易分离排除的杂质，如棉籽、籽棉、破籽、不孕籽、僵棉、砂土等大杂，由开清棉工序清除；对黏附力较大的带纤维杂质、带纤维籽屑、未被开清棉工序排除的部分破籽、不孕籽和僵棉、短绒和带纤维细小杂质，由梳棉工序清除。对梳棉工序本身来说，棉卷中的不孕籽和僵棉、死纤维，应在刺辊部分排除，而带纤维籽屑以及棉结、短绒等则应在锡林—盖板部分清除。在一般情况下，按棉卷和生条的含杂计算得出的总除杂效率达 90%左右，刺辊部分的除杂效率控制在 50%～60%，而锡林—盖板部分的除杂效率控制在 8%～10%，生条含杂效率应控制在 0. 15%以下。可见刺辊部分是排杂的重点。

3. 提高分梳效能

既要提高刺辊部分握持梳理的能力，又要提高锡林—盖板部分自由梳理和反复梳理的效能。因而在给棉板与刺辊间、锡林与盖板间采用较小隔距，以增强对纤维的作用，有利于减少棉结的形成和清除棉结。锯条和针布的针齿锋利是提高分梳效能的有效保证。

4. 改善纤维转移情况，减少新棉结的形成

形成棉结的根本原因是纤维间的搓转。而返花、绕花和挂花等不正常现象，常易造成剧烈摩擦，从而导致纤维搓转而形成棉结。返花、绕花和挂花的主要原因是速比或隔距配置不当，或开松、梳理元件的锋利光滑程度不够。因为梳理元件锋利容易抓取纤维，而光滑则易释放纤维。应针对产生原因，采取相应措施，以消除纤维搓转和剧烈摩擦的现象。

5. 设计合理的梳棉机产量

根据选用针布的性能，设计合理的锡林转速，锡林针面有效、合理的针面负荷可确保锡林盖板梳理区有较好的分梳能力，降低棉结的产生，有利于排除杂质。同时，也有利于纤维从锡林向道夫、刺辊向锡林转移。适当增大锡林与刺辊的速比有利于生条的均匀与多成分纤维的混合作用，降低刺辊返花现象。

6. 加强温湿度管理，控制纤维上机回潮率

在高温高湿下棉纤维的塑性大，抗弯性能差，纤维间易粘连，容易形成棉结，特别是成熟度低的原棉，更易吸收水分子，形成棉结，又因在此条件下，纤维弹性差，在盖板工作区往往会由于未被梳开而搓转成棉结。但温湿度过低，易产生静电，棉网易破碎或断裂。因而必须加强温湿度管理，同时控制纤维上机回潮率，使之在放湿状态下进行加工，以增加纤维的刚性和弹性，减少纤维与针齿间的摩擦和充塞针隙现象。一般纯棉卷的上机回潮率控制在6.5%~7%，相对湿度以55%~60%为宜。

（二）降低生条条干不匀率

产生重量不匀率的主要原因是喂入棉卷不匀和各机台间的落棉差异，而产生条干不匀率的主要原因是机械状态不良和工艺配置不当，使分梳效能不理想，造成棉网结构不良。改善生条条干不匀率的措施主要有以下几方面。

1. 提高分梳效能

分梳效能影响纤维的梳理度和分离度，因而直接影响锡林、盖板的均匀混合作用，因而影响纤维从锡林向道夫转移时在道夫针面上的均匀分布程度，从而影响棉网和生条的均匀度。

2. 改善棉网清晰度

棉网清晰度实质上是对棉网结构的反映。目测棉网中有比较多的云斑、破洞、破边，这就是清晰度差的棉网，也可以说是棉网结构不良。改善棉网清晰度的措施，也是改善分梳效能的措施。在正常的机械状态下，采用紧隔距、强分梳、“四锋一准（指保持锡林、道夫、盖板、刺辊四个针面针齿锋利，它们间隔距要准确）”的工业，确保梳棉机有合理的产量与合理的锡林转速，可以保持足够的分梳度、提高棉网的清晰度

3. 合适的牵伸张力

剥棉装置与大压辊间、小压辊与大压辊间、圈条器与小压辊间的各个牵伸张力过大，会增加生条条干不匀率。

（三）控制生条短绒率

生条短绒率是指生条中含16mm以下的短纤维的百分率。梳棉工序在一定程度上既能排除短绒，又会产生短绒。它在车肚落棉和盖板花中排除了一定数量的短绒，可是在刺辊部分和盖板工作区的梳理过程中，损伤了一定数量的纤维，造成一些纤维断裂，从而产生了一定数量的短绒。生产实践表明，所产生的短绒数量一般多于被排除的短绒数量，因而生条中的短绒含量一般较棉卷中多2%~4%。生条中的短绒率过高，不利于后道工序中牵伸的正常进行，影响成纱条干和强力。因此，要合理选用给棉板分梳工艺长度和刺辊转速，尽量减少对纤维的损伤和断裂，少产生短绒，尽量在后车肚落棉和盖板花中多排除短绒，生条短绒率的控制范围需视原料情况以及成纱的条干和强力要求而定，一般为14%以下。

（四）控制生条重量不匀率

生条重量不匀率和细纱重量不匀率与重量偏差有一定的关系。生条重量不匀率应从内不匀率和外不匀率两个方面加以控制。影响生条重量不匀率的主要因素有棉卷重量不匀、梳棉机各机台间落棉率的差异、机械状态不良等。控制生条重量的内不匀率，应控制棉卷重量不匀率，消除棉卷黏层、破洞和换卷接头不良。而降低生条重量的外不匀率，则要求纺同线密

度纱的各台梳棉机隔距和落棉率统一，防止牵伸变换齿轮用错，做好设备的状态维修工作，以确保机械状态的良好。

（五）合理控制落棉率

低耗的原则是在保证产量和质量的前提下，降低原料消耗。梳棉工序的落棉包括后车肚落棉、盖板花和吸尘落棉。后车肚落棉数量最多，盖板花次之，吸尘落棉最少（视吸尘装置的效果而定）。

后车肚落棉应根据喂入棉卷的含杂率、含杂情况和成纱的质量要求而定。控制的主要方法是调整后车肚工艺，在保证质量的前提下降低原料消耗。一般刺辊部分的除杂效率宜控制在50%~60%。盖板除杂对去除细杂、棉结和短绒较刺辊部分有效。如喂入棉卷中带纤维杂质少，可减少盖板花，以节约用棉；反之，应增加盖板花，以保证生条质量。盖板除杂率一般控制在8%~10%。低耗的主要措施如下。

1. 控制落棉数量和台差

（1）落棉率、落棉含杂率和除杂效率的控制。根据原棉性状、棉卷含杂和纺纱线密度，总落棉率应控制在一定的范围内。在充分排除杂质和疵点的情况下，较高的落棉含杂率意味着原料消耗的降低。

（2）落棉差异的控制。落棉差异是指纺制同线密度纱各机台间落棉率和除杂效率的差异，俗称台差，要求台差越小越好，以利于控制生条重量不匀率。后车肚落棉是重点控制部分，当各台落棉差异较大时，可调节各机台的后车肚落棉工艺。纺同线密度纱的盖板速度应保持一致，如发现各机台间盖板花差异较大时，可调节盖板工艺。

2. 控制落棉内容

后车肚落棉是落棉重点。对于自然沉降式除杂方式，不但要检查总的落棉含杂率和含杂内容，还应注意三个落杂区各自的落杂情况，并加以控制。第一落杂区的落杂大部分是大杂，如发现有落白等不正常现象，应检查调整；第二落杂区是刺辊排杂的重点区域，在此处落下的是小部分大杂和大部分小杂，由于这个落杂区较长，可纺纤维落下的机会相对增多，应注意气流回收，当棉卷中小杂质偏多时，此落杂区应相应加长，以充分排除小杂；小漏底落杂区的落棉是短绒和尘屑，需注意小漏底内的气流大小及其稳定程度。

后车肚落棉中如有较严重的落白现象和可纺纤维含量较多时，应控制刺辊部分的气流，控制三个落杂区的落杂数量和内容，可调整除尘刀的高低位置和角度以及小漏底工艺。盖板花的含杂内容是带纤维细杂、短绒和棉结。如果盖板花中可纺纤维含量过多，可调整前上罩板上口。

对于积极抽吸式除杂方式，调整好落棉控制调节板及吸风槽内的负压，控制后车肚落棉。

思考练习

1. 如何控制生条棉结杂质？

2. 如何降低生条不匀率？

3. 如何控制生条短绒含量？

拓展练习

1. 收集梳棉生条的质量控制指标。

2. 了解梳棉生条疵点的产生原因。

3. 收集梳棉机加工化纤的工艺调整。

任务5　清梳联概述

学习目标

1. 了解清梳联技术的发展趋势。

2. 了解清梳联的工艺流程。

相关知识

清梳联合机也称“清钢联”，通过气流输送控制技术将开清棉和梳棉两个工序连接起来，达到缩短工艺流程、减少劳动力、提高劳动生产率的目的。清梳联技术是纺纱新技术的一个里程碑，也是纺纱过程实现连续化、自动化、优质高产和低消耗的重要途径。

一、清梳联技术的发展趋势

1. 短流程

与传统工艺相比，清梳联技术缩短了工艺流程。

2. 宽幅化

工作幅宽由原来的1000mm扩大到1500mm。在稳定加工效能和产品质量的前提下，提高了产量。

3. 全流程棉流输送均匀稳定的控制系统

清梳联过去采用终端控制，即通过梳棉机自调匀整装置控制生条重量，使之达到预期的控制目标。但机组内各机台间的供应控制采用“开、停、开”的控制方法，机台停车以后由于纤维自重的影响，棉层密度发生变化，在输送过程中首、尾喂棉密度不同，尤其是第一台梳棉机和最后一台梳棉机间的差异更大。因此，先进的清梳联均采用全流程无停车跟踪连续无级喂棉控制系统，使整个喂棉系统达到棉层密度均匀稳定的目的，生条重量波动小，台间差异改善。

4. 异性纤维杂物自动检测清除系统

棉纺厂使用的原棉中常混有异性纤维和杂物，在一般的纺纱过程中很难除去，纺成纱、织成布后，严重影响最终产品质量。用异性纤维自动检测系统代替人工拣除原棉中异性纤维和杂质，系统清除率可达80%以上。保证残留的异性纤维和杂质在质量允许范围以内。

5. 喂棉箱与梳棉机一体设计

清梳联的喂棉箱出棉罗拉与梳棉机的给棉罗拉合二为一，减少了喂棉箱输出筵棉的意外牵伸，保证均匀喂给。

6. 自调匀整装置的改进

新型自调匀整装置有两项新的改进。一是琴键式给棉板，德国特吕茨勒公司的DK903型梳棉机、国产FA225系列与JWF1205型梳棉机每块给棉板下装有一个压力传感器，感知棉层厚度并转换为电信号，经处理后变换给棉罗拉的输出速度；二是罗拉牵伸装置的改进，台湾东夏公司生产的机前自调匀整装置置于大压辊前，根据输出棉条的重量调整牵伸倍数，达到匀整的目的，原来只有一对罗拉进行牵伸虽然匀整效果较好，但会产生生条短片段不匀，影响生条条干不匀率。现改为一组两对罗拉进行牵伸，较好地解决了条干不匀率高的问题。

二、清梳联工艺流程

清梳联可分为有回棉和无回棉两种工艺流程，新型的清梳联工艺多采用无回棉系统。清棉机打手输出的原料由输棉风机均匀地分配到各台梳棉机的喂棉箱中，其给棉过程采用电子压差开关进行控制。当箱内压力低于设定值时即给棉，达到设定值时即停止给棉。无回棉喂给装置控制灵敏度准确，气流稳定，可保证棉层的均匀喂给，还可避免纤维的重复打击，减少纤维损伤和成纱棉结、杂质，常见国产新型清梳联设备的组合情况如下。

（一）清梳联流程举例

1. 郑州纺织机械股份有限公司清梳联流程

FA006型往复式抓棉机→TF27型桥式吸铁→AMP200型金属火星及重杂物三合一探除器→TF45型重物分离器→FA051型凝棉器→FA113型单轴流开棉机→FA028型多仓混棉机→JWF1124型清棉机→JWF1051型异纤微尘分离机→FAl77A型清梳联喂棉箱×（6~8）（FA221系列或FA225系列或JWF1205型梳棉机+FT025型自调匀整器）×（6~8）

该清梳联流程的组合具有以下特点。

（1）选配FA006型往复式抓棉机、FA113型单轴流开棉机和FA028型多仓混棉机，实现了多包取用，精细抓棉。FA113型单轴流开棉机沿轴向旋转运动输出棉流与尘棒多次撞击落杂质，使大杂早落少碎，细杂纤尘多排。FA028型多仓混棉机采用大容量混合调节稳定供棉，又逐仓喂棉底部同时输出，时差混合效果显著，达到充分均匀混合，减少了纱线染色差异。

（2）喂棉器是保证系统正常稳定运行的重要装置，流程中采用PID模糊数字调节器。FT2202型连续喂棉装置是由压力传感器、给棉变频电动机和可编程控制先进微电子技术组成的连续喂棉系统，实现连续跟踪、精密喂棉。由于无级连续喂棉，使输棉的棉气比值相对稳定，棉箱储棉量稳定，散棉密度均匀；同时消除了间歇喂棉造成的冲击和压力波动，提高了管理工作效率，有利于整个系统正常运行。

（3）该流程中专门配置了集中控制柜，由可编程控制与运行状态显示，根据工艺要求设置自动和手动开关，手动开关供维修、试车用，自动开关能按工艺要求自动顺序开车或关车，方便了运转与管理，减轻了劳动强度。

(4) 安全防轧系统，在抓棉、开棉之间装有金属火星及重杂物三合一探除器，有效防止金属、硬杂物进入机内，轧伤机体与针布，有利于清梳联设备长期正常运行。

(5) 清梳联 FA177A 型喂棉箱采用无回棉上下两节棉箱，在配棉总管内设有压力传感器，保证了上棉箱内棉花密度均匀。下棉箱采用风机通过静压扩散循环吹气，使整个机幅内下棉箱压力均匀。根据下棉箱压力来控制上棉箱给棉罗拉速度，保证下棉箱压力稳定。采用螺旋式排列梳针打手，对纤维损伤小。

2. 青岛纺织机械股份有限公司清梳联流程

FA009 型往复式抓包机→FT245F 型变频输棉风机→AMP2000 型火星金属及重杂物三合一探除器（FT213A 型三通摇板阀、FT215B 型微尘分离器）→FA125 型重物分离器（FT214A 型桥式吸铁、FT240F 型变频输棉风机）→FA105 型单轴流开棉机→FA029 型多仓混棉机（FT222F 型变频输棉风机、FT224F 型弧形磁铁、FT240F 型变频输棉风机）→FA179 型喂棉箱、FA116A 型主除杂机→JWF0011 型异性纤维分拣仪→FA156 型除微尘机（FT240 型变频输棉风机、FT201B 型变频输棉风机）→119AII 型火星探除器→FT301B 型连续喂棉控制器→JWF1171 型棉箱→FA1203 型梳棉机+FT025 型、FT027 型自调匀整器

该清梳联流程的组合具有以下特点。

(1) 该系统工艺流程简捷、高效。流程设计贯彻“多包取用、精细抓棉、均匀混合、少碎早落、渐近开松、少伤纤维”的原则。

(2) 清棉、梳棉工艺分工合理。清棉仅有两台开松除杂设备，但是可以去除原棉中 60% 以上的尘杂，尤其是 FA116 型主除杂机，通过梳针刺辊梳理除杂，实现以梳代打，提高了开松除杂效率，并提供了对梳棉机的工作非常有利的筵棉状态。即充分发挥梳棉机的分梳功能，为提高梳棉机的产量提供了有力保证。

(3) 系统运行安全、稳定、可靠。该流程中配有火星探除、重物分离、金属探除等安全措施；电气系统采用计算机及可编程控制，运行程序严格，各单机之间动作联锁，并设置光电自停、棉层过厚自停、打手绕花自停、低压报警等声光信号以及梳棉机、喂棉箱二合一电气控制。

(4) 各主机零部件基体刚性好，加工制造精度高，并配备高精度的梳理元件。从而保证了工艺隔距准确，分梳效果良好，为提高分梳除杂效能创造了有利前提。

(5) 该系统采用 FT301B 型连续喂棉控制器，比例跟踪，连续喂给，实现棉流连续均匀喂给。在进喂棉箱前的管道入口处，安装一压力传感器测定其管道静压力，并转换为电信号，与设定值比较后控制传动储棉箱喂给罗拉的交流变频电动机，实现连续喂给无级调整，进而保证上棉箱管道静压力差保持在±20Pa 以内。同时，储棉箱喂给罗拉的速度还按比例跟踪梳棉机道夫速度，实现喂入与产出平衡。

3. 王田清梳联流程

A3000L 型自动抓棉机→RS-2 型火星探测器→HB-600 型重物分离箱→MD-300 型金属探

测器→TW-12 型自动分道器（D-BOX 型排除物收集箱）→AV-50R 型气流式清棉机（配微尘机）→M6X 型六仓混棉机→C-Ⅲ型超高效清棉机（配微尘机）→CFC 型连续供棉控制系统→UF-80 型梳棉自动供棉机（喂棉箱）（8 台）×CC250 型高速梳棉（LC-Ⅲ型梳棉自动匀整装置）（8 台）

该清梳联流程的组合具有以下特点。

（1）清梳联流程短，设备结构简单。在整个工艺流程的纤维流路径中，除了喂给罗拉、打手外，没有其他转动机件与纤维块接触，这样就消除了堵塞、搓揉等现象的发生，降低了棉结产生的概率。同时整个机组发生故障的概率非常低。

（2）除微尘机与主机一体化设计，设备密封性好，过渡通道短，防堵塞。采用尘笼不转式有动力凝棉器，除尘杂稳定，不堵塞、不搓揉纤维，无棉结产生。

（3）多仓混棉机在各仓位采用无控制活门，利用气流平衡原理实现自动喂给纤维流技术，确保连续、稳定供应。

（4）在高效清棉机上采用以梳代打，逐步开松，减少纤维损伤。利用静电吸引技术，协助纤维块在打手之间转移，减少返花的可能。

（5）从微细处考虑防火，打手采用铝合金，这样可确保打手与黑色金属体碰撞，避免了火灾的发生。

（6）采用了连续供应技术，实现均匀喂给，确保生条质量稳定。

（二）清梳联工艺过程

以郑州纺织机械股份有限公司清梳联为例，简述其工艺过程如下。

棉包排列在 FA006 型抓棉机轨道的两侧，以机座和抓棉臂组合成抓棉小车，抓棉臂上安装两只抓棉打手，抓棉臂在运行中按预设要求，由计算机控制，可旋转 180°。抓取的原棉由气流经伸缩管吸入给棉槽，输棉风机将其送给下一台机器。

抓棉打手每次下降距离取 0. 1~19. 9mm，一般为 3~4mm，由计算机控制。打手刀片伸出肋条 0~5mm，刀片与肋条的距离为 5mm。每次抓棉的重量在 25mg 以下。抓棉机工作长度最大可达 45m。

由凝棉器送来的原棉，进入 FAll3 型单轴流开棉机，该机是联合机组中的主要的打击开松机械。打手室内有两只辊筒打手，辊筒上装有八排圆柱形角钉。打手逆时针方向回转，自由打击原棉。打手下方圆周上有三角形尘棒，原棉开松后分离出杂质，并从尘棒排出，落入废棉室。喂入的原棉与打手的打击方向垂直，原棉撞击尘棒后由于离心力作用被抛向顶板，又被打手打击返回尘棒，棉流在打手室内经导向板的引导，呈螺旋线前进，根据棉束大小和吸风风力，被吸出机外。

FA028 型多仓混棉机是流程中的关键混合设备，对均匀混合起着重要的作用。原棉经管道依次喂入储棉仓内，每个棉仓的顶部及两侧有直径为 3mm 的网眼，以使棉气分离，凝聚在隔板的原棉在惯性力和空气压力作用下，不断地从网眼板上方滑下，落入棉仓下部。当仓内棉量增加时，透气孔会逐渐被堵塞，导致仓内气压上升，该仓气动阀门关闭，并开启前一仓阀门。此程序重复至每仓完成喂棉。所有仓下输棉罗拉同时启动，随着原棉的输出，仓内气压下降，当棉量低于棉仓四分之一高度处的光电管时，光电管发出信号，打开阀门继续喂棉。机器程序工作时，是按仓位的程序倒数喂入，棉仓间储棉高度会保持一个斜度，下部同时输出，达到不同时喂入的原棉同时输出，使原棉得到充分均匀混合，即时间差的混合，提高了混棉效率。

WF1124型清棉机将凝棉器送来的纤维由一对给棉罗拉（上罗拉采用满槽式，下罗拉采用锯齿式）喂入，然后受一只直径为406mm的梳针辊筒的高速打击，使纤维得到进一步开松除杂。

JWF1051型除微尘机是开清棉流程上的最后一个除尘点，经充分开松的纤维，由输棉风机输入本机内，并通过摆动阀门装置来控制输入机内的纤维量。进入机内的纤维在另一台输棉风机的作用下，使纤维经过大面积带有滤网的网眼板而输出本机，而纤维中的细小杂质、微尘和短绒在经过滤网时，在排尘风机的作用下透过滤网被排尘风机吸走。所以能大幅降低纤维含尘而导致的断头。

FAl77A型清梳联喂棉箱上棉箱的棉量来自输棉管道，棉箱的上部有排气滤网，当喂入棉量逐渐将网眼遮盖，棉箱内的压力增大；棉量减少时，压力降低。压力传感器将信号传至控制器，控制清棉机喂棉罗拉的运动，上棉箱纤维由喂棉罗拉喂入，经开松打手开松后喂入下棉箱。下棉箱由电子压力传感器按压力设定值，控制上棉箱喂棉罗拉向下连续无级喂棉，闭路循环气流风机使散棉均匀分布在下棉箱内，压力参数根据输出筵棉定量调校设定。下棉箱的下部由一对送棉罗拉将棉层输送至梳棉机的喂棉罗拉，最后由梳棉机喂棉罗拉将纤维层喂入梳棉机。

思考练习

1. 简述清梳联技术的发展趋势。
2. 清梳联技术的意义是什么？

拓展练习

收集清梳联特有单机的结构与工艺过程。

项目5　并条工序

学习目标

1. 掌握并条工序的任务、工艺流程、机器发展概况。
2. 掌握并合作用的原理。
3. 掌握牵伸的基本概念、条件。
4. 掌握机械牵伸与实际牵伸及两者的关系，总牵伸和部分牵伸及两者的关系。
5. 掌握牵伸区内纤维的分类，牵伸区内须条摩擦力界的概念。
6. 了解并条机的组成及其作用，各牵伸形式的特点。
7. 了解并条工序工艺参数的确定。
8. 了解质量的控制措施。

重点难点

1. 并合作用的原理。
2. 牵伸原理及基本概念。
3. 工艺调节参数及调整方案、质量控制。

任务1　并条概述

学习目标

1. 掌握并条工序的任务。
2. 了解并条机的主要型号。
3. 了解并条机的工艺过程。

相关知识

梳棉机制成的生条是连续的条状半制品，具有纱条的初步形态，但其长片段不匀率很大，且大部分纤维呈弯钩或卷曲状态，同时，还有一些小棉束。如果把这种生条直接纺成细纱，其品质将达不到国家标准的要求。所以，还需要将生条经过并条工序进一步加工成熟条，以提高棉条质量。

一、并条工序的任务

1. 并合

将6~8根棉条并合喂入并条机，制成一根棉条，由于各根棉条的粗段、细段有机会相互重合，改善条子长片段不匀率。生条的重量不匀率约为4%，经过并合后熟条的重量不匀率应降到1%以下。

2. 牵伸

将条子抽长拉细到原来的程度，同时经过牵伸改善纤维的状态，使弯钩及卷曲纤维得以进一步伸直平行，使小棉束进一步分离成单纤维。经过改变牵伸倍数，有效地控制熟条的定量，以保证纺出细纱的重量偏差和重量不匀率符合国家标准。

3. 混合

采用反复并合的方法进一步实现单纤维的混合，保证条子的混棉成分均匀，稳定成纱质量。由于各种纤维的染色性能不同，采用不同纤维制成的条子，在并条机上并合，可以使各种纤维充分混合，这是保证成纱横截面上纤维数量获得较均匀混合，防止染色后产生色差的有效手段，在化纤与棉混纺时尤为重要。

4. 成条

将并条机制成的棉条有规律地圈放在棉条筒内，以便搬运存放，供下道工序使用。

二、FA311型并条机的工艺流程

图5-1-1所示为国产FA311型并条机的工艺过程。喂入棉条筒1放在并条机机后导条架的两侧，每侧放置6~8个条筒。条子自条筒引出，通过导条架上的导条罗拉2积极喂入，经过给棉罗拉3后经过塑料导条块聚拢，进入牵伸装置，经过牵伸后喂入的条子被拉成薄片，然后由导向辊送入兼有集束和导向作用的弧形导管5和喇叭口聚拢成条后由紧压罗拉6压紧成光滑紧密的棉条，再由圈条器7将棉条有规律地盘放在棉条筒8内。为了防止在牵伸过程中短纤维和细小杂质黏附在罗拉和胶辊表面，高速并条机都采用上下吸风式自动清洁装置，由上下吸风罩、风道、风机、滤棉箱和罗拉自动揩拭器等组成。一般都安装有自动换筒装置，以减轻劳动强度。

三、新型并条机的特点

1. 独特的传动

其独特之处在于设备的吸风装置采用变频驱动，而圈条器采用单独驱动。此外，直向皮带运行还大幅延长了皮带的使用寿命。设备使用时间的增加，意味着用户企业可以拥有更高的投资回报率。还配备有集成能耗监测装置，该装置可以帮助客户企业进行设备的预防性维护与保养，并可有效降低机器发生故障的概率。

2. 产能增幅

在不影响质量水平的前提下，新型并条机的出条速度可达1200m/min。在不同纤维原料的加工过程中，设备的加工速度最多可较之前的机型提高33%。具有卓越的检测精度和高自

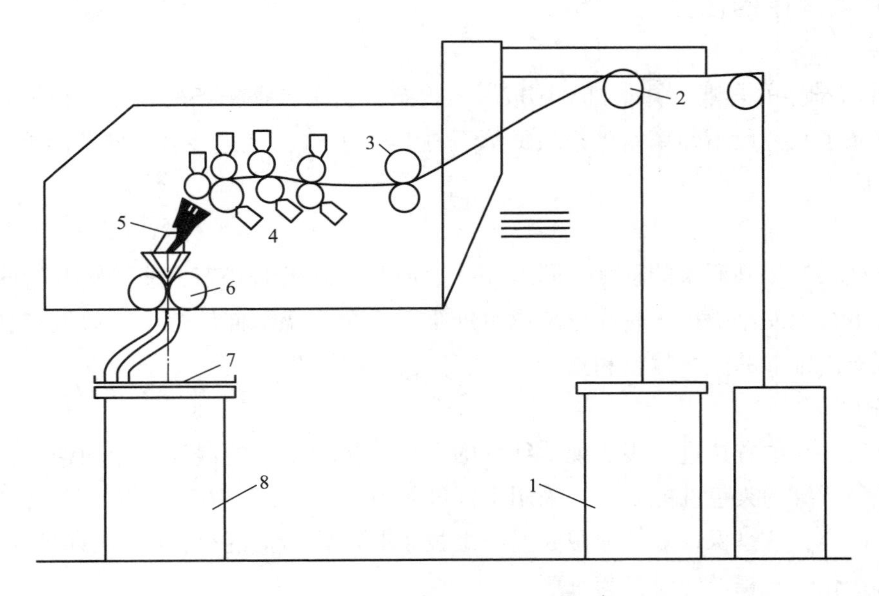

图 5-1-1　FA311 型并条机工艺流程图

1—喂入棉条筒　2—导条罗拉　3—给棉罗拉　4—牵伸罗拉

5—弧形导管　6—紧压罗拉　7—圈条器　8—输出棉条筒

调匀整动态，能够确保生产优异质量的产品。

3. 优化的牵伸系统

采用传统牵伸系统前方的棉条导条部件通常会出现调节不当的问题。最常见的情况是棉条未能实现居中引导，并最终导致纱疵的出现。而新型并条机的主牵伸区附加纤维引导装置，在更大程度上避免了边缘纤维的侧向滑移。借助这个技术，设备性能大幅提升，并有效减少了纱线中的疵点数量。

4. 清洁的棉条圈放

作为标准的配置，新型并条机的自清洁圈条器 CLEANcoil 适用于所有纤维原料。螺旋形圈条管能够确保圈条中不会产生意外牵伸，即使在出条速度较高的情况下也能良好地运转。此外，圈条器底面的蜂窝状结构设计，能有效地避免沉积物的形成，保障设备更加平稳、高效地运行。

采用特殊的涂层为圈条带来了独特的优势，即便在加工质量较差的涤纶时，两个清洁周期之间的生产时间也能延长一倍，因此，让棉条和纱线的质量也更加稳定。

对于棉纤维来说，导条管清洁装置可确保棉条圈放时无杂质聚积。圈条器驱动的智能控制功能可确保无杂质颗粒和短纤维在棉条管中聚积，必要时圈条器可在运行过程中快速优化。条筒托盘单独驱动，可通过显示屏，便捷地进行速度和旋转方向的调节。

涤纶自清洁圈条器可将两个清洁周期之间的生产时间延长一倍。

5. 高效操作

新型并条机采用了新一代控制装置，配备彩色触摸屏，由此可让用户体验更加快速、简单的操作。与此同时，远距离可见的LED灯可用于传达与并条机状态相关的信息，为挡车工提供明确的提示，实现高效操作与生产。

设备使用中，原料数据输入后，机器显示屏上将出现整机推荐设置。因此，即使现场没有专家，或者员工经验不足，也能达到标准质量水平。

☞ 思考练习

并条机的任务有哪些?

☞ 拓展练习

收集国产并条机的技术规格和各设备的视频资料。

任务2 并合作用分析

学习目标

1. 掌握并合的均匀效应。
2. 了解降低棉条重量不匀率的途径。

相关知识

并合是并条机的主要作用，通过多根条子并合，可以使条子均匀。对于混纺纱来说，通过并合可以使几种成分的条子按一定的比例进行混合。

一、并合的均匀作用

1. 并合效果

梳棉生条粗细不匀，当两根棉条在并条机上并合时，由于并合的随机性可能产生以下四种情况：一根条子的粗段和另一根条子的细段相遇，粗段与粗细适中相遇，细段与粗细适中相遇，最粗与最粗、最细与最细相遇，如图5-2-1所示。前三种可能都可以使条子均匀度得到改善，后一种情况虽不能使棉条均匀度提高，但也不会恶化。棉条并合根数越多，粗段与粗段、细段与细段相遇的机会越少，其他情况相遇的机会越多，因此，产品均匀度的改善效果越好。

2. 并合原理

并合对改善棉条均匀度，降低条干不匀率效果非常明显，为了确定并合根数与条干不匀率之间的关系，可用数理统计的方法进行推证。

设有 n 根棉条，它们5m长度片段平均重量及不匀率 C_0 都相等，则并合后产品的不

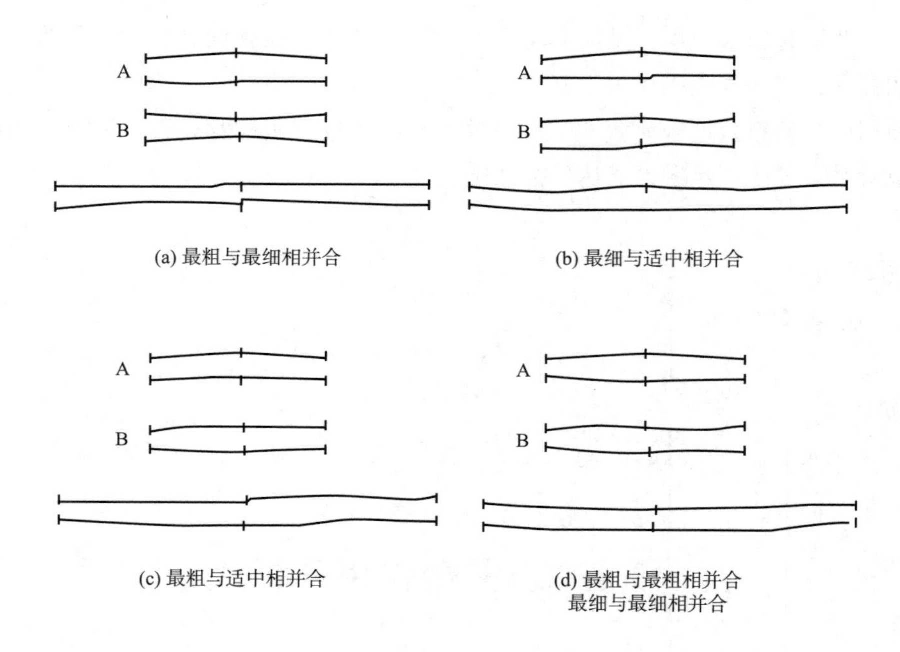

图 5-2-1　并合的均匀效果

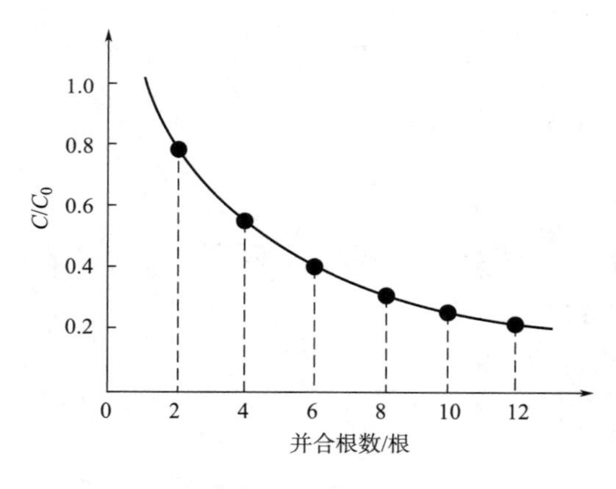

图 5-2-2　并合效果与并合根数的关系

匀率 C 为：

$$C=\frac{C_0}{\sqrt{n}} \tag{5-2-1}$$

由式（5-2-1）可见，并合根数越多，并合后棉条的不匀率越低。其关系如图 5-2-2 所示，曲线前段陡峭，后段平滑，说明并合根数少时，并合效果非常明显，当并合根数超过一定范围时再增加并合数，并合效果就逐渐不明显了。这是因为并合根数越多，牵伸倍数也越大，由于牵伸装置对纤维的控制不尽完善，而带来的条干不匀的后果也越大，所以应全面考虑并合与牵伸的综合效果。一般在并条机上多采用 6~8 根并合。

二、降低棉条重量不匀率的途径

1. 重量不匀率的种类

同一眼（或同一卷装）内单位长度重量（5m 长度重量）之间的不匀率称为内不匀，以 CN 表示：而眼与眼（或不同卷装）单位长度重量之间的不匀率称为外不匀，以 CW 表示；在实际生产中测试时，样品取自不同的台、眼，反映出来的不匀率是总不匀率 CZ，三者之间的关系是：

$$CZ^2=CN^2+CW^2 \tag{5-2-2}$$

2. 降低棉条重量不匀率的途径

棉条重量不匀率的大小直接影响成纱长片段不匀，因此要降低棉条的重量不匀率，一方面要控制每眼生产棉条的不匀率即内不匀，又要加强对眼与眼或台与台之间的不匀（即外不匀）的控制，使生产的棉条总不匀得到控制。为了降低棉条重量不匀率，工厂一般采用以下措施。

（1）轻重条搭配，定台供应。各台梳棉机生产的生条有轻有重，并条机各眼喂入的条子应将轻条、重条、轻重适中条子搭配使用，以降低眼与眼之间的外不匀率。

（2）减少喂入条子的意外牵伸。采用高架式或平台式积极喂入装置，在运转操作时应注意里外排条筒、远近条筒以及满浅条筒的搭配，并尽量减少喂入过程中的意外伸长。FA311型并条机采用积极回转的接力式导条罗拉，并顺着喂入方向由筒中提取条子，无消极拖动和条子转弯现象，减少意外牵伸。

（3）保证正确的喂入根数。断头自停装置要求灵敏可靠，保证设定的喂入根数，防止漏条。也要防止操作工人放错条筒多于喂入根数。FA311新型并条机采用红外光监控，与主电动机的电磁制动装置配合，灵敏可靠，条子断头后不会因高速被抽进牵伸区。

（4）杜绝错支及不正常喂入。防止喂入条的交叉重叠等不正常现象。

☞ 思考练习

1. 条子的并合作用是什么？如何提高条子的并合效果？
2. 降低棉条重量不匀率的途径有哪些？

☞ 拓展练习

思考并条机采用6~8根条子并合的原因。

任务3　牵伸基本原理

学习目标

1. 学会绘制牵伸装置的模型图，通过讨论理解分区、速度、距离等概念。
2. 掌握牵伸区内纤维的概念及其运动。
3. 了解牵伸区内须条摩擦力界及其分布。
4. 掌握引导力和控制力的概念。
5. 掌握牵伸力和握持力。
6. 了解牵伸区内纤维运动的控制。

7. 掌握牵伸的基本条件。

相关知识

一、牵伸概述

1. 实现牵伸的条件

在纺纱过程中，将须条抽长拉细的过程称为牵伸。须条的抽长拉细是须条中纤维沿长度方向作相对运动的结果，所以牵伸的实质是纤维沿须条轴向的相对运动，其目的是抽长拉细须条达到规定的线密度。在牵伸过程中由于纤维的相对运动，使纤维得以平行、伸直，在一定条件下，也可以使产品中的纤维束分离成单纤维。

并条机的牵伸机构中罗拉和胶辊组成牵伸钳口。每两对相邻的罗拉组成一个牵伸区，在每个牵伸区内实现牵伸的条件如下。

（1）每对罗拉组成一个有一定握持力的握持钳口。

（2）两个钳口之间要有一定的握持距，这个距离稍大于纤维的品质长度，有利于牵伸的顺利进行，可避免纤维损伤。

（3）两对罗拉钳口之间应有速度差，即前一对罗拉的线速度应大于后一对罗拉的线速度。

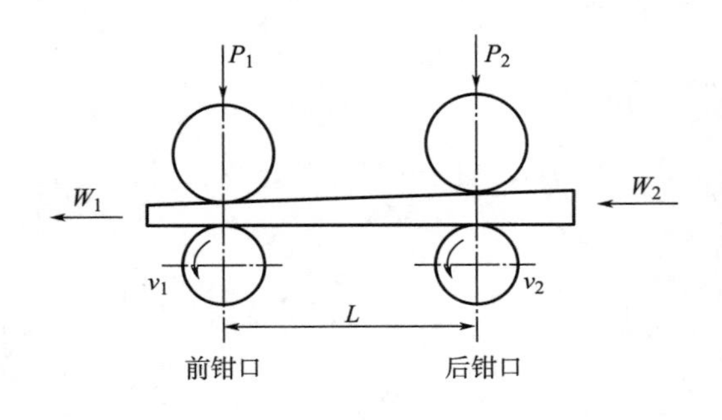

图 5-3-1 牵伸作用示意图

2. 机械牵伸与实际牵伸

须条被抽长拉细的倍数称为牵伸倍数。牵伸倍数可以表示牵伸的程度。图 5-3-1 所示为牵伸作用示意图。

设各对罗拉之间不产生滑移，则牵伸倍数 E 可用下式表示：

$$E=\frac{V_1}{V_2} \tag{5-3-1}$$

式中：V_1——罗拉输出速度；

V_2——罗拉喂入速度。

假设在牵伸过程中无纤维散失，则单位时间内从牵伸区中输出的产品质量与喂入的产品质量应相等，即：

$$V_1\times W_1=V_2\times W_2 \tag{5-3-2}$$

$$E=\frac{V_1}{V_2}=\frac{W_2}{W_1} \tag{5-3-3}$$

式中：W_1——输出产品单位长度的质量；

W_2——喂入产品单位长度的质量。

实际上，牵伸过程中有落棉产生，胶辊也有滑溜现象，前者使牵伸倍数增大，后者使牵伸倍数减小。因而，不考虑落棉与胶辊滑溜的影响，用输出、喂入罗拉线速度求得的牵伸倍数，称为机械牵伸倍数或计算牵伸倍数；考虑上述因素求得的牵伸倍数称为实际牵伸倍数。

实际牵伸倍数可以用牵伸前后须条的线密度或定量之比求得。

$$E'=\frac{\mathrm{Tt}_2}{\mathrm{Tt}_1}=\frac{W'_2}{W'_1} \qquad (5-3-4)$$

式中：E'——实际牵伸倍数；

W_1——输出产品的定量；

W_2——喂入产品的定量；

Tt_1——输出产品的线密度；

Tt_2——喂入产品的线密度。

实际牵伸倍数与机械牵伸倍数之比称为牵伸效率 η，即：

$$\eta=\frac{E'}{E}\times 100\% \qquad (5-3-5)$$

在纺纱过程中，牵伸效率常小于1，为了补偿牵伸效率，生产上常使用的一个经验数值是牵伸配合率，它相当于牵伸倍数的倒数 $1/\eta$。为了控制纺出纱条的定量，降低重量不匀率，生产上根据同类机台，同类产品长期实践积累，找出牵伸效率变化规律，然后在工艺设计中，预先考虑牵伸配合率，由实际牵伸与牵伸配合率算出机械牵伸倍数，从而确定牵伸变换齿轮，即能纺出符合规定的须条。

3. 总牵伸倍数与部分牵伸倍数

一个牵伸装置常由几对牵伸罗拉组成，从最后一对喂入罗拉至最前一对输出罗拉间的牵伸倍数称为总牵伸倍数；其相邻两对罗拉间的牵伸倍数称为部分牵伸倍数。

如图5-3-2所示，设由四对牵伸罗拉组成三个牵伸区，罗拉线速度自后向前逐渐加快，即 $V_1>V_2>V_3>V_4$，各部分牵伸倍数分别是：

$$E_1=V_1/V_2$$

$$E_2=V_2/V_3$$

$E_3=V_3/V_4$（图中 P_1、P_2、P_3、P_4 为上罗拉垂直压力）。

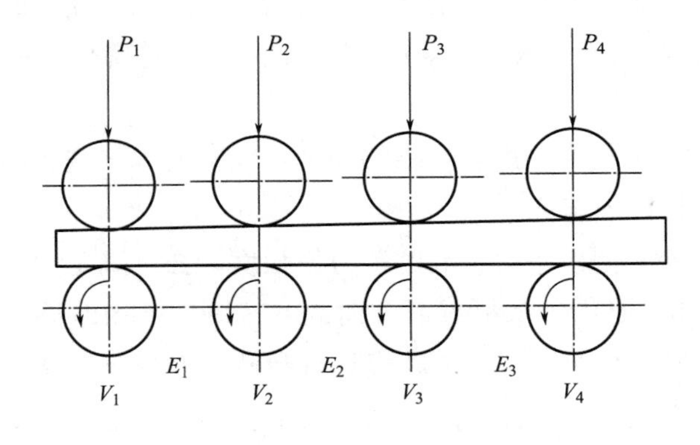

图5-3-2 总牵伸与部分牵伸的关系

总牵伸倍数：

$$E=V_1/V_4$$

将三个部分牵伸倍数连乘，即为总牵伸倍数 E，即：

$$E=E_1\times E_2\times E_3=\frac{V_1}{V_2}\times\frac{V_2}{V_3}\times\frac{V_3}{V_4} \tag{5-3-6}$$

二、牵伸区内须条摩擦力界及其分布

纤维在牵伸过程中的运动取决于牵伸过程中作用于纤维上的外力。如果作用于整个须条中各根纤维上的力不均匀、不稳定，就会引起纤维变速点的分布不稳定。

1. 摩擦力界的形成与定义

在牵伸区中，纤维与纤维间、纤维与牵伸装置部件间的摩擦力所作用的空间称为摩擦力界。摩擦力界具有一定的长度、宽度和强度。牵伸区中，纤维间各个不同位置摩擦力强度不同所形成的一种分布，称为摩擦力界分布。摩擦力界每一点上摩擦力的大小主要取决于纤维间压应力的大小，所以纤维间压力—应力的分布曲线，在一定程度上可以近似地代表摩擦力界的分布曲线。图 5-3-3（a）表示一对罗拉作用下须条轴线方向（纵向）摩擦力界分布情况。

由于上罗拉垂直压力 P 的作用，须条被上下罗拉握持，因而使纤维间产生压应力。这个应力的分布区域不仅作用在通过上下罗拉轴线的垂直平面上，而且会扩展到这个平面两侧的空间，在上下罗拉轴线的垂直平面 O_1O_2 上压应力最大，纤维接触最紧密，纤维间产生的摩擦力强度也最大，摩擦力界分布曲线在这个位置是峰值。在 O_1O_2 两侧，压应力逐渐减小，摩擦力强度也逐渐减小，形成一种中间高两端低的分布。

2. 影响摩擦力界的因素

当胶辊加压、罗拉直径、棉条的定量变化时，其摩擦力界的分布也会变化，其规律如下。

（1）胶辊加压。胶辊的压力增加，钳口内的纤维丛被压得更紧，摩擦力界长度扩展，且摩擦力界强度分布的峰值也增大，如图 5-3-3 曲线 m_2 所示。

（2）罗拉直径。罗拉直径增大时，摩擦力界纵向长度扩展，但摩擦力界峰值减小。这是因为相同的压力分配在较大的面积上，如图 5-3-3 曲线 m_3 所示。

（3）棉条定量。棉条定量增加，其他条件不变时，则加压后须条的宽度与厚度均有所增加，加大了与胶辊、罗拉的接触面积，摩擦力界分布曲线的峰值降低，长度扩展，如图 5-3-3 m_3 所示。

（4）纤维的表面性能、抗弯刚度及纤维的长度、线密度等。这些因素都会影响远离钳口过程中，摩擦力界分布扩展的态势。

（5）罗拉隔距的大小。隔距小时，其摩擦力界强度较强；隔距大时，其中部的摩擦力界强度较弱。图 5-3-3（b）是沿须条横截面方向的罗拉钳口下的摩擦力界分布，这个方向的分布简称横向分布。当胶辊加压后，由于胶辊具有弹性和变形，须条完全被包围，中部的须条压缩得紧密，摩擦力界强度最大，两侧的须条由于胶辊的变形，也受到较大的压力，所以横向摩擦力界的分布比较均匀。

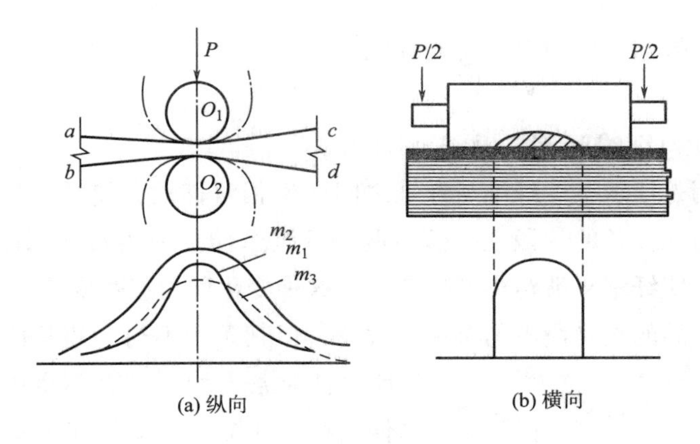

(a) 纵向　(b) 横向

图 5-3-3　罗拉钳口下摩擦力界分布

牵伸过程中，对纤维运动的控制是否完善，与摩擦力界的纵向分布密切相关，对于横向摩擦力界，只要求能适当地约束须条，使之不向两侧扩散，保持须条横向分布均匀，摩擦力界分布均匀。

在一个牵伸区中，两对罗拉各自形成的摩擦力界连贯起来，就组成了简单罗拉牵伸区中整个摩擦力界分布，如图 5-3-4 所示。可见，中部摩擦力界的强度较弱，所保持的只是纤维间的抱合力，因而控制纤维的能力较差，导致较短的纤维变速点不稳定，成纱条干恶化。可采用紧隔距、重加压增强中部摩擦力界。

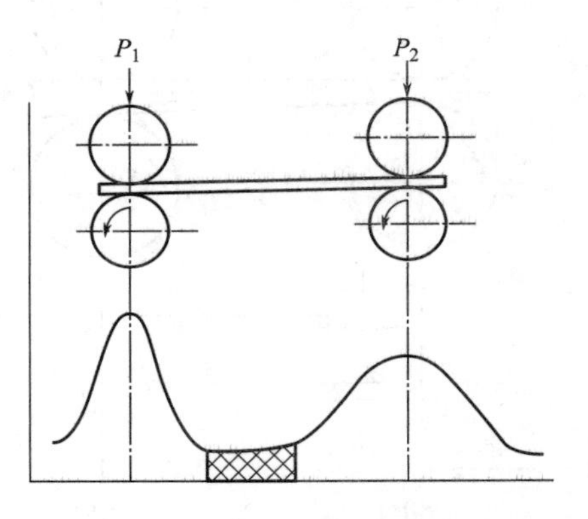

图 5-3-4　简单罗拉牵伸区摩擦力界分布

三、牵伸区内纤维的分类

在牵伸区内，从后钳口向前钳口方向，纤维由后罗拉慢速的纤维到前罗拉输出快速的纤维，牵伸区的纤维分类如下。

（一）按纤维在牵伸区中的瞬时速度分

1. 快速纤维

快速纤维是指以前罗拉表面速度运动的纤维。

2. 慢速纤维

慢速纤维是指以后罗拉表面速度运动的纤维。

（二）按纤维在牵伸区中的瞬时位置分

1. 可控纤维

可控纤维又可分为前纤维和后纤维。前纤维是指被前钳口握持的纤维；后纤维是指被后钳口握持的纤维。

2. 浮游纤维

浮游纤维是指不被前、后钳口握持的纤维。

四、牵伸区内的纤维运动

牵伸的基本作用是使须条中纤维与纤维之间产生相对移动，使纤维与纤维头端之间的距离拉大，将纤维分布到较长的片段上。假设两根纤维牵伸之前头端之间距离为 a，牵伸之后纤维头端距离加大，使纤维头端距离产生变化，这种变化称为移距变化。

经过牵伸后，产品的长片段不匀有很大改善，但其条干不匀（短片段不匀）却增加，这说明牵伸对条干均匀度有不良影响。因此，从研究牵伸过程中纤维的运动规律及牵伸前后纤维移距变化着手，掌握牵伸过程中纤维的运动规律，从而控制条干均匀度。

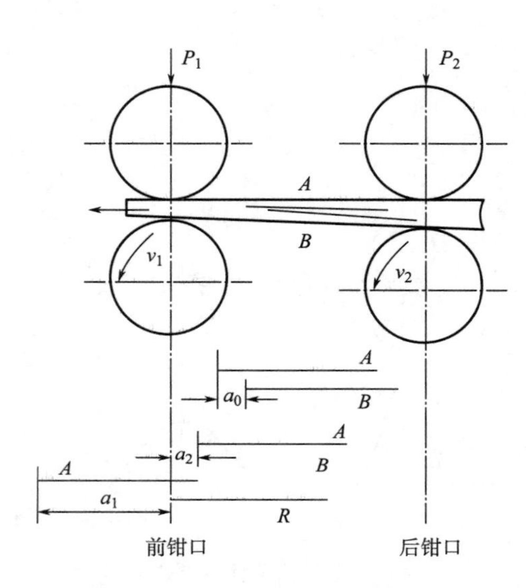

图 5-3-5　牵伸后纤维的正常移距

1. 牵伸后纤维的正常移距

图 5-3-5 所示是由两对罗拉组成的牵伸区。假设 A、B 是牵伸区内两根等长且平行伸直的纤维，牵伸之前 A、B 头端距离为 a_0，假设两根纤维都在同一变速点（前钳口线处）变速。变速之前两根纤维都以后罗拉表面速度 v_1 前进，由于纤维 A 头端在前，到达变速点的时间较早，变速后以前罗拉速度 v_2 前进。纤维 A 变速后，纤维 B 仍以较慢的速度 v_1 前进直到前钳口线。

假设纤维 B 到达前钳口线所需时间为 t，则

$$t=a_0/v_1$$

在同一时间内纤维 A 所走的距离为 a_1，则：

$$a_1=v_2\times t=v_2\times(a_0/a_1)=(v_2/v_1)a_0=Ea_0 \quad (5-3-7)$$

即经过牵伸后，两根纤维 A、B 之间的头端距离增大了 E 倍。假若纱条截面内所有纤维在同一变速点变速经过牵伸后，各根纤维头端距离均扩大为原来的 E 倍，这样，牵伸前后纱条条干均匀度没有变化。我们把这种移距变化即 $a_1=Ea_0$ 称为正常移距。

2. 移距偏差

通过对纤维进行移距试验，即用两根不同颜色的纤维夹在须条中，牵伸前其头端距离为 a_0，则经过 E 倍牵伸后，在输出的须条中测量这两根纤维的头端距离为 a_1。在反复试验中发现 a_1 有时大于 Ea_0，而有时小于 Ea_0，很少等于 Ea_0，这说明在实际牵伸中纤维头端并不在同一截面上变速，从而使牵伸后须条条干均匀度恶化，如图 5-3-6 所示。

同理可以推导出头端移距的公式：

$$a_1=Ea_0\pm(E-1)x \quad (5-3-8)$$

式中：Ea_0——须条经 E 倍牵伸后纤维头端的正常移距；

$(E-1)\ x$——牵伸过程中纤维头端在不同界面上变速而引起的移距偏差。

由此可见，在实际牵伸过程中，正是由于纤维头端不在同一位置变速，而引起的移距偏差，使须条经牵伸后产生附加不匀。在牵伸区内，若棉条的某一截面上有较多的纤维变速较早，使纤维头端距离较正常移距为小，便产生粗节，在粗节后面紧跟着的就是细节；反之，若有较多的纤维变速较晚，便产生细节，在细节之后紧跟着的就是粗节。从移距偏差 $(E-1)\ x$ 可知，当纤维变速位置越分散（x 值越大），牵伸倍数 E 越大时，则移距偏差越大，条干越不均匀。因此，在牵伸过程中，使纤维变速位置尽可能向前钳口集中，即 $x\to0$，是改善条干均匀度、提高牵伸能力的重要条件。

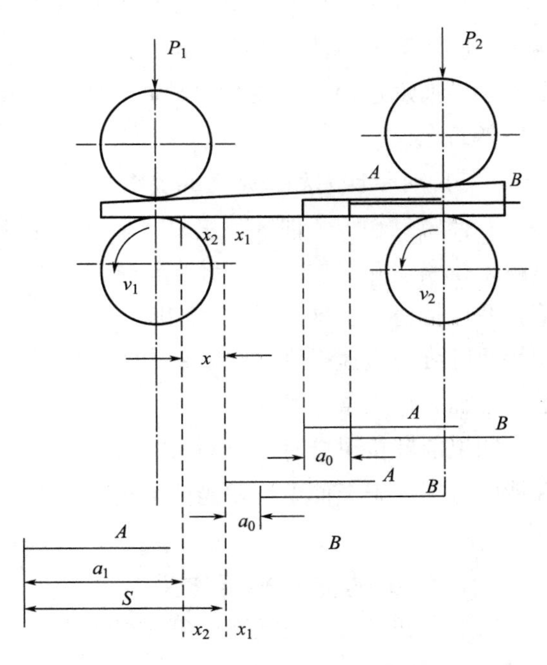

图5-3-6　纤维头端在不同界面变速的移距

实际上纤维变速点分布是不稳定的，即各变速界面变速纤维的数量是变化的。当变速点分布曲线向前钳口偏移，说明有比较多的纤维推迟变速，牵伸后输出的产品必然出现细节；当变速点分布曲线向后偏移，说明比较多的纤维提前变速，牵伸后输出的产品必然出现粗节。因此，变速点分布不稳定，是产品条干恶化的主要原因。在牵伸过程中，使纤维变速点分布集中而稳定，是保证产品条干均匀的必要条件。

五、须条的受力

牵伸区中，前钳口所握持的须条是由快速纤维组成的，后钳口所握持的须条是由慢速纤维所组成的。罗拉钳口必须具有足够的握持力来克服所有快速纤维和慢速纤维间的摩擦力，牵伸作用才能顺利进行。

（一）须条的受力：牵伸力和握持力

1. 牵伸力

牵伸过程中，以前罗拉速度运动的快速纤维从周围的慢速纤维中抽出时，所受到的摩擦阻力的总和称为牵伸力。

牵伸力与控制力、引导力是有区别的，牵伸力是指须条在牵伸过程中受到的摩擦阻力，而控制力和引导力是对一根纤维而言的。牵伸力与快速纤维、慢速纤维的数量分布及工艺参数有关。

2. 握持力

在罗拉牵伸中，为了能使牵伸顺利进行，罗拉钳口对须条要有足够的握持力，以克服须条牵伸时的牵伸力。

罗拉握持力是指罗拉钳口对须条的摩擦力，其大小取决于钳口对须条的压力和上下罗拉与须条间的摩擦系数。如果罗拉握持力不足以克服须条上的牵伸力时，须条就不能正确地按罗拉表面速度运动，而在罗拉钳口下打滑，造成牵伸效率低，输出须条不匀，甚至出现“硬头”等现象。

（二）对牵伸力和握持力的要求

牵伸力反映了牵伸区中快速纤维与慢速纤维之间的联系力，由于这种联系力的作用，使得须条拉紧，并引导慢速纤维在拉紧伸直的状态下转变速度。因此，牵伸力应具有适当的数值，并保持稳定，这是保证牵伸区纤维稳定运动的必要条件。牵伸力不应过大，因为过大会使快速纤维与慢速纤维之间联系力非常紧密，易带动慢速纤维提前变速，而使变速点分布离散度增加，须条条干恶化。

如果前罗拉钳口对纤维的握持力小于牵伸力，会引起须条在钳口下打滑，造成牵伸不开。握持力必须大于牵伸力，才能使须条牵伸正常进行，一般握持力应比牵伸力大2~3倍。

六、纤维的伸直平行作用

通过牵伸可以提高须条中纤维的平行伸直度，改善须条中纤维的弯钩状态，提高成纱质量。

牵伸过程中纤维的伸直过程，就是纤维自身各部分间发生相对运动的过程。在须条中纤维的形态一般分为三类，即无弯钩的卷曲纤维、前弯钩纤维和后弯钩纤维。无弯钩的卷曲纤维，纤维的伸直过程较为简单，当它的前端与其他部分之间产生相对运动时，纤维即开始伸直。但是有弯钩的纤维，伸直过程较为复杂。通常将有弯钩纤维的较长部分称为“主体”，较短部分称为“弯钩”，位于牵伸前进方向的一端称为前端，另一端称为后端。弯钩与主体相连处称为弯曲点。弯钩的消除过程，即弯钩纤维的伸直过程，应看作是主体与弯钩产生相对运动的过程。主体和弯钩如果以相同速度运动，则不能将弯钩消除。

弯钩纤维能否伸直，必须具备以下三个条件：弯钩与主体部分必须有相对运动即速度差；伸直延续时间即速度差必须保持一定的时间；作用力即弯钩纤维所受到的引导力和控制力应相适应。

实践证明，影响纤维伸直平行效果的主要因素有牵伸倍数、牵伸分配、牵伸形式、罗拉握持距、罗拉加压和工艺道数等。

牵伸倍数的大小对弯钩纤维的伸直效果有直接关系。牵伸对伸直后弯钩有利，且牵伸倍数越大，对后弯钩纤维的伸直效果越好；而对于伸直前弯钩，仅在牵伸倍数较小 $E<3$ 时，才有一定的伸直作用。

由于梳棉生条中大部分纤维呈后弯钩状态，条子从条筒中引出后每经过一道工序，纤维发生一次倒向，所以使喂入头道并条机的生条中前弯钩纤维居多，喂入二道并条机的半熟条中后弯钩纤维居多。因此，在头道并条的后牵伸区采用较小的牵伸倍数（1.06~2.00），有利于前弯钩纤维伸直；在二道并条的主牵伸区采用较大的牵伸倍数，有利于后弯钩纤维伸直。并条机道数间的牵伸配置采用头道小、二道大，有利于消除后弯钩，提高纤维的伸直度。

不同的牵伸形式，其牵伸区具有不同的摩擦力界分布，对须条牵伸能力和弯钩伸直作用不同。曲线牵伸和压力棒牵伸，加强了牵伸区后部的摩擦力界，对纤维的控制力加强，主牵伸区牵伸倍数增大，对纤维伸直作用较好。

七、奇数原则

因为棉纺的梳棉机输出的生条中纤维大部分呈后弯钩状态，当条子从条筒中引出喂入下一工序时，产生一次弯钩倒向，如图5-3-7所示，经过奇数道工序引出须条为后弯钩居多。

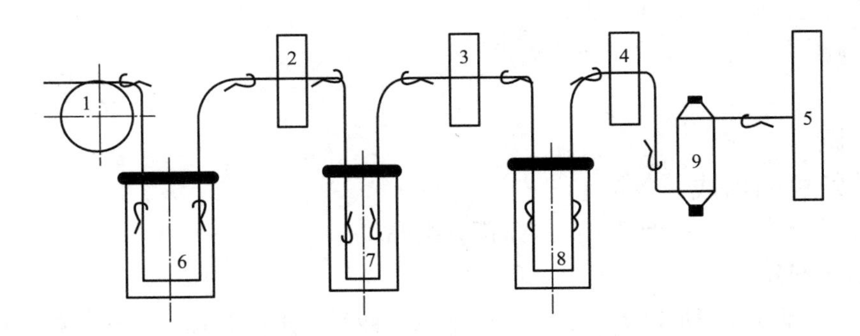

图5-3-7　各道半制品的纤维弯钩状态（纯棉普梳）

1—梳棉机　2—头并　3—末并　4—粗纱机　5—细纱机　6，7，8—条筒　9—粗纱

细纱机是伸直纤维的最后工序，而且牵伸倍数最大，有利于消除后弯钩，因此应使喂入细纱机的粗纱中大多数纤维呈后弯钩状态。所以，在普梳系统中，从梳棉到细纱的中间工序以奇数为宜，即应符合“奇数原则”。

思考练习

1. 什么是牵伸？实现罗拉牵伸的基本条件是什么？什么是机械牵伸与实际牵伸？两者的关系如何？

2. 什么是牵伸装置？总牵伸和部分牵伸两者的关系是怎样的？

3. 牵伸区内纤维是怎样分类的？

4. 什么是牵伸区内须条摩擦力界？如何布置？其有何作用？如何在牵伸区内设置合理的须条摩擦力界？

5. 为何要控制牵伸区内浮游纤维的运动？如何控制？

拓展练习

1. 理解移距偏差公式的推导。

2. 了解影响握持力与牵伸力的具体因素。

任务4 并条机各部分机构作用及质量控制

学习目标

1. 掌握并条机各牵伸形式的特点。
2. 了解并条机的工艺配置。
3. 掌握牵伸波、机械波的概念及成因。

相关知识

一、并条机的组成

并条机由喂入部分、牵伸部分、成条部分组成。

（一）喂入部分

并条机喂入部分应满足以下要求：不产生意外伸长，不破坏棉条表面结构，保证喂入根数正确。

平台式：整洁美观，光线明亮，清洁方便，但棉条曲线上升，转弯大，最远的条筒与给棉罗拉的距离较远，摩擦力大，且棉条在转向时会受到较大的摩擦阻力，故限制了并条机速度的进一步提高。

高架式：巡回路线短，机台操作方便；占地面积小；由于棉条垂直积极上引、避免了相邻两条子出现起毛或条子打折现象，可减少意外伸长；但振动较大，长期停车后由于条子易下垂，容易造成意外伸长。

喂入部分由导条罗拉、导条辊、分条叉、给棉罗拉、集束板和断条自停装置等组成。

（二）牵伸部分

1. 牵伸部分的机构

（1）牵伸机构的组成。牵伸机构由罗拉、胶辊、压力棒、加压装置、集束器、清洁装置组成。

（2）各机构的作用。

罗拉：表面螺旋形沟槽，增大摩擦力，减少胶辊在罗拉上的滑溜。

胶辊：外层为丁腈橡胶套管，既有弹性又有一定的硬度。

集束器：收拢前罗拉输出的棉网，并送入喇叭口和紧压罗拉，减少纤维散失、飞花和纱疵。

清洁装置：清除短纤维和尘屑，减少飞花外溢及在须条上的附着，防止纱疵。有回转绒套式、间歇刮板式两种。

压力棒：通过与须条的接触，产生附加摩擦力界，加强对纤维运动的控制。

加压装置：对胶辊施加压力，形成牵伸钳口的握持力，保证牵伸顺利进行。加压装置现在普遍采用的是弹簧加压和气动加压。

弹簧摇架加压：具有结构简单、成本低、操作方便、易维护等特点，是主要采用的加压方式。但是弹簧的耐疲劳性能低，使用中弹性松弛，会造成加压失效而影响条子质量。

气动摇架加压：利用压缩空气的压力，通过稳压由气囊和一套传递机构对胶辊予以加压的一种新型加压型式，用气囊代替圈簧。加压正确而稳定，不易疲劳，压力调节和加压卸压方便，但是气动加压需要供气机构。

2. 并条机的牵伸形式

并条机的牵伸形式经历了从连续牵伸和双区牵伸到曲线牵伸的发展过程。其牵伸形式、牵伸区内摩擦力界布置越来越有利于对纤维的控制。尤其是新型压力棒牵伸，使牵伸过程中纤维变速点分布集中，条干均匀，品质好。

（1）三上四下曲线牵伸。三上四下曲线牵伸是在四罗拉双区牵伸形式上发展而来的，如图5-4-1所示。它用一根大胶辊骑跨在第二、第三罗拉上，并将第二罗拉适当抬高，使须条在中区呈屈曲状握持，须条在第二罗拉上形成包围弧（*CD*曲线），对纤维控制作用较好。但在前区，由于须条对前胶辊表面有一小段包围弧（*BC*曲线），后区须条在第三罗拉表面有一段包围弧（*DE*曲线），称为“反包围弧”，使两个牵伸区前钳口的摩擦力界增强，并向后扩展，虽然加强了前钳口对纤维的控制，但易引起纤维变速点分散后移，影响成纱条干质量。

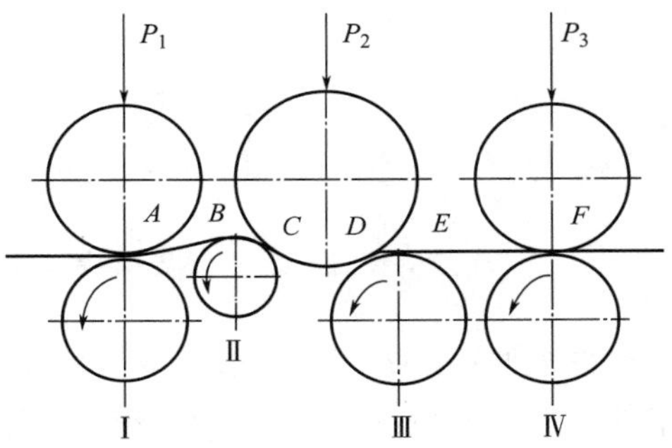

Ⅲ图5-4-1　三上四下曲线牵伸

（2）压力棒曲线牵伸。压力棒曲线牵伸是目前高速并条机广泛采用的一种牵伸机构，在主牵伸区放置压力棒，增加了牵伸区中部的摩擦力界，有利于纤维变速点向前钳口靠近且集中。压力棒曲线牵伸的摩擦力界如图5-4-2所示，由*F*点至*B*点形成曲线包围弧。

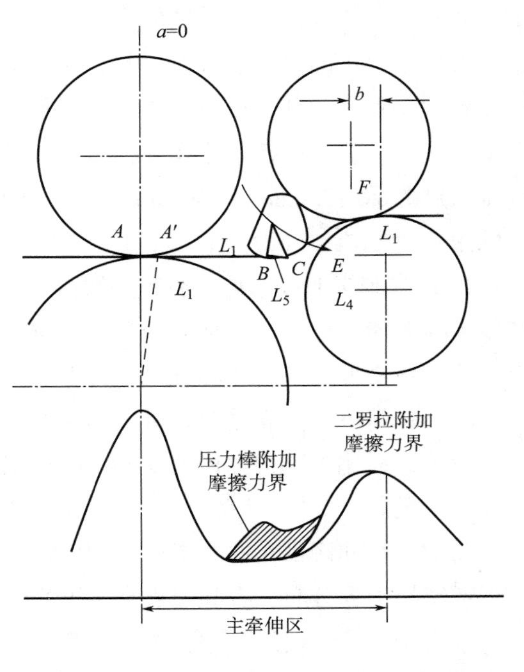

图5-4-2　压力棒曲线牵伸的摩擦力界

压力棒曲线牵伸的特点如下。

①由于压力棒可以调节，所以容易使须条沿前罗拉的握持点切向喂入。

②压力棒加强了主牵伸区后部摩擦力界，使纤维变速点向前钳口靠近且集中。

③对加工不同长度纤维的适应性强，适纺长度为25～80mm。

④压力棒对须条的法向压力具有自调作用，它相当于一个弹性钳口的作用。当喂入品是粗

段时，牵伸力增加，此时压力棒的正压力也正比例增加，加强了压力棒牵伸区后部的摩擦力界，可防止由于牵伸力增大将浮游纤维提前变速。当喂入品是细段时，须条上所受的压力略有降低，从而使压力棒能够稳定牵伸力。

国产 FA311 型并条机牵伸形式为四上四下附导向辊、压力棒双区曲线牵伸，如图 5-4-3 所示。

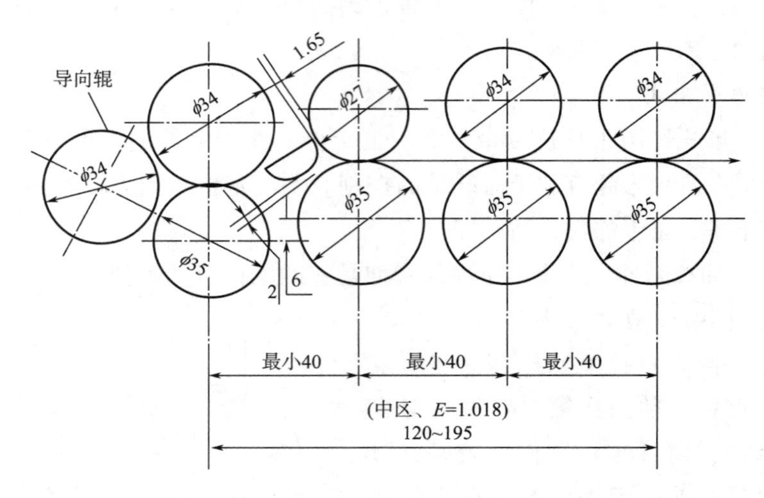

图 5-4-3　FA311 型并条机的牵伸形式

这种牵伸形式的特点是既有双区牵伸和曲线牵伸的优点，又带有压力棒，是一种新型曲线牵伸。与三上三下压力棒式的新型曲线牵伸结构相比，突出的特点是中区的牵伸倍数设计，为接近于 1 的略有张力的固定牵伸（$E=1.018$）。这种设置一方面改善了前区的后胶辊和后区的前胶辊的工作条件，使前区的后胶辊主要起握持作用，后区的前胶辊主要起牵伸作用，改善了牵伸过程中的受力状态。因此，在相同的牵伸系统制造精度条件下，对须条可获得较好的综合握持效果，利于稳定成纱条干质量。另一方面，须条经后区牵伸后，进入牵伸倍数近于 1 的中区，对纤维起稳定作用，给进入更大倍数的前区牵伸做好准备。这种牵伸系统适纺纤维长度为 20~75mm，通常情况下，适纺 60mm 以下纤维。如果纺制 60~75mm 纤维时，要拆除第三对罗拉，改为三上三下附导向辊压力棒式连续牵伸。

（3）多胶辊曲线牵伸。胶辊列数多于罗拉列数的曲线牵伸装置叫多胶辊曲线牵伸。这种曲线牵伸既能适应高速，又能保证产品质量。图 5-4-4 所示为德国青泽 720 型并条机上的五上三下曲线牵伸装置，它具有以下特点。

①结构简单，能满足并条机高速化的要求。该牵伸机构内没有集束区，整个牵伸区仅有三根罗拉，简化了结构和传动系统，罗拉列数少，为扩大各牵伸区的中心距创造了条件，适纺较长纤维。

②前后牵伸区都是曲线牵伸，利用第二罗拉抬高对须条的曲线包围弧，加强了前牵伸区的后部摩擦力界分布，有利于提高条干均匀度。

③由于将第二罗拉的位置抬高，第三罗拉位置降低，使三根罗拉成扇形配置，使须条在前、后两个牵伸区中都能直接沿公切线方向喂入，减小反包围弧，有利于提高产品质量。

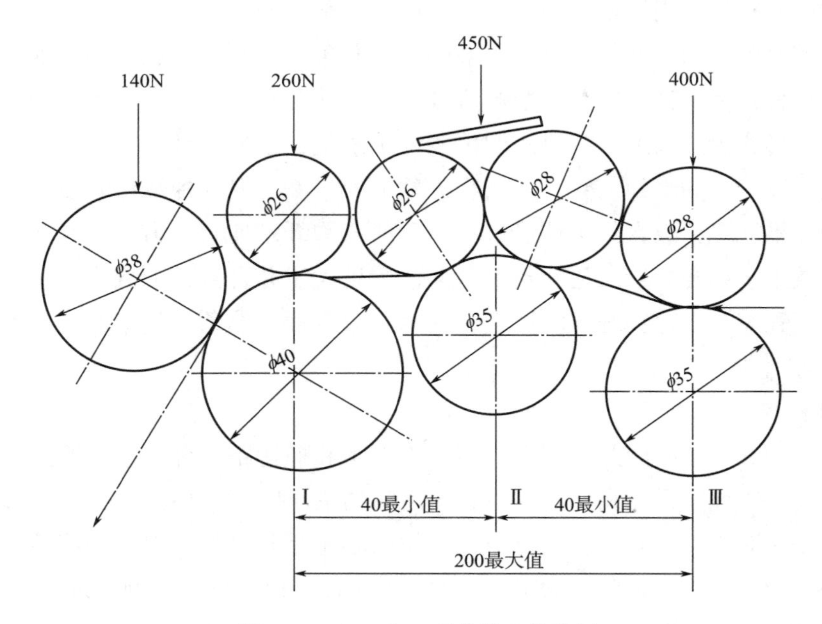

图 5-4-4 五上三下曲线牵伸装置

④前胶辊起导向的作用，有利于高速运转。

⑤加工纤维长度适应性强。因为采用了多列胶辊，并缩短了中间两个胶辊的直径，使罗拉钳口间距缩小，能加工 25mm 的短纤维。又由于罗拉列数少，可放大第一到第三罗拉间的中心距，故又可加工长纤维。

二、并条机工艺配置

（一）牵伸工艺配置

并条工序是提高纤维伸直平行度与纱线条干均匀度的关键工序。为了获得质量较好的棉条，必须确定合理的并条机道数，选择优良的牵伸形式和牵伸工艺参数。牵伸工艺参数包括棉条线密度、并合数、总牵伸倍数、牵伸倍数分配、罗拉握持距、胶辊加压、压力棒调节、集合器口径等。

1. 牵伸倍数和牵伸位数分配

（1）总牵伸倍数。总牵伸倍数应与并合数及纺纱线密度相适应。一般应稍大于或接近于并合数，根据生产经验，总牵伸倍数=（1~1.15）×并合数。

（2）牵伸倍数分配。牵伸倍数分配是指当并条机的总牵伸倍数一定时，配置各牵伸区倍数或头、二道并条机的牵伸倍数。决定牵伸倍数分配的主要因素是牵伸形式，但还要结合纱条结构状态综合考虑。

①各牵伸区的牵伸倍数分配。由于前区为主牵伸区，牵伸区内摩擦力界布置合理，尤其是曲线牵伸和压力棒牵伸，对纤维控制能力较好，纤维变速点稳定集中，所以可以承担大部分牵伸；由于后区为简单罗拉牵伸，且刚进入牵伸区内的须条纤维排列紊乱，所承担的牵伸

倍数较小，主要起整理作用，使条子以良好的状态进入前区。

②头、二道并条机的牵伸倍数分配。采用二道并条时，头、二道并条机的牵伸倍数分配有两种工艺。一种是倒牵伸，即头道牵伸倍数稍大于并合数，二道牵伸倍数稍小于或等于并合数。这种牵伸形式由于头道并条喂入的生条纤维紊乱，牵伸力较大，半熟条均匀度差，经过二道并条机配以较小的牵伸倍数，可以改善条干均匀度。但这种牵伸装置由于喂入头道并条机时前弯钩纤维居多，较大的牵伸倍数不利于前弯钩纤维伸直。另一种是顺牵伸，即头道并条机牵伸倍数小于并合数，二道并条机牵伸倍数稍大于并合数，形成头道小、二道大的牵伸配置。这种配置有利于弯钩纤维的伸直，且牵伸力合理，熟条质量较好。实践证明第二种牵伸工艺较为合理。

2. 罗拉握持距

牵伸装置中相邻罗拉间的距离有中心距、表面距和握持距三种。中心距是指相邻两罗拉中心之间的距离；表面距是指相邻两罗拉表面之间的最小距离；握持距是指相邻两对钳口线之间的须条长度。对于直线牵伸，握持距与罗拉中心距是相等的；对于曲线牵伸，罗拉握持距大于罗拉中心距。罗拉握持距应大于纤维的品质长度，以保证牵伸顺利进行。

3. 罗拉加压

罗拉加压是保证须条顺利牵伸的必要条件，根据经验工艺“紧隔距、重加压”，重加压是实现对纤维运动有效控制的主要手段。罗拉加压一般应考虑罗拉速度、纤维种类、棉条定量、牵伸形式等。罗拉速度快、须条定量重、牵伸倍数高时，加压宜重。棉与化纤混纺时，加压较纯棉纺高20%，加工纯化纤应比纺纯棉时加压高30%。

（二）并条工序的其他工艺设计

1. 并条机的道数

主要是考虑到牵伸对伸直后弯钩纤维有利，在普梳纺纱系统的梳棉和细纱工序之间工艺道数应符合“奇数原则”。

在普梳纺纱系统中多经过头并、二并两道并条。当不同原料采用条子混纺时，为了提高纤维的混合效果，一般采用三道混并。对于精梳混纺产品来说，这样虽然混合效果很好，但由于多根条子反复并合，重复牵伸，会使条子附加不匀增大，条子发毛过烂，易于粘连。

2. 出条速度

随着并条机喂入形式、牵伸形式、传动方式、零件改进和机器自动化程度的提高，并条机的出条速度有了大幅度提高。例如，1242型并条机的出条速度为30~70m/min，A272型并条机的出条速度为120~250m/min，FA306型并条机的出条速度为148~600m/min，FA311型并条机的出条速度可达150~500m/min。并条机的出条速度与加工的纤维种类有关。由于化纤易起静电，纺化纤时速度高，易产生绕罗拉、胶辊等现象，所以纺化纤时出条速度比纺棉时低10%~20%。对于同类并条机来说，为了保证前、后道并条机的产量供应，头道出条速度应略大于二道并条。

3. 熟条定量

熟条定量大小是影响牵伸区牵伸力的一个主要因素。主要根据罗拉加压、纺纱线密度、纺纱品种和设备情况而定。一般棉条定量应控制在12~25g/5m范围内。纺细特纱时，熟条定量宜轻；纺粗特纱时，熟条定量宜重。当生条定量过重时，牵伸倍数大，应增大牵伸机构的加压。一般在保证产品供应的情况下，适当减轻熟条定量，有利于改善粗纱条干。

4. 前罗拉速度选择

一般纺棉纤维时的速度略高于纺化纤的速度，涤预并条的速度略高于涤/棉混并条的速度；普梳纱的速度略高于精梳纱的速度；棉预并条的速度略高于精梳后并条或混并条的速度。中特纱、粗特纱的速度略高于细特纱的速度。

三、熟条质量控制

熟条质量的好坏直接影响最后细纱的条干和重量偏差，并最终影响到布面质量。所以，控制熟条质量是实现优质生产的重要环节。工厂对熟条质量的控制主要有条干定量控制、条干均匀度控制及重量不匀率控制。

（一）熟条的定量控制

1. 目的和要求

熟条的定量控制即将纺出熟条的平均干燥重量（g/5m）与设计的标准干燥重量间的差异控制在一定的范围内。全机台纺出的同一品种的平均干重与标准干重间的差异，称为全机台的平均重量差异；一台并条机纺出棉条的平均干重与标准干重之间的差异称为单机台的平均重量差异。前者影响细纱的重量偏差，后者影响细纱的重量不匀率。一般单机台平均干重差异不得超过±1%，全机台平均干重差异不得超过±0.5%。生产实践证明，当单机台的干重差异控制在±1%以内时，既可降低熟条的重量不匀率，又可使全机台的平均干重差异降低到±0.5%左右，从而保证细纱的重量不匀率和重量偏差均在标准范围内。所以对熟条的定量控制主要是对单机台的平均重量差异进行控制。

2. 纺出熟条定量的调整方法

为了及时控制棉条的纺出干燥重量，生产厂每班对每个品种的熟条测试2~3次，方法是每隔一定的时间在全部眼中各取一试样，试样总数根据具体品种所用台眼数的不同，一般为20~30段，分别称取每段重量（湿重），并随机抽取50g试验棉条测定棉条回潮率，根据测得的数据计算出各单机台平均干重，并与设计标准干重进行比较，计算出单机台重量差异，看其是否在允许的控制范围之内。若超过了允许的控制范围则进行调整，调整的方法是调牵伸变换齿轮，从而改变牵伸倍数，使纺出熟条定量控制在允许范围之内。

3. 熟条定量的掌握

在实际生产中，对每个品种的每批纱（一昼夜的生产量作为一批）都要控制重量偏差。这是因为重量偏差是棉纱质量的一项指标，而且影响每件纱的用棉量。重量偏差为正值时，表明生产的棉纱比要求粗，用棉量增多；反之，重量偏差为负值时，每件纱的用棉量虽然较少，但所纺棉纱比要求细，对用户不利。国家标准规定了中、细特纱的重量偏差范围为±2.5%，月度累计偏差为±0.5%以内。因此，纺出棉条干重的掌握既要考虑当时纺出细纱重量偏差的情况，又要考虑细纱累计重量偏差情况。如果纺出细纱重量偏差为正值，则棉条的干重应偏轻掌握；反之，则应偏重掌握。细纱累计偏差为正值时，需要纺些轻纱，并条机的棉条纺出重量应偏轻掌握。

当原料或温湿度有变化时，常会引起粗纱机和细纱机牵伸效率的变化，导致细纱纺出干重的波动。如果混合棉成分中纤维长度变长、线密度变小、纤维整齐度较好和棉条的回潮率较大时，都会引起牵伸力增大，牵伸效率降低，导致细纱纺出重量偏差。这时，熟条干重宜偏轻掌握，反之宜偏重掌握。

棉条定量的控制是保证棉纱质量的重要措施，但如果熟条纺出干重波动大，齿轮变换频繁，则对细纱质量仍有不利影响。因此，熟条的干重差异应最好控制在允许范围内，变换齿轮以少调整为宜。为此，必须控制好棉卷的定量和重量不匀率，统一好梳棉机的落棉率，在并条机上执行好轻重条搭配和巡回换筒等工作，以减少熟条纺出干重的波动，提高细纱质量。

（二）重量不匀率及重量偏差

1. 试验周期

预并、头并条子，每月每台至少试验 2 次；末并条子，每班每台每眼试验 3 次，每眼取 5m，各个品种每次试验不少于 20 段。各次试验中，至少有 1 次应计算重量不匀率。

2. 参考指标

末并条子重量不匀率的参考指标是：纯棉普梳<1%；纯棉精梳<0.8%；化学纤维混纺<1%。

3. 重量不匀率和重量偏差的控制

并条机的作用除使纤维伸直平行、均匀混合外，主要依靠并合原理，降低条子的重量偏差和重量不匀率。如果熟条的重量偏差和重量不匀率太高，而在粗纱和细纱工序又几乎无法改善，因此，要降低成纱的重量不匀率和重量偏差，必须严格控制好熟条的重量偏差和重量不匀率。

为了降低熟条的重量不匀与重量偏差，除要求前面工序有较好的半制品供应和本工序的合理工艺配置和良好的机械状态外，还应做好以下两方面的工作。

（1）轻重条搭配（详见任务 2 降低条子重量不匀率的措施）。

（2）控制熟条重量偏差。条子的定量控制和调整范围有两种，一种是单机台各眼条子定量的控制。单机台的定量控制能及时消除并条机各台间纺出条子重量的差异，既有利于降低条子和细纱的重量不匀率，又有利于降低细纱的重量偏差。另一种是同一品种全部机台条子定量的控制。全机台的定量控制是为了控制细纱的重量偏差，使细纱在少调或不调牵伸齿轮的情况下，纺出纱的线密度符合国家规定的标准。条子的重量控制范围，可根据细纱重量偏差的允许波动范围±2.5%作为参考。生产实践证明，如果单机台条子干重的差异百分率控制在±1%左右，则全机台条子干重（即各单机台条子的平均干重）的差异百分率就有把握稳定在国家规定的范围之内。细特纱应更严一些，控制范围可根据实际情况确定。

（三）条干均匀度的控制

条干均匀度是表示棉条粗细均匀程度的指标。棉条的条干均匀度不仅对粗纱条干均匀度、细纱条干均匀度、细纱断头等有直接影响，而且影响布面质量，因此它是并条机质量控制的重要项目之一。

条干不匀率是指纱条粗细不匀的程度，不匀率越小，纱条越均匀。习惯上常用条干不匀率大小来定量地表示纱条的不匀程度。纱条的不匀分为规律性条干不匀和不规律性条干不匀。

条干不匀又包括有规律性的条干不匀和无规律性的条干不匀两类。有规律性的条干不匀是指由于牵伸部分的回转件发生故障而形成的周期性粗节、细节，也称机械波。常见的产生原因有罗拉、胶辊的弯曲、偏心，胶辊中凹、磨灭、缺油，齿轮偏心、缺齿、齿顶磨灭等。无规律的条干不匀主要是指纱条在牵伸过程中由浮游纤维不规则运动而引起的粗节、细节，也称牵伸波。常见的产生原因有工艺设计不当；罗拉隔距走动；胶辊直径变化；胶辊加压不足或两端压力不一致；罗拉或胶辊缠花；胶辊回转不灵，上下清洁器作用不良，吸棉风道堵塞或漏风；压力棒积灰附入条子等。

1. 规律性条干不匀的控制

（1）利用条干曲线分析规律性不匀的原因。利用萨氏（国产 Y311 型条干均匀度仪）条干不匀曲线的波形可以判断产生条子条干不匀的原因和发生不匀的机件部位。该仪器通过上下有凹凸槽的一对导轮压紧条子，连续测定条子受压后的截面（厚度），来反映试样的短片段均匀。由于回转部件的机械性疵病形成的条子周期性条干不匀具有固定的波长，因此，我们可以在了解并条机传动图、各列罗拉、胶辊直径、牵伸倍数等工艺参数的情况下，假定某一部件有疵病而计算出该部件疵病形成的周期波波长，对照条干曲线的周期波波长推断出机械性疵病发生的部位。

（2）利用波谱图分析条干不匀率及其原因。波谱图又称条干周期性变异图，横坐标表示波长（用波长的对数表示），纵坐标表示周期变异振幅。图 5-4-5 所示为纱条不匀的波谱图，它由四种不匀成分组成，其中 A 为理想纱条的理论波谱图，根据纤维的主体及长度分布，理想波谱图的最高峰值出现在纤维平均长度的 2.7~2.8 倍处；B 为由于纤维、机械、工艺等不理想所形成的正常波谱图；C 为由于牵伸工艺不良造成牵伸波的图形；D 为由于机械不良形成的规律性不匀图形。用波谱图分析棉条不匀率，简捷方便。将波谱图的实际波形与理想波谱图或正常波谱图相比较，就能分析出产生不匀的种类，然后按照工艺参数推断出不匀产生的主要原因及机件部位。

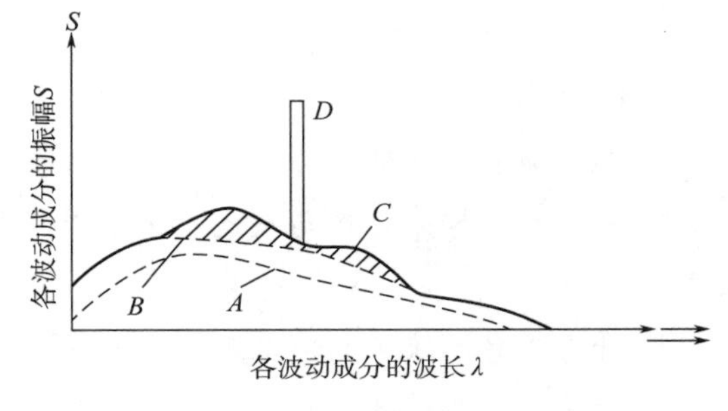

图 5-4-5　纱条的波谱图

对于牵伸罗拉或传动齿轮不正常所形成的周期性不匀，可根据波谱图上出现的凸条（俗称烟囱）所对应的波长和输出速度，来推算产生这种周期性不匀的机件位置。通常有两种方法，一是波长计算，二是测速法。

2. 无规律性条干不匀的控制

无规律性条干不匀是由于纱条在牵伸过程中由于浮游纤维不规则运动而引起的粗节、细节，也称牵伸波。引起无规律性条干不匀的主要原因有以下几个方面。

(1) 工艺设计不合理。如果罗拉隔距过大或过小、胶辊压力偏轻、后区牵伸倍数过大或过小，都可能造成条干不匀。因此，要加强工艺管理，使工艺设计合理化，每次改变工艺设计，应先在少量机台上做实验，当棉条均匀度正常时，再全面推广应用。

(2) 罗拉隔距走动。这是由于罗拉滑座螺丝松动或因罗拉缠花严重而造成。罗拉隔距走动，改变了对纤维的握持状态，引起纤维变速点的变化，因而出现无规律性条干不匀，所以要定期检查罗拉隔距，保证其正确性。

(3) 胶辊直径变化。由于胶辊在使用的过程中出现磨损，直径减小，使摩擦力界变窄，引起纤维变速点的改变而造成条干不匀，因此要加强胶辊的管理，严格规定各档胶辊的标准直径及允许的公差范围。

(4) 胶辊加压状态失常。如果两端压力不一致、弹簧使用太久或加压触头没有压在胶辊套筒的中心，都会引起压力不足，因而不能很好地控制纤维的运动，致使纤维变速不规律，造成条干不匀。

(5) 罗拉或胶辊缠花。若车间温湿度高、罗拉和胶辊表面有油污、胶辊表面毛糙，都容易造成罗拉或胶辊缠花而产生条干不匀的棉条，因此，要加强温湿度管理，不能用油手摸罗拉或胶辊，并加强对胶辊的保养工作。

此外，喂入棉条重叠、棉条跑出后胶辊两端、棉条通道挂花、胶辊中凹、胶辊回转不灵、上下清洁器作用不良及吸棉风道堵塞或漏风引起飞花附入棉条，也都会造成无规律性条干不匀，因此无规律性条干不匀的原因必须仔细查找。平时应加强整顿机械状态，防止这类条干不匀的产生。

思考练习

1. 并条机的组成及其作用是什么？各牵伸形式有何特点？

2. 为什么双区牵伸的条干优于连续牵伸的条干？为什么曲线牵伸的条干优于双区牵伸的条干？

3. 并条工序的道数如何确定？各道并条的总牵伸倍数如何确定？为什么？

4. 并条工序各道并合数确定有何要求？

5. 规律性条干不匀是怎样产生的？

6. 产生无规律性条干不匀的原因有哪些？

拓展练习

1. 了解并条机的工艺配置参数。

2. 了解熟条各质量指标的调控方法。

项目 6　粗纱工序

学习目标

1. 掌握粗纱工序的任务、工艺流程。
2. 掌握加捻的基本概念、条件、实质和量度指标。
3. 掌握捻系数的选择原则。
4. 掌握假捻的概念及其应用。
5. 了解粗纱机的组成及作用，各牵伸形式的特点；粗纱牵伸工艺及其配置原则。
6. 了解粗纱机的机构与作用。
7. 了解质量控制措施。

重点难点

1. 加捻作用的原理及捻系数的选择。
2. 假捻的原理及其应用。
3. 工艺调节参数及调整方案、质量控制。

任务 1　粗纱概述及喂入牵伸机构

学习目标

1. 掌握粗纱工序的任务。
2. 了解粗纱机的主要型号。
3. 了解粗纱机的工艺过程。
4. 掌握喂入机构及要求。
5. 掌握牵伸机构类型及特点。
6. 了解牵伸机构主要工艺配置。

相关知识

由熟条纺成细纱需 150~400 倍的牵伸。目前大部分环锭细纱机还没有这样的牵伸能力，所以在并条工序与细纱工序之间需要设置粗纱工序来承担纺纱过程中的一部分牵伸工作。因此，可以理解为粗纱工序是纺制细纱的准备工序。

一、粗纱工序的任务及工艺过程

（一）粗纱工序的任务

1. 牵伸

将棉条抽长拉细 5~12 倍，并使纤维进一步伸直平行，改善纤维的伸直平行度与分离度。

2. 加捻

由于粗纱机牵伸后的须条截面纤维根数少，伸直平行度好，故强力较低，所以需加上一定的捻度来提高粗纱强力，以避免卷绕和退绕时的意外伸长，并为细纱牵伸做准备。

3. 卷绕与成形

将加捻后的粗纱卷绕在筒管上，制成一定形状和大小的卷装，便于储存和搬运，适应细纱机的喂入。

（二）粗纱机的工艺过程

棉型粗纱机工艺过程示意图如图 6-1-1 所示，熟条 2 从机后条筒 1 内引出，由导条辊 3 积极输送，导条辊上的分条器将每根棉条隔开，经安装在慢速往复运动的横动装置上的喇叭口喂入牵伸装置 4。熟条经牵伸后由前罗拉钳口输出，导入安装在固定龙筋 5 上的锭翼 6 的顶孔后进入空心臂。锭翼 6 随锭子 7 一起回转，锭子一转，锭翼给纱条加上一个捻回，使须条获得捻度而形成粗纱，经压掌 8 将粗纱卷绕在筒管上，为了将粗纱有规律地卷绕在筒管上，筒管一方面以高于锭翼的转速回转，另一方面又随运动龙筋 9 作升降运动，最终将粗纱以螺旋线状绕在纱管表面上。随着纱管卷绕半径的逐渐增大，每圈粗纱的卷绕长度也随之增加；由于前罗拉的输出速度是恒定的，因此，筒管的转速和龙筋的升降速度必须逐层递减。为了获得两端截头圆锥形、中间为圆柱形的卷装外形，龙筋的升降动程还必须逐层缩短。最终将粗纱卷绕成两头呈截头圆锥形、中间为圆柱形的粗纱卷装。

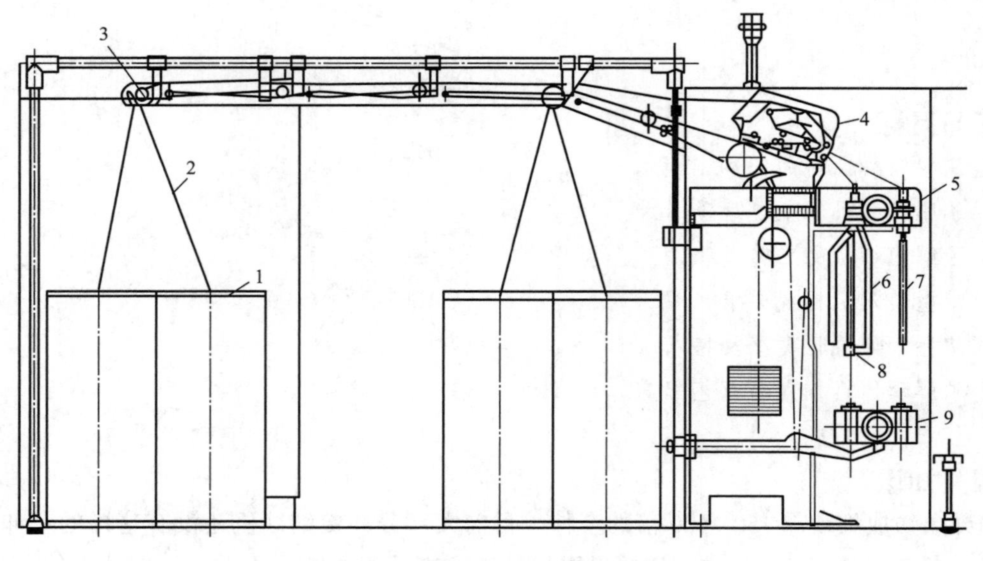

图 6-1-1　粗纱机工艺过程示意图

1—条筒　2—熟条　3—导条辊　4—牵伸装置　5—固定龙筋　6—锭翼　7—锭子　8—压掌　9—运动龙筋

粗纱机可分为五个部分，即喂入牵伸部分，加捻、卷绕部分，变速成形控制部分和车头传动部分和电气部分。

二、粗纱机喂入及牵伸机构

（一）喂入机构

1. 喂入机构及其作用

喂入机构是将熟条从条筒内引出，有序地输送到牵伸机构，并要求在熟条喂入牵伸装置前防止不合理的喂入方式，尽量减少意外牵伸，便于挡车操作。

喂入机构的组成如图 6-1-2 所示，喂入机构由分条器 1、导条辊（2、3、4）、导条喇叭 5 及其横动机构组成。

（1）分条器。其作用是隔离条子、防止产生条子打圈、打扭、纠缠等不正常喂入方式，严禁交叉引条。

（2）导条辊。其作用是积极引条，减少引条意外牵伸。机后导条辊分前、中、后三列，经后罗拉通过链条传动，实现与后罗拉同线速度运转。

（3）横动装置。其作用是迫使条子进入牵伸钳口后作横向缓慢往复运动，避免须条在牵伸钳口内固定位置摩擦而产生胶辊与胶圈中凹，可延长胶辊、胶圈的使用寿命。但使用不当，会导致粗纱发毛。

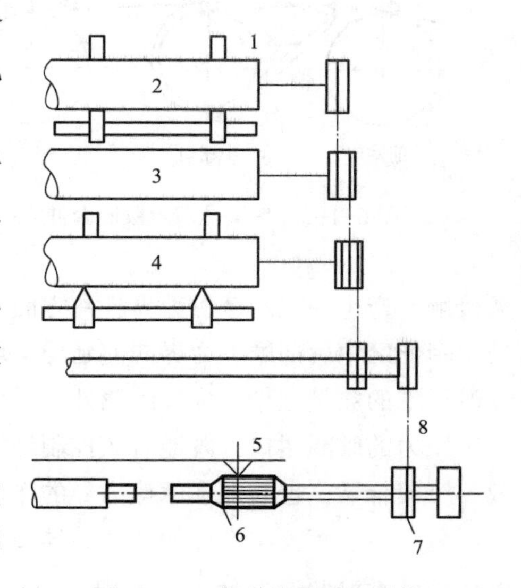

图 6-1-2 粗纱机的喂入机构

1—分条器 2—后导条辊 3—中导条辊 4—前导条辊 5—导条喇叭 6—后罗拉 7—链轮 8—链条

导条喇叭迫使条子进入牵伸区前顺直，防止出现条子打圈、打折等不合理的喂入方式，同时实现条子的横向运动。导条喇叭口规格根据熟条定量选择。如果熟条定量重，则选用规格较大的导条喇叭口。

2. 喂入部分质量控制

在喂入过程中，因棉条经过的路线长，应尽量减少意外伸长，以保证粗纱质量。故应采取以下措施。

（1）在并条机上加大压辊压力，以增强棉条的紧密度。

（2）采用有弹簧底的棉条筒，以减少棉条引出的自重伸长。

（3）在保证操作方便的条件下，导条辊离地面高度不宜过高，导条辊间的距离不宜过大。

（二）牵伸机构

1. 牵伸机构及其作用

牵伸机构由牵伸装置、加压装置与清洁装置组成。它们相互配合共同完成对条子的牵伸作用。

2. 牵伸装置

粗纱机牵伸装置是决定粗纱机工艺性能优劣的核心部分之一，目前国内新型粗纱机一般采用的牵伸形式有三罗拉双短胶圈牵伸、三罗拉长短胶圈牵伸和四罗拉双短胶圈牵伸。

（1）三罗拉双短胶圈牵伸装置。三罗拉双短胶圈牵伸装置如图 6-1-3 所示。前、后罗拉均为钢质沟槽罗拉，中罗拉为钢质滚花罗拉。三对罗拉组成两个牵伸区，前区为主牵伸区，罗拉中心距为 46~90mm，并配置了由上、下销与上、下胶圈及上销弹簧、隔距块等组成的胶圈控制元件；后区只有 1.12~1.48 倍的张力牵伸，后区罗拉中心距为 40~90mm。两个牵伸区均设有集合器。该装置的总牵伸能力为 5~12 倍，适纺纤维长度为 22~65mm。在主牵伸区中，由于采用双短胶圈等控制元件，使主牵伸区的摩擦力界分布更加合理。上、下胶圈直接与纱条接触，产生一定的摩擦力界，一方面大幅加强了牵伸区中后部的摩擦力界强度，另一方面使主牵伸区中后部摩擦力界向前延伸，增强了对纤维的控制，缩短了浮游区长度，同时也使浮游纤维的数量减少。在胶圈销处，采用了具有弹性的弹簧摆动上销，形成一个柔和而又有一定压力的胶圈钳口，既能有效控制纤维的运动，又能使快速纤维顺利抽出。在前罗拉后面放一个集合器，也起加强摩擦力界的作用。

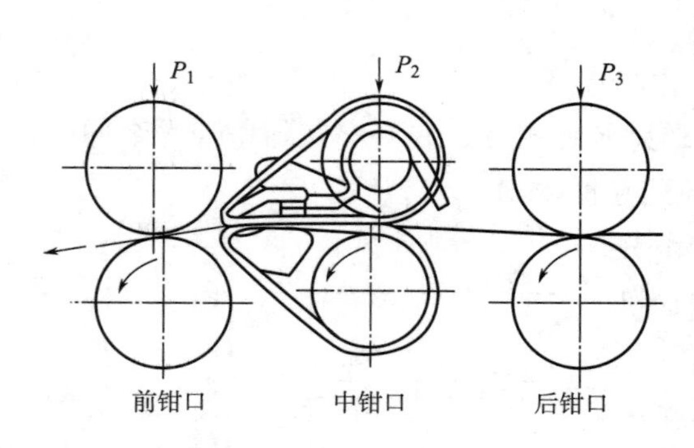

图 6-1-3　三罗拉双短胶圈牵伸

总之，双短胶圈牵伸的摩擦力界布置比较合理，中后部摩擦力界较强，这可使牵伸区中的运动纤维的变速点分布更集中、稳定，有利于纤维的伸直平行。所以反映在成品质量上，双短胶圈牵伸要优于简单罗拉牵伸和曲线牵伸。但是，这种三上三下双短胶圈牵伸形式不宜纺定量过重的粗纱，一般以 2.5~6g/10m 为宜。定量过重时，胶圈间的须条易产生分裂或分层现象，这是由于胶圈钳口上、下胶圈运动不同步所致。

（2）三罗拉长短胶圈牵伸装置。三罗拉长短胶圈牵伸装置如图 6-1-4 所示。其前、后罗拉为钢质斜沟槽罗拉，中罗拉为钢质滚花罗拉，罗拉表面均经镀铬处理。前、后上罗拉为胶辊，胶辊采用硬度为邵氏硬度 C72~74 的橡胶制成，胶圈采用橡胶圈。隔距块用锌合金制成，固定在下销上。三对罗拉组成两个牵伸区，前区为主牵伸区，设有胶圈控制元件，胶圈钳口隔距块前端凹槽内放有下开口式集合器；后区只有很小的张力牵伸。

（3）四罗拉双短胶圈牵伸装置。四罗拉双短胶圈牵伸装置如图 6-1-5 所示。四罗拉双短胶圈牵伸是在三罗拉双短胶圈牵伸的基础上，在前方加上一对集束罗拉，使须条走出主牵伸区后再经过一个整理区，这种牵伸又称为 D 型牵伸。该装置设置有三个牵伸区，后区是配置为 1.18~1.8 倍牵伸倍数的后牵伸区，中区为主牵伸区，前区为 1.05 倍左右张力牵伸的整理区。总牵伸倍数为 4.2~12 倍，主牵伸区不设置集合器，其他两牵伸区均设有集合器，起集束作用。其特点为中、后区具有三罗拉双短胶圈的特点，对纤维控制作用强，成纱条干好。所不同的是在主牵伸区的前边增加了一个 1.05 倍的整理区，纺出的粗纱外表面光滑，有利于减少细纱毛羽。

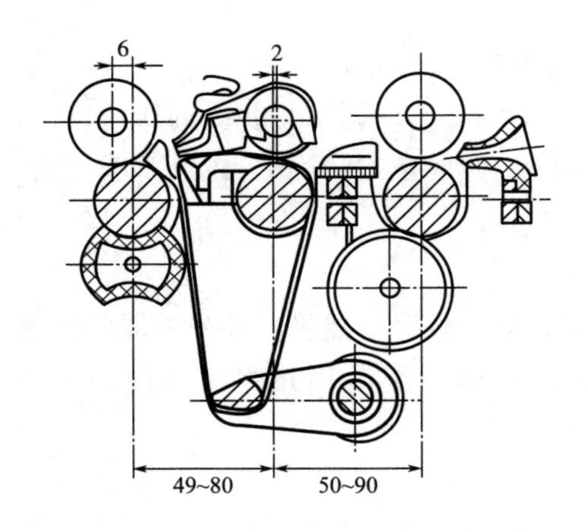

图 6-1-4 三罗拉长短胶圈牵伸

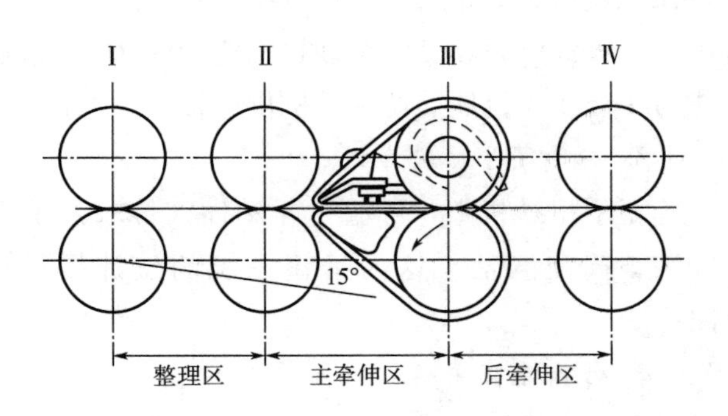

图 6-1-5 四罗拉双短胶圈牵伸

3. 集棉器

集棉器的作用是将牵伸时或牵伸后的须条收拢，防止纤维散失，有利于须条加捻，降低粗纱毛羽。在主牵伸区内，须条较薄，纤维比较松散，因此，不宜给予过大的约束，若使用不当，阻碍两侧纤维的运动，会导致集束不理想或产生更多的纤维弯钩和棉结，而影响成纱质量。因此，前区集棉器口径选择是否适当，对前纤维运动影响较大。口径太小，纤维运动阻力太大，两侧纤维很难以主体速度向前运动，对条干 *CV* 值不利；口径过大，又对两侧纤维无法起到集束作用，可能会使纤维扩散分离。

4. 加压装置

加压装置是牵伸机构的重要组成部分，是牵伸机构形成合乎工艺要求的摩擦力界的必要条件，它对牵伸区能否有效控制纤维运动，改善纱条均匀度以及保全、保养、维修工作都有直接影响。粗纱机目前普遍采用弹簧摇架加压，有的新机型已采用气动加压的方式。

5. 清洁装置、绒套清洁装置

清洁装置是清除罗拉、胶辊和胶圈表面的短绒和杂质，防止纤维缠绕机件并保证产品几乎没有疵点的重要装置。清洁装置还可清洁牵伸区短绒微尘，降低车间空气含尘量。在牵伸过程中，不可避免地会产生一些飞花和须条边纤维的散失，而机器的速度越高，这种现象越严重。这些飞花带入须条中就会产生纱疵，一方面影响产品的质量；另一方面加大工人的劳动强度，影响工人的看台能力。

粗纱机清洁装置的种类有固定绒板式、积极式回转绒带清洁装置、下罗拉刮皮加吸风清洁装置、断头吸棉及自停装置、车面吹吸风清洁装置等。

三、新型粗纱机的特点

1. 空间利用率高

在同样的区域中，可安放更多的纱锭，从而可降低运营和投资成本。新型粗纱机可以更紧密地安装在一起，从而节约占地空间。

2. 纱锭数增加

环锭细纱机的机器长度决定了纺纱厂的机器布局。粗纱机架也应适应细纱机的布局环境，以便进行适当的布局。有的新型粗纱机可提供多达 224 个纱锭。根据所纺纱线的线密度，1 个粗纱机锭可为环锭纺细纱机供应 20~40 个纱锭。因此，1 台具有 224 个纱锭的新型粗纱机，能为 3 台或 4 台环锭纺细纱机供应纱条。

3. 新的筒子传输方式

新型粗纱机上，纱管可自动插入传输系统中，无须人工干预。目前，可在机器的两端安装纱筒更换器，这为运输系统的设计提供了新的可能性，能简化并缩短纱筒的运输路径。

4. 传输距离更短

新型粗纱机上，管道清洁器可集成至传输站中，从而实现了清洁和更换两道工序的结合，可免除过去将纱筒运输到中央单元以集中清洁的传输路线。由于一些粗纱残留物可能会从环锭细纱机迁移至粗纱管上，因此需清理纱管。集成在粗纱框架上的清洁装置可直接对残留的粗纱进行真空吸附。通过这种清洁方式，空纱管可更快地实现再次应用。

5. 生产控制与节能

新型粗纱机上配备有独立的纱线监控器。通过这种方式，可对加工中的每根粗纱进行监测。如果粗纱发生断头，机器会立即停止，从而防止相邻纺纱位置上粗纱的断裂。这种快速停车而不需采用抽吸装置的操作可节约能源。

独立的粗纱监控可用来分析机器的生产效率。所有停机时间都将在机器控制系统中集中记录和评估。工作人员可在显示屏上查看机器停机的原因，能快速识别粗纱出错的位置，并有针对性地进行维修。通过这种方式，确保粗纱机的效率与粗纱的高品质。

6. 质量保证

在环锭细纱机的每个锭位上，1 管粗纱可生产 30~40 管细纱。因此，质量差的粗纱筒管会导致细纱纺制出现长时间的故障。

良好的细纱质量通常基于较低的粗纱质量波动。除独立的粗纱监测外，张力调节器也有助于确保粗纱筒管质量。

将张力调节器集成在每台粗纱机上，从而使粗纱张力始终处于监控和调节状态，以确保将粗纱卷绕到筒管上时，其张力保持恒定。这是生产卷绕均匀和成型良好的粗纱筒管的前提。采用张力调节器后，所得筒管可在环锭纺纱机上平稳运行，并确保所纺纱线的质量始终如一。

7. 快速调整参数

新的可选式电子绘图系统使得在显示屏上可以直接进行参数设置。此外，还可轻松方便地采用其他机器或以往机器上生产的批次作为参考。所有重要参数的设置都可以快速传输到该机器的控制系统中，从而可减少小批量和粗纱品种频繁更换的纺纱厂的停机时间。

思考练习

1. 粗纱工序的任务是什么?
2. 简述粗纱机的工艺过程。
3. 粗纱机常用的牵伸形式有哪些?分别阐述它们各自的特点。

拓展练习

1. 收集国内外新型粗纱机的简介。
2. 了解粗纱机的工艺配置。
3. 观看粗纱机的工作视频。

任务2 粗纱的加捻与卷绕

学习目标

1. 掌握加捻原理、加捻的实质和量度及捻系数的选择。
2. 了解粗纱的加捻机构。
3. 掌握假捻的原理及在粗纱机上的应用。
4. 了解粗纱的卷装结构。
5. 了解实现粗纱卷绕的条件。

相关知识

一、加捻机构

(一)加捻的目的

由于前罗拉钳口输出的须条结构松散,纤维彼此间联系较弱,因而须条强力极低,无法满足下一工序的使用和运输、储存的需要。故为提高粗纱工序半制品的可加工性,必须给须条加适当的捻度。

(二)加捻卷绕机构的组成和作用

1. 粗纱机加捻卷绕机构的形式

按锭子的悬挂形式分为托锭式、悬锭式和封闭式加捻卷绕机构三种。

(1)托锭式加捻卷绕机构。该形式加捻卷绕机构配备在A系列粗纱机,目前的代表机型为A454系列、A456系列。该机构由锭子、锭翼、锭脚油杯、筒管组成,目前新机基本已不采用此机构。

(2)悬锭式加捻卷绕机构。悬锭式加捻卷绕机构配置在所有新型粗纱机上,如图6-2-1所示。锭翼悬挂在固定龙筋上,作旋转运动,锭子只起定位作用,而筒管安装在运动龙筋上,随运动龙筋作上升、下降运动。

（3）封闭式加捻卷绕机构。如图6-2-2所示，锭翼双臂封闭，顶端和底部均有轴承支持，确保稳定、高速旋转，压掌安装在锭翼空心臂的中部，锭子为套管式结构，外面是锭套管，里面是空心锭子，二者通过双键连接。取消了升降的运动龙筋，锭子随套管同速回转，而筒管随锭子回转。锭子下部内壁有螺纹与导向螺杆啮合，套管与螺杆分别由筒管轴和螺杆轴传动。若螺杆与锭子间同向等速传动，则锭子无上升或下降运动，若螺杆转速比锭子转速快，锭子向上运动，若螺杆转速较锭子转速慢，锭子向下运动，实现筒管升降运动。

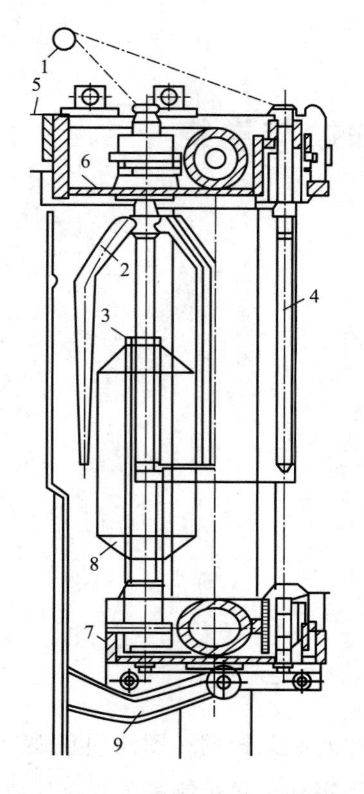

图6-2-1　悬锭式加捻卷绕机构

1—前罗拉　2—锭翼　3—筒管　4—锭子　5—机面
6—固定龙筋　7—运动龙筋　8—粗纱　9—摆臂

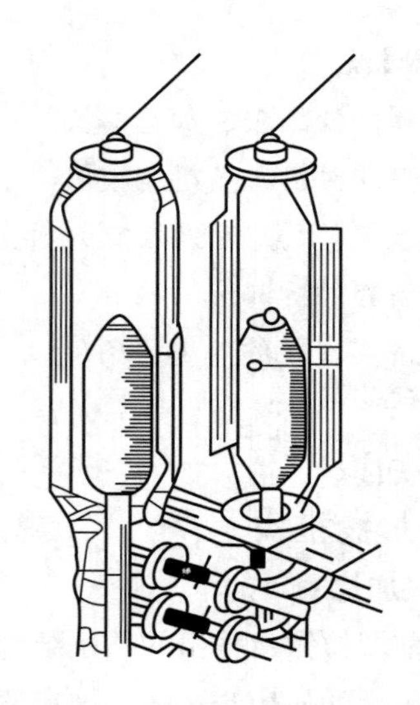

图6-2-2　封闭式加捻卷绕机构

2. 几种加捻卷绕机构的比较

托锭式加捻卷绕机构，锭子上端单侧受粗纱条的牵拉作用，即使加上锭翼的动平衡性能，运动龙筋上升、下降运动准确性，也很容易使锭子上端出现摆动，从而导致粗纱伸长率不稳定，因而不适宜高速运转。

悬锭式、封闭式加捻卷绕机构，锭翼引入纱口位置固定，粗纱运动平稳，粗纱伸长率稳定，适宜高速、大卷装。

二、粗纱的加捻

（一）加捻过程

无论哪种形式的加捻卷绕机构，粗纱加捻卷绕过程都基本相同。

前罗拉钳口握持须条，须条从锭翼顶孔穿入，从锭翼侧孔引出，经空心臂，压掌叶卷绕在筒管上，前罗拉钳口以一定线速度输出须条，锭子以一定转速旋转，不断对须条加捻，加捻点为锭翼侧孔。随着卷装半径的增大，压掌叶、压掌的质心旋转半径差异减小，使二者高速旋转产生的惯性力差减小，从而导致压掌叶压向粗纱的压力随卷装半径增大而减小，因而粗纱卷装结构里紧外松。

（二）加捻的实质和量度

1. 加捻实质

（1）粗纱加捻的基本条件。前罗拉钳口为纱条握持点，锭翼侧孔为纱条另一握持点，该点同时也是纱条绕自身轴旋转的加捻点。锭翼旋转一周，给纱条加上一个捻回。

（2）加捻的实质和意义。须条绕自身旋转时，须条由扁平状变为圆柱状，纤维由原来的伸直平行状通过加捻时的内外转移，转变为适当的紊乱排列，使外侧纤维加捻后产生两个以上的固定点，实现其对纱体的外包围作用，而外侧纤维产生的向心压力，挤压纱条内部纤维，从而使纱条紧密，纤维彼此间联系紧密，纱条的力学性能得到明显改善，满足进一步加工的需要。

如图 6-2-3（a）所示，加捻是纱条一端被握持，另一端绕本身轴线回转。如图 6-2-3（b）所示，加捻前纤维 AB 平行于纱条轴线 OO'，加捻后形成螺旋线，B 点到达 B'点，转过 θ 角。螺旋线 AB'和纱条轴线的倾角 B 称为捻回角。如图 6-2-3（c）所示，B 点转过 360°，纱条获得一个捻回。

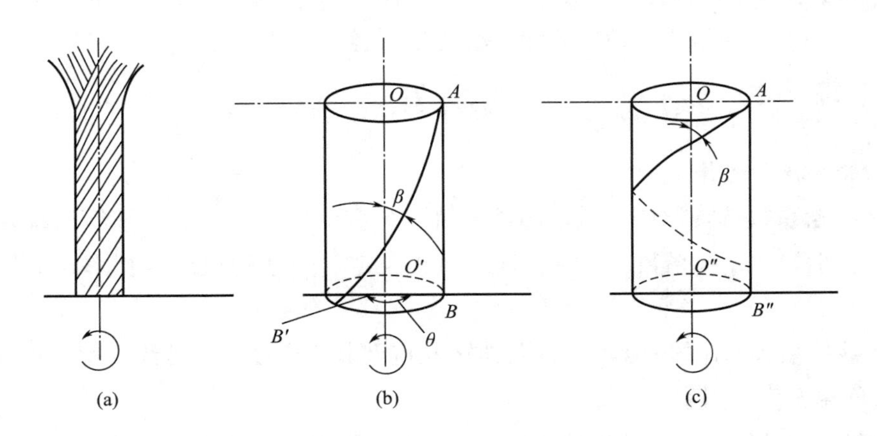

图 6-2-3　纱条加捻时外层纤维的变形

2. 加捻的量度和捻向

（1）捻向。捻向分为 S 捻、Z 捻，如图 6-2-4 所示。

（2）加捻的量度。

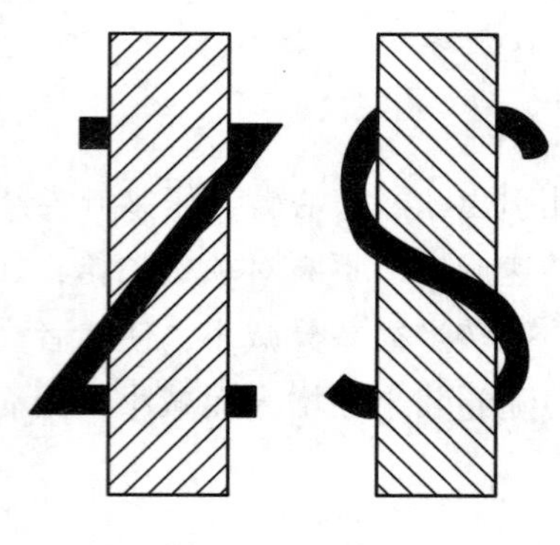

图 6-2-4　捻向

①捻度。捻度属于绝对性指标，是指单位长度纱条上的捻回数，按单位长度的不同分为：英制捻度 T_e（单位长度为 1 英寸）、公制捻度 T_m（单位长度为 1m），特克斯制捻度 T_t（单位长度为 10cm）。三者关系为：

$$T_t = 0.1T_m = 3.937T_e$$

②捻系数。捻系数属于相对可比性指标，该指标考虑原料性能对加捻作用的影响，能在不同原料、不同纱线粗细时，通过外包纤维对相对纱轴的夹角，反映纱条内纤维的彼此间联系，表征加捻的效果。按纱线粗细表征指标不同分为英制捻系数 α_e、公制捻系数 α_m、特克斯制捻系数 α_t。三者关系为：

$$\alpha_t = 3.14\alpha_m = 95.07\alpha_e$$

③捻度与捻系数的关系。

$$T_t = \frac{\alpha_t}{\sqrt{\mathrm{Tt}}}$$

$$T_m = \alpha_m \sqrt{N_m}$$

$$T_e = \alpha_e \sqrt{N_e}$$

式中：Tt——纱条线密度，tex；

N_m——纱条公制支数，公支；

N_e——纱条英制支数，英支。

④粗纱机上纱条的计算捻度。设前罗拉钳口输出须条的线速度为 V_f（m/min），锭翼的转速为 n_s（m/min），则粗纱机上纱条的计算捻度 T_m（捻/m）即为：

$$T_m = \frac{n_s}{v_f}$$

3. 粗纱捻系数的选择

（1）粗纱捻系数选择原则。满足粗纱卷绕，卷装的储存、运输，细纱退绕要求的力学性能时的适当小的粗纱捻系数，即确保加工过程稳定、合适的粗纱伸长率时的较小粗纱捻系数。

（2）粗纱捻系数选择的依据。所纺纤维的长度及其整齐度、粗纱线密度、细纱机后区牵伸工艺及车间温湿度等因素。

所纺原料：棉纤维的密度较化学纤维的大得多，因而相同线密度的纱线截面内含有的纤维，棉的较化学纤维的少，加上棉型化学纤维长度长，整齐度好，因而棉纱条中纤维彼此间的联系较化学纤维的小，则棉纱条选择的捻系数较化学纤维的高得多。

纤维长度长，整齐度好，线密度小，纱中纤维的摩擦力、抱合力都大，纤维彼此间联系强，所选捻系数可小些。

细纱机后区牵伸工艺中，当握持距大、牵伸倍数小、牵伸须条牵伸力较小时，可选择适当大些的捻系数。

车间温度低或相对湿度大，要适当加大粗纱捻系数。

此外，要考虑粗细纱工序前后供应平衡，因为粗纱捻系数大，粗纱质量好，但粗纱产量就低，前后供应就易出现问题，请务必注意。

三、粗纱机上的假捻及其应用

1. 捻回传递

由于加捻前的须条一般为松散介质的集合体，当加捻器让纱条自身轴心旋转时，所产生的应力、应变通过纤维间的联系传递到整个纱条上，并且可以看到靠近加捻点处的捻回较多，而远离加捻点捻回逐渐变稀，该现象即为捻回的传递。

2. 捻陷及其危害

须条由握持点输入加捻区，从加捻点输出，捻回传递过程中，若经过一个摩擦阻力方向与须条中纤维的倾斜方向一致的阻碍点，阻止捻回向前传递，使受阻点到加捻点的区域内获得捻回数比未受阻时多得多，而握持点至受阻点区域内获得的捻回比未受阻时少得多，该现象称为捻陷。如图6-2-5所示，粗纱加捻过程存在着捻陷，捻陷点 B 为须条与锭翼顶孔上边缘接触处。由于纱条从前罗拉钳口 A 输出，到锭翼侧孔加捻点 C 之间区域内，纱条在该处拐弯，纱条与锭翼顶孔上边缘的接触点阻力较大，阻碍了捻回的向上传递。产生捻陷后，前罗拉钳口与阻碍点区域内的纱条获得捻回少，纱体松散，纤维彼此间的联系弱，纱条强力低，在机械振动等干扰下，易出现纱条的意外伸长，特别是不稳定的伸长现象，影响产品的条干，甚至断头增多。

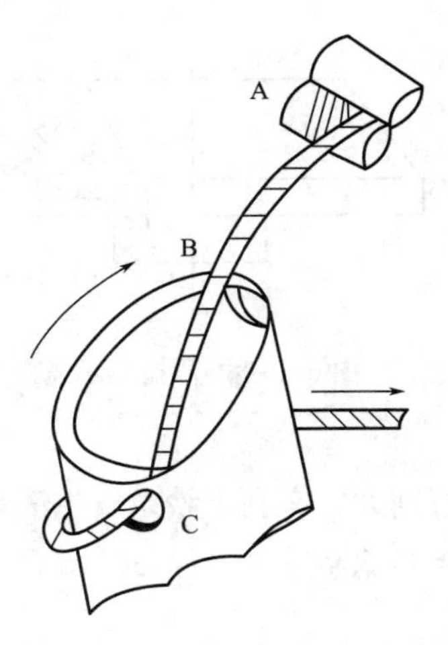

图6-2-5　粗纱捻陷示意图

3. 真捻、假捻

(1) 真捻、假捻的获得。纱条进入加捻区间前具有的捻度为 T_0，经过加捻区后捻度为 T，则有 $\Delta T=T-T_0$，如图6-2-6所示。

图6-2-6　加捻原理图

①当 $\Delta T\neq0$ 时，则称须条获得真捻。

当 $\Delta T>0$ 时，则加捻区最终施加于纱条的捻回捻向与纱体原有的同向，其效果为纱条增捻。

当 $\Delta T<0$ 时，则前后所加捻回捻向相反，其效果为纱条退捻。

②当 $\Delta T=0$ 时，纱条经过加捻区后，未获得捻回，称加捻区对纱条施加了假捻，加捻器即称为假捻器。

(2) 假捻的应用。如图6-2-7 (a) 所示，须条无轴向运动且两端分别被 A 和 B 握持，若在中间 B 处施加外力，使须条按转速 n 绕自身轴线自转，则 B 的两端产生大小相等、方向相反的扭矩，B 的两侧获得捻向相反的捻回 M_1 个与 M_2 个，且 $M_1=M_2$。一旦外力消失，在一定张力下，两侧的捻回便相互抵消，该现象就是假捻。如图 6-2-7（b）所示，如果一段纱条进入加捻区前的捻回数为 T_1，因 B 点的假捻作用，同方向加上 M_1 个捻回，而 B 的右侧因与左侧假捻作用反方向减去 M_2 个捻回，纱条输出 C 点时的捻回数为 T_2。因为 $M_1=M_2$，$T_2=T_1+M_1-M_2=T_1$。因此纱条经过假捻区后，其自身捻度不变。

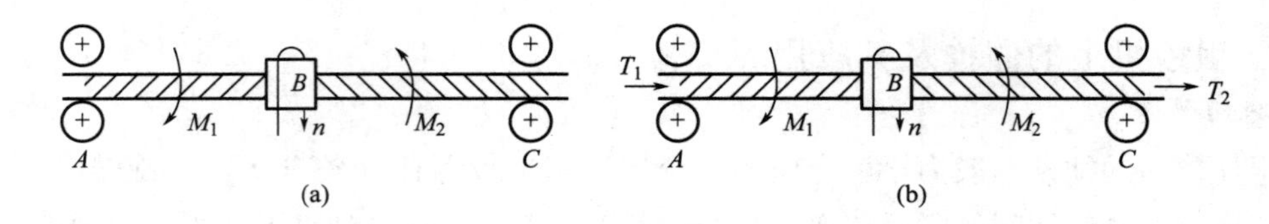

图 6-2-7　假捻过程

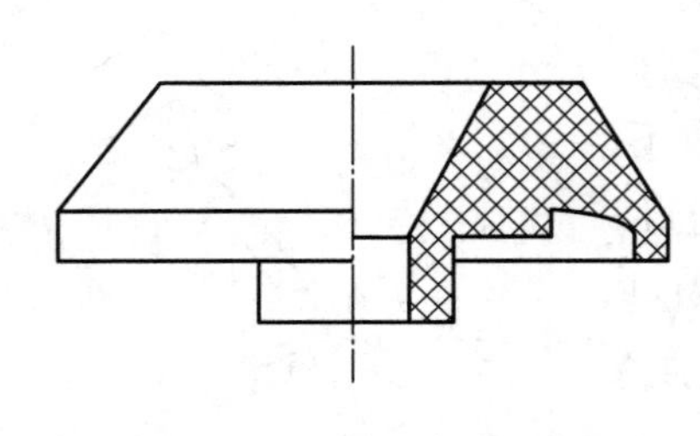

图 6-2-8　假捻器示意图

在粗纱加捻过程中，出现捻陷，纱条在锭翼顶孔上边缘滑动多，纱条呈扁形，摩擦力增大，纱体不易翻动，进一步阻碍了下部捻回向上传递。

①解决思路。使纱条在锭翼顶孔上边缘由滑动转变为滚动，实现假捻作用，提高上部纱条的捻回数，也增强了该纱条的强力，降低了意外伸长率及其波动，降低了断头。

②解决措施。安装假捻器，假捻器如图 6-2-8 所示。假捻器有塑料质、橡胶质的，纤维与假捻器间的摩擦系数特别大，有利于纱条发生滚动，而降低滑动，实现了假捻，降低了捻陷。此外，应适当增大粗纱捻系数。

四、粗纱卷绕

1. 粗纱的卷装结构

粗纱卷装从里往外分层排列，每层粗纱平行紧密卷绕，为实现无边、不塌头，采用两端锥台形的卷绕形状，确保粗纱退绕稳定，如图 6-2-9 所示。

2. 翼锭纺纱的卷绕成形方式

翼锭纺纱的卷绕是依靠筒管与锭翼之间的转速差异来实现的，当锭翼转速大于筒管时，称为翼导，当筒管转速大于锭翼时，称为管导。在翼导中，筒管的卷绕点快于筒管表面速度，断头时，容易产生断头飞花，且因筒管转速随卷绕直径的增加而增加，如果卷绕动平衡不良，大纱时使其回转更加不稳定。这种卷绕方式曾用于麻纺，现已被淘汰。管导卷绕中，在确保供需平衡的前提下，筒管转速随卷绕直径增大而减小，故大纱时，回转稳定性较好，现已被广泛使用。

3. 粗纱卷绕条件

（1）如图 6-2-10 所示，在管导卷绕中，设锭翼的转速为 n_s，筒管的转速为 n_b，粗纱的

卷绕转速为 n_w，则：

$$n_w = n_b - n_s$$

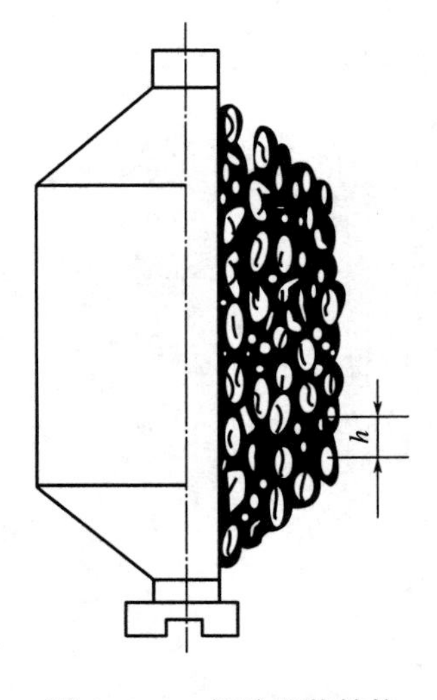

图 6-2-9 粗纱卷装结构

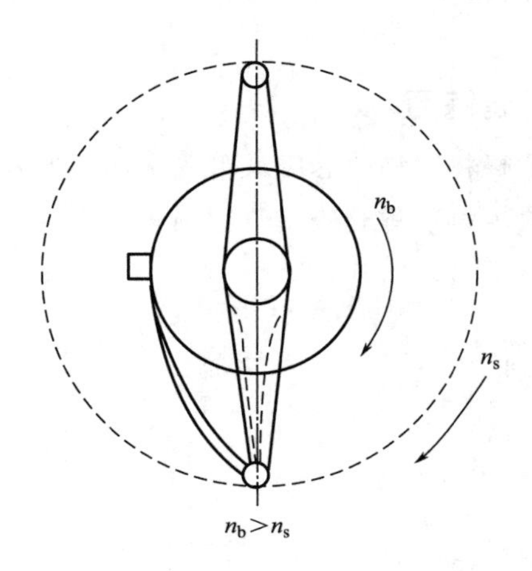

图 6-2-10 粗纱卷绕示意图

（2）为实现正常生产，单位时间内前罗拉钳口输出的须条长度必须等于筒管的卷绕长度，则：

$$v_f = \pi D_x n_w$$

式中：v_f——前罗拉钳口须条输出速度，mm/min；

D_x——筒管上粗纱卷绕直径，mm。

则有卷绕方程：

$$n_b = n_s + \frac{v_f}{\pi D_x}$$

在实际生产中 v_f、n_s 为定值，D_x 随卷绕逐层增大，故 n_b 将随卷装卷绕直径 D_x 逐层增大而减小。在同一层粗纱卷绕层，D_x 不变，n_b 也不变。

（3）为实现粗纱在筒管轴向紧密排列，则单位时间内上龙筋的升降高度应等于筒管的轴向卷绕高度。设粗纱轴向圈距 h（mm），筒管上升或下降的速度为 v_1（mm/min），则有升降方程：

$$v_1 = \frac{v_f}{\pi D_x} \times h$$

在实际生产中，v_f、h 为定值，因此，v_1 随 D_x 逐层增大而逐层减小，即每卷绕一层粗纱，筒管上升或下降速率降低一次。

思考练习

1. 粗纱机加捻卷绕机构有几种形式？各有什么特点？

2. 加捻的目的是什么？如何衡量加捻的程度？
3. 试述粗纱捻系数选择的依据及主要影响因素。
4. 什么是捻回传递？什么是捻陷？捻陷有何危害？如何解决捻陷问题？
5. 什么是假捻原理和假捻效应？试述假捻在粗纱上的应用。

拓展练习

1. 了解粗纱机的卷绕成形装置的其他机构。
2. 收集粗纱质量检测与控制资料。

项目 7　细纱工序

学习目标

1. 掌握细纱工序的任务、工艺流程、机器发展概况。
2. 了解喂入机构的作用和要求。
3. 了解细纱机牵伸形式、牵伸主要元件和作用。
4. 了解细纱牵伸前区、后区主要牵伸工艺设计与控制要点。
5. 掌握细纱加捻的实质及原理，成纱结构的特点，细纱捻系数选择的依据。
6. 了解细纱加捻卷绕元件及作用，细纱卷绕成形要求及机构。
7. 掌握细纱断头的分类及规律，断头的根本原因，降低细纱断头的措施。

重点难点

1. 加捻作用原理及捻系数的选择。
2. 工艺调节参数及调整方案、质量控制。

任务 1　细纱概述及喂入牵伸机构

学习目标

1. 掌握细纱工序的任务。
2. 了解细纱机的主要型号。
3. 了解细纱机的工艺过程。
4. 掌握喂入机构及要求。
5. 掌握牵伸机构类型及特点。
6. 了解牵伸机构主要工艺配置。

相关知识

细纱工序是成纱的最后一道工序，其成纱质量、成纱结构及表观形态直接影响下一环节产品的质量、生产效率和织物风格特征。棉纺厂生产规模的大小，是以细纱机总锭数表示的；细纱的产量是决定棉纺厂各道工序机台数量的依据；细纱的产量和质量水平、生产消耗（原料、机物料、用电量等）的多少、劳动生产率、设备完好率等指标，全面反映出纺纱厂的生产技术和设备管理的水平。因此，细纱工序在棉纺厂中占有非常重要的地位。

一、细纱工序的任务

细纱工序是将粗纱纺制成具有一定线密度、符合国家（或用户）质量标准的细纱，以供下道工序（如捻线、机织、针织等）使用。作为纺纱生产的最后一道工序，细纱加工的主要任务如下。

1. 牵伸

将喂入的粗纱均匀地抽长拉细到所纺细纱规定的线密度。

2. 加捻

给牵伸后的须条加上适当的捻度，使细纱具有一定的强力、弹性、光泽和手感等力学性能。

3. 卷绕成形

把纺成的细纱按一定的成形要求卷绕在筒管上，以便于运输、储存和后道工序的继续加工。

二、细纱机的工艺过程

细纱机为双面多锭结构，图 7-1-1 所示为 FA506 型细纱机的工艺过程图。粗纱从细纱机上部吊锭 1 上的粗纱管 2 退绕后，经过导纱杆 3 和慢速往复横动的横动导纱喇叭口 4，喂入牵伸装置 5 完成牵伸作用。牵伸后的须条从前罗拉 6 输出后，经导纱钩 7，穿过钢丝圈 8，引向筒管 10。生产中锭子高速卷绕，使纱条产生张力，带动钢丝圈沿钢领高速回转，钢丝圈每转一圈，前钳口到钢丝圈之间的须条加上一个捻回。由于钢丝圈受钢领的摩擦阻力作用，使得钢丝圈的回转速度小于筒管，两者的转速之差就是卷绕速度。这样，由前罗拉输出、经钢丝圈加捻后的细纱便卷绕到紧套在锭子 9 上的筒管上。依靠成形机构的控制，钢领板 11 按照一定的规律作升降运动，使纱条卷绕成等螺距圆锥形的管纱。

三、细纱机的喂入机构

1. 喂入机构的作用及要求

细纱机喂入机构的作用是支撑粗纱，同时将粗纱顺利地喂入细纱机牵伸机构。工艺上要求各个机件的位置配合正确，粗纱退绕顺利，尽量减少意外牵伸。

2. 喂入机构组成及其作用

细纱机喂入机构由粗纱架、粗纱支持器、导纱杆、横动装置等组成。

（1）粗纱架。粗纱架的作用是支承粗纱，并放置一定数量的备用粗纱和空粗纱筒管。为便于生产操作、防止互相干扰，相邻满纱管之间应保持足够的空间距离，一般在 15~20mm。粗纱从纱管上退绕时，回转要灵活，粗纱架要不易积聚飞花，便于清洁。FA506 型细纱机采用的是六列单层吊锭形式（图 7-1-1）。

（2）粗纱支持器。生产中要求粗纱支持器能够保证粗纱回转灵活，防止退绕时产生意外

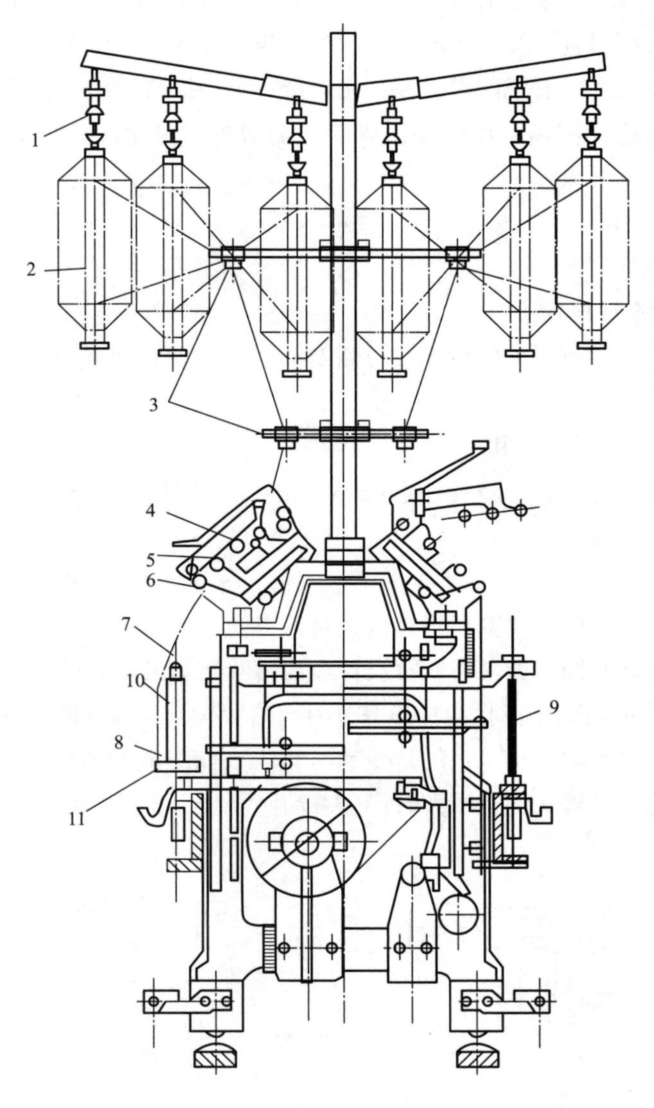

图 7-1-1　FA506 型细纱机工艺过程图

1—吊锭　2—粗纱管　3—导纱杆　4—横动导纱喇叭口　5—牵伸装置

6—前罗拉　7—导纱钩　8—钢丝圈　9—锭子　10—筒管　11—钢领板

牵伸。粗纱支持器有托锭和吊锭两种形式。目前广泛采用的是吊锭支持器，托锭支持器已逐渐被淘汰。

吊锭支持器的优点是回转灵活，粗纱退绕张力均匀、意外伸长少，粗纱装取时挡车工操作方便，适用于不同尺寸的粗纱管。缺点是零件多、维修麻烦、纺化纤时易脱圈。

（3）导纱杆。导纱杆为直径 12mm 的圆钢，表面镀铬。它的作用是保证粗纱退绕顺利及粗纱退绕牵引张力稳定，且波动小。在实际生产中，导纱杆的安装位置通常设在距离粗纱卷装下端 1/3 处。

（4）横动装置。横动装置的作用是在引导粗纱喂入细纱机牵伸装置时，使粗纱在后钳口一定的宽度范围内做缓慢且连续的横向移动，改变粗纱喂入点的位置，使胶辊表面均匀磨损，以防因磨损位置集中而产生胶辊凹槽，保证钳口能有效地握持纤维，并延长胶辊的使用寿命。但会导致牵伸后须条边缘游离纤维增多，成纱毛羽增多。因此，有些企业为减少成纱毛羽，不使用横动装置。

四、牵伸机构

（一）细纱机的牵伸形式

细纱机的牵伸形式主要有三罗拉双短胶圈牵伸、三罗拉长短胶圈牵伸和三罗拉长短胶圈V形牵伸。

（二）牵伸装置的元件与作用

牵伸装置主要由牵伸罗拉、罗拉座、胶辊、胶圈、胶圈轴承、胶圈销、加压机构、集合器和吸棉装置等元件组成。

1. 牵伸罗拉

牵伸罗拉与上胶辊共同组成罗拉钳口，握持须条进行牵伸。为保证罗拉对纤维有良好的握持效果、有效地传动胶圈，通常将罗拉设计成沟槽罗拉和滚花罗拉。

（1）沟槽罗拉。前后两列罗拉为梯形等分斜沟槽罗拉，其横截面如图 7-1-2（a）所示，同档罗拉分别采用左右旋向沟槽，目的是使其与胶辊表面组成的钳口线，形成对纤维连续均匀的握持钳口，并防止胶辊在快速回转时产生跳动。

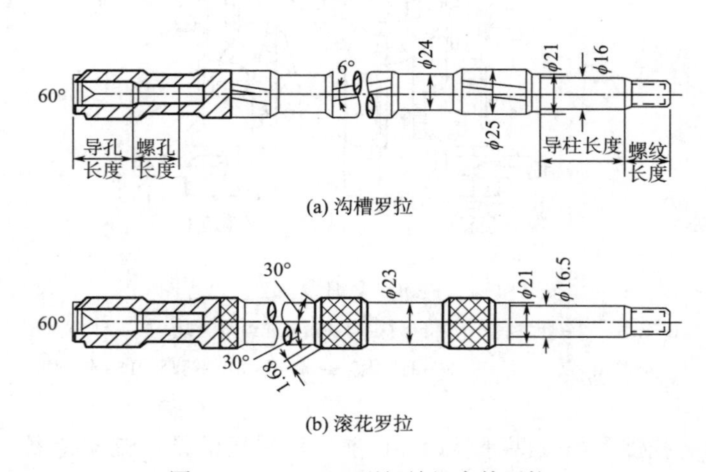

(a) 沟槽罗拉

(b) 滚花罗拉

图 7-1-2　FA506 型细纱机牵伸罗拉

（2）滚花罗拉。传动胶圈的牵伸罗拉采用滚花罗拉，目的是保证罗拉对胶圈的有效传动。滚花罗拉的横截面是等分角的齿轮形状，圆柱表面是均匀分布的菱形凸块，以防止胶圈打滑。菱形凸块（齿顶）不宜过尖，以免损伤胶圈。菱形滚花罗拉的形状如图 7-1-2（b）所示。

2. 罗拉座

罗拉座的作用是用来放置罗拉。相邻两只罗拉座之间的距离称为节距，每节的锭子数为 68 锭，FA506 型细纱机设计为每节 6 锭。罗拉座由固定部分和活动部分组成，如图 7-1-3 所示。前罗拉放在固定部分 1 上，活动部分由两只（或三只）滑座组成，中罗拉放在滑座 2 内，后罗拉和横动导杆放置在滑座 3 内。松动螺丝 4 和 5，可改变中、后罗拉座的位置，达到调节前、后区罗拉中心距的目的。罗拉座与车面 7 用螺钉 6 相连，松动螺钉，可以调节罗拉座前后、左右的位置。

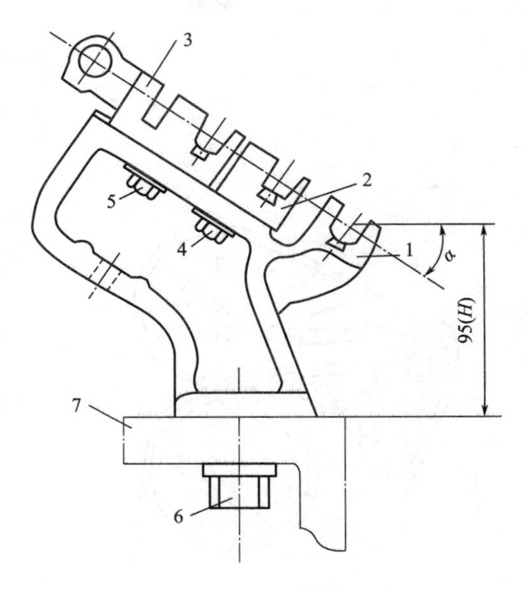

图 7-1-3　罗拉座

1—固定部分　2，3—滑座

4，5—螺丝　6—螺钉　7—车面

3. 胶辊

细纱机胶辊每两锭组成一套，由胶辊铁壳、包覆物（丁腈胶管）、胶辊芯子和胶辊轴承组成。采用机械的方法使胶管内径胀大后，套在铁壳上，并在胶管内壁和铁壳表面涂抹黏合剂，使胶管与铁壳黏牢。芯子和铁壳由铸铁制成，铁壳表面有细小沟纹，使铁壳与胶管之间的联结力增强，防止胶管在加压回转时脱落。胶辊的硬度对纺纱质量影响极大，一般把硬度在邵氏硬度 A72 以下的称为低硬度胶辊，硬度在邵氏硬度 A73～A82 的称为中硬度胶辊，硬度在邵氏硬度 A82 以上的称为高硬度胶辊。

4. 胶圈及控制元件

胶圈及控制元件的作用是在牵伸时利用上、下胶圈工作面的接触产生附加摩擦力界，加强对牵伸区内浮游纤维运动的控制，提高细纱机的牵伸倍数，并提高成纱质量。胶圈控制元件是指胶圈支持器（上、下销）、钳口隔距块和张力装置等。

胶圈销的作用是固定胶圈位置，把上、下胶圈引向前钳口，保证胶圈钳口能有效地控制浮游纤维运动。FA506 型细纱机采用三罗拉长短胶圈牵伸形式，弹性钳口由曲面阶梯下销和弹簧摆动上销组成，如图 7-1-4 所示。

①曲面阶梯下销。下销的横截面为曲面阶梯形，如图 7-1-5 所示。下销的作用是支承下胶圈并引导下胶圈稳定回转，同时支持上销，使之处于工艺要求的位置。下销是六锭一根的统销，固定在罗拉座上。下销最高点上托 1.5mm，使上、下胶圈的工作面形成缓和的曲面通道，从而使胶圈中部的摩擦力界强度得到适当加强。下销前端的平面部分宽 8mm，不与胶圈接触，使之形成拱形弹性层，与上销配合，较好发挥胶圈本身的弹性作用。下销的前缘突出，尽可能伸向前方钳口，使浮游区长度缩短。

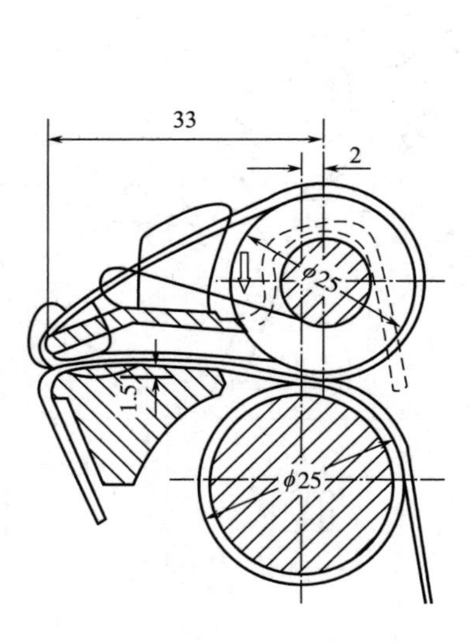

图 7-1-4 弹性钳口

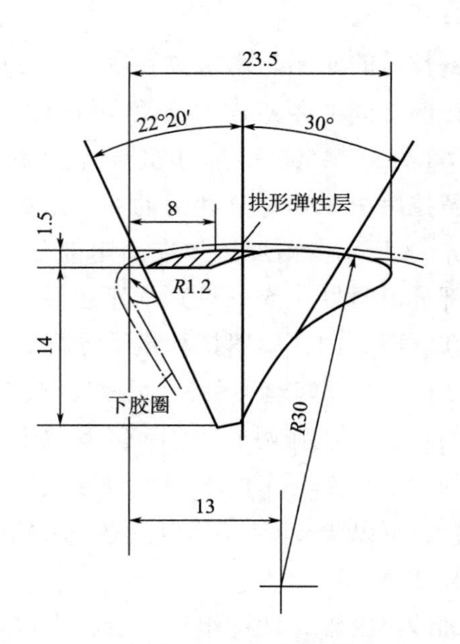

图 7-1-5 曲面阶梯下销

②弹簧摆动上销。上销的作用是支持上胶圈处于一定的工作位置，图 7-1-6 所示为双联式叶片状弹簧摆动上胶圈销。上销在片状弹簧的作用下与下销保持紧贴，并施加一定的起始压力于钳口处。上销后部借助片簧的作用卡在中罗拉（即小铁辊芯轴）上，并可绕小铁辊芯轴在一定的范围内摆动，当通过的纱条粗细变化时，钳口隔距可以自行上下调节，故称为弹簧摆动钳口，简称弹性钳口。

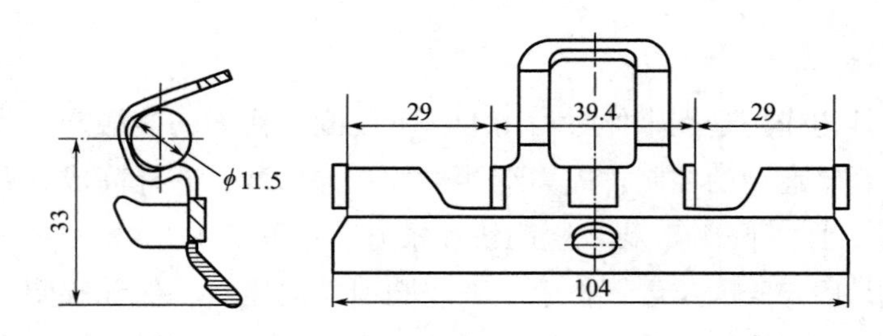

图 7-1-6 弹簧摆动上销

③隔距块。上销板中央装有锦纶隔距块，作用是确定并使上、下销间的最小间隙（钳口隔距）保持统一和准确。上、下销原始钳口隔距由隔距块的厚度确定，隔距块可根据不同的纺纱线密度进行调换，以改变上、下销间的原始隔距，适应不同的纺纱需要。

④胶圈张力装置。在三上三下长短胶圈牵伸时，为了保证下胶圈（长胶圈）在运转时保持良好的工作状态，在罗拉座的下方安装有张力装置。张力装置利用弹簧把下胶圈适当拉紧，从而使下胶圈紧贴下销回转。

5. 加压机构

加压机构是牵伸装置的重要组成部分，其作用是满足实现牵伸的条件，在牵伸过程中有效地控制纤维运动，保证牵伸过程的顺利进行，防止须条滑溜并改善条干均匀度。工艺上要求加压稳定并能调节，生产操作中加压、卸压及保全保养方便。现广泛采用弹簧摇架加压和气动加压。

6. 集合器

集合器的作用是收缩牵伸过程中带状须条的宽度，减小加捻三角区，使须条在比较紧密的状态下加捻，使成纱结构紧密、光滑，减少毛羽和提高强力。此外，集合器还能阻止须条边缘纤维的散失，减少飞花，有利于减少绕胶辊、绕罗拉现象，从而降低细纱断头，并节约用棉。

7. 断头吸棉装置

采用断头吸棉装置的目的是在细纱生产中出现断头后，能够立即吸走前罗拉钳口吐出的须条，消除飘头而造成的连片断头，减少绕罗拉、绕胶辊现象，使细纱断头大幅降低；减少毛羽纱和粗节纱，提高成纱质量；降低车间的空气含尘量，改善生产环境，减轻挡车工劳动强度。注意控制车尾储棉箱风箱花的积聚，确保前罗拉钳口前下方的笛管内呈一定的负压状态而能正常工作。

五、新型细纱机的特点

（1）配备全自动的接头机械手的环锭细纱机，树立了新的自动化标准。

（2）纱线强度提升至新高度。

（3）提供具有智能洞察力的新功能，助于有效决策。

（4）加快自动化智能机器和系统套件的开发，从而使客户更高利润、更高效率、更具可持续性地生产纱线，以便能够灵活应对市场的快速变化。

思考练习

1. 细纱工序的任务是什么？
2. 简述细纱机的工艺过程。
3. 细纱机常用的牵伸形式有哪些？分别阐述它们各自的特点。

拓展练习

1. 观看细纱机的生产视频。
2. 了解细纱机的牵伸工艺分析。

任务 2 细纱的加捻与卷绕

学习目标

1. 掌握细纱加捻的实质与成纱结构特点。
2. 掌握细纱捻系数选择的依据。
3. 了解细纱加捻卷绕元件与作用。
4. 了解细纱卷绕成形要求及机构。

相关知识

一、细纱的加捻

1. 细纱的加捻过程与成纱结构

细纱的加捻过程如图 7-2-1 所示，前罗拉 1 输出的纱条经导纱钩 2，穿过活套于钢领 5 上的钢丝圈 4，卷绕在紧套在锭子上的筒管 3 上。锭子高速回转，通过纱线张力的牵动，使钢丝圈沿钢领回转。此时纱条一端被前罗拉钳口握持；另一端随钢丝圈绕自身轴线回转。钢丝圈每转一圈，纱条便获得一个捻回。

加捻的实质就是使纱条内原来平行伸直的纤维发生一定规律的紊乱，提高纤维彼此间的联系，确保成纱满足强力的要求。如图7-2-2所示，经前罗拉钳口输出的须条呈扁平状，纤

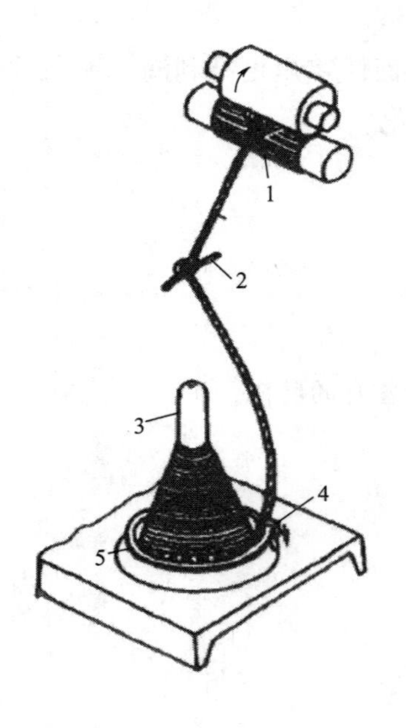

图 7-2-1 细纱加捻过程

1—前罗拉 2—导纱钩 3—筒管 4—钢丝圈 5—钢领

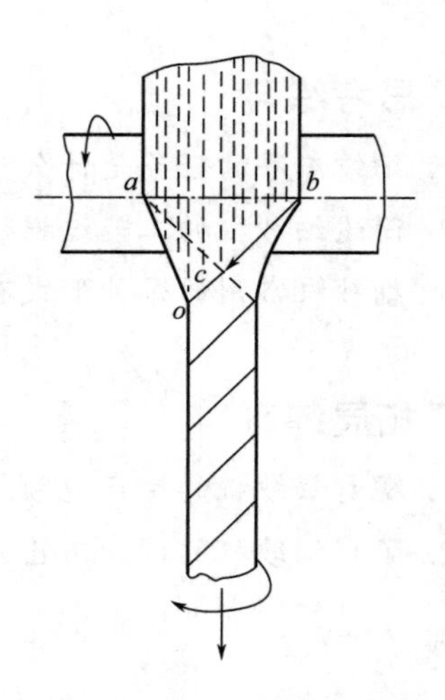

图 7-2-2 纱条的加捻原理

维平行于纱轴。钢丝圈回转产生的捻回传向前钳口，使得钳口处须条围绕轴线回转，须条宽度被收缩，两侧逐渐折叠而卷入纱条中心，形成加捻三角区 *abc*。在加捻三角区内，产生纤维内外转移。加捻过程中每一根纤维都是从外到内、从内到外的反复转移，使纤维之间的抱合力加大。纤维在纱条中呈空间螺旋线结构。若纱条中纤维一端被挤出须条边缘，那么便不能再回到须条内部，就会在纱条表面形成毛羽。

2. 细纱捻系数与捻向的选择

细纱捻系数主要是根据纱线的用途和最终产品的要求来选择。一般情况下同线密度经纱的捻系数比纬纱大 10%~15%；针织用纱捻系数一般接近机织纬纱捻系数。起绒织物与股线用纱，捻系数可偏低。生产中在保证产品质量的前提下，细纱捻系数可偏低掌握，以提高细纱机的生产率。

细纱的捻向根据成品的用途和风格而确定。为方便操作，生产中一般采用 Z 捻。当经纬纱的捻向不同时，织物的组织容易突出。在化学纤维混纺织物中，为了使织物获得隐条、隐格等特殊风格，常使用不同捻向的经纱。

二、细纱加捻卷绕元件

细纱加捻卷绕元件主要有锭子、筒管、钢领、钢丝圈、导纱钩和隔纱板等。加捻卷绕元件能够适应高速运转，是细纱机实现高速生产的关键。

（一）锭子

锭子速度因纺纱品种、线密度和卷装大小不同，一般在 14000~17000r/min。锭子的纺纱要求：运转要平稳、振幅要小；使用寿命要长；功率消耗小，噪声低，承载能力大；结构要简单可靠，易于保全保养。

锭子由锭杆、锭盘、锭胆、锭脚和锭钩组成，如图 7-2-3 所示。

（二）筒管

筒管为标准易耗件，可根据机型、钢领板升降参数与所配锭子选择合适的筒管。细纱筒管有经纱筒管和纬纱筒管两种。随着锭速的不断提高，对筒管的几何尺寸的一致性、偏心要求更加严格，确保高速生产时不跳动、不摆头。一般使用塑料筒管，其优点是制造工艺简单，结构均匀，规格一致，耐磨性好。工艺上要求塑料筒管的表面和内孔都光洁，每一批筒管的色泽均匀一致，浸入 80℃的热水中不得变形，筒管套在锭杆上，高度差允许范围为±0.8mm。

（三）钢领

钢领是钢丝圈回转的轨道，钢丝圈在高速回转时其线速度可达 30~45m/s。由于离心力的作用，使钢丝圈的内脚紧贴钢领的内侧圆弧（俗称跑道）滑行，如图 7-2-4 所示。钢领与钢丝圈两者之间配合是否良好，是影响细纱机高速大卷装的主要因素，因此，生产中对钢领的要求如下。

①钢领表面要有较高的硬度和耐磨性能，以延长钢领的使用寿命。

②跑道表面要进行适当处理，使钢领与钢丝圈之间具有均匀而稳定的摩擦系数，以利于控制纱线张力和稳定气圈形态。

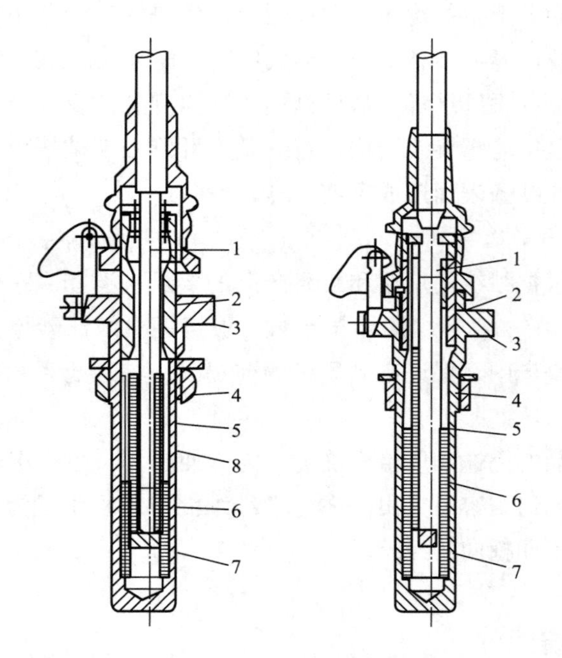

(a) 分离式弹性支承高速锭子　　(b) 连接式弹性支承高速锭子

图 7-2-3　锭子

1—锭杆　2—支承　3—锭脚　4—弹性圈　5—中心套筒　6—圈簧　7—锭底

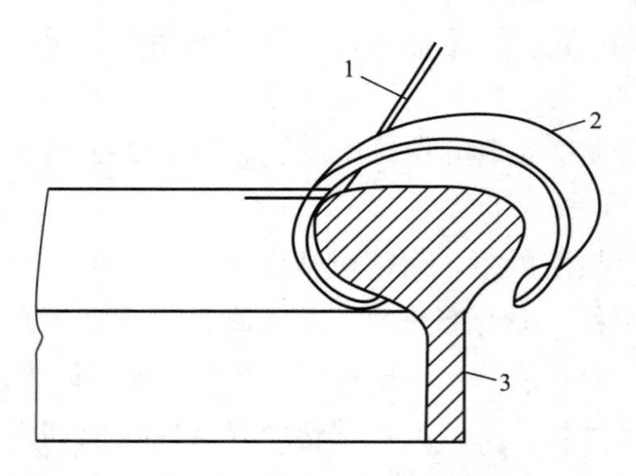

图 7-2-4　纱线、钢领、钢丝圈接触状态

1—纱线　2—钢丝圈　3—钢领

③钢领截面（尤其是内跑道）的几何形状要适合钢丝圈的高速回转。

当前，在棉纺细纱机上使用的钢领有平面钢领和锥面钢领两种。

（1）平面钢领。平面钢领可分为高速钢领和普通钢领两种。

①高速钢领。PG1/2 型（边宽 2.6mm），适纺细特纱；PG1 型（边宽 3.2mm），适纺中特纱。

②普通钢领。PG2 型（边宽 4mm），适纺粗特纱。

各种型号平面钢领的截面几何形状如图 7-2-5 所示。

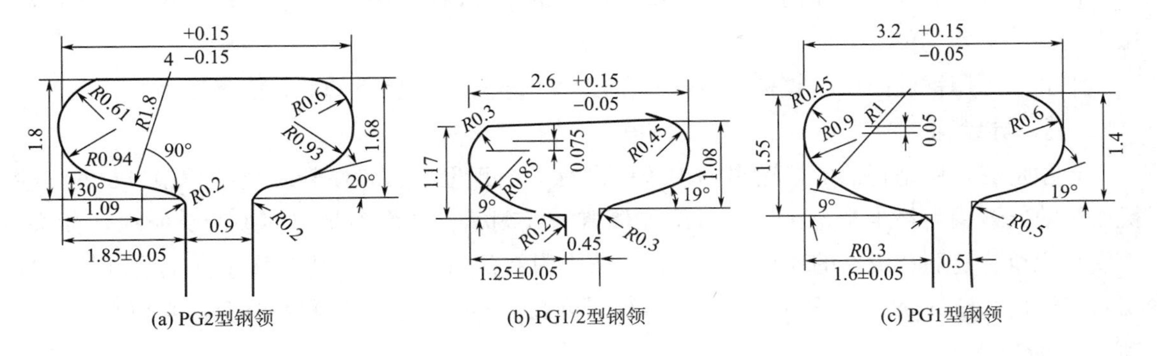

(a) PG2型钢领　(b) PG1/2型钢领　(c) PG1型钢领

图 7-2-5　各种型号平面钢领截面几何形状

（2）锥面钢领。锥面钢领有 HZ7 和 ZM6 两个系列。其主要特征是钢领与钢丝圈为“下沉式”配合，如图 7-2-6 所示。钢领内跑道几何形状为近似双曲线的直线部分。钢丝圈的几何形状为非对称形，内脚长，与钢领内跑道近似直线接触。钢领与钢丝圈之间的接触面积大，压强小，有利于钢丝圈的散热并减少磨损。钢丝圈运行平稳，有利于降低细纱断头。

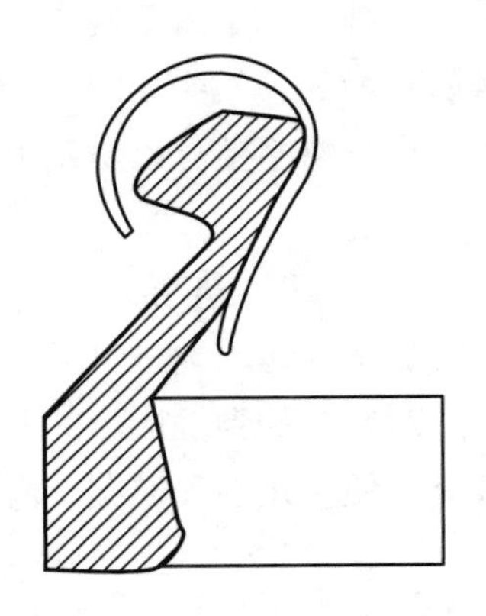

图 7-2-6　锥面钢领与钢丝圈的配合

（四）钢丝圈

1. 对钢丝圈的要求

钢丝圈虽小，但作用很大。它不仅是完成细纱加捻卷绕不可缺少的元件，更重要的是生产上通常采用调整与改变钢丝圈的型（几何形状）和号（重量）的方法来控制和稳定纺纱张力，以达到卷绕成形良好、降低细纱断头的目的。由于钢丝圈在钢领上高速回转，其线速度甚至可达到 45m/s，压强高达 3.72×10^6Pa，摩擦产生的温度可达 300℃以上，所以钢丝圈容易磨损烧坏。为了减少磨损和烧坏，就必须使钢丝圈在高速运行中尽量保持平衡。另外，当钢丝圈承受不住自身的离心力而从钢领上飞脱（飞圈）时，会造成断头。当钢丝圈的顶端和两脚与钢领的顶面或颈壁相碰时，会使钢丝圈抖动或楔住，使纱线断头。因此，生产上对钢丝圈的设计提出了如下要求。

（1）钢丝圈的几何形状与钢领跑道截面的几何形状之间的配合要好，两者的接触面积应尽量大，以减小压强和减少磨损，提高散热性能。

（2）钢丝圈的重心要低，以保证其回转的稳定性；钢丝圈的圈形尺寸、开口大小应与钢领的边宽、尺寸相配合，避免两脚碰钢领的颈壁；保证有较宽的纱线通道；钢丝圈的线材截面形状要利于散热和降低磨损。

（3）钢丝圈线材的硬度要适中，应略低于钢领，富有弹性、不易变形，以稳定其与钢领的摩擦，并利用镀层的耐磨性延长钢丝圈的使用寿命和缩短走熟期。

2. 钢丝圈的种类

钢丝圈的种类分为平面钢领用钢丝圈和锥面钢领用钢丝圈两种，这里主要介绍平面钢领用钢丝圈。

平面钢领用钢丝圈的号数是用1000只同型号钢丝圈公称质量的克数值来表示的。

（五）导纱钩

导纱钩的作用是将前罗拉输出的须条引向锭子的正上方，以便卷绕成纱。FA506型细纱机所用的导纱钩为虾米螺丝式。导纱钩前侧有一浅刻槽，其作用是在细纱断头时抓住断头，不使其飘至邻锭而造成新的断头，又可将纱条内附有的杂质或粗节因气圈膨大而碰在浅槽处切断，以提高细纱质量。导纱钩后端有螺纹，可调节导纱钩前后、左右位置，实现锭子、钢领、导纱钩三心合一。

（六）隔纱板

纺纱过程中由于锭子高速回转，纱条在导纱钩和钢丝圈之间形成了气圈。隔纱板的作用是防止相邻两气圈之间的干扰和碰撞。隔纱板宜采用全封闭式，一般用薄铝或锦纶制成，表面力求光滑平整，以防刮毛纱条或钩住纱条而造成断头。

三、细纱卷绕

1. 细纱卷装的形式和要求

对细纱的卷绕成形的要求是卷绕紧密，层次分清，不相纠缠，后工序高速轴向退绕时不脱圈，便于运输和储存。卷装尺寸（容量）直接影响细纱工序的落纱次数和后道工序退绕时的换管次数，因此，卷装尺寸应尽量增大，以提高设备的利用率和劳动生产率，提高产品质量。

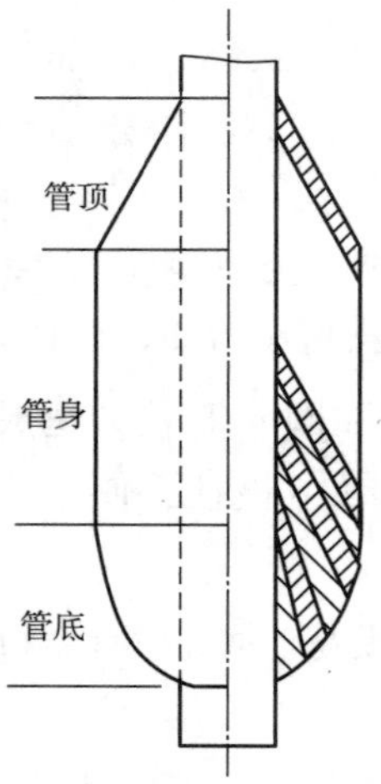

细纱的卷绕成形是由钢领、钢丝圈、锭子和成形机构共同完成的。细纱管纱都采用有级升的圆锥形交叉卷绕形式，如图7-2-7所示。要完成细纱管纱的圆锥形卷绕，必须使钢领板的运动满足以下条件。

（1）短动程升降，一般上升慢，下降快。

（2）每次升降后应有级升。

（3）管底成形，即绕纱高度和级升从小到大逐层增加。

在管底成形时，升降动程和级升动程从小到大逐层增加，直到完成管底成形，两参数达到正常值，这样可使管底成凸起形，以增加管纱容量。利用钢领板上升慢卷绕密、下降快卷绕稀的特点，使卷绕层与束缚层两层纱间分层清晰，既防止退绕时脱圈，又增大了容纱量。

管顶

管身

管底

图7-2-7　细纱圆锥形交叉卷绕

2. 细纱的卷绕过程

由于钢丝圈在钢领上回转时受到摩擦阻力的作用，因此，使得钢丝圈的回转速度落后于锭子的回转速度，两者之间的转速差产生了卷绕，即为单位时间内的卷绕圈数。与此同时，钢丝圈又随着钢领板升降运动，使得细纱沿筒管的轴线方向进行圆锥形卷绕，形成一定的卷装形式。

☞ 思考练习

1. 细纱机的加捻卷绕机构组成及其作用是什么?
2. 简述细纱机的加捻与卷绕过程。
3. 细纱捻系数如何选择?
4. 细纱卷装的形式和要求是什么? 钢领板的运动应满足何要求?

☞ 拓展练习

收集细纱机的钢领钢丝圈的选配资料。

任务3　细纱质量控制

学习目标

1. 掌握细纱断头的分类及规律。
2. 掌握细纱断头的根本原因。
3. 了解细纱张力形成及影响因素。
4. 掌握降低细纱断头的措施，了解实际生产中处理断头的措施和经验。
5. 了解细纱质量的评判、检测及分析控制的方法。

相关知识

一、细纱质量控制措施

细纱是纺纱生产的最终产品，其质量的好坏直接影响后续加工和织物的质量。细纱质量不仅与细纱工序的工艺、机械状态、操作等技术管理工作有关，还受到前纺清、梳、精、并、粗各个工序半制品质量的影响。因此，要提高细纱的质量，除了加强对细纱车间的工艺条件、机械状态、温湿度状态、生产操作的控制以外，还必须对各工序的半制品质量加以重视。

（一）降低细纱不匀

1. 细纱不匀的种类

细纱的不匀主要包括以下几种。

①重量不匀。细纱的重量不匀是用100m细纱之间的重量变异系数表示，又称长片段不匀。生产中为保证半制品和细纱的纺出重量（线密度）符合规定的要求，在控制细纱百米重

量变异系数的同时，还要通过控制细纱重量偏差来控制半制品和细纱的线密度。

②条干不匀。细纱的条干不匀表示细纱短片段（25~51mm）的重量不匀。过去采用的方法是把细纱按照规定绕在黑板上，然后与标准样照对比观测10块黑板，所得的结果即代表了细纱短片段条干质量（包括粗节、阴影、疵点等）。目前，主要采用乌斯特条干均匀度试验仪检测细纱8mm片段粗细不匀，用 *CV* 值表示。介于长、短片段间的不匀称为中长片段不匀。

③结构不匀。细纱在结构上的差异称为结构不匀，主要包括细纱横截面或纵向一定范围内纤维的混合不匀、批与批之间原纱色调不一以及由于条干不匀而引起的捻度不匀、强力不匀等。

细纱的几种不匀之间是密切相关、相互影响的，例如，结构不匀会影响细纱的粗细不匀，粗细不匀又影响捻度不匀和强力不匀，所以降低粗细不匀是控制细纱质量的主要方面。

2. 细纱不匀的形成

生产实践证明，细纱的中长片段不匀产生在细纱机牵伸装置的后区和粗纱机牵伸装置的前区；长片段不匀主要产生在粗纱及前道工序，部分产生在细纱机牵伸装置的后区；短片段不匀主要产生在细纱机牵伸装置的前区。

细纱工序降低细纱不匀主要是降低细纱工序的附加不匀，而细纱工序产生的附加不匀有两种：一种是由于牵伸装置对浮游纤维的运动控制不良而引起的牵伸波，纱条呈现无规律的粗节、细节，测试出的波动形态的波长和波幅无规律性；另一种是由于牵伸装置机件不正常（如罗拉偏心、弯曲，齿轮磨损严重，胶圈规律性打滑等）而引起的机械波，纱条呈现有规律的粗节、细节，测试出的波动形态的波长和波幅有规律性。规律性的粗节、细节，可以从不匀的波长找出其产生的部位及解决办法。

①牵伸波。由于纤维性质和伸直排列状态的不同，使得短纤维和弯曲纤维在牵伸过程中浮游距离较大，且受到的作用力始终处于不断的变化之中，因而造成纤维的移距偏差并形成纱条的无规律性不匀，这种不匀称为牵伸不匀或牵伸波。牵伸波均表现为短片段不匀，取决于牵伸的工艺参数包括牵伸倍数及牵伸分配、罗拉隔距、罗拉加压、喂入粗纱捻系数等合理性。通常情况下，若细纱的线密度不变，在牵伸形式确定后，牵伸倍数越大，细纱的短片段不匀也越大，条干均匀度越差。罗拉隔距过大时，纤维的浮游距离加大，不利于对浮游纤维运动的控制；过小则会造成牵伸力增大，握持力难以适应，使得须条在钳口打滑，也会增大成纱的不匀率。加压的大小会影响牵伸效率和牵伸中纤维的正常运动，加压不足时，牵伸效率低，成纱定量偏重，严重时会使粗纱牵伸不开，造成细纱的粗节、细节。喂入粗纱捻系数的大小也影响牵伸效率，粗纱捻度过大，纱条牵伸不开，也会产生细纱的粗节、细节，使成纱的条干均匀度变差和重量不匀率增大。

②机械波。由于牵伸装置机件不正常或因机械因素影响而形成的周期性不匀称为机械不匀或机械波。生产中罗拉钳口移动、钳口对须条中的纤维运动控制不稳定、胶辊回转不灵活或加压不足、齿轮磨损、胶圈滑溜、胶圈工作不良等，都是影响成纱条干均匀度的因素。

③其他原因。如果纱条的通道不光洁、意外牵伸过大、操作接头不良、集合器位置不正、罗拉的牵伸速度过大以及机身振动，都会增加细纱的条干不匀率。

3. 改善细纱不匀的措施

①合理选择工艺参数。生产中应根据产品的特点、纺纱原料的性质、粗纱的结构以及所使用的牵伸装置形式，通过对比纺纱试验，确定合理的工艺参数。当成纱质量要求较高但又缺少必要的有效措施时，总牵伸和局部牵伸的分配不宜接近机型允许的上限，应偏小掌握，以利于提高成纱条干。罗拉隔距、喂入粗纱的定量、牵伸形式均应与局部牵伸倍数相适应。罗拉加压应稳定、均匀，以确保稳定的牵伸效率。

②正确使用集合器。采用集合器可以收缩牵伸过程中须条的宽度，阻止须条边缘纤维的散失，减少飞花，使须条在比较紧密的状态下完成加捻，使成纱结构紧密、光滑、减少毛羽和提高强力。但如果使用或管理不当，集合器会出现“跳动”或“翻转”现象，会造成纱疵增多、成纱条干质量下降、毛羽和断头增多。因为集合器相当于前区的附加摩擦力界，其稳定性直接影响成纱的条干质量。由于喂入胶圈牵伸区的须条受横动装置作用而左右移动，当集合器出口与须条运动轨迹不吻合时，会使须条被刮毛、顺直纤维变得弯曲纠缠，产生纱疵和毛羽。因此，生产中必须加强对集合器的使用和管理工作。

目前，也有厂家对细纱机上牵伸装置进行改造，采用类似粗纱机的 D 形牵伸装置，也就是在胶圈牵伸区前增加一个整理区（牵伸倍数为 1.05 左右），将集合器放置在整理区内，使各区做到功能独立，实现“牵伸区不集合，集合区不牵伸”，这有利于成纱质量的全面改善。

③严格控制定量，提高半制品质量。加强原料的混合，严格控制前纺半制品定量，减少重量不匀；合理掌握半制品的并合数、提高纤维伸直平行度；采用适当形式的集合器以加强对边缘纤维的控制，使纤维在牵伸时有良好的伸直平行度，以最大限度地减少牵伸波，提高细纱的条干均匀度。

④加强机械维修保养工作。加强对牵伸部件的维护保养，确保机械处于良好的运行状态。

（二）减少捻度不匀

在实际生产中，当加捻部件的运转不正常、操作管理制度不完善时，就会造成细纱的捻度不匀，这主要反映在细纱的强捻纱和弱捻纱两个方面。

1. 强捻纱产生的原因及消除方法

强捻纱即纱线的实际捻度大于规定的设计捻度。形成的原因主要有：锭带滑到锭盘的上边；接头时引纱过长，结头提得过高，造成接头动作慢；捻度变换齿轮用错等。在生产过程中应加强检查，严格执行操作规程，一经发现，立即纠正。

2. 弱捻纱产生的原因及消除方法

弱捻纱即纱线的实际捻度小于规定的设计捻度。形成的原因主要有：锭带滑出锭带盘，挂在锭带盘支架上；锭带滑到锭盘边缘；锭带过长或过松，张力不足；锭胆缺油或损坏；锭盘上或锭胆内飞花污物阻塞；锭带盘重锤压力不足或不一致；细纱筒管没有插好，浮在锭子上转动，或跳筒管而造成与钢领摩擦；捻度变换齿轮用错等。针对上述原因，应在生产过程中加强专业检修工作，新锭带上车时应给予张力伸长，使全机锭带张力一致。锭胆定期加油，筒管加强检修，对于不合格的筒管及时予以剔除更换。凡发现有造成加捻不匀的因素，应立即予以纠正，以确保成纱捻度均匀。

（三）成形不良的种类及消除方法

细纱卷绕成形应符合卷绕紧密、层次清晰不互相纠缠、易于退绕等要求，应尽量增大管纱的卷装容量，以减少细纱工序落纱和后加工工序的换管次数，提高设备生产率和劳动生产率。但实际生产过程中，往往由于机械状态不良及操作管理不严而产生一些成形不良的管纱，主要有以下几种情形。

1. 冒头、冒脚纱的产生及消除方法

造成冒头、冒脚纱的主要原因有：落纱时间掌握得不好；钢领板高低不平；钢领板位置打得过低；筒管天眼大小不一致，造成筒管高低不一；小纱时跳筒管（落纱时筒管未插紧、坏筒管、锭杆上绕有回丝、锭子摇头等）；钢领起浮；筒管插得过紧，落纱时拔管造成冒纱等。

消除方法：根据冒头、冒脚情况，通过严格掌握落纱时间；校正钢领板的起始位置及水平；清除锭杆上的回丝；加强对筒管的维修及管理等，可以大大减少冒头、冒脚纱。

2. 葫芦纱、笔杆纱的产生及消除方法

葫芦纱产生原因主要是：倒摇钢领板；成形齿轮撑爪失灵；成形凸轮磨灭过多；钢领板升降柱套筒飞花阻塞；钢领板升降顿挫，或由于空锭（如空粗纱、断锭带、断胶圈、坏胶辊、试验室拔纱取样及其他零件损坏未及时修理等）一段时间后再去接头等因素而造成。笔杆纱主要是由于某一锭子的重复断头特别多而形成的。

消除方法：可根据所造成的原因，加强机械保养维修，挡车工严格执行操作规程，注意加强对机台的清洁工作等。

3. 磨钢领纱的产生及消除方法

磨钢领纱又称胖纱或大肚子纱。由于管纱与钢领摩擦，纱线被磨损或断裂，给后加工带来很大的困难。其产生原因是：管纱成形过大或成形齿轮选用不当；歪锭子或跳筒管；成形齿轮撑爪动作失灵；弱捻纱；倒摇钢领板以及个别纱锭钢丝圈选用太轻等。

消除方法：严格控制管纱成形，使之与钢领大小相适应，一般管纱直径应小于钢领直径3mm；严格执行操作法，以消除弱捻纱、跳筒管的产生因素；加强巡回检修；保证机台平修的质量水平。

二、细纱断头分析

1. 细纱断头率

细纱断头率用千锭小时的断头根数来表示，是通过实际测量再计算得来的。其计算式如下：

$$\text{细纱断头率}=\frac{\text{实际断头根数}\times1000\times60}{\text{测定锭数}\times\text{测定时间（min）}}\text{（根/千锭时）} \tag{7-3-1}$$

不同细纱断头参照标准：纯棉纱，50根以下；8tex以下纯棉纱，70根以下；涤/棉（65/35）混纺纱，30根以下。

2. 细纱断头的实质

纱线轴线方向所承受的力称为纱线张力。前罗拉到导纱钩之间的纱段称为纺纱段。纺纱段纱线所具有的强力称为纺纱强力，纺纱段纱条所承受的张力称为纺纱张力。在纺纱过程中，如果纱线在某截面处的强力小于作用在该处的张力时，就会发生断头，因此，断头的根本原因是强力与张力的矛盾。

3. 细纱断头的分类与断头规律

细纱的断头可分为成纱前断头和成纱后断头两类。

成纱前断头指纱条从前钳口输出前的断头，即发生在喂入部分和牵伸部分。产生的原因主要有：粗纱断头、空粗纱、须条跑出集合器、集合器阻塞、胶圈内集花、纤维缠绕罗拉和胶辊等。

成纱后断头是指纱条从前罗拉输出后至筒管间的这部分纱段在加捻卷绕过程中发生的断头。产生的原因主要有：加捻卷绕机件不正常（如锭子振动）、跳筒管、钢丝圈楔住、钢丝圈飞圈、气圈形态不正常（过大、过小或歪气圈）、操作不良、吸棉管堵塞或真空度低、温湿度掌握不好等。另外，当原料性质变化较大、工艺设计不合理、半制品结构不良等因素造成成纱强力下降、强力不匀率增加时，也会造成断头增多。

在正常条件下成纱前的断头较少，主要是成纱后断头，成纱后断头的规律如下。

（1）一落纱中的断头分布，一般是小纱最多、大纱次之、中纱最少。断头较多的部位是空管始纺处和管底成形即将完成卷绕大直径位置以及大纱小直径卷绕处。

（2）成纱后断头出现较多的部位在纺纱段（称为上部断头），出现较少的部位在钢丝圈至筒管间（称下部断头）。但当钢领与钢丝圈配合不当时，会导致钢丝圈的振动、楔住、磨损、烧毁、飞圈等情况出现，也使下部断头有所增加。断头发生在气圈部分的概率很低，只有在钢领衰退、钢丝圈偏轻的情况下，才会因气圈凸形过大撞击隔纱板，而使纱条发毛或弹断。

（3）在正常生产情况下，绝大多数锭子在一落纱中没有断头，只在个别锭子上出现重复断头，这是由于机械状态不良而造成纺纱张力突变导致的。

（4）当锭速增加或卷装增大时，纺纱张力也会随着增大，断头一般也随之增加。

除了以上规律外，气候和温湿度的变化，也会造成车间发生大面积的断头。另外，当配棉调整、纤维的性质（长度、线密度、品级等）变化较大时，如果工艺参数调整不及时，也会增加断头。

三、气圈的形成与张力的产生

（一）气圈的形成

导纱钩至钢丝圈之间的纱线，以钢丝圈的速度围绕锭轴高速回转，使纱线围绕锭轴向外张开，形成一个空间封闭的纺锤形曲线，这种曲线称为气圈。图7-3-1所示是细纱机加捻卷绕三段划分示意图。气圈起到卷绕每层纱小直径时储存纱条、卷绕；大直径时释放纱条，稳定纺纱张力的作用。

考虑到挡车工的身高、纺纱效率、机器结构等，在设计细纱机时，将气圈形态近似为正弦曲线。

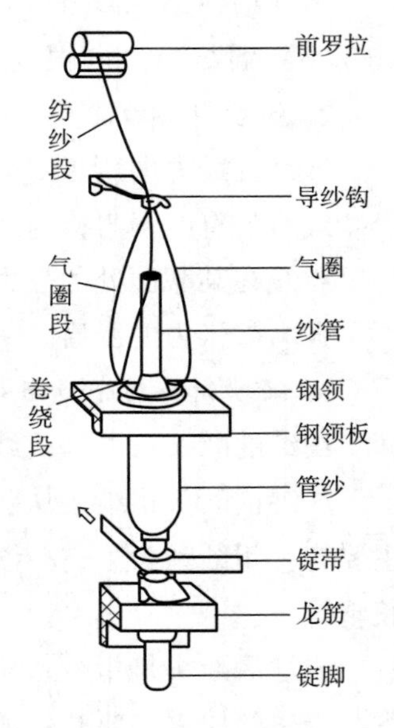

图 7-3-1　细纱机加捻卷绕三段划分

（二）细纱张力的产生

1. 纱线张力分析

细纱在加捻卷绕过程中，纱线要拖动钢丝圈回转，必须克服钢丝圈和钢领间的摩擦力以及导纱钩、钢丝圈给予纱线的摩擦力，还要克服气圈段纱线回转时所受的空气阻力等，因此，就使纱线要承受相当大的张力。适宜的纺纱张力是正常加捻卷绕所必需的，且可以改善成纱结构、减少毛羽、提高管纱的卷绕密度、增加管纱的容纱量。但如果张力过大，就会使细纱断头增加、产品质量下降、动力消耗增多；而张力过小，则使管纱成形松烂、成纱强力低。如果气圈凸形太大，还会使断头增多。因而讨论纺纱张力具有重要的意义。

不同纱段的张力是不同的，在加捻卷绕过程中，纱线的张力可分为三段。如图 7-3-1 所示，前罗拉至导纱钩这段纱线的张力称为纺纱张力；导纱钩至钢丝圈这段纱线的张力称为气圈张力，气圈在导纱钩处的张力称为气圈顶部张力，气圈在钢丝圈处的张力称为气圈底部张力；钢丝圈到筒管间卷绕纱段上的张力称为卷绕张力。

在加捻卷绕过程中，卷绕张力最大，气圈顶部张力次之，气圈底部张力再次之，纺纱张力最小。

2. 气圈形态与纱线张力

纱线张力与气圈形态之间有着密切的关系。纺纱张力大时，气圈凸形过小，弹性小，圈形稳定。纺纱张力较小时，气圈形态膨大，弹性较好，当气圈最大直径大于隔纱板间距时，由于气圈与隔纱板的剧烈碰撞，导致气圈形态破坏，纺纱张力不稳定。因此，生产上常通过控制气圈形态来调整纱线张力。

3. 一落纱过程中张力变化规律

图 7-3-2 所示为固定导纱钩时一落纱过程中纺纱张力 T_s 的变化规律。总的来说，小纱时，气圈长、离心力大、凸形大，T_s 大；中纱时，气圈高度适中、凸形正常，T_s 小；而大纱时气圈短而平直，T_s 略有增大。

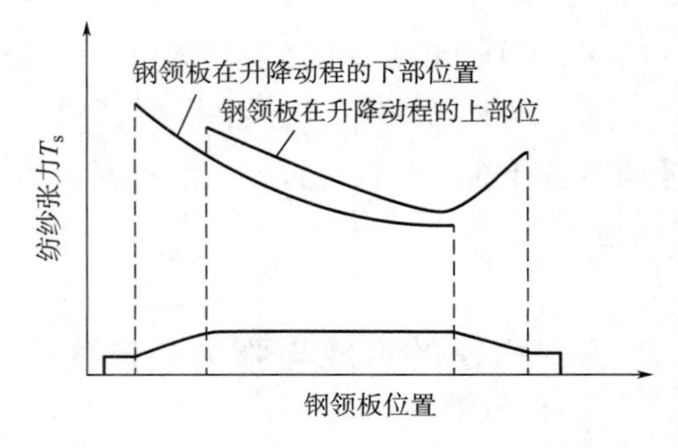

图 7-3-2　固定导纱钩时一落纱过程中纺纱张力 T_s 的变化

管底成形过程中，由于气圈长，气圈回转的空气阻力大，而且卷绕直径都偏小，因此张力大。随着钢领板的上升，T_s 有减小的趋势。在管底成形完成后，卷绕直径变化起主导作用，因此，在钢领板每一升降动程中，张力有较大变化。在大纱满管前，钢领板上升到小直径卷绕部位，由于气圈过于平直，失去弹性调节作用，也会造成张力剧增。

四、降低细纱断头

（一）提高纺纱强力

细纱加捻卷绕过程中，多数断头发生在导纱钩至前罗拉的纺纱段上。因为前罗拉钳口加捻三角区附近为强力最薄弱环节，遇到过大的突变张力使其强力低于波动的纺纱张力必然导致纺纱段断头。根据长期的实践证实，导纱钩上方纱线的断头大部分发生在加捻三角区，这说明动态强力的大小取决于加捻三角区纱条的强力，要提高强力就应该提高加捻三角区的纱条强力。被罗拉钳口握持的须条中，有一部分纤维的头端在加捻三角区内，它们不承担纱线张力；大部分纤维伸入在已被加捻的纱线内，承担纱线上所加的张力。三角区纱条断裂时，大部分纤维或因罗拉钳口握持力不足，从罗拉钳口滑出；或因纱线的捻度太小，从已加捻的纱线中滑出；或纤维断裂；或以上三种情况同时发生。由于纺纱过程中纱条断裂发生在一瞬间，很难观察是纤维发生断裂还是滑脱。但根据该处纱条的断裂强力分析，每根纤维平均只分担很少一部分强力，因而纤维断裂的可能性是很小的，同时从上部断头后留在管纱上细而长的纱尾形态判断，一般可以认为三角区纱条断裂主要是纤维滑脱所致。但纤维究竟是在罗拉钳口还是在纱条中滑脱而使纱条断裂，还需视工艺条件而定。采用紧密纺技术，可以有效地收拢须条，减少纤维的滑脱，充分发挥每一根纤维自身的强力，以达到提高成纱强力，减少断头的目的。

（二）稳定张力

1. 控制气圈形态

气圈形态与断头有密切的关系。当气圈凸形过大时，气圈最大直径超过相邻隔纱板之间的间距，就会引起气圈猛烈撞击隔纱板。这会刮毛纱条、弹断纱线，还会引起气圈形态剧烈变化和张力突变，使钢丝圈运动不稳定，容易发生楔住或飞圈断头；同时气圈凸形过大会使气圈顶角过大，如果纱线上有较大的粗节或结杂通过导纱钩时，气圈顶部更会出现异常凸形，纱线易被导纱钩上的擒纱器缠住而造成气圈断头。气圈凸形过大发生在小纱阶段。在张力过大的情况下，气圈凸形会过小，这就使得细纱断头后接头时拎头重，操作困难。大纱时，尤其大纱小直径卷绕时，容易引起纱气圈更趋平直，从而使气圈失去对张力波动的弹性调节能力。这时若出现突变张力，就很容易引起纱线通道与钢丝圈磨损缺口交叉，将纱线割断，或张力迅速传递到纺纱段弱捻区引起上部断头。

2. 保持加捻卷绕部分正常的机械状态

加捻、卷绕部件的不正常会导致气圈形态的波动，产生突变张力，增加断头，特别是造成个别锭子的重复断头。因此，在机械安装方面力求做到导纱钩、锭子、钢领三中心在一直线上，消灭摇头锭子、跳筒管、钢领起浮、导纱钩起毛等不正常状态，严格保证平装质量，并加强对机械的日常维修工作。

（三）加强日常管理工作

在细纱机高速生产中，除了从张力与强力两个方面降低断头外，还必须加强机械状态、操作管理、工艺设计、原棉选配以及温湿度控制等方面的技术管理工作。机器速度越高，对这些根本性的工作要求也越严格。

1. 加强保全保养工作，整顿机械状态

机械状态是否正常对细纱断头有较大的影响，有时甚至是导致断头多的主要原因。例如，吊胶圈、胶圈跑偏、胶圈断裂、集合器往复不灵活、胶辊中凹、歪锭（锭子与钢领不同心）、导纱钩松动或者眼孔不对准锭子中心、导纱钩不光洁、导纱钩有磨损槽、钢领起浮、钢领跑道毛糙、钢领板和导纱钩的升降柱（俗称大、小羊脚）与轴孔磨损过大或其间有飞花阻塞而造成升降不平稳或顿挫现象、隔纱板歪斜以及清洁器位置不当和锭带松弛等，都会引起重复断头。因此，必须十分重视机器的保全保养工作。严格执行大小修理、校锭子、揩车和预防性检修的周期，不断提高机器的平修质量，以减少坏车和减少重复断头，降低细纱断头率。

2. 掌握运转规律，提高操作水平

按照高速生产的规律，加强运转挡车的预见性和计划性，小纱断头多要多巡回，多做接头工作；而中纱断头少，要多做清洁工作，以减少飞花断头。为了适应高速生产，必须提高快速接头技术，做到接头快、正确而无疵点。同时，在断头多时，也要合理区分轻、重、缓、急来处理各种断头，掌握先易后难，先解决飘头、跳筒管，然后再接一般的断头。当采用自动或半自动落纱机落纱时，要将筒管轻轻下按，以免开车后跳筒管多而引起断头；不要下按太重而增加拔管困难。此外，挡车工也要熟悉纱线力学性能，及时发现并判断机器可能出现的故障，做到小毛病及时修理，减少断头时间，提高机器运转效率。

3. 加强配棉和工艺管理

配棉成分中批与批之间交替或工艺变动时会引起断头率的波动，这都属于原棉和工艺管理方面的问题。要根据原棉的物理力学性能与成纱质量之间的关系，做到预见性的配棉，合理地使用原棉，减少配棉差异，保证配棉成分稳定。工艺上的变动，如变更混棉方法、调换钢丝圈型号等，对断头影响也较大，应当先少量试纺，然后再进行推广。

4. 加强温湿度管理工作

温湿度调节不当，会导致粗纱与细纱回潮率不稳定。如果温度高、湿度大，则水分容易凝结在纤维的表面，使棉蜡容易融化，从而破坏了牵伸均匀，使须条容易绕胶辊与罗拉而增加断头；温度低、湿度小，则纤维刚性强，不利于牵伸，而且牵伸中纤维易扩散、易产生静电，使成纱毛羽增加、条干强力下降，同时也会产生绕胶辊、绕罗拉现象而增加断头。一般细纱车间温度以 26~30℃ 为宜，相对湿度一般控制在 50%~60%，使纺纱加工时纤维处于放湿状态。在管理上应该尽可能使车间各个区域的温湿度分布均匀，减少区域差异与昼夜差异，要求做到结合室内外温湿度的变化规律和天气预报，对车间温湿度做出预见性的调节。

☞ 思考练习

1. 如何控制细纱的条干不匀?
2. 什么是细纱断头率? 该指标的意义是什么?
3. 细纱的断头规律是什么? 如何控制细纱断头?
4. 什么是气圈? 其作用是什么?

☞ 拓展练习

收集细纱的质量指标及标准资料。

任务 4　细纱工序加工化纤的工艺调整

学习目标

1. 掌握细纱工序加工化纤的特点。
2. 了解细纱工序加工棉与化纤的工艺差异。

相关知识

一、工艺特点

在现有的棉纺细纱机上进行化学纤维纯纺或混纺，只需对牵伸部分的加压和隔距作适当调整即可满足加工的要求，但纺制 60mm 以上的中长纤维时，牵伸装置罗拉部分和加压等方面均应作出较大的改造，工艺上也必须进行相应调整。

(一) 牵伸部分

由于化学纤维具有长度长、长度整齐度好、纤维间的摩擦系数大、加工中易带静电等特性，因而在牵伸过程中受到的牵伸力较大，牵伸效率较低。所以在加工化学纤维时，牵伸部分应采取较大的罗拉隔距、较重的胶辊加压以及适当减小附加摩擦力界等牵伸工艺措施，以适应加工化学纤维的要求。

1. 罗拉隔距

罗拉隔距应根据所纺化学纤维长度来确定。由于化学纤维的长度整齐度好，纤维的实际长度偏长，所以隔距应偏大掌握。在纺 38mm 的涤纶短纤维时，由于前区胶圈牵伸形式与纺棉时大致相同，前、中罗拉中心距一般为 41～43mm，中、后罗拉中心距为 51～53mm。当纺中长纤维时，新机的前、中罗拉中心距调节范围为 68～82mm，中、后罗拉中心距为 65～88mm。胶圈钳口要偏大掌握，比纺棉时放大一倍左右；胶辊加压应适当加重。

2. 胶辊加压

化学纤维纯纺和混纺时，由于纤维长度较长，在牵伸过程中纤维与纤维接触面积较大，且合成纤维的摩擦系数较大，致使牵伸力较大。因此，对胶辊需要较重压力才能保证有足够的握持力。胶辊加压应比纺纯棉时重20%~30%。对于滑溜牵伸的前、后罗拉加压略偏重，因为有中罗拉的滑溜控制，使牵伸区中的牵伸力偏大，所以必须有较重的加压才能与之相适应。

3. 后区工艺参数

根据化学纤维特点，后区工艺以采取握持力强、附加摩擦力界小为宜。除放大中后罗拉隔距、增大后罗拉加压外，喂入粗纱的捻系数应适当减小。纺涤/棉纱时，粗纱捻系数为纺棉的60%左右。纺中长纤维时，粗纱捻系数更应减小。粗纱捻系数的选择，除考虑粗纱本身强力外，还应根据不同纤维的抱合力差异和细纱牵伸形式、加压情况的不同来掌握。

4. 吸棉装置

提高吸棉真空度，可以减少绕罗拉、缠胶辊的现象。涤/棉短纤维混纺时，吸棉真空度在590~680Pa为宜，机头、机尾真空度差异不宜大于200Pa。纺中长纤维时，为了克服断头后由于纤维倒吸现象而造成的粗节纱疵，除了可将吸棉真空度提高到780~1080Pa外，吸棉装置采用单独吸嘴式较为合适。

（二）加捻卷绕部分

1. 细纱捻系数的选择

细纱捻系数的选择主要取决于产品的用途，其大小与产品的手感和弹性有着密切的关系。涤/棉混纺织物应具有滑、挺、爽的特点，且要求耐磨性好，因而细纱捻系数一般较棉纱高；如果选用过小的捻系数，织物的风格就不够突出，且在穿着过程中容易摩擦起球和产生毛绒，一般细纱捻系数控制在360~390，当要求织物的手感较柔软时，可适当降低捻系数。此外，涤/棉混纺时，由于加捻效率较低，细纱实际捻度与计算捻度差异较大，则纺纱时实际捻度要大。

2. 钢领与钢丝圈型号的选配

化学纤维纯纺或混纺，在钢丝圈的选用上应考虑以下几个方面。

（1）化学纤维的弹性较好、易伸长，在同样重量钢丝圈的条件下，化学纤维纱线与钢丝圈的摩擦系数较大，为了在纺纱过程中维持正常气圈形态，钢丝圈重量应偏重选用。纺中长纤维时，则应更重些。

（2）化学纤维混纺时使用的钢丝圈，在圈形、截面设计及材料选用方面必须保证钢丝圈在高速运行时仍具有良好的散热条件。钢丝圈运行温度不能太高，这不仅是保证钢丝圈有一定使用寿命的需要，而且由于多数化学纤维是属于低熔点纤维。化学纤维在高温下熔融，不仅影响纱线质量，而且熔结物凝附在钢领跑道上，阻碍钢丝圈的正常运行，易造成钢丝圈运行中楔住而产生突变张力，增加细纱断头。

（3）钢丝圈的纱线通道要求光滑，并且一定要避免钢丝圈的磨损缺口与纱线通道交叉，否则会造成纱线发毛，破坏成纱强力和在钢领旁出现落白粉现象，染色后会呈现出规律性的色差。

实践证明，FE型钢丝圈能适应涤/棉混纺的高速运转。首先，该型由于采用了宽薄的瓦楔形截面，纱线通道光滑，并且宽薄型截面的钢丝圈有利于散热。由于钢丝圈与钢领接触的内表面呈弧形，钢丝圈的磨损缺口能保证与纱线通道错开不交叉。再加上 FE 型钢丝圈的圈形设计合理、重心低、与钢领接触位置高、散热性能好、接触弧段的曲率半径较大，因此保证了钢丝圈上机走熟期短，具有良好的抗楔性能。

二、胶辊、胶圈的处理和涂料

合成纤维由于摩擦系数大，纺纱过程中牵伸部分加压重，因而胶辊、胶圈容易磨损，为此对胶辊的硬度要求应比纺纯棉时高，以肖氏硬度 85～90 为宜，颗粒要更细，耐磨性要更好。由于涤纶的回潮率低、导电性能差、易产生静电，同时纤维中含有油剂，因而生产过程中容易引起缠绕胶辊、胶圈的现象。因此，需要对胶辊、胶圈进行适当处理以解决上述问题。

三、温湿度控制

细纱车间化学纤维混纺的温湿度控制范围与棉纺车间基本一致，温度以 22～32℃ 为宜，相对湿度控制在 55%～65%为宜。

化学纤维混纺车间对温湿度的要求严格，并且合成纤维对周围空气温湿度变化反应敏感。这是因为一般合成纤维的吸湿性差、回潮率低、容易产生静电而造成缠胶辊、纤维蓬松等现象。为克服静电现象，化学纤维混纺时都添加油剂，依靠油剂的亲水基团吸收水分使纤维表面光滑，降低摩擦，减少静电产生。但湿度过高，纤维表面水分增多，纤维发黏易缠罗拉；湿度过低，纤维表面水分易蒸发，容易产生静电现象而缠胶辊。纺化学纤维时对温度的要求比纺棉时要求更严。夏天车间温度不宜过高，若高于 32℃，油剂发黏而易挥发，静电现象严重；冬季温度不宜过低，若低于 18℃，纤维便发硬不易抱合，而且胶辊也会发硬打滑，使断头增多。

四、纱疵的形成原因和消除办法

由于化学纤维原料在制造过程中带来的一些纤维疵点（如粗硬丝、超长、倍长纤维等）和化学纤维本身一些特性（如回弹性强、易带静电、对金属摩擦系数大等）以及纤维加工时添加有油剂等因素的影响，在纺纱过程中容易产生纱疵。涤/棉混纺时，在细纱工序中经常遇到橡皮纱、小辫子纱、煤灰纱等疵点，对后续工序加工不利，甚至造成疵布。

1. 橡皮纱

当化学纤维原料中含有超长纤维时，在牵伸过程中，当这种超长纤维的前端已到达前罗拉钳口时，其尾部尚处于较强的中部摩擦力界控制下。如果此时该纤维所受控制力超过前罗拉给予的引导力，纤维则以中罗拉速度通过前罗拉钳口形成纱条的瞬时轴心，而以前罗拉速度输出的其他纤维则围绕此轴心而加捻成纱，超长纤维输出前罗拉后由于它的弹性而回缩，即形成橡皮纱；如果纺纱张力足以破坏此瞬时轴心，则不形成橡皮纱。关车打慢车时，由于纺纱张力减小也易产生橡皮纱。为了防止橡皮纱的产生，可采用改进化学纤维原料本身质量（如消除漏切、超长或刀口黏边等情况）；适当增大前胶辊的加压量，调整前、中胶辊压力比；消除胶辊中凹，采用直径较大的前胶辊；加重钢丝圈；改进开关车等方法。

2. 小辫子纱

由于涤纶回弹性强，在细纱捻度较多的情况下，当停车时由于机器转动惯性，罗拉、锭子不能立即停止回转而慢速转动一段时间，此时气圈张力逐渐减小，气圈形态也逐渐缩小，纱线会因捻缩扭结而形成小辫子纱。为消除小辫子纱，应改进细纱机开关车方法。开车时要一次开出，不打慢车；关车时控制在钢领板下降时关车。关车后逐锭检查并将纱条拉直盘紧；主轴采用刹车装置，以便及时刹停，这些均可有效消除小辫子纱。

3. 煤灰纱

由于空气过滤效果不好，化学纤维表面有油剂，易被灰尘沾污而形成煤灰纱，尤其是在气压低、多雾天气时更易沾污，从而影响印染加工。因此，对洗涤室空气过滤要给予足够重视，对空气净化应有更高的要求。

思考练习

1. 纺化纤时牵伸工艺应如何调整？
2. 试述涤/棉混纺时，产生橡皮纱、小辫子纱的原因。

拓展练习

收集在细纱工序加工加纤的工艺参数。

项目 8　细纱后加工

学习目标

1. 掌握细纱后加工工序的任务、工艺流程。
2. 掌握细纱后加工各机构的工作原理及工艺过程。
3. 了解细纱后加工各机构工艺参数的设计原则与方法。
4. 掌握捻线的工艺参数的设计。

重点难点

1. 股线加捻作用原理及捻系数的选择。
2. 各工序工艺调节参数及质量控制。

任务 1　细纱后加工概述及络筒工序

学习目标

1. 掌握细纱后加工工序的任务。
2. 掌握不同的细纱后加工工艺流程。
3. 了解络筒的任务及工艺过程。

相关知识

一、细纱后加工的任务

各种纺织纤维纺成细纱（管纱）后，并不意味着纺纱工程的结束，纺纱生产的品种、规格和卷装形式一般都不能满足后续加工的需要。纱线产品形式有：从纱线结构分为单纱、股线、花式线；从包装形式分为筒子纱、绞纱。因此，必须将细纱管纱进一步加工成适合的产品形式，以供应各纺织厂使用。这些细纱工序以后的加工统称为后加工。后加工的具体任务如下。

（1）改善产品的外观质量。减少纱线的棉结、粗节、细节、毛羽等，使成纱的外观质量提高。

（2）改变产品的内在性能。通过络筒、加捻等工序可以使其强力、条干均匀度提高，从而改善纱线的弹性、光泽和手感。

（3）稳定产品的结构状态。通过热湿定型可以稳定纱线的捻度，改善捻度的不稳定性等。

（4）制成适当的卷装形式。便于运输、储存、染色等。

二、细纱后加工的工艺流程

后加工工序一般有络筒、并纱、捻线、成包等。根据不同产品的加工要求，选用不同的工艺流程。

1. 单纱的工艺流程

管纱→络筒→筒子成包

或

管纱→络筒→摇绞→绞纱成包

2. 股线的工艺流程

（1）传统股线的工艺流程（采用环锭捻线机）。

管纱→络筒→并纱→捻线→线筒→筒子成包

或

管纱→络筒→并捻联合→线筒→筒子成包

（2）现代股线的工艺流程。

管纱→纱筒→并线→倍捻→筒子成包

或

管纱→络筒→并倍捻联合→筒子成包

（3）缆线的工艺流程。

管纱→络筒→并纱、捻线（初捻）→络筒→并线→复捻→线筒→成包

或

管纱→络筒→并纱、捻线（初捻）→络筒→并线→复捻→线筒→摇纱→成包

三、络交工序

1. 络筒的任务

（1）增加卷装容量。把细纱管上的纱头和纱尾连接起来，重新卷绕制成容量较大的筒子。

（2）减少疵点，提高品质。细纱上还存在疵点、粗节、弱环，它们在织造时会产生断头，影响织物外观。络筒机设有专门的清纱装置，除去单纱上的绒毛、尘屑、粗细节等疵点。

（3）制成适当的卷装。制成具有一定卷绕密度、成形良好的筒子以满足高速退绕的要求。

2. 络筒工序的要求

为了保证后工序的顺利进行，对络筒工序提出以下几个要求。

(1) 络筒时，纱线张力应大小适度并保持均匀，以保证筒子成形良好。在高速络筒时，要采取必要措施，尽量缩小张力波动的范围，减少脱圈断头，以提高生产效率。

(2) 应尽量清除毛纱上的疵点及杂质，但不要损伤纱线的力学性能，主要指强力和伸长率。

(3) 接头应力求小而坚牢，以保证在后道工序中不致因脱结或结尾太长而引起停台或邻纱纠缠的现象。

(4) 为了保证筒子密度内外均匀、成形良好、不产生磨白和菊花芯筒子，络筒机最好配备有张力渐减和压力渐减装置。

☞ 思考练习

1. 后加工的任务有哪些？
2. 写出 T/C65/35JDG13×2tex 的后加工工艺流程。
3. 络筒工序的主要任务有哪些？

☞ 拓展练习

了解络筒机工艺过程及各机构作用。

任务 2　细纱后加工各工序概述

学习目标

1. 掌握细纱后加工工序的任务及各工序设备的工艺过程。
2. 掌握捻线机捻系数的选择原则。
3. 掌握各种股线的种类及表示方法。
4. 了解并纱捻线的其他参数设计。
5. 了解打包的规格。

相关知识

一、并纱

(一) 并纱的任务

并纱的主要任务是将两根或两根以上的单纱并合成各根张力均匀的多股纱的筒子，供捻线机使用，以提高捻线机效率。

(二) 并纱机的工艺过程

图 8-2-1 所示为 FA702 型并纱机的工艺过程，单纱筒子 2 插在纱筒插杆 1 上，纱自单纱

筒子2上退绕出来，经过导纱钩3、张力垫圈装置4、断纱自停装置5、导纱罗拉6、导纱辊7后，由槽筒8的沟槽拉引导卷绕到筒子9的表面上。

（三）并纱机的主要机构及作用

1. 张力装置

纱线通过两个转动的张力盘，靠重力加压使纱线获得张力，有利于卷绕和加大容量。

2. 断头自停装置

为保证卷绕到并纱筒子上的纱能符合规定的并合根数，不致有漏头而产生并合根数不足的筒子，并纱机上的断头自停装置必须使任何一根纱断头后，筒子都能离开槽筒而停止转动。要求作用灵敏、停动迅速，以减少回丝和接头操作时间。并纱机上使用的落针式断头自停装置，主要机件是落针与自停转子（或星形轮），当单筒纱用完或断头时，落针失去了纱的张力作用，因本身的重量而下落，下落后受到一高速回转自停转子的猛烈打击，经杠杆与弹簧（或杠杆与重锤）的作用导致纱筒与槽筒脱离接触，并使筒子停转。在新型并纱机上采用压电式断纱自停装置。当纱线断头后，PLC控制电磁离合器、电磁刹车系统，使转动机件停止运转。

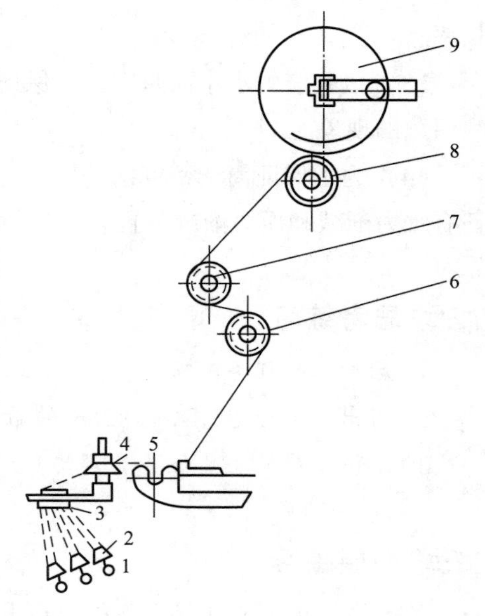

图8-2-1　并纱机的工艺过程示意图
1—纱筒插杆　2—单纱筒子　3—导纱钩
4—张力垫圈装置　5—断纱自停装置
6—导纱罗拉　7—导纱辊　8—槽筒　9—筒子

二、捻线

（一）股线简介

将两根或多根细纱并合加捻成股线称为并捻，它是股线织物或花式线织物的经纬纱准备工序之一。股线的捻度比较小或并合根数比较少时，可用并捻联合机一次加工完成并合和加捻两道工序；若捻度比较大，往往将并线和捻线分别完成，有利于提高股线质量和加工效率。

股线的并合根数、颜色和捻度的多少是在织物设计时确定的。两根纱线并捻成的线称双股线，花式捻线大多由三根纱线并捻而成，多根纱线并合的复合线称为缆线。在丝织行业中，由于采用的原料大多是2.31tex的蚕丝，并合加捻应用极其广泛。

为了使得股线的捻度稳定，抱合良好，股线加工时的捻向与原有纱线的捻度方向相反。如单纱、桑蚕丝为Z捻，所以第一次并捻时往往加S捻，若无特殊要求，则第二次并捻加Z捻。

1. 棉毛型股线

由单纱制成的棉毛型股线经过并合后，粗细不匀的现象得到改善，因而条干均匀度增加。股线加上了一定的捻度，在扭力作用下，纤维向内层压紧，相互之间的摩擦力增大。因而股线的强度一般大于各单纱的强度之和，股线的耐磨性能、弹性也比单纱好。

股线与单纱的捻向相反，使股线表层纤维与纱线轴向之间的倾角减少，因而股线手感柔软，光泽良好。

2. 真丝、合纤型股线

真丝、合纤都是长丝型纤维，单丝本身只有极小的Z捻（200捻/m以下），单丝线密度也比较小，往往通过并捻来达到织物加工对原料的要求。真丝、合纤型股线在并合时，除了同种类、同粗细的原料并合之外，也有不同粗细、不同种类原料的并合。

真丝、合纤经过并捻形成股线后，条干均匀，弹性、耐磨性提高，光泽柔和，但因其单丝基本无捻，所以股线手感变硬。股线的强度与所加的捻度有较大的关系，当所加的捻度较小时，捻度增大使股线的强度增加，但有些织物要求有较好的弹性和抗皱性，或者为使织物有良好的起绉效应，所加的捻度特别大，此时股线的强度并不增大。

此外，某些特殊风格的织物要求纱线经过反复多次的并捻，也有的股线并捻时因原料粗细不同、强力不同，形成特殊的股线。

3. 合股花式线

合股花式线常用两根或三根不同颜色的单纱经过一次或两次并捻而成（参见本任务第三小节）。

（二）股线的表示

股线线密度等于其单纱线密度乘以纱的股数。如果组成股线的单纱其线密度不同时，则以组成股线的各根单纱的线密度之和作为股线的线密度。股线的表示法如下例所示，若短纤维不注明原料种类则指棉纤维。

14×2 指 14tex 棉双股捻线。

T/C14×2 指 14tex 涤/棉混纺双股捻线。

14+R13 指 14tex 棉纱和 13tex 人造丝的并线。

14+14 指异色的 14tex 棉纱的并线。

13×（1+1）两根 13tex 的单纱不加捻并合而成的并合线。

（三）捻线的任务

捻线的任务是将两根或两根以上单纱并合在一起，加上一定捻度，加工成股线。普通的单纱不能充分满足某些工业用品和高级织物的要求，因为单纱加捻时内外层纤维的应力不平衡，不能充分发挥所有纤维的作用。单纱经过并合、捻线后得到的股线，比同样粗细的单纱的强力高、条干均匀、耐磨，表面光滑美观，弹性及手感好。此外，也可将两根及两根以上不同颜色或不同原料的单纱捻合在一起，做成花式线或多股线，以进一步满足人们生活需求和某些工业产品的要求。

（四）捻线机的分类

捻线机的种类按加捻方法可分为单捻捻线机与倍捻捻线机两种；按股线的形状和结构可分为普通捻线机与花式捻线机两种；若根据捻线时股线是否经过水槽着水，还可分为干捻捻线机与湿捻捻线机两种。

（五）环锭捻线机

目前国内广泛采用的普通并捻联合单捻捻线机为 FA721-75 型，其结构与环锭细纱机基本相似，不同之处是没有牵伸机构。

1. FA721-75 型捻线机工艺过程

如图 8-2-2 所示，左边纱架为纯捻捻线专用，喂入并线筒子；右边纱架为并捻联合时使用，喂入圆锥形单纱筒子。现以右边纱架说明其工艺过程。从圆锥形筒子轴向引出的纱，通过导纱杆 1，绕过导纱器 2 进入下罗拉 5 的下方，再经过上罗拉 3 与下罗拉钳口，绕过上罗拉后引出，并通过断头自停装置 4 穿入导纱钩 6，再绕过在钢领 7 上高速回转的钢丝圈，加捻成股线后卷绕在筒管 8 上。

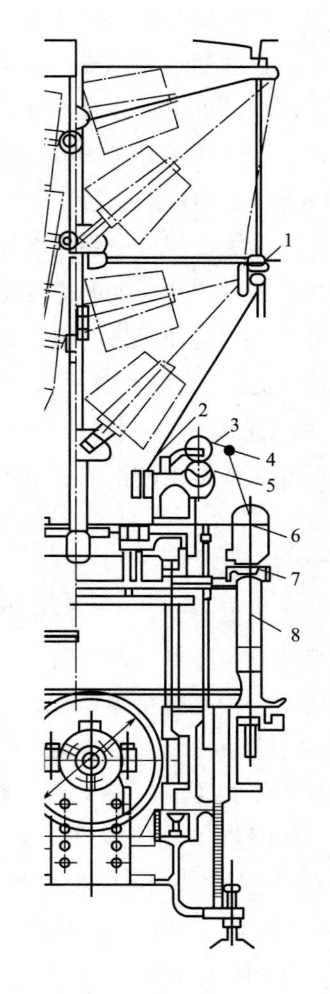

图 8-2-2　FA721-75 型捻线机工艺过程示意图

1—导纱杆　2—导纱器　3—上罗拉　4—断头自停装置　5—下罗拉　6—导纱钩　7—钢领　8—筒管

2. 捻线机的主要机构及其作用

（1）喂纱机构。包括纱架（筒子架）、横动装置、罗拉等。

①纱架。纱架的形式有纯捻纱架与并捻联合纱架两种。纯捻型的筒子横插于纱架上，并好的纱由筒子径向引出时，筒子在张力的拖动下慢速回转退解，喂入的纱可保持适当的张力而穿绕于罗拉上。并捻联合机的筒子横插于纱架上，从筒子轴向牵引或退绕引出单纱，经导纱杆和张力球装置，并合后再喂入罗拉。

②水槽。在湿捻捻线机上，水槽装置为必要部分。加捻前的单纱要通过水槽，使纱浸湿着水，从而使强力比干捻大，断头减少，捻成的股线外观圆润光洁、毛羽少。

③罗拉。捻线机一般只用一对罗拉或两列下罗拉与一个上罗拉，只有在捻花式线时，才用两对罗拉或三对罗拉。罗拉表面镀铬，圆整光滑。为了防止停车时纱线从上罗拉表面滑到罗拉颈上，在上罗拉表面近两侧处车一切口，开车时纱线自动脱离切口进入正常位置。

（2）加捻卷绕和升降机构。包括导纱板和导纱钩、钢领和钢丝圈、锭子和筒管、锭子掣动器（膝掣子或煞脚）、锭带和辊筒（或滚盘）等部件。加捻卷绕和升降过程与环锭细纱机基本相同。

（3）断头自停装置。新型环锭捻线机 FA721-75 型装有断头自停装置，以减少缠罗拉、飘头多股疵品，避免产生大量回丝，同时，挡车工用于巡回监视断头，处理断头的时间和精力可大为减少。

（六）倍捻捻线机

1. 倍捻原理

倍捻的原理可以从捻向矢量的概念引出。如果将纱条两端握持，加捻器在中间加捻，输出纱条不会获得捻回，属于假捻，如图 8-2-3（a）所示。如果将 *B* 移至加捻点的另一侧，如图 8-2-3（b）所示，而将 *C* 点扩大成为包括两段纱段（*AC*、*BC*）的空间而进行回转，这时再从定点 *A* 与 *B* 看加捻点 *C*，加捻器转一转在 *AC* 和 *BC* 段上各自都获得一个相同捻向的捻回。纱线输出过程中 *AC* 段上的捻回在运动到 *CB* 段时，就获得两个捻回。

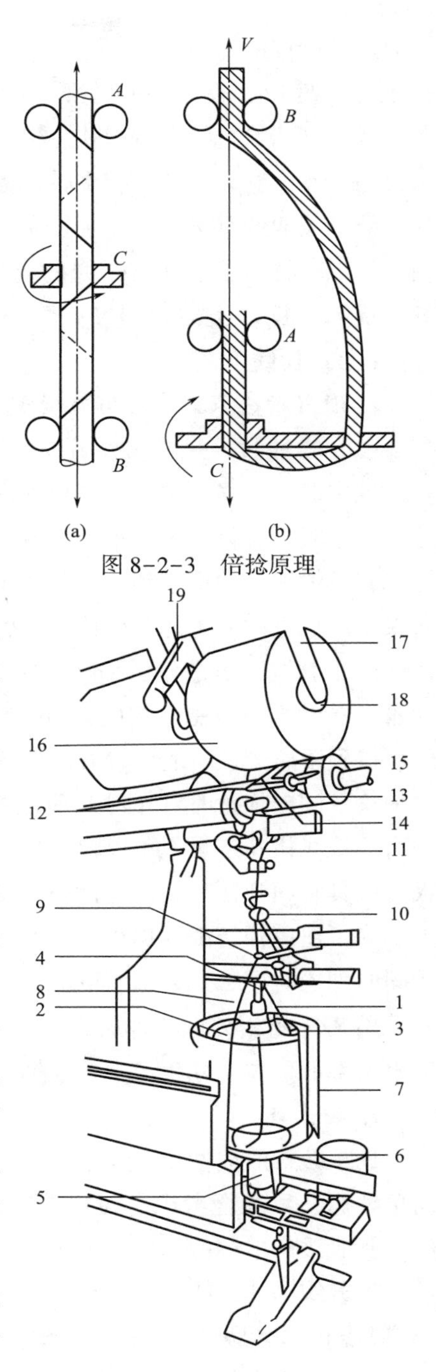

图 8-2-3　倍捻原理

图 8-2-4　VTS 倍捻机的工艺过程示意图
1—无捻纱线　2—喂入筒子　3—锭翼导纱钩　4—张力器　5—锭子转子　6—储纱盘　7—气圈罩　8—气圈　9—导纱钩　10—断纱探测杆　11—可调罗拉　12—超喂罗拉　13—预留纱尾装置　14—横动导纱器　15—摩擦辊　16—卷取筒子　17—无锭纱架　18—圆盘　19—摇臂

2. 倍捻机

倍捻机是倍捻捻线机的简称。倍捻机的锭子转一转可在纱线上施加两个捻回，故称为“倍捻”。由于倍捻机不用普通捻线机的钢领和钢丝圈，锭速可以提高，加之具有倍捻作用，因而产量较普通捻线机高。如果倍捻机的锭速为 15000r/min 时，相当于普通捻线机锭速为 30000r/min。倍捻机制成的股线筒子容纱量较普通线管要大得多，故合成的股线结头少。倍捻机还可给纱线施加强捻，最高捻度可达 3000 捻/m。加捻后的纱线可直接络成股线筒子，与环锭捻线机（普通捻线机）相比，可省去一道股线络筒工序，所以它是一种高速、大卷装的捻线机。

倍捻机的种类按锭子安装方式不同分为竖锭式、卧锭式、斜锭式三种；按锭子的排列方式不同分为双面双层和双面单层两种。每台倍捻机的锭子数随形式不同而不同，最多达 224 锭。图 8-2-4 所示为 VTS 倍捻机的工艺过程图。无捻纱线 1 借助于退绕器 3（又称锭翼导纱钩）从喂入筒子 2 上退绕输出，从锭子上端向下穿入空心轴中，在空心轴中，纱线由张力器（纱闸）4 加上张力，再进入旋转着的锭子转子 5 的上半部，然后从储纱盘 6 的小孔中出来，这时无捻纱在空心轴内的张力器和锭子转子内的小孔之间进行了第一次加捻，即施加了第一个捻回。已经加了一次捻的纱线绕着储纱盘形成气圈 8，再受到气圈罩 7 的支撑和限制，气圈在顶点处受到导纱钩 9 的限制。纱线在锭子转子和导纱钩之间的外气圈进行第二次加捻，即施加了第二个捻回。经过加捻的股线通过断纱探测杆 10、超喂罗拉 12、横动导纱器 14 交叉卷绕到卷取筒子 16 上，卷取筒子夹在无锭纱架 17 上两个中心对准的圆盘 18 之间。

近年来倍捻捻线发展很快，倍捻捻线在棉纱、合成纤维混纺纱方面都有应用，可以加工棉、毛、丝、麻、化学纤维多种产品，缝纫线要求结头少，倍捻捻线也能满足此要求。随着化学纤维工业的迅速发展，也发明了加工化学纤维牵伸加捻机的炮弹筒子倍捻机，同时还发明了加工粗特地毯纱和帘子线的重型倍捻机。但倍捻机的缺点是：锭子结构复杂、造价高、耗电量大、断头后接头比较麻烦（需用引纱钩），因此倍捻机必须在并纱后才能显示其优点。

（七）捻线工艺

1. 股线的合股数和捻向的确定

（1）合股数。一般衣着用线，两股并合已能达到要求，为了加强艺术结构，花式线可用三股或多股。对强力及圆整度要求高的股线须用较多的股数，如缝纫线一般用三股。若超过五股以上时，容易使某根单纱形成芯线，使纱受力不均匀，降低并捻效果。为此，常用复捻方式制成缆线，如帘子线、渔网线等。但对要求比较厚而紧密的织物，如帆布、水龙带等，若采用单捻方式，也能符合使用上的要求。

（2）捻向。合股线的加捻方向对股线的质量影响很大。在股线一次加捻时，如采用反向加捻（单纱与股线捻向相反），可使股线中各根纤维所受的应力比较均匀，能增加股线强力，并可得到手感柔软、光泽较好的股线，且捻回稳定、捻缩较小，所以绝大多数股线都采用反向加捻。同向加捻时（单纱与股线的捻向相同），采用较小的股线捻系数，即可达到所需的强力，捻线机的产量也可以提高。同向加捻股线比较坚实，光泽及捻回稳定性差，股线伸长大，但具有回弹性高、渗透性差的特点，适用于编制花边、渔网及一些装饰性织物。在生产上，为了适应棉纺细纱挡车工操作，一般单纱都为 Z 捻，股线采用反向加捻时用 ZS 表示，采用同向加捻时用 ZZ 表示。而捻线机挡车工接头与捻向无关。复捻时，为了使捻度比较稳定，常采用 ZZS 或 ZSZ 这两种加捻方式。前者股线断裂伸长较好，机器生产率较低；后者股线强力不匀率低。在实际生产中要根据缆线用途要求确定捻向。

2. 捻系数

捻系数对股线性质影响较大，应根据股线不同用途要求，选择合适的捻系数，同时还应与单纱捻系数综合考虑。强捻单纱，其股线与单纱的捻度比（简称捻比）可小些；弱捻单纱，其股线与单纱的捻比可大些。

衣着织物的经线要求股线结构内外松紧一致、强力高，其捻比一般在 1.2~1.4 范围内（双股线）。如果要求股线的光泽与手感好，则股线与单纱两者捻系数的配合应使表面纤维轴向性好，这样不仅光泽好，而且轴向移动时的耐磨性也较好，股线结构呈外松里紧，因此，手感较柔软，染整液剂渗透性好。当捻比为 0.7~0.9 时，外层纤维的轴向性最好；若考虑提高股线强度，则捻比不能过低。但不同用途的股线，还应根据它的工艺要求和加工方法进行选择。

实际生产中考虑到织物服用性能和捻线机产量，一般采用小于上述理论的捻比值，当单纱捻系数较高时，捻比值就应低于理论值；只有当采用较低捻度单纱时，股线捻系数则接近或略大于上述理论值。

三、花式捻线

花式捻线（简称花式线）的品种较多，应用也比较广泛。纺制花式线可使纱线在色彩和外形上活泼多变，新颖别致，使织物风格别致并达到增加织物花色品种的目的。

（一）花式纱线的分类与结构

1. 花式纱线的分类

花式纱线是指在纺纱过程中采用特种纤维原料、特种设备和特种工艺，对纤维或纱线进行特种加工而得到的纱线。花式纱线种类繁多、应用较广。

花式纱线目前尚无统一的命名和分类标准，一般包括两大类：第一大类是花式纱线，主要特征是具有不规则的外形与纱线结构，有花式纱与花式线；第二大类是花色纱线，这一类纱线的主要特征是纱线外观在其长度方向上呈现不同的色泽变化或特殊效应的色泽。

2. 花式纱

花式纱是指具有结构和形态变化的单股纱，其纺制方法是在梳棉、粗纱、细纱等工序采用特殊工艺或装置来改变纱线的结构和形态，使纱线表面具有“点”“节”状的花型。例如，结子纱的表面呈颗粒状的点子附在纱的表面；竹节纱表面呈间断性的粗细节，而这种粗细节可按后道加工要求可长可短、可粗可细，间距也可稀可密，有规律和无规律任意调节，具体介绍以下几种。

（1）氨纶包芯纱。氨纶包芯纱是在普通细纱机上中罗拉和前罗拉之间送入一根经过拉伸的氨纶长丝（一般拉伸 3~4 倍），与牵伸后的须条汇合，通过前罗拉使原来带子状的纤维须条包缠在氨纶丝的外面而形成。这种纱一般在 12~30tex 之间，可用于针织或机织，使织物具有弹性，穿着舒适。目前大都为棉包氨，也有涤包氨。还可在双罗拉捻丝机或专用的包覆机上，将氨纶丝的外面包上一层棉纱或锦纶长丝，也有的包上蚕丝用于做真丝 T 恤衫的领，由于氨纶丝的收缩性，可使针织衣领硬挺。

（2）涤纶包芯纱。涤纶包芯纱是在普通细纱机上用一根高强涤纶长丝从中罗拉和前罗拉之间喂入，通过前罗拉使纤维包缠在涤纶长丝的表面而形成。用这种纱再经过合股可作成高强涤纶缝线，不但强力高，而且表面包一层棉纤维后，在高速缝纫机针眼处通过时不易发热。也可用这种纱织成高强帆布以作运输带，不但强力高，而且表面包棉纤维后与橡胶的黏合性能好，克服了涤纶与橡胶亲和力差的缺点。

（3）竹节纱。竹节纱是在普通细纱机上另加装置，使前罗拉变速或停顿，从而改变正常的牵伸倍数，使正常的纱上突然产生一个粗节，因此称为竹节纱。同理，也可使中后罗拉突然超喂，同样使牵伸倍数改变而生成竹节。

（4）大肚纱。这种纱与竹节纱的主要区别是粗节处更粗，而且较长，细节反而较短。一般竹节纱的竹节较少，在 1m 中只有两个左右的竹节，而且很短，所以竹节纱以基纱为主，竹节起点缀作用。而大肚纱以粗节为主，撑出大肚，且粗细节的长度相差不多。目前常用的大肚纱为 100~1000tex。使用原料以羊毛和腈纶等毛型长纤为主体。

（5）彩点纱。在纱的表面附着各色彩点的纱称为彩点纱。有在深色底纱上附着浅色彩点，也有在浅底纱上附着深色彩点。这种彩点一般用各种短纤维先制成粒子，经染色后在纺纱时加入，不论棉纺设备还是粗梳毛纺设备均可搓制彩色毛粒子。由于加入了短纤维粒子，所以一般纱纺得较粗，在100~250tex之间。

3. 花式线

（1）花式平线。在众多的花式线中，虽然花式平线也有很多的产品，但却是最为人们所忽略的产品。这一类产品必须在花式捻线机上用两对罗拉以不同速度送出两根纱，然后加捻才能得到较好的效果。如用一根低弹涤纶长丝和一根18tex的棉纱交并，由于低弹丝是由多根单丝集束而成，没有捻度，在经过罗拉送纱时，它会向四周延伸成为扁平状。如果用普通的单罗拉并线机合股并线，压辊只能压住棉纱，对低弹丝没有控制力，又由于在加捻过程中两根纱的张力不同，所以效果较差。因此，必须用双罗拉并线机，使两根纱各用一对罗拉送出，才能控制好每股纱的张力，得到理想的花式线，这就是花式平线，如图8-2-5和图8-2-6所示。

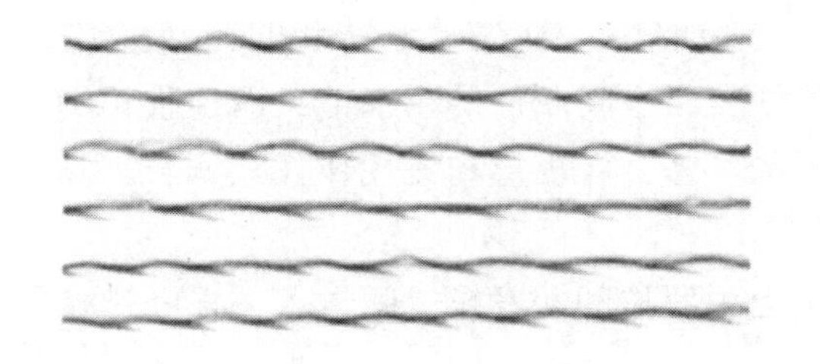

图8-2-5　棉/锦花式平线

图8-2-6　腈/涤/锦花式平线

①金银丝花式线。金银丝是涤纶薄膜经真空镀铝染色后切割成条状的单丝，由于涤纶薄膜延伸性大，在实际使用中往往要包上一根纱或线，这就是金银丝花式线。

②多彩交并花色线。这类花式线是用多根不同颜色的单纱或金银丝进行交并而形成。也有用不同色彩的纱，再用多彩的段染纱进行包缠，使表面出现多彩的结子或段，或一根线中出现多种色彩。

③粗细纱合股线。若用两色以上的纱合股，才更显其漂亮。若前后罗拉速比不同，则制成的合股线显得立体感更强。

（2）超喂型花式线。

①圈圈线。圈圈线是在线的表面生成圈圈。圈圈有大有小，大圈圈的饰纱用得极粗，从而成纱支数也粗，小圈圈线则可纺得较细。一般线密度可在67~670tex之间选择。也有用毛条（或粗纱）经牵伸后直接作为饰纱，称为纤维型圈圈线。这一类圈圈由于纤维没有经过加捻，所以手感特别柔软。它不但用于针织物也可用于机织物及手工编结，如图8-2-7所示。

②波形线。若饰纱在花式线表面生成左右弯曲的波纹，这种花式线称为波形线。它在花

式线中用途最广，生产量也最大。它的饰纱在芯纱和固纱的捻度夹持下向两边弯曲，成扁平状的波纹。适纺线密度在50～200tex之间。大部分原料选用柔软均匀的毛纱、腈纶纱、棉纱等，如图8-2-8所示。

图8-2-7　圈圈线

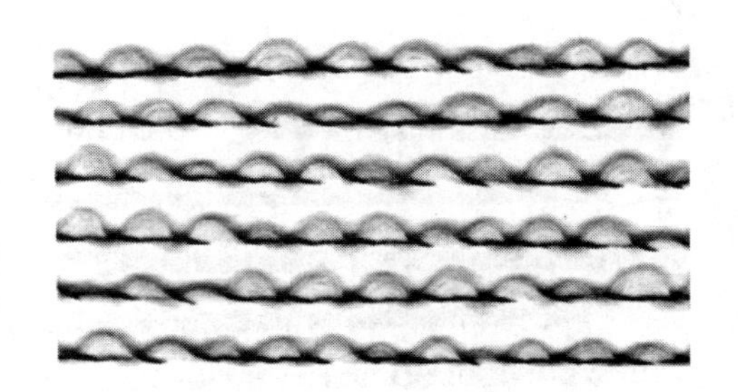

图8-2-8　纤维型波形线

③毛巾线。这类花式线生产工艺和波形线基本相同，它通常喂入两根或两根以上的饰纱。由于两根饰纱不是向两边弯曲，而是无规律地在芯纱和固纱表面形成较密的屈曲，好似毛巾的外观，所以称为毛巾线。它的使用原料往往以色纱为主，例如，以大红13tex的涤/棉纱作芯纱和固纱，用13tex有光人造丝作饰纱生产的波形线，用其作纬纱编织的织物，在深红色的底色上形成一层白色的小圈，像雪花似的，因此而称为“雪花呢”，如图8-2-9所示。

（3）辫子线。这类花式线是用一根强捻纱作饰纱，在生产过程中，由于饰纱的超喂，使其在松弛状态下的回弹力发生扭结而生成不规则的小辫子附着在芯纱和固纱中间成为辫子线。这类辫子可用化纤长丝加捻而成，也可用普通毛纱加强捻。适纺范围在100～300tex之间。由于辫子是强捻纱，所以手感比较粗硬，如图8-2-10所示。

图8-2-9　毛巾线

图8-2-10　辫子纱

（4）控制型花式线。

①结子线。在花式线的表面生成一个个较大的结子，这种结子是在生产过程中由一根纱缠绕在另一根纱上而形成的。结子有大有小，结子与平线的长度可长可短，两个结子的间距可大可小。这种结子线一般可在双罗拉环锭花式捻线机上生产。结子的间距一般以不相等为

好，否则会使织物表面结子分布不均匀。结子所用的原料广泛，各种纱线均能应用。由于结子线在纱线表面形成节结，所以一般原料不宜用得太粗，适纺范围在15～200tex。它广泛用于色织产品、丝绸产品、精梳毛纺产品、粗梳毛纺产品及针织产品等，如图8-2-11所示。

图8-2-11 单色白结子线

②双色结子线。这类结子没有芯纱和饰纱之分，它是由两对罗拉送出两根不同颜色的纱，在纺制过程中两对罗拉交替停顿，使芯纱和饰纱互相交换，从而在一根纱上生成两种不同颜色的结子，这就是双色结子。由于结子线表面有节结而且捻度较高，所以手感较粗糙，在实际使用中只能作点缀用。

③鸳鸯结子线。这类结子与双色结子不同，它是在一个结子中有两种颜色，是用特殊工艺生产的，使结子的一半是一种颜色，另一半是相差较大的另一种颜色。用这种结子制成的织物非常华丽。

④长结子线。长结子线又称毛虫线，是由一根饰纱连续地一圈挨一圈地卷绕在芯纱上的一段粗节，有时利用芯纱罗拉倒转可反复包缠多次而产生较粗的结子。这类线与结子线不同，结子线是以点状分布在花式线上，而长结子是以段状分布在线上，好像一条虫子一般，所以又称毛虫线。

（5）雪尼尔线。雪尼尔线又称绳绒线。它是由芯纱和绒毛线组成，芯纱一般用两根强力较好的棉纱合股线组成，也可用涤纶线或腈纶线。雪尼尔线的外表像一根绳子在上面布满了绒毛。芯纱和绒纱用同一种颜色，纱质和原料也相同的称为单色雪尼尔线。用对比较强的两根不同颜色的纱作绒纱，使线的绒毛中出现两种色彩的称双色雪尼尔线。此外，还有珠珠雪尼尔线（乒乓线）。用蚕丝生产的绳绒线又称丝绒线。雪尼尔线一般用雪尼尔机生产。

（6）复合花式线。随着产品的深入开发，对花式纱线的要求也日益提高，单一的花式线已不能满足产品开发的需要，因此开发出了用两种或两种以上花式线复合的产品，效果良好。

①结子与圈圈复合。它是用一根圈圈线和一根结子线，通过加捻或用固线捆在一起，使毛茸茸的圈圈中间点缀着一粒粒鲜明的结子。如用草绿色的小圈加上红色的结子，好比绿草丛中的朵朵小花，鲜艳夺目。这一类花式线是由两根原本较粗的花式线再复合而成，所以更粗。一般用作针织织物及手工编结线，或用作装饰织物，能显出多色彩的效果。

②粗节与波形复合。这是一种用得较广的复合花式线，它是先用一根大肚纱，在花式捻线机上作饰纱纺成花式线。大肚纱一般用中长型仿毛腈纶，芯纱和固纱用锦纶或涤纶长丝，常用的有455tex和222tex两种。由于粗节处如爆米花状，所以国外称为popcorn。这类产品已广泛用于针织织物和粗纺呢绒，效果较好。

③绳绒与结子复合。绳绒线的外观效应非常平淡，因此在其外面再用一根段染彩色长丝包上结子或长结子，使其外观丰富多样，一般包结子的饰纱应与底线（绳绒线）形成鲜明的对比，以便突出结子的效果，如图 8-2-12 所示。

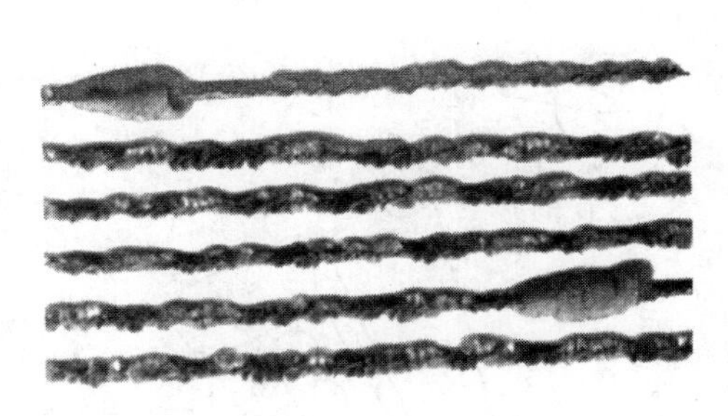

图 8-2-12　绳绒与结子复合线

（7）断丝花式线。断丝花式线是在花式线上间隔不等距地分布着一段段另一种颜色的纤维，也有在生产过程中把黏胶长丝拉断使它一段段地附着在花式线上。断丝一般有两种类型。

①纤维型断丝花式线。这种断丝一般所用粗纱条色彩与底线（芯纱和固纱）色彩成鲜明的对比，由于纤维长度较长，所以断丝也较长。还有用一种粗特的黑色扁平状纤维，在纺纱时加入，使白色的纱表面包缠着少量的黑色纤维，风格独特。这类产品在针织及机织物中均可应用，如图 8-2-13 所示。

②纱线型断丝花式线。这是一类成熟的传统产品，由于工艺复杂，目前已很少生产。先用两根涤/棉纱或纯棉纱包缠在一根 13.3tex（120 旦）人造丝上，然后浸泡于热水中，再把两根缠绕在人造丝上的纱拉直，利用人造丝湿强力差的特性，使人造丝被拉成不等长的一段段附着在芯纱上，最后加上一道固纱，把断丝固定，就成为断丝花式线，如图 8-2-14 所示。

图 8-2-13　纤维型断丝花式线

图 8-2-14　纱线型断丝花式线

（二）花式捻线机

近年来，空心锭花式捻线机在国内外发展很快，其中很多已使用微型计算机控制喂纱速度。

空心锭花式捻线机将传统的四道加工工序合并为一道，锭速最高可达 30000r/min，出纱速度可达 150m/min，而且翻改品种简便，只需按动旋钮，即可改变花型；由于空心锭花式捻线机具有效率高、速度高、流程短、卷装大、花型多、变化快等特点，因此已经引起了国际纺织界的高度重视，今后将在较大程度上取代传统的环锭花式捻线机，其结果将大幅降低花式线的成本，促使花式纱线能够应用到纺织产品的更多领域中去，前景可观。

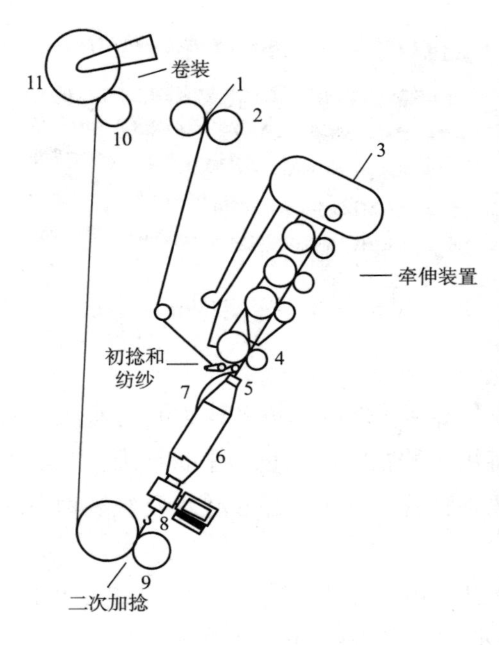

图 8-2-15　空心锭花式捻线机成纱工艺过程示意图

1—芯纱　2—芯纱罗拉　3—饰纱　4—前罗拉　5—空心锭　6—固纱管　7—引出的固纱　8—加捻钩　9—输出罗拉　10—卷绕辊筒　11—花式线筒

空心锭花式捻线是利用回转的空心锭子以及附装于其上的加捻器（加捻钩），将经牵伸后的饰纱纤维束以一定的花式缠绕在芯纱上的一种纺纱方法。其工艺过程如图 8-2-15 所示。饰纱 3 经牵伸装置从前罗拉 4 输出后，与芯纱罗拉 2 送出的芯纱 1 以一定的超喂比在前罗拉出口处相遇而并合，一起穿过空心锭 5，空心锭回转所产生的假捻将饰纱缠于芯纱之外，初步形成花型，叫作一次加捻。固纱 7 来自套于空心锭外的固纱管 6 上。固纱与由芯纱、饰纱组成的假捻花式线平行穿过空心锭，并且均在加捻钩 8 上绕过一圈。这样，在加捻钩以前，固纱与饰纱、芯纱是平行运动的，仅在加捻钩以后，经过加捻钩的加捻作用，即所谓的二次加捻，才与芯纱、饰纱捻合在一起由输出罗拉 9 输出，最后被卷绕辊筒 10 带动卷绕成花式线筒 11。由于一次加捻与二次加捻的捻向相反，所以芯纱和超喂饰纱在加捻钩以前获得的假捻和花型，在通过加捻钩后完全退掉，形成另一种花型，再由在加捻钩获得真捻的固纱所包缠固定，从而形成最终花型。所以花式线的最后花式效应，是饰纱的超喂量、固纱的包缠数及芯纱的张力大小等因素的综合效应。芯纱张力是影响锭子上下气圈大小的决定性因素，直接影响着饰纱在其上的分布。空心锭纺纱法将传统纺制花式线所需的四道工序——纺纱、初捻、二次加捻、络筒等合并为一道，从而大幅提高了生产效率。

四、摇纱与成包

（一）摇纱与成包的任务

摇纱的任务是将细纱或股线已络好的筒子按规定的重量或长度摇成绞纱，以便成包。供给准备进行漂白、染色、丝光等加工的纱线，也须摇成绞纱。

将绞纱或筒子纱按规定的重量包装起来，称为成包。成包的任务是压缩纱线的体积，防止棉纱线受到损伤，便于计量发货、搬运和存放。

（二）绞纱与成包规格

1. 绞纱规格

棉纱在公定回潮率 8.5%时，绞纱规格见表 8-2-1。

表 8-2-1　绞数规格

绞数	1/4 绞	1/2 绞	单绞	双绞	四绞
回潮率 8. 5%是的重量/g	12. 5	25	50	100	200

根据使用厂的需要，绞纱每绞重量也可以为 31. 25g、62. 5g、78. 125g 等。

2. 绞纱成包规格

（1）小包。棉纱回潮率为 8. 5%（化纤纱按不同化纤原料的公定回潮率）时，每小包纱的重量为 5kg。若干单绞合并为一个大绞（又称团），小包内大绞数（团数）因每绞的重量不同而变化，见表 8-2-2。

表 8-2-2　小包规格

每小绞重量/g	31. 25	50	62. 5		78. 125		100	125	200
小绞/每团	5	5	4	4	5	4	2	2	1
团/每小包	32	20	25	20	16	16	25	20	25

（2）中包、大包。每 20 个小包为一中包，中包重量 = 20×5 = 100kg。每 100kg 为一件纱，每 10 件纱重一吨。每 40 个小包为一大包，大包重量 = 40×5 = 200kg。

（三）筒子成包

棉纱线在公定回潮率 8. 5%时，50kg 为一袋包，100kg 为一件包，10 个件包重一吨。

思考练习

1. 并纱工序的任务是什么？
2. 捻线的任务是什么？捻线的方式有哪些？各有何特点？
3. 什么是倍捻技术？
4. 什么是股线的合股数？如何设计股线的捻向？
5. 什么是捻比值？如何确定？
6. 花式纱线有哪些种类？

拓展练习

收集各种花式线的图片。

项目9　精梳工序

学习目标

1. 掌握精梳准备与精梳工序的任务。
2. 了解精梳准备工序常用的机械型号、工艺过程。
3. 掌握精梳准备工序工艺流程的选择原则。
4. 了解国内采用的三种工艺流程及各自的特点。

重点难点

1. 精梳准备工艺的选择及特点。
2. 精梳机工艺过程。

任务1　精梳概述

学习目标

1. 掌握精梳工程的任务。
2. 掌握不同的精梳准备的工艺流程。
3. 了解精梳的发展及技术特征。

相关知识

在普梳纺纱系统中，从梳棉机上直接取下的生条存在很多缺陷，如含有较多的短纤维、杂质、棉结和疵点；纤维的伸直平行度较差。这些缺陷不但影响纺纱质量，也很难纺成较细的纱线。因此对质量要求较高的纺织品和特种纱线，如特细纱、轮胎帘子线等，均采用精梳纺纱系统。

一、精梳工序的任务

（1）排除短纤维，提高纤维的平均长度及整齐度。生条中的短绒含量为12%~14%，精梳工序的落棉率为13%~16%，可排除40%~50%的生条短绒，从而提高纤维的长度整齐度，改善成纱条干，减少纱线毛羽，提高成纱质量。

（2）排除生条中的杂质和棉结提高成纱的外观质量。精梳工序可排除生条中质50%~60%的杂质，10%~20%的棉结。

(3) 使条子中纤维伸直、平行和分离。梳棉生条中的纤维伸直度仅为50%左右，精梳工序可把纤维伸直度提高到85%~95%。有利于提高纱线的条干、强力和光泽。

(4) 并合均匀、混合与成条。例如，梳棉生条中的重量不匀率为2%~4%（生条5m的重量不匀率），而精梳制成的棉条重量不匀率为0.5%~2%。

二、精梳纱的特点

经精梳加工后的精梳纱，与同特数梳棉纱相比，强力高10%~15%，棉结杂质少50%~60%，条干均匀度有显著提高。精梳纱具有光泽好、条干匀、结杂少、强力高等优良的力学性能和外观特性。

三、精梳纱的应用

对于质量要求较高的纺织品，如高档汗衫、细特府绸、特种工业用的轮胎帘子线、高速缝纫机线，它们的纱或线都是经过精梳工序纺成的。纺7.3tex（80英支）以下的超细特纱，强力大、光泽好的19.4~9.7tex（30~60英支）细特针织用纱，以及具有特种要求的轮胎帘子线、缝纫线、牛仔织物的纱线时，均应采用精梳加工。

精梳工序是由精梳准备机械和精梳机组成，精梳准备机械是提供质量好的精梳小卷供精梳机加工。

☞ 思考练习

1. 简述精梳工序的任务。
2. 精梳纱有哪些特点？

☞ 拓展练习

查找资料，收集精梳纱的质量指标。

任务2 精梳准备

学习目标

1. 掌握精梳准备的任务。
2. 掌握不同的精梳准备工艺流程的选择原则。
3. 了解精梳准备的三种工艺及其特点。

相关知识

一、精梳准备的任务

梳棉棉条中，纤维排列混乱、伸直度差，大部分纤维呈弯钩状态，如直接用这种棉条在精梳机上加工梳理，梳理过程中就可能形成大量的落棉，并造成大量的纤维损伤。同时，锡林梳针的梳理阻力大，易损伤梳针，还会产生新的棉结。为了适应精梳机工作的要求，提高精梳机的产质量同时节约用棉，梳棉棉条在喂入精梳机前应经过准备工序，预先制成适应于精梳机加工的、质量优良的小卷。因此，精梳准备的任务应为：

（1）制成小卷，便于精梳机加工。

（2）提高小卷中纤维的伸直度、平行度与分离度，减少精梳时纤维损伤和梳针折断，降低落棉中长纤维的含量，有利于节约用棉。

二、小卷的质量要求

（1）小卷的纵向结构要均匀，以保证小卷定量准确、梳理负荷均匀。

（2）小卷的横向结构要均匀，即小卷横向应没有破洞、棉条重叠、明显的条痕等，以保证钳板对棉层的横向握持均匀可靠，防止长纤维被锡林抓走。

（3）小卷的成形良好、容量大、不粘卷。

三、精梳准备机械

精梳准备的工艺流程不同，所选用的精梳准备机械也不同，概括起来，准备机械包括预并条机、条卷机、并卷机和条并卷联合机四种，除预并条机为并条工序通用的机械外，其他三种皆为精梳准备专用机械。

1. 条卷机

目前国内使用较多的条卷机有 A191B 型、FA331 型和 FA334 型，其工艺过程基本相同。卷条的工艺流程如图 9-2-1 所示。棉条 2 从机后导条台两侧导条架下的 20~24 个棉条筒 1 中引出，经导条辊 5 和压辊 3 引导，绕过导条钉转向 90°后在 V 形导条板 4 上平行排列，由导条罗拉 6 引入牵伸装置 7，经牵伸形成的棉层由紧压辊 8 压紧后，由棉卷罗拉 10 卷绕在筒管上制成条卷 9。筒管由棉卷罗拉的表面摩擦传动，两侧由夹盘夹紧并对精梳小卷加压以增大卷绕密度。满卷后，由落卷机构将小卷落下，换上空筒后继续生产。

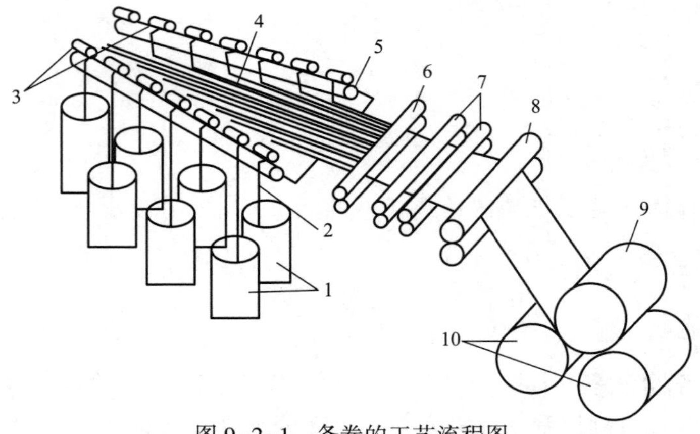

图 9-2-1　条卷的工艺流程图

由于条卷机生产的精梳小卷宽度、产量等条件不同，条卷机与精梳机必须配套使用。例如，A201 系列精梳机配 A191B 型条卷机，SXF1269 型等精梳机配 FA334 型条卷机。

2. 并卷机

并卷机的工艺流程如图 9-2-2 所示。6 只小卷 1 放并卷机后面的棉卷罗拉 2 上，小卷退解后，分别经导卷罗拉 3 进入牵伸装置 4，牵伸后的棉网通过光滑的曲面导板 5 转向 90°，在输棉平台上六层棉网并合后，经输出罗拉 6 进入紧压罗拉 7，再由成卷罗拉 8 卷成精梳小卷 9。

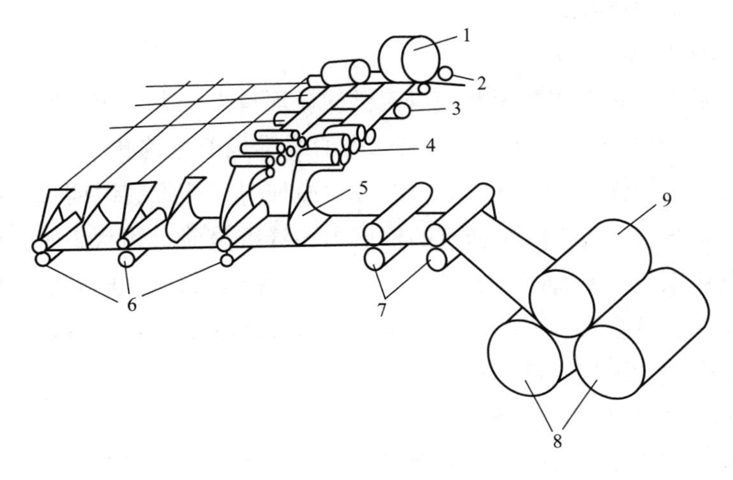

图 9-2-2　并卷机工艺流程图

3. 条并卷联合机

条并卷联合机喂入部分由三部分组成，如图 9-2-3 所示。每一部分各有 16~20 根棉条，由条筒 1 经导条罗拉 2 喂入，棉层经牵伸装置 3 牵伸后成为棉网，棉网通过光滑的曲面导板 4 转向 90°，在输棉平台上 2~3 层棉网并合后，经输出罗拉 8 进入紧压罗拉 5，再由成卷罗拉 7 卷成精梳小卷 6。

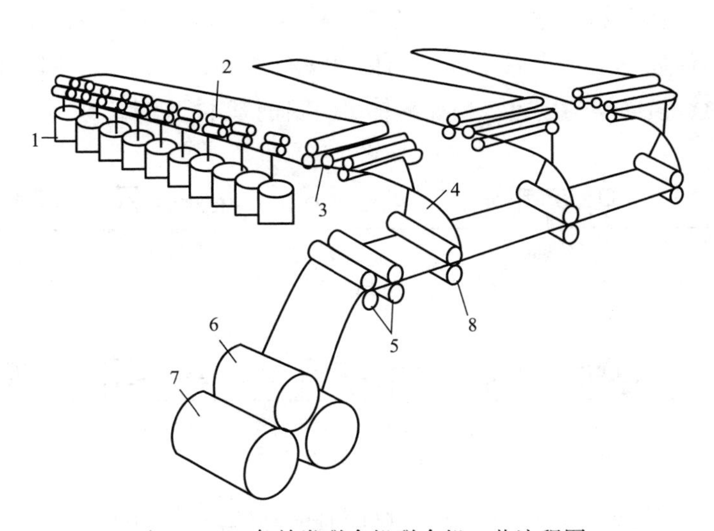

图 9-2-3　条并卷联合机联合机工艺流程图

四、精梳准备的工艺流程

正确选择精梳准备的工艺流程和机台，对提高精梳机的产量、质量和节约用棉影响很大，选用的机台和工艺流程不仅机械和工艺性能要好，而且总牵伸倍数和并合数的配置也要恰当。并合数大，可改善小卷的均匀度，但并合数大必然引起总牵伸倍数增大，总牵伸倍数大，可改善纤维的伸直度，但过多的牵伸将使纤维烂熟，反而对以后的加工不利。

精梳准备的工艺流程一般有三种：并条→条卷（条卷工艺）；条卷→并卷（并卷工艺）；并条→条并卷联合（条并卷工艺）。

1. 精梳准备工艺流程的准则

精梳准备工艺道数应遵循偶数配置。精梳机的梳现特点是上下钳板握持棉丛的尾端，锡林握持棉丛的前端，因此当喂入精梳机的棉层内的纤维呈前弯钩状态时，易于被锡林梳直；而纤维呈后弯钩状态时，无法被锡林梳直，在被顶梳梳时，纤维会因前端不能到达分离钳口被顶梳阻滞而进入落棉，因此喂入精梳机的棉层内的纤维呈前弯钩状态时，可减少可纺纤维的损失。梳棉生条中后弯钩纤维占50%以上，所占比例最大，而前弯钩纤维仅占5%左右。由于每经过一道工序，纤维弯钩方向改变一次，因此在梳棉与精梳之间准备工序按偶数配置，可使喂入精梳机的多数纤维呈前弯钩状。

2. 几种精梳准备工艺流程的对比

根据精梳准备工艺道数配置的偶数准则可知，从梳棉到精梳间的工序道数应为 2 道。目前按此准则配置的精梳前准备工艺流程有以下三种。

（1）条卷机→并卷机。这种流程的特点是小卷成形良好，层次清晰，且横向均匀度好，有利于梳理时钳板的握持，落棉均匀；适于纺特细特纱，如图 9-2-4（a）所示。

（2）预并条机→条并联合机。这种流程的特点是小卷并合次数多，成卷质量好，小卷的重量不匀率小，有利于提高精机的产量和节约用棉。但在纺制长绒棉时，因牵伸倍数过大易发生粘卷，且占地面积大。目前国外多数制造厂均采用这种工艺，如图 9-2-4（b）所示。

（3）预并条机→条卷机。这种流程的特点是机器少，占地面积少，结构简单，便于管理和维修；由于牵伸倍数较小，小卷中纤维的伸直平行不够，且由于采用棉条并合方式成卷，制成的小卷有条痕，横向均匀度差，精梳落棉多。目前基本已淘汰。

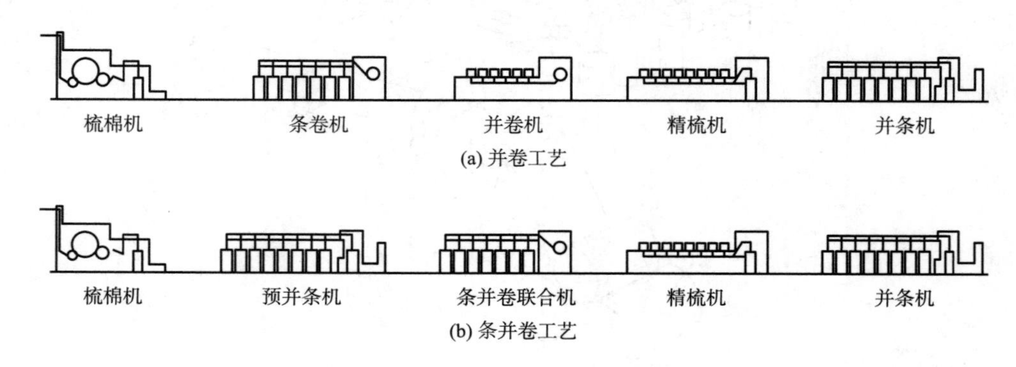

图 9-2-4　常用的两种精梳前准备工艺流程示意图

思考练习

1. 简述精梳准备工序的任务。
2. 简述精梳准备的工艺流程的选择原则。
3. 简述精梳准备的工艺流程有哪几种，各有什么特点。
4. 为什么精梳前准备工序道数要遵守偶数准则？

拓展练习

1. 观看并卷机视频。
2. 观看条并卷机视频。

任务3 精梳机

学习目标

1. 掌握精梳机的工艺过程。
2. 掌握精梳机的四个工作阶段。
3. 了解精梳机工作的运动配合。

相关知识

一、精梳机的工艺过程

精梳机虽有多种机型，但其工作原理基本相同，都是周期性地梳理棉丛的两端，梳理过的棉丛与分离罗拉倒入机内的棉网接合，再将棉网输出机外。精梳机的工作特点是能对纤维的两端进行梳理，且棉网能周期性的分离接合。

SXF1269A型精梳机的工艺过程如图9-3-1所示。小卷放在一对承卷罗拉7上，随承卷罗拉的回转而退解棉层，经导卷板8喂入置于钳板上的给棉罗拉9与给棉板6组成的钳口之间。给棉罗拉周期性间歇回转，每次将一定长度的棉层（给棉长度）送入上、下钳板5组成的钳口。钳板作周期性的前后摆动，在后摆中途，钳口闭合，有力地钳持棉层，使钳口外棉层呈悬垂状态。此时，锡林4上的梳针面恰好转至钳口下方，针齿逐渐刺入棉层进行梳理，清除棉层中的部分短绒、结杂和疵点。随着锡林针面转向下方位置，嵌在针齿间的短绒，结杂、疵点等被高速回转的毛刷3清除，经风斗2吸附在尘笼1的表面，或直接由风机吸入尘室。锡林梳理结束后，随着钳板的前摆，须丛逐步靠近分离罗拉11钳口。与此同时，上钳板逐渐开启，梳理好的须丛因本身弹性而向前挺直，分离罗拉倒转，将前一周期的棉网倒入机内，当钳板钳口外的须丛头端到达分离钳口后，与倒入机内的棉网相叠合而后由分离罗拉输出。在张力牵伸的作用下，棉层挺直，顶梳 10 插入棉层，被分离钳口抽出的纤维尾端从顶梳片针隙间拽过，纤维尾端黏附的部分短纤、结杂和疵点被阻留于顶梳针后边，待下一周期锡林梳理时除去。当钳板到达最前位置时，分离钳口不再有新纤维进入，分离结合工作基本结束。之后，钳板开始后退，钳口逐渐闭合，准备进行下一个工作循环。由分离罗拉输出的棉网，经过一个有导棉板 12 的松弛区后，通过一对输出罗拉 13，穿过设置在每眼一侧并垂直向下的喇叭口 14 聚拢成条，由一对导向压辊 15 输出。各眼输出的棉条分别绕过导条钉 16 转向 90°，进入三上五下曲线牵伸装置 17。牵伸后，精梳条由一根输送带 20 托持，通过圈条集束器 22 及一对检测压辊 21 圈放在条筒 23 中。

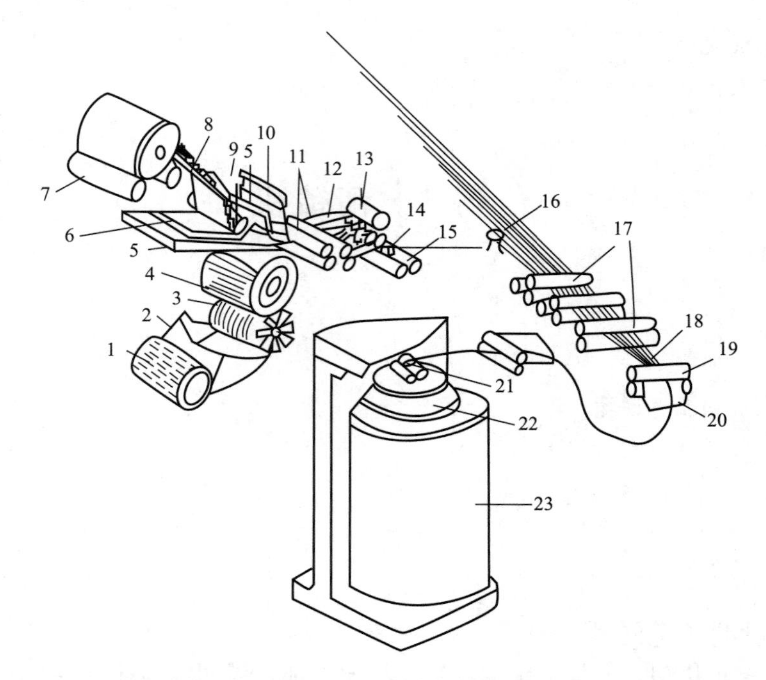

图 9-3-1 SXF1269A 精梳机的工艺流程

1—尘笼 2—风斗 3—毛刷 4—锡林 5—上、下钳板 6—给棉板 7—承卷罗拉 8—导卷板 9—给棉罗拉 10—顶梳 11—分离罗拉 12—导棉板 13，19—输出罗拉 14—喇叭口 15—导向压辊 16—导条钉 17—牵伸装置 18—集合器 20—输送带 21—检测压辊 22—圈条集束器 23—条筒

二、精梳机工作的运动配合

（一）基本概念

精梳机的给棉、梳理和分离接合过程是间歇的，为了连续进行生产，精梳机上个运动机件相互间必须密切配合。这种配合关系由装在精梳机动力分配轴（锡林轴）上的分度指示盘指示和调整，如图 9-3-2 所示。

（1）分度盘与分度。锡林轴上固装有一个圆盘，称为分度盘；将分度盘 40 等分，每一等份称为 1 分度（等于 9°）。当精梳锡林回转一转，即分度盘回转一转。

（2）钳次。精梳机完成一个工作循环称为一个钳次，在一个钳次中，锡林回转一转，钳板摆动一个来回。

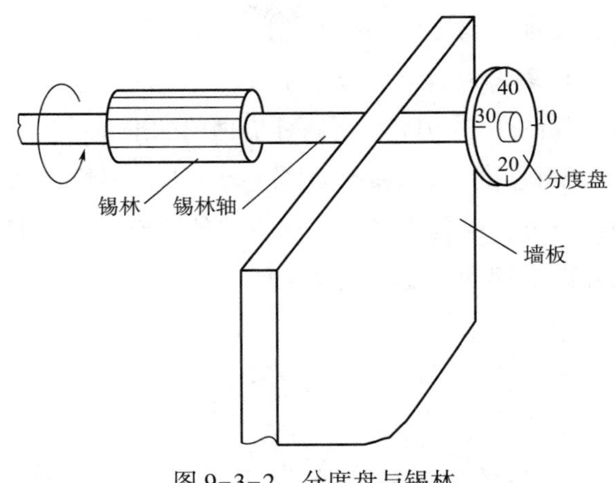

图 9-3-2 分度盘与锡林

（二）精梳机的运动周期

精梳机的一个运动周期可分为以下四个阶段。

1. 锡林梳理阶段

如图 9-3-3 所示，锡林梳理从锡林第一排针开始梳理到末排针脱离棉丛为止称为锡林梳理阶段。这一阶段各主要机件的工作和运动况为：上、下钳板闭合，牢固地握持须丛，钳板先向后再向前运动；锡林梳理须丛前端，排除短绒和杂质；给棉罗拉停止给棉；分离罗拉处于基本静止状态；顶梳先向后再向前摆，但不与须丛接触。

2. 分离前的准备阶段

如图 9-3-4 所示，分离前的准备阶段从锡林梳理结束时开始到开始分离时结束。这一阶段各主要机件的工作和运动况为：上、下钳板由闭合到逐渐开启，钳板继续向前运动；锡林梳理结束；给棉罗拉开始给棉；分离罗拉由静止再到开始倒转，将棉网倒入机内，准备与钳板送来的纤维丛结合；顶梳继续向前摆动，但仍未插入须丛梳理。

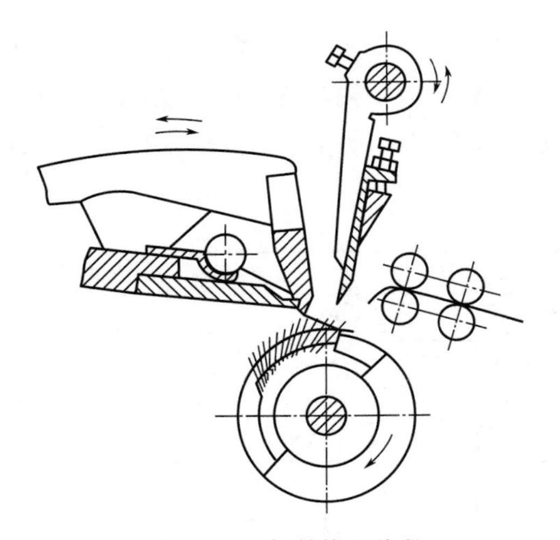
图 9-3-3 锡林梳理阶段

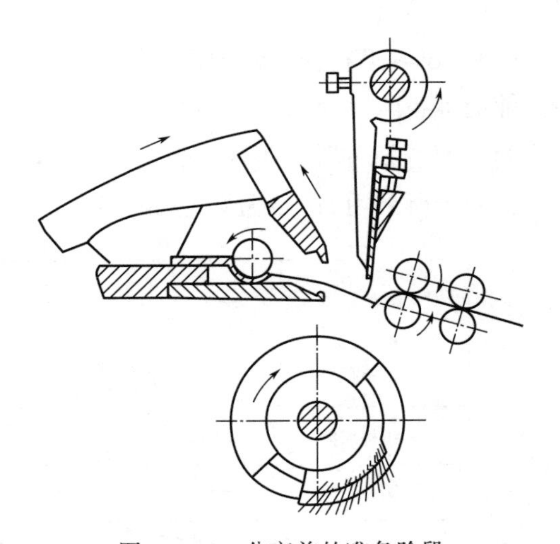
图 9-3-4 分离前的准备阶段

3. 分离接合阶段

如图 9-3-5 所示，分离接合阶段从纤维开始分离起到分离结束为止。这一阶段各主要机件的工作和运动况为：上、下钳板开口增大，并继续向前运动将须丛送入分离钳口；顶梳向后摆动，插入须丛梳理，将棉结、杂质及短纤维阻留在顶梳后面的须丛中，在下一个工作循环中被锡林带走；分离罗拉继续顺转，将钳板送来的纤维牵引出来，叠合在原来的棉网尾端上，实现分离接合；给棉罗拉继续给棉。

4. 锡林梳理前的准备阶段

如图 9-3-6 所示，锡林梳理前的准备阶段从分离结束起到锡林梳理开始为止。这一阶段各主要机件的工作和运动情况为：上、下钳板向后摆动，逐渐闭合；锡林第一排针逐渐接近钳板下方，准备梳理；给棉罗拉停止给棉；分离罗拉继续顺转输出棉网，并逐渐趋向静止；顶梳向后摆动，逐渐脱离须丛。

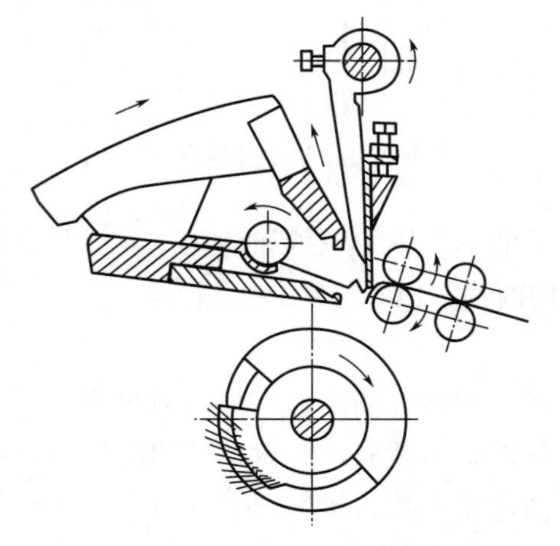

图 9-3-5　分离接合阶段图

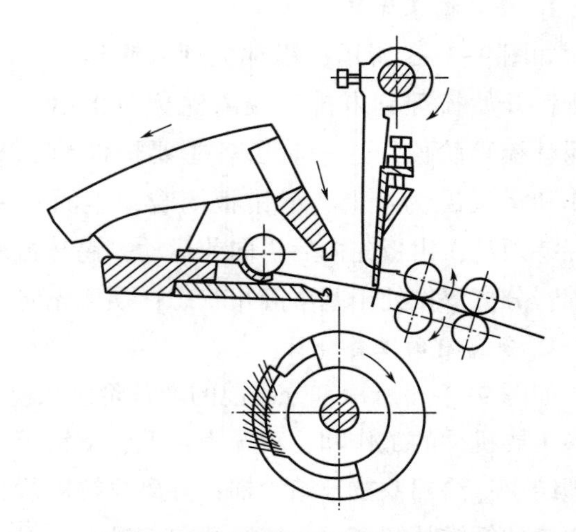

图 9-3-6　锡林梳理前的准备阶段

SXF1269A 型精梳机各主要件的运动配合如图 9-3-7 所示。锡林梳理阶段为 34～4 分度；分离前的准备阶段为 4～18 分度；分离接合阶段为 18～24 分度；锡林梳理前的准备阶段为 24～34 分度。精梳机的种类不同，各个工作阶段的分度不同；同一种精梳机的各个工作阶段的分度数，由于所采用的工艺不同也有差别。

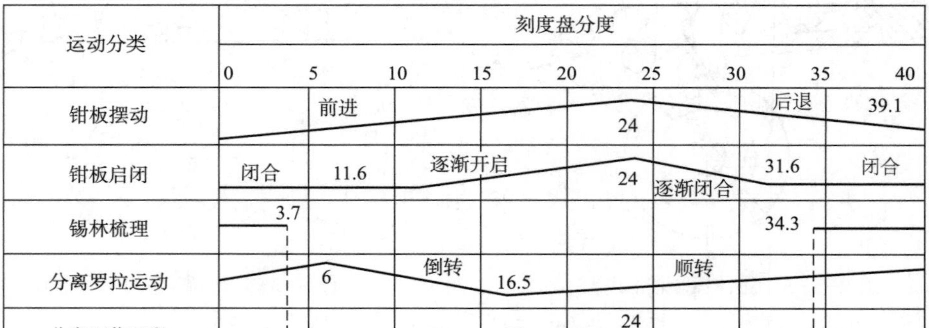

运动分类	刻度盘分度
	0　5　10　15　20　25　30　35　40
钳板摆动	前进　24　后退　39.1
钳板启闭	闭合　11.6　逐渐开启　24　逐渐闭合　31.6　闭合
锡林梳理	3.7　34.3
分离罗拉运动	6　倒转　16.5　顺转
分离工作区段	18　24
顶梳工作区段	18　30
四个阶段划分	梳理　分离前准备　分离接合　锡林梳理准备　锡林 3.7　18　24　34.3

图 9-3-7　SXF1269A 型精梳机各主要件的运动配合

☞思考练习

1. 精梳机一个工作循环可分为哪几个阶段？试说明精梳机各主要机件在各阶段中的运动状态。

2. 请回答什么是分度盘、分度？ 什么是一个工作循环、钳次？

☞拓展练习

观看精梳机工作视频。

项目 10　新型纺纱

学习目标

1. 掌握新型纺纱的原理、分类及特点。
2. 了解转杯纺纱、喷气纺纱、摩擦纺纱的任务、工艺流程。

重点难点

1. 新型纺纱的原理。
2. 转杯纺纱、喷气纺纱、摩擦纺纱的工艺流程。

任务 1　新型纺纱概述

学习目标

1. 掌握新型纺纱的特点。
2. 掌握新型纺纱的分类及其原理。
3. 了解不同新型纺纱的比较。

相关知识

一、环锭细纱机存在的问题

1. 钢丝圈和纺纱张力的制约

环锭细纱机的加捻和卷绕作用是同时进行的。钢丝圈绕钢领一周即在纱线上加入一个捻回，同时利用锭子速度与钢丝圈速度之差，将纱线卷绕到筒管上。所以锭子与钢丝圈既要完成加捻作用又要完成卷绕作用。实际上，筒管的作用主要是完成卷绕，其转速比锭速慢得多。因此，利用筒管套在锭子上并与锭子一起高速回转是不合理的。锭子高速回转必然引起钢丝圈高速回转，由于钢丝圈线材截面小，高速回转产生的热量不易散发，容易烧毁，由此产生飞圈而造成细纱断头。同时，纱线张力与钢丝圈离心力成正比，而离心力又与锭速的平方成正比，因此锭速提高，纱线张力也剧增而造成细纱断头。所以，环锭细纱机生产速度的进一步提高会受到钢丝圈线速度和纱线张力的制约。

2. 气圈稳定性的影响

环锭细纱机在加捻卷绕过程中，因钢丝圈高速回转，纱线在导纱钩和钢丝圈之间会产生气圈。锭子高速回转后，使纱线张力与其波动增大，从而影响气圈的稳定性并增加断头。特别当锭子与筒管的同心度存在偏差时，因筒管振动而引发锭子振动，严重时会发生“跳筒管”现象，加剧断头。

可见，环锭纺纱机要大幅度提高产量还受到很多不利因素的限制。因此，为增加纺纱效率，各种新型纺纱方法相继问世。

二、新型纺纱技术的特点

纺纱技术的发展一直未曾停止，从 20 世纪 50 年代起，先后涌现出成纱机理与环锭纺截然不同的转杯纺、喷气纺、静电纺、摩擦纺、平行纺、涡流纺、自捻纺等新型纺纱技术。近年来，又有喷气自由端纺纱，以及在环锭纺上稍做革新而形成的赛络纺、赛络菲尔、索罗纺（又称缆型纺）和紧密纺等纺纱新技术的出现。这些新型纺纱技术的出现，既有利于纺纱技术与设备水平的提升，也为成纱质量的提高和产品风格的多样性提供了可能。

新型纺纱与环锭纺纱最大的区别在于将加捻与卷绕分开进行，并广泛应用微电子、微机处理技术新的科学技术，从而使产品的质量保证体系由人的行为变为电子监测控制。与传统的环锭纺相比，新型纺纱具有以下特点。

1. 产量高

新型纺纱采用了新的加捻方式，加捻器转速不再像钢丝圈那样受线速度的限制，输出速度的提高可使产量成倍增加。

2. 卷装大

由于加捻卷绕分开进行，使卷装不受气圈形态的限制，可以直接卷绕成筒子，减少了因络筒次数多而造成的停车时间，使时间利用率得到很大的提高。

3. 流程短

新型纺纱普遍采用条子喂入，筒子输出，一般可省去粗纱、络筒两道工序，使工艺流程缩短，劳动生产率提高。

4. 改善了生产环境

由于微电子技术的应用，使新型纺纱机的机械化程度远比环锭细纱机高，且飞花少、噪声低，有利于降低工人劳动强度，改善工作环境。

三、新型纺纱技术分类

新型纺纱技术的种类很多，按纺纱原理分，新型纺纱可分为自由端纺纱和非自由端纺纱的大类。

1. 自由端纺纱

自由端纺纱需经过分梳牵伸—凝聚成条—加捻—卷绕四个工艺过程，即首先将纤维条分解成单纤维，再使其凝聚于纱条的尾端，使纱条在喂入端与加捻器之间断开，形成自由端，自由端随加捻器回转，使纱条获得捻回，重新聚集成连续的须条，使纺纱得以继续进行，最后将加捻后的纱条卷绕成筒子。如图 10-1-1 所示，*AB* 为自由端须条，自由端 *A* 能随加捻器同向同速自由转动，因而当加捻器回转时，*AB* 纱段不产生捻度，*BC* 纱段上获得捻回。转杯纺纱、涡流纺纱、摩擦纺纱等都属于自由端纺纱。

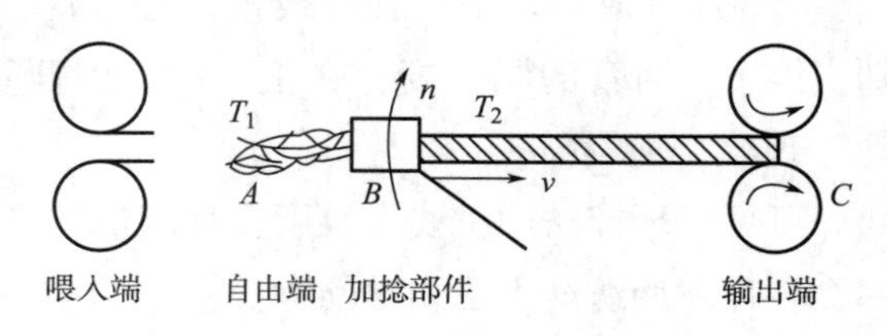

图 10-1-1　自由端加捻示意图

2. 非自由端纺纱

非自由端纺纱一般经过罗拉牵伸—加捻—卷绕三个工艺过程，即纤维条自喂入端到输出端呈连续状态，加捻器置于喂入端和输出端之间，对须条施以假捻，依靠假捻的退捻力矩，使纱条通过并合或纤维头端包缠而获得真捻，或利用假捻改变纱条截面形态，通过黏合剂黏合成纱。自捻纺纱、喷气纺纱、黏合纺纱都属于非自由端纺纱。

非自由端纺纱与自由端纺纱的基本区别在于喂入端的纤维结聚体受到控制而不自由。如图 10-1-2 所示，喂入端受到一对罗拉握持，另一端绕在卷装 *C* 上。如 *A*、*C* 两端握持不动，当加捻器 *B* 绕纱条轴向回转时，*AB* 段与 *BC* 段须条上均获得捻回，且捻回数量相等，方向相反。此处为中间加捻器的假捻现象，即当喂入端 *AB* 段有捻回存在，而 *BC* 输出端并未获得捻回。

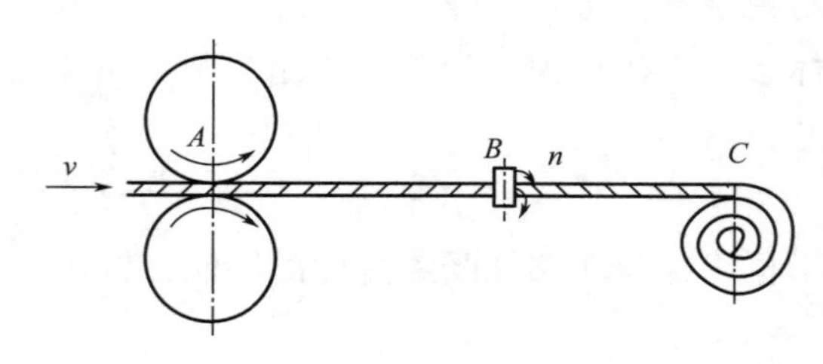

图 10-1-2　非自由端加捻示意图

非自由端纺纱的真捻发生在喂入端与加捻器之间，与自由端纺纱真捻产生在加捻器与卷绕端刚好相反。

四、主要新型纺纱技术的比较

新型纺纱技术种类很多，现选择三种比较成熟的新型纺纱技术（转杯纺、喷气纺和摩擦纺），并就其主要方面加以对比。

1. 成纱方法不同

转杯纺依靠高速回转的纺杯，将纱尾贴紧在纺杯内壁凝聚槽内，而头端为引纱罗拉握持并连续输出加捻成纱。喷气纺靠两只喷嘴喷射相反方向的回旋气流，对由牵伸装置输出的须条先加捻后解捻，表面纤维形成包缠成纱。摩擦纺一般用两只同向回转的摩擦元件，对其楔形区的纤维施加摩擦力偶，使纤维束滚动而加捻成纱。

2. 成纱截面中纤维根数不同

不同纺纱方法对成纱截面中最少纤维根数的要求也不同。一般喷气纱中最少纤维根数与环锭纱基本接近或略高，故喷气纱可纺中低线密度纱；摩擦纺和转杯纺中的最少纤维根数较多，且转杯纱的纤维根数又高于摩擦纺。根据瑞士《纱线》杂志推荐，纺涤纶纱时，几种主要纺纱方法与成纱截面的最少纤维根数见表 10-1-1。

表10-1-1 纺纱方法与成纱截面的最少纤维根数

纺纱方法	转杯纺	摩擦纺	喷气纺	包缠纺	环锭纺
最少纤维根数	120	100	70	40	60

3. 对纤维物理性能要求不同

影响转杯纱强力的主要因素是纤维的强力和线密度，长度已退居次要位置；纤维的摩擦因数和强力则是决定摩擦纱强力的主要因素。

4. 纺纱速度和成纱线密度不同

客观上，不同的纺纱方法都存在一个可纺线密度的范围。在可纺线密度范围内经济效益较高的某一线密度，称为经济线密度。任何一种纺纱方法均有其优点和不同。环锭纺的可纺线密度范围最广，目前国外已纺至1.67tex（350英支），国内也已生产过2.33tex（250英支），但产量太低。新型纺纱技术的纺纱速度都比环锭纺高，但可纺线密度范围不大。

思考练习

1. 新型纺纱的特点有哪些？
2. 什么是自由端纺纱？什么是非自由端纺纱？

拓展练习

收集新型纺纱技术的资料。

任务2 常用新型纺纱技术

学习目标

1. 掌握各种新型纺纱技术及其产品的特点。
2. 了解不同新型纺纱的工艺过程。

相关知识

一、转杯纺纱

（一）转杯纺纱的特点

（1）自由端纺纱。

（2）加捻卷绕分开。

（3）产量高（较环锭细纱机高3~4倍）。

（4）卷装大（每支筒纱重3~5kg）。

（5）工序短（省去粗纱和络筒工序）。

（6）对原料的要求低。

（7）适纺中、低支纱。

（二）转杯纺纱原料及纱支范围

1. 转杯纺纱原料

（1）天然纤维。如棉、亚麻。

（2）再生纤维素纤维。如黏胶纤维、莫代尔、天丝。

（3）合成纤维（短纤维）。如涤纶、腈纶。

（4）棉纺厂再用棉。如精梳落棉、清花落棉、梳棉落棉。

2. 转杯纺纱支范围

棉纺中转杯纺纱支范围国内一般大于20tex，国际为14tex以上，目前国内也有了精梳转杯纱14.5tex、18.2tex等品种。

（三）工艺流程及前纺工艺

1. 转杯纺纱工艺流程

开清棉→梳棉→并条（二道）→转杯纺纱机。

2. 转杯纺纱对前纺工艺的要求

（1）纤维中的尘杂应尽量在前纺工艺中去除。尽管转杯纺纱机采用了排杂装置，但由于微尘与纤维的比重差异小，不易清除干净，而前纺工程中却可以很容易地、尽早地去除这些微尘，不仅有利于提高成纱质量，而且有利于改善工作环境。转杯纺用生条含杂率指标见表10-2-1。

表10-2-1　转杯纺纱用生条含杂率指标

纱类	优质纱	正牌纱	专纺纱	个别场合
生条含杂率/%	0.07~0.08	<0.15	<0.20	>0.5

转杯纺用熟条质量指标见表10-2-2。

（2）提高喂入棉条中纤维的分离度和伸直平行度。加强清梳开松、分梳作用，提高纤维分离度；利用并条机的牵伸作用，使纤维伸直平行，以减少分梳辊分梳时的纤维损伤，提高纺纱强力。

表10-2-2　转杯纺纱用熟条质量指标

质量指标	国外	国内
1g熟条中硬杂重量	不超过4mg	不超过3mg
1g熟条中软疵点数量	不超过150粒	不超过120粒
硬杂质最大颗粒重量	不超过0.15mg	不超过0.11mg

续表

质量指标	国外	国内
熟条乌斯特变异系数	不超过 4.5%	小于 4.5%
熟条重量不匀率	不超过 1.5%	不超过 1.1%

3. 转杯纺纱的前纺工艺与设备

（1）清梳工序。为了适应转杯纺纱的要求，尽量去除纤维中的微尘，清梳工序应从以下方面考虑：

利用吸风来加强对微尘的清除效果。在开清棉工序中，利用刺辊来加强对纤维的开松作用，使纤维在进入梳棉机前即分解为单根纤维状态，使杂质能充分落下，尽早排除。

采用新型高产梳棉机，充分利用附加分梳元件及多点除尘吸风口来加强对纤维的分梳除杂作用，也可采用双联式梳棉机。由于此类设备采用两组梳理机构相串联，其梳理面积和除杂区域大为增加。双联梳棉机机构复杂，维修不便，所以在生产中应用较少。

转杯纺纱清梳联组合流程实例如下：

FA002×2 圆盘抓棉机→TF30（A045B）重物分离器→FA103 双轴流开棉机→FA028 多仓混棉机→FA109 三刺辊开棉机→FA151 强力除尘机→FA225×5 梳棉机

（2）并条工序。根据转杯纺纱工艺流程短，成纱强力低的特点，提高纤维伸直平行度和降低熟条重量不匀率是确定并条道数的重要依据，从成纱的强力考虑，二道并条优于一道并条。并条道数过多，会由于重复牵伸次数多而影响棉条的条干均匀度，特别是在原料较差的转杯纺生产中，并条对棉条质量的改善作用很小，在梳棉机上装加自调匀整装置则能达到较好的效果。所以在质量要求较低的粗特纱及废纺时，可采用一道并条或直接生条喂入。纤维的弯钩方向对转杯纺纱无显著影响。

（四）转杯纺纱机的工艺过程

如图 10-2-1 所示，棉条经喇叭口 8，由喂给罗拉 6 和喂给板 7 缓慢喂入，被表面包有金属锯条的分梳辊 1 分解为单根纤维状态后，经输送管道被杯内呈负压状态（风机抽吸或排气孔排气）的纺纱杯 2 吸入，由于纺杯高速回转的离心力作用，纤维沿杯壁滑入纺杯凝聚槽凝聚成纤维须条；生头时，先将一根纱线送入引纱管口，由于气流的作用，这根纱线立即被吸入杯内，纱头在离心力的作用下被抛向凝聚槽，与凝聚须条搭接起来，引纱由引纱罗拉 5 握持输出，贴附于凝聚须条的一端和凝聚须条一起随纺纱杯的回转，因而获得捻回。由于捻回沿轴向凝聚槽内的须条传递，使二者连为一体，便于剥离。纱条在加捻的过程中与阻捻头摩擦产生假捻作用，使剥离点至阻捻头一段纱条上的捻回增多，有利于减少断头，引纱罗拉将纱条自纺纱杯中引出后，经卷绕罗拉 4 卷绕成筒子 3。

（五）转杯纱的结构与特点

1. 成纱结构

转杯纱由纱芯与外包缠纤维两部分组成；内层纱芯比较紧密，外层包缠纤维结构松散；圆锥形和圆柱形螺旋线纤维（占 24%）比环锭纱（占 77%）少，而弯钩、对折、打圈、缠绕

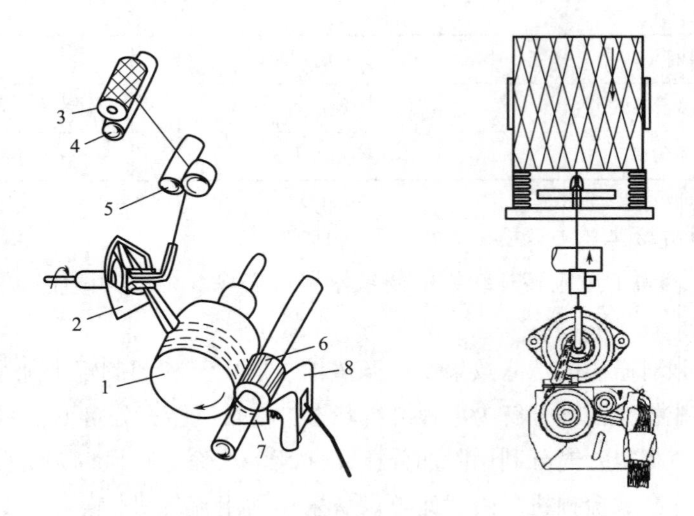

图 10-2-1 转杯纺纱机工艺过程

纤维（占 76%）远多于环锭纱。

2. 转杯纱的成纱特点

（1）强力。由于转杯纱中弯曲、对折、打圈、缠绕纤维多，纤维的内外转移差，当纱线受外力作用时，纤维断裂的不同时性严重，且因纤维间接触长度短，滑脱的几率增加。因此，转杯纱的强力低于环锭纱，纺棉时低 10%～20%，纺化纤时低 20%～30%。

（2）条干和含杂。由于转杯纱在成纱过程中避免了牵伸波和机械波，且在凝聚过程中又有并合效应，所以其成纱条干比环锭纱均匀。纺中特纱时，乌斯特条干不匀率为 11%～12%。

由于原棉经过前纺工序的开松、分梳、除杂、吸尘后，在进入纺杯以前，又经过了一次单纤维状态下的除杂过程，所以转杯纱比较清洁，纱疵少而小，其纱疵数仅有环锭纱的 1/4～1/3。

（3）耐磨度。纱线的耐磨度除与纱线本身的均匀度有关以外，还与纱线结构有密切关系。因环锭纱纤维呈有规则的螺旋线，当反复摩擦时，螺旋线纤维逐步变成轴向纤维，整根纱因失捻解体而很快磨断。而转杯纱外层包有不规则的缠绕纤维，不易解体，耐磨度好。一般转杯纱的耐磨度比环锭纱高 10%～15%。转杯纱因其表面毛糙，纱与纱之间的抱合良好，制成股线比环锭纱股线有更好的耐磨性能。

（4）弹性。纺纱张力和捻度是影响纱线弹性的主要因素。一般纺纱张力大，纱线弹性差；捻度大，纱线弹性好。因为纺纱张力大，纤维易超过弹性变形范围，且成纱后纱线中的纤维滑动困难，故弹性较差。纱线捻度大，纤维倾斜角大，受到拉伸时，表现出弹簧般的伸长性，故弹性较好。转杯纱属于低张力纺纱，且捻度比环锭纱多，因而转杯纱弹性比环锭纱好。

（5）捻度。一般转杯纱的捻度比环锭纱多 20%左右，这给一些后加工造成困难（如起绒织物的加工），同时捻度大的纱线手感较硬，影响织物的手感。所以，需要研究在保证一定的单纱强力同时减少纺纱断头的前提下，降低转杯纱捻度的措施。

(6) 蓬松性。纱线的蓬松性用比容（cm^3/g）来表示。由于转杯纱中的纤维伸直度差，且排列不整齐，在加捻过程中纱条所受张力较小，外层又包有缠绕纤维，所以转杯纱的结构蓬松。一般转杯纱的比容比环锭纱高 10%～15%。

(7) 染色性和吸浆性。由于转杯纱的结构蓬松，因而吸水性好，所以转杯纱的染色性和吸浆性较好，染料可少用 15%～20%，浆料浓度可降低 10%～20%。

二、喷气纺纱

喷气纺纱属于非自由端纺纱，是 20 世纪 70 年代发展起来的一种纺纱方法，这种纺纱方法是利用喷射气流对牵伸装置输出的须条施以假捻，并使露在纱条表面的头端自由纤维包缠在纱芯上形成具有一定强力的喷气纱。

喷气纺纱机机构简单，没有高速机件，但其纺纱速度高，生产效率可达环锭纺的 15 倍、转杯纺的 3 倍。喷气纺纱适纺范围较广，成纱结构具有独特的风格，是一种潜力很大，具有广阔发展前景的新型纺纱方法。

(一) 喷气纺纱的成纱原理

须条由喂入罗拉经四罗拉双短胶圈牵伸装置约 150 倍的牵伸，拉成一定的线密度，由前罗拉输出，依靠加捻器中的负压吸入加捻器，接受空气涡流的加捻。加捻器由第一喷嘴和第二喷嘴串接而成，两个喷嘴所喷出的气流旋转方向必须相反，须条受到这两股反向旋转气流的作用而获得捻度。第二喷嘴气流的旋向决定成纱上包缠纤维的捻向，第一喷嘴气流的旋向起包缠纤维的作用（图 10-2-2），因而，喷气纱是由包缠纱及纱芯所组成的是双重结构纱。被加捻后的纱条由引纱罗拉引出，直接卷绕成筒子。前罗拉输出速度应略大于引纱罗拉输出速度，超喂率一般控制在 1%～3%，使纱条在气圈状态下加捻。

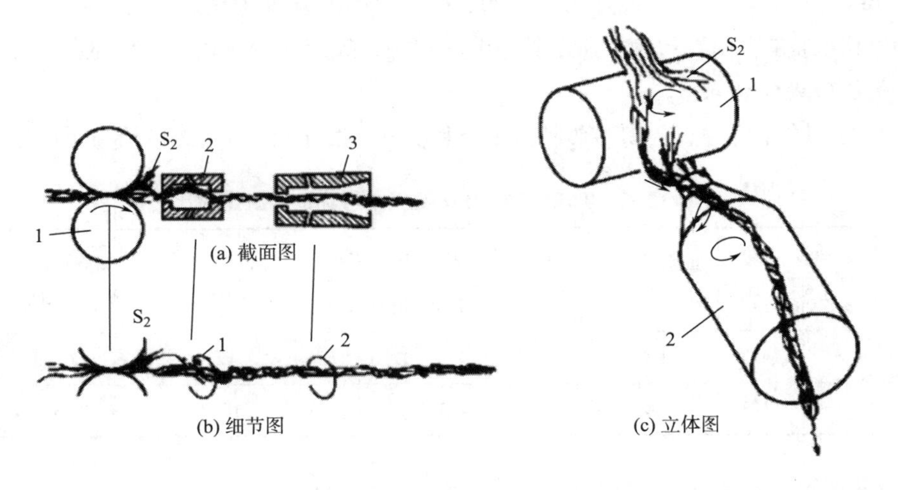

图 10-2-2　喷气纺纱原理示意图

1—前罗拉　2—第一喷嘴　3—第二喷嘴

（二）喷气纺纱的工艺过程

目前世界上应用最为广泛的喷气纺纱机是日本的MJS型，其工艺过程如图10-2-3所示。

棉条从棉条筒引出后直接进入双胶圈牵伸装置，经过50~300倍的牵伸后从前罗拉送出，被吸入加捻管。加捻管由两个转向相反的涡流喷嘴组成，经两股反向旋转涡流的作用，自须条中分离出头端自由纤维，并紧紧地包缠在芯纤维束的外层，形成喷气纱。纱条由引纱罗拉引出，经卷绕罗拉卷绕成筒子，满筒后筒子自动抬起，脱离卷绕罗拉，并由输送带送到车尾收集。

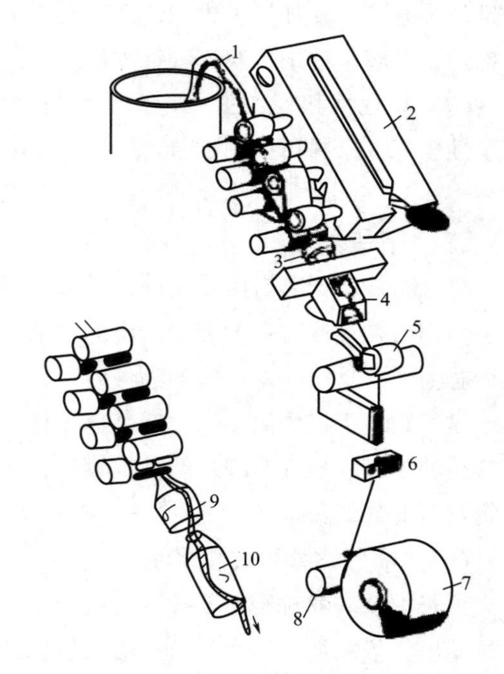

图10-2-3 No. 802H MJS型喷气纺纱机示意图

1—棉条 2—牵伸部分 3—喷嘴 4—喷嘴盒

5—引纱罗拉 6—清纱器 7—筒子

8—卷绕槽筒 9—第一喷嘴 10—第二喷嘴

（三）喷气纺纱的成纱结构及特点

1. 喷气纱的结构

喷气纱属于包缠纺纱，其基本结构由纱芯和表层两部分组成，纱芯是平行的只有少量假捻的纤维束，表层是有一定捻向的头端包缠纤维，喷气纱的结构特点如下：

（1）构成纱芯的纤维与包缠纤维并没有明显的界线，包缠纤维在纱体内外有转移，但反复的次数少，多呈不规则圆柱形螺旋线，真正在纱芯的平直纤维只有13%~32%，而起包缠作用的纤维则占60%~70%。这说明在加捻三角区，大多数纤维呈游离状被吸入第一喷嘴。

（2）纤维的伸直度差，纤维弯曲、打圈，60%以上的纤维头尾外翘打圈。

（3）由于纤维是自由端包缠，所以其包缠不规则，螺旋角变化较大，变化范围在10°~90°。

2. 喷气纱的成纱特点

喷气纱的成纱结构，决定了其成纱特点及外观质量，喷气纱与环锭纱的质量对比见表10-2-3。

表10-2-3 T65/C35 13tex喷气纱与环锭纱质量对比

项目	强力		重量不匀率	条干	疵点/(个·125m^{-1})			3mm毛羽/	耐磨次数	紧密度/
	CN·tex^{-1}	*CV*值/%	*CV*值/%	*CV*值/%	细节	粗节	棉结	(根·10mm^{-1})	顺向/反向	(g·cm^{-3})
环锭纱	17.7	14.3	4.6	17.4	9.1	12.6	18.6	123	6~12/6~12	0.85~0.95
喷气纱	16.3	11.3	2.2	15	4.3	7.2	16.3	16.7	50~80/5~15	0.75~0.85

从表中数据可以看出：

（1）喷气纱的强力较环锭纱低，见表10-2-3。纯涤纶或涤纶混纺纱的强力低10%~20%，纯棉纱因为纤维整齐度差、长度短而强力较环锭纱低30%~40%，但强力不匀率较环锭纱低。在经捻线后其强力提高的比例比环锭纱大，单强可达到环锭的 94%，原因为喷气纱经合股加捻后的股线结构同两根须条一起加捻的单纱一样，没有一般股线的外观。

（2）喷气纱的重量不匀率，条干不匀率均比环锭纱好，喷气纱在加捻过程中，部分杂质同被气流吹落带走，因而喷气纱的粗细节、棉结都较环锭纺纱少，但由于成纱纤维的单向性使退绕后黑板条干出现棉结较多。

（3）由于喷气纱为包缠结构，所以成纱直径较同特环锭纱大，紧度较环锭纱小，外观比较蓬松，但因其捻度大，表层纤维定向度较差，所以手感比较粗硬。

（4）由于喷气纱是利用假捻方法成纱的，纱芯捻度甚低，所以捻度稳定，无须用蒸纱定捻来消除纱条的扭应力。

（5）喷气纱对外界摩擦的抵抗有方向性。因喷气纱主要是纤维头端包缠，若用手指沿成纱方向刮动，纱表面光滑无异常，耐磨次数较大；若反向刮动，则纱表面会出现粒粒棉结，纤维沿轴向滑动，甚至断裂，逆向摩擦，耐磨次数较小。这种方向性使喷气纱在后加工中不宜经多次倒筒和摩擦，纱线强力会随倒筒次数的增加而降低。在组成织物后，由于喷气纱直径大，布身紧密、厚实，磨损支持面大，所以耐磨性能优于环锭纱织物。

（6）喷气纱的纱芯平直，外包头端自由纤维，因此在后加工过程中较环锭纱的伸长小，缩度也小，所以机织缩率、针织后缩率均较环锭纱低。

（7）因为喷气纱纺纱过程中纤维在纱中的转移差，所以喷气纱的短毛羽多，3mm 的长毛羽较环锭纱少。

三、摩擦纺纱

摩擦纺纱是一种自由端纺纱，与所有自由端纺纱一样，具有与转杯纺纱相似的喂入开松机构，将喂入纤维条分解成单根纤维状态，而纤维的凝聚加捻则是通过带抽吸装置的筛网来实现的，筛网可以是大直径的尘笼，也可以是扁平连续的网状带。国际上摩擦纺纱的型式较多，其中最具有代表性的摩擦纺纱机是奥地利的 DREF-Ⅱ型及 DREF-Ⅲ型，这两种机型的筛网为一对同向回转的尘笼（或一只尘笼与一个摩擦辊），所以也称为尘笼纺纱。

（一）D2 型摩擦纺纱机的工艺过程

尘笼式摩擦纺纱机是以奥地利发明人 DR ERNST FEHRER 的姓名缩写 DREF 来命名的，由Ⅰ型逐步发展到Ⅱ型、Ⅲ型，简称 D2 型、D3 型。

D2 型摩擦纺纱机的工艺过程如图 10-2-4 所示，4~6 根纤维条从条筒引出，并合喂入三罗拉牵伸装置 2，纤维条经过并合牵伸，其均匀度及纤维伸直度得到改善后，被分梳辊 3 梳理分解成单纤维状态，在分梳辊离心力和吹风管 4 气流的作用下脱离锯齿，沿挡板 5 下落至两尘笼 6 间的楔形槽内，尘笼内胆开口对着两尘笼间的楔形槽，一端通过管道与风机相连，在吸风装置 7 吸力的作用下，纤维被吸附在两尘笼的楔形槽中，凝聚成须条，将引纱引入尘笼，与凝聚须条搭接，由引纱罗拉握持输出，两尘笼同向回转对凝聚须条搓捻成纱，输出纱条经卷绕罗拉摩擦卷绕成筒子。

由于在尘笼表面的凝聚须条是自由的，所以这种摩擦加捻方式属于自由端加捻成纱，在

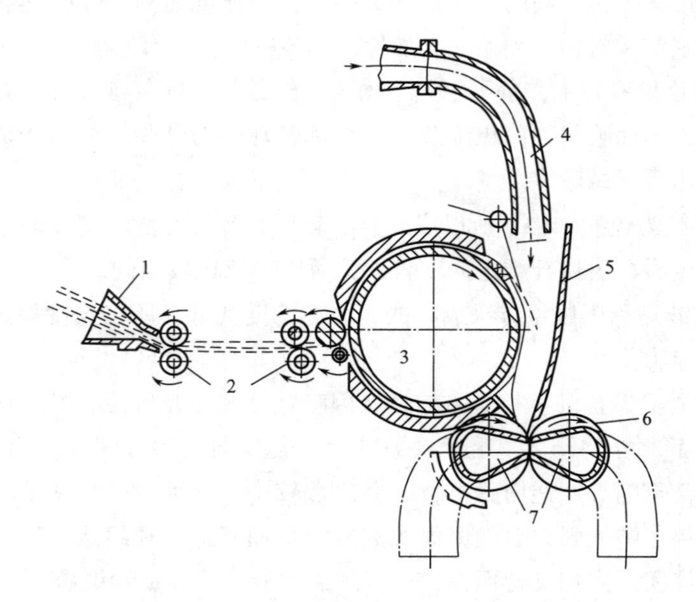

图 10-2-4　摩擦纺纱机的工艺过程

1—喇叭　2—牵伸罗拉　3—分梳辊　4—吹风管

5—挡板　6—尘笼　7—吸气装置

加捻过程中，尘笼表面的线速度近似于纱线自身的回转表面速度，所以尘笼低速就可以使纺纱获得较高的捻度，这样可以大大地提高出条速度以获得高产。纱条捻回的方向与尘笼回转的方向相反，捻回的多少则取决于尘笼的速度、尘笼表面与纱条的接触状态及尘笼的吸力大小。

（二）D2 型摩擦纺纱的结构及成纱特点

1. D2 型摩擦纱的结构

在摩擦纱中，纤维的排列形态比较紊乱，圆锥螺旋线及圆柱螺旋线排列的纤维数量比转杯纱少，仅占 12%。多根扭结、缠绕的纤维占 40%，其余多为弯钩、对折纤维。

2. 成纱特点

摩擦纺的成纱特点见表 10-2-4，从表中可知：

（1）由于纤维在凝聚过程中缺少轴向力的作用，成纱内纤维的伸直平行度差，排列紊乱，所以摩擦纱的成纱强力远低于环锭纱，单强仅有环锭纱的 60%左右。

（2）因为成纱由多层纤维凝聚而成，所以摩擦纱的条干优于环锭纱，粗节、棉结均少于同特环锭纱。

（3）由于成纱的经向捻度分布由纱芯向外层逐渐减少，成纱结构内紧外松，所以摩擦纱的紧度较小（0. 35～0. 65），表面丰满蓬松、弹性好、伸长高、手感粗硬，但较粗梳毛纱好。

（4）由于是分层结构，所以摩擦纱具有较好的耐磨性能。

表 10-2-4 摩擦纺、环锭纺、转杯纺成纱性能比较

指标	C 29.4tex		
	摩擦纱	转杯纱	环锭纱
断裂长度/km	11.7	11.5	14.4
伸长率/%	8.6	9.2	7.7
条干 *CV* 值/%	14.25	15.5	17.1
细节×粗节×棉结/(个·$1000m^{-1}$)	49×19×22	24×85×547	60×345×314

(三) D3 型摩擦纺纱机的纺纱工艺过程及成纱特点

1. 纺纱工艺过程

D3 型摩擦纺纱机有两个喂入单元，一个提供纱芯，一个提供外包纤维，如图 10-2-5 所示，熟条经四罗拉双胶圈牵伸装置沿轴间喂入尘笼加捻区，作为纱芯；4~6 根生条并列喂入三上二下罗拉牵伸机构，经一对直径相同的分梳辊 3 梳理分解为单纤维后，再经气流输送管 4 进入两尘笼 1 的楔形槽中，由尘笼搓捻包缠在纱芯上，形成包缠纱。成纱由引纱罗拉 2 输出，经卷绕罗拉摩擦传动而制成筒子。

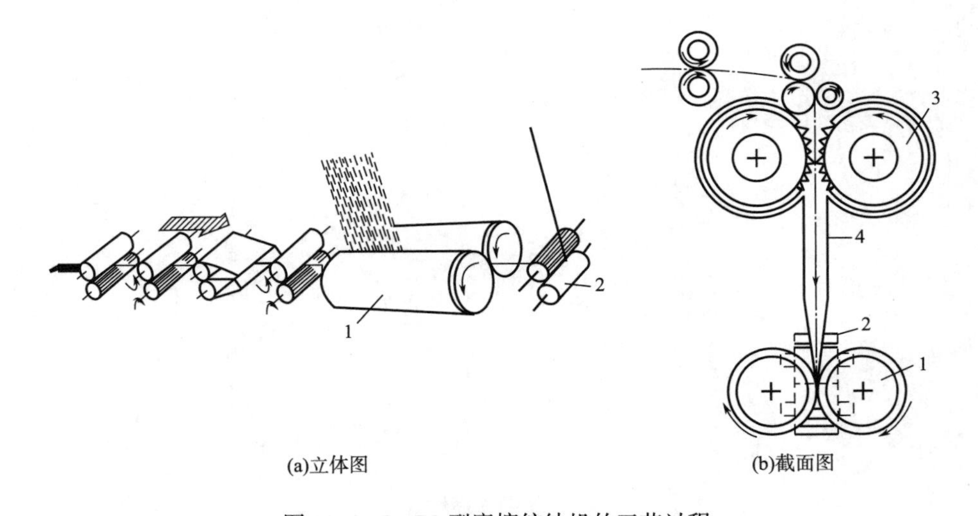

图 10-2-5 D3 型摩擦纺纱机的工艺过程

2. 成纱特点

沿轴向喂入尘笼的纱芯，在受尘笼加捻的过程中同时被牵伸装置的前罗拉和引纱罗拉所握持，所以纱芯被施以假捻，被分梳辊分解的纤维在进入尘笼楔形槽后，随纱芯一起回转包缠在纱芯的表面，当纱条由引纱罗拉牵引走出尘笼钳口线时，由于纱芯假捻的退解作用，纱芯成为伸直平行的纤维束，而外包纤维则依靠退捻力矩越包越紧，使纱芯纤维紧密接触，体现为纱的强度，外层纤维则构成了纱的外形。

D3 型摩擦纺纱机纺出的纱是一种芯纤维平行伸直排列的包芯纱，由于成纱结构的改变，

使成纱强力大为改善，并具有条干均匀，毛羽少等特点。

思考练习

1. 转杯纺和环锭纺相比有何特点？
2. 说明转杯纺适用的原料、纺纱工艺流程和可纺纱支范围？
3. 叙述转杯纱的成纱结构。
4. 转杯纱有哪些特点？简要分析。
5. 说明喷气纺纱的成纱原理？喷气纱的结构及性能特点？
6. 说明摩擦纺的成纱原理，适纺原料和成纱特点？

拓展练习

1. 了解 MVS 喷气涡流纺纱。
2. 收集其他新型纺纱的资料。

模块 2　机织概论

项目 11　机织物及其形成

学习目标

1. 掌握机织物的概念与分类。
2. 了解机织物新品种的发展。
3. 掌握机织物的形成过程。
4. 掌握机织生产流程。

重点难点

1. 机织物的形成过程。
2. 机织物生产流程设计。

任务 1　机织物基本知识

学习目标

1. 掌握织物的概念和分类。
2. 了解机织物的发展历程和织物品种的新发展动态。

相关知识

一、织物的基本概念与分类

织物指纤维或纱线，以及纤维与纱线按照一定规律构成的片状集合体。

经纱是沿织物长度方向（纵向）排列的纱；纬纱是沿织物宽度方向（横向）排列的纱。织物结构指经纬纱线在织物中的几何形态。

根据分类方式不同织物可分为各种类型。

1. 按加工原理分类

织物按加工原理分为机织物、针织物、非织造布、其他（编织物、针机织联合物等），如图 11-1-1 所示。

（1）机织物。由相互垂直排列的两个系统的纱线，在织机上按一定规律交织成的制品。

（2）针织物。由纱线串套而成，线圈则是针织物的最小基本单元。针织物分为纬编针织物和经编针织物。纱线纬向编织，每一横列由一根纱线形成。纱线经向编织，每一根纱线在

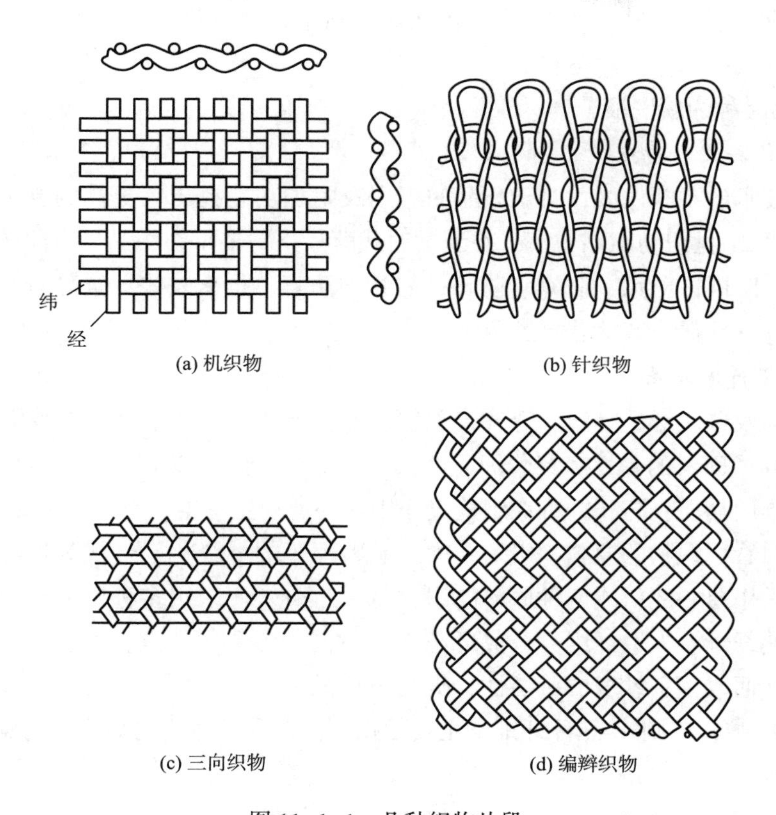

(a) 机织物
(b) 针织物
(c) 三向织物
(d) 编辫织物

图 11-1-1 几种织物片段

一个横列中只形成一个线圈，因此每一横列是由许多根纱线形成的。

（3）非织造布。又称非织造织物或无纺布。由纤维层构成的纺织品，这种纤维层可以是梳理网或是由纺丝方法直接制成的纤维薄网，纤维杂乱或定向铺置，与机织物、针织物不同。

2. 按用途分类

织物按用途分为服装用、装饰用、产业用。

3. 按原料组成分类

织物按原料组成分为棉织物、毛织物、麻织物、丝绸织物、纯化纤织物、混纺织物。

二、机织物的发展

（一）机织物的发展历程

机织技术和机织物的发展经历了一个漫长的演变过程，机织物的作用从御寒到避体到舒适到美观再到功能型；织造技术也从原始织机发展为斜织机、脚踏织机、现代织机；织机的发展带来织造准备技术的飞速发展，从整经→过糊→现代准备的发展历程。

在纺织工业的发展历史上，中华民族曾作出杰出贡献。早在五六千年前，我国就有用葛、麻等植物韧皮制织的织物。四千多年前，我们的祖先就已织造出相当高水平的丝织品。从战国时期楚墓出土的丝织品中，发现了十分复杂的图案纹锦，这说明当时的提花装置已相当复杂。

（二）织物品种的新发展

1. 织物品种发展的特点

随着科学技术的不断发展，对于产品的应用及附加功能提出了更高的要求。功能性和环保型织物将成为21世纪纺织品主流。在新的时代背景下，要求纺织品具有柔软、有弹性，能够透湿、透气、防雨、防风、防潮、防霉、防蛀、防臭、抗紫外线、抗静电、阻燃、保健而无毒等特点，具有环保以及穿着舒适等多种功能。

2. 机织物原料的发展

超细纤维为改善化纤的吸湿、透气、柔软、悬垂性能提供了条件，弹性纤维（如美国杜邦的莱卡）提高了面料的弹性和穿着舒适性，Tencel（天丝）、莫代尔、大豆纤维、竹纤维的出现改善了纤维的品质，防止纤维在织造过程中对环境产生污染，有利于环保。

从服装面料看，织物的原料、组织结构及后整理等的复合化已经成为世界纺织技术的流行趋势之一。采用单一原料或两种原料的织物越来越少，而采用多种原料按一定比例组合的越来越多。天然纤维、人造纤维、合成纤维性质不同，各具优缺点，混纺、交织可起到优势互补的作用，从而改善了纱线的可纺性，提高了产品的服用性能。当前，一些流行的混纺产品少则2~3种纤维，多则4~6种纤维，主要根据不同产品的用途与档次进行配比，以达到改善产品性能的目的。

3. 机织物后整理的发展

天然纤维在保持原有性能的基础上，通过印染后整理等工序，产生了质的变化，提高了产品附加值。如磨毛整理，可使织物细腻；涂层整理，可使织物防水、透气、防油污；形态记忆整理，可使织物防皱、防缩，达到穿着舒适、可机洗、洗可穿的目的。此外，多种后整理与功能性相结合也是天然纤维的发展趋势。

4. 机织物的纱线和组织结构的发展

在织物的纱线和组织结构设计上，纱支、密度呈现多样化。纱线结构变化多种多样，当前流行的纱线有混色纱、花式纱、粗细纱、雪尼尔纱等。在产品开发时，可采用花式纱线与传统纱线相结合、金属纱与天然纤维相结合、粗细纱间隔、单纱与股线相配合等方式，应用强捻纱、包芯纱、包覆纱等赋予织物特殊风格。在组织结构上，高支高密设计，双层、三层织物结构设计，具有各种表面效果的织物设计等使面料的品种、风格、性能更加丰富，应用领域更加广泛。

5. 立体织物与三向织物

立体织物又称三维织物、3D织物，是由三维编织技术加工制作的一种三维立体织物。图11-1-2所示为一种三维织物。三维编织技术是用各种方法，使织物中的纱线按照构件受力后的应力方向排列成一个整体的新型工艺，目前主要用于三维复合材料预制品的编织（图11-1-3）。

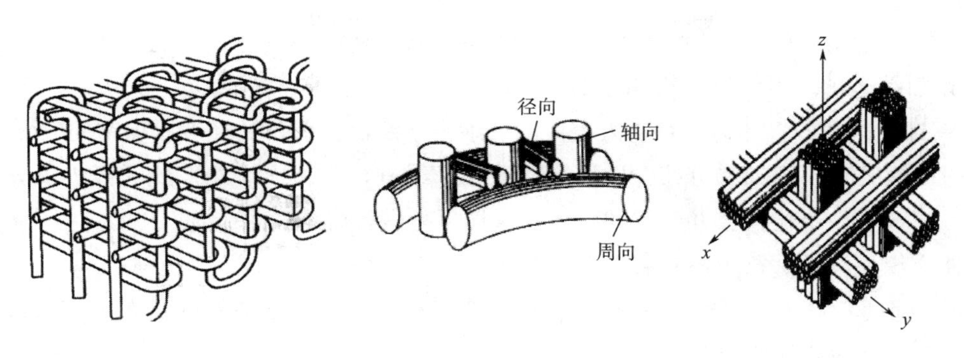

图 11-1-2　立体织物

图 11-1-3　三向织物结构图

思考练习

1. 织物是如何进行分类的？
2. 各类织物的形成特点是什么？
3. 织物品种有哪些新发展方向？

拓展练习

了解织物品种的新发展动态。

任务2　机织物的形成

学习目标

1. 掌握织机五大运动的组成及作用。
2. 能描述机织生产流程中三个阶段的任务。

相关知识

一、织物在织机上的形成过程

经纬纱线在织机上进行交织的过程，是通过以下五个运动来实现的（图 11-2-1）。

（1）开口运动。开口运动将经纱按织物组织的要求分成两层，这两层纱之间的空间称为梭口。

（2）引纬运动。引纬运动将纬纱引入梭口。

（3）打纬运动。打纬运动将引入梭口的纬纱推至织口，织口是经纱和织物的分界。

经过一次开口、引纬和打纬，这根纬纱就和经纱进行了一次交织。此后经纱又开口另分成两层，形成另一个梭口，并引纬和打纬。这样反复进行就形成了织物。

要使交织连续地进行，还应有以下两个运动。

（4）卷取运动。随着交织的进行，将织物牵引离开织口，卷成圆柱状布卷。每次交织所牵引的长度，还决定了织物的纬密。

（5）送经运动。随着织物向前牵引，送出所需长度的经纱，并使经纱具有一定张力。

开口运动、引纬运动和打纬运动三个运动是任何一次交织都不可缺少的，称为三个主运动。而送经运动和卷取运动两个运动是交织连续进行所必要的，称为副运动。它们合称五大运动。

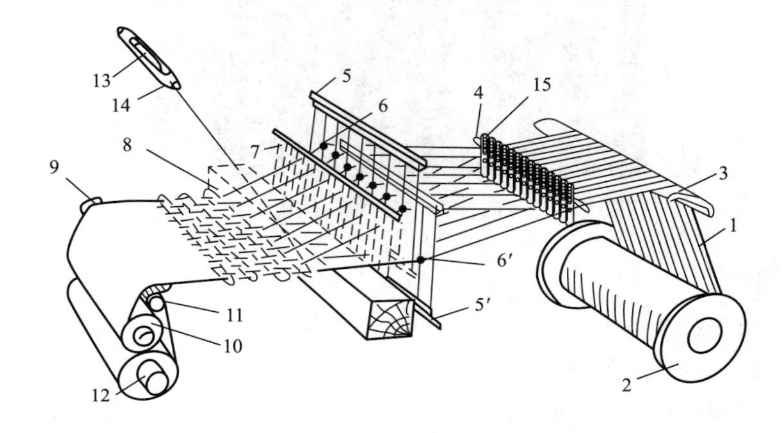

图 11-2-1　织机工作图

1—经纱　2—织轴　3—后梁　4—绞杆　5，5′—综框　6，6′—综眼　7—筘　8—织口
9—胸梁　10—刺毛辊　11—导辊　12—布辊　13—纡子　14—梭子　15—停经片

二、机织生产流程

机织生产流程分三个阶段，即织前准备、织造和原布整理。

由于机织物的种类很多，原料也不同，所以生产流程也有较大差别。现以一般的棉型本色织物的生产流程为例进行介绍，如图 11-2-2 所示。

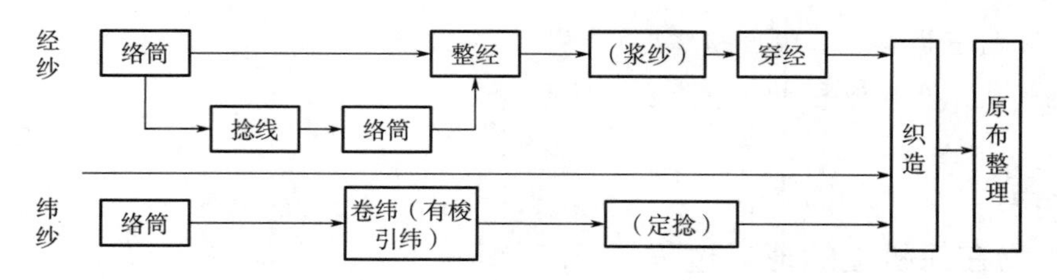

图 11-2-2　机织生产流程示意图

1. 织前准备

织前准备简称准备，其任务如下。

（1）使经纬纱形成织造所需要的卷装形式，如织轴、纡子和筒子。

（2）将经纱穿入综眼、筘齿和停经片，以满足织造时开口、打纬和经纱断头自停的需要。

（3）提高纱线的织造性能。如清除纱线上的疵点和薄弱环节，增加经纱的强度和耐磨性，改善纡子的退绕性能和纬纱的捻度稳定性等。

（4）使纱线具有织物设计所要求的排列顺序，如色织物的色经纱排列。

（5）加工所织品种所需的特种效应的纱线，如花式线、并色线。

2. 织造

经纬纱线在织机上交织而成织物，这一过程称为织造。

3. 原布整理

原布整理是将织造所得的织物进行检验、折叠、分等和成包。

☞ 思考练习

1. 机织物在织机上是怎样形成的？
2. 纱织物和线织物的机织生产流程各是什么？

☞ 拓展练习

机织技术的演进过程。

项目 12　织前准备

学习目标

1. 掌握织前准备各工序的主要任务及要求。
2. 掌握织前准备各工序典型设备的机构组成与工作原理。
3. 掌握织前准备各工序质量控制指标及发展新技术。

重点难点

1. 织前准备各工序主要作用。
2. 织前准备各工序典型设备的机构组成与工作原理。
3. 织前准备各工序的质量控制。

经纬纱在织造之前应作一系列准备工作，以适应织造对它们在卷装形式和质量等方面的要求。由此可见，织前准备是为织造服务的，而织前准备的好坏对织造的影响也非常显著。

织前准备包括经纱准备和纬纱准备两方面。

经纱准备一般流程是：络筒→整经→浆纱→穿经。但根据纱线种类、织物品种等的不同而存在很大差异，如化纤长丝多以筒子供应织厂，这样织厂就不必络筒。

纬纱准备一般包括络筒、（卷纬）和热湿处理，同样也根据具体情况而定，如无梭织机的纬纱应络筒而不卷纬。

任务 1　络筒工序

学习目标

1. 掌握络筒工序的主要任务及要求。
2. 掌握络筒工序典型设备的机构组成与生产工艺流程。
3. 掌握络筒工序主要工作原理及质量控制指标。
4. 了解络筒工序发展新技术。

相关知识

一、络筒工序的任务与要求

1. 络筒工序的任务

（1）改变卷装。将管纱或绞纱连接起来卷绕成筒子纱，以增加纱线卷装的容量，提高后续工序的生产率（管纱络筒、绞纱络筒、松式络筒）。筒子是纱线的一种卷装形式，其特征是容量大、层次分明、退绕方便，有利于储存、运输和后工序使用。筒子不仅可供整经用，还可供卷纬、摇纱、捻线、染色、针织和缝纫用，无梭织机用的纬纱也是以筒子的卷装形式上机供应的。

一般细纱机纺得的管纱，净重约 70g，长约 2400m（29tex 纱）。而一个筒子净重约 1.6kg 或更多，为一个管纱的卷纱重量的 20 余倍。

（2）清除纱疵。检查纱线的直径，清除纱上的粗节、细节、棉结、杂质等疵点，提高纱线的质量。

2. 对络筒工序的要求

（1）筒子成形良好而坚固。

（2）筒子能顺利退绕，并利于高速下退绕。

（3）卷绕长度符合后工序的需要，容量尽可能大。

（4）卷绕张力的大小符合工艺需要，张力均匀。

（5）卷绕密度符合需要。

（6）纱线的连接良好，接头小而牢，最好没有痕迹。

（7）适当清除疵点，尽量不损伤纱线。

此外，络筒工序还应考虑高产、低耗（动力、原材料、机物料等）、工人劳动强度小等要求。

二、自动络筒生产工艺流程

图 12-1-1 所示是一种自动络筒机的工艺示意图。纱线从插在管纱插座上的管纱 1 上退绕下来，经过气圈破裂器（或气圈控制器）2、余纱剪切器 3 后再经预清纱器 4，使纱线上的杂质和较大纱疵得到清除。然后，纱线通过张力装置 5、捻接器 6、电子清纱器 7 和张力传感器 8。根据需要，可由上蜡装置 9 对纱线进行上蜡。最后，当槽筒 10 转动时，一方面使紧压在纱线上面的筒子 11 做回转运动，将纱线卷入，另一方面槽筒上的沟槽带动纱线做往复导纱运动，使纱线均匀地络卷在筒子表面。

三种典型自动络筒机的纱路如下。

（1）Orion 型络筒机的纱路（图 12-1-2）。

管纱→气圈控制器→预清纱器→下纱线探测器→张力装置及上蜡装置→捻接器→电子清纱器→槽筒→筒子

（2）Autoconer 338 型络筒机的纱路。

管纱→防脱圈装置→气圈破裂器→张力装置和预清纱器→纱线探测器→捻接器→电子清

纱器→纱线张力传感器→上蜡装置→捕纱器→大吸嘴和上纱头传感器→槽筒→筒子

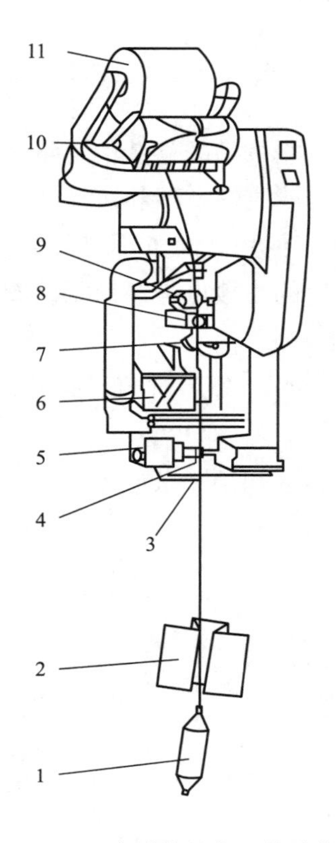

图 12-1-1　自动络筒机工艺示意图

1—管纱　2—气圈破裂器　3—余纱剪切器　4—预清纱器　5—张力装置　6—捻接器　7—电子清纱器　8—张力传感器　9—上蜡装置　10—槽筒　11—筒子

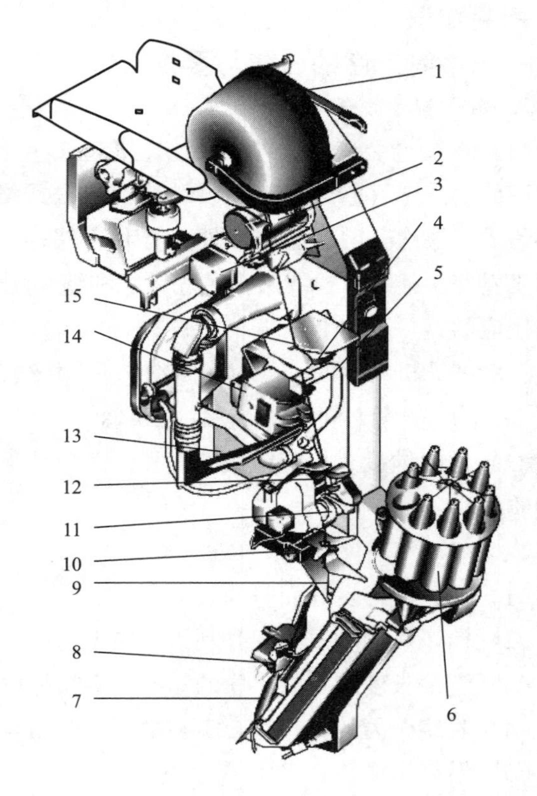

图 12-1-2　SAVIO-Orion Super-M 型自动络筒机

1—筒子　2—槽筒　3—电动机　4—电子清纱器　5—小吸嘴　6—九孔纱库　7—管纱　8—气圈控制器　9—预清纱器　10—下纱探测器　11—张力器　12—上蜡装置　13—大吸嘴　14—捻接器　15—张力传感器

（3）No. 2lC 型络筒机的纱路。

管纱→跟踪式气圈控制器→预清纱器→栅栏式张力装置→捻接器→电子清纱器→上蜡装置→槽筒→筒子

从纱路情况来看，Orion 型的上蜡装置在电子清纱器之前，即先上蜡后捻接，而 Autoconer 338 型和 No. 2lC 型上蜡装置在电子清纱器之后，即先捻接后上蜡，避免了蜡屑对电子清纱器的影响。

三、筒子卷绕

（一）筒子的形式

筒子的主要形式如图 12-1-3 所示。

图 12-1-3（a）为圆柱形有边（盘）筒子，其容量较小，退绕方法是靠纱线拖转而作切向退绕，退绕速度很低，张力波动很大。目前棉织、毛织生产已基本淘汰了这种筒子，但丝

织厂尚在使用。

图 12-1-3（b）（c）为圆柱形无边（盘）筒子，其容量也不大，一般用作切向退绕，低速下也可作轴向退绕。

图 12-1-3（d）（e）为圆锥形无边（盘）筒子，其容量大，绕纱很长，退绕方法是筒子固定的轴向退绕，这有利于高速退绕且张力均匀，应用范围很广。

图 12-1-3（f）为三圆锥筒子，又叫菠萝形筒子。它除具有一般圆锥形无边筒子的优点外，还有结构稳定、不易塌边等特点，多用于化纤长丝的卷装，其容量大，可达 5~10kg。

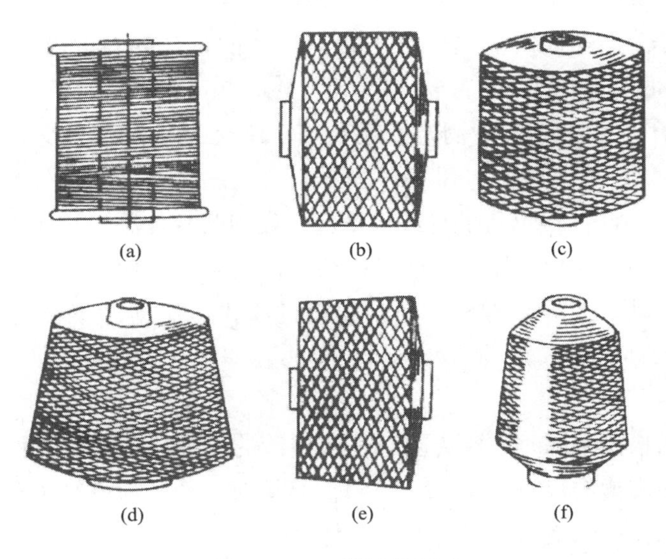

图 12-1-3　筒子的形式

（二）筒子的卷绕成形

1. 两个基本运动

筒子的卷绕成形是由两个基本运动而实现，一是筒子作旋转运动；二是使纱线沿筒子母线（或轴线）作往复运动，即导纱运动，以分布纱线。筒子旋转运动，其圆周速度为 v_1；导纱运动速度为 v_2，这两个速度方向相互垂直，如图 12-1-4 所示。

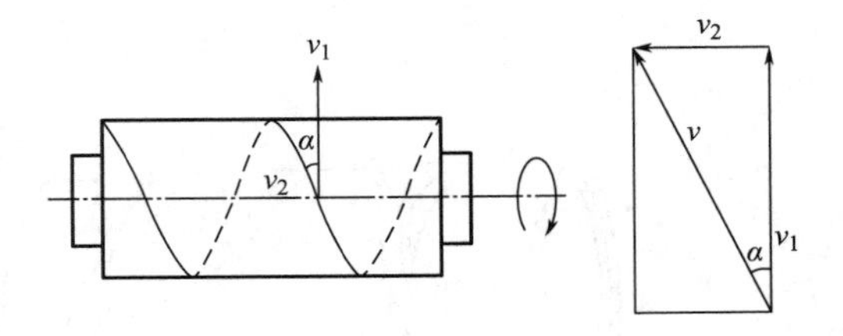

图 12-1-4　筒子的卷绕成形运动示意图

纱线的卷绕速度即络纱速度 v：

$$v=\sqrt{v_1^2+v_2^2}$$

这两个基本运动，使纱线在筒子表面呈螺旋线状，其螺旋升角 α 称为卷绕角；它由 v_2 与 v_1 的比值决定。

$$\tan\alpha=\frac{v_2}{v_1}$$

当 v_2 比 v_1 小得多时 α 很小，称为平行卷绕，这时纱圈在筒子的两端很不稳定，容易塌，需用边盘支持，因此用来络有边筒子。当 v_2 与 v_1 的比值较大时，称为交叉卷绕，纱圈在筒子两端较稳定，不需边盘支持，形成无边筒子。

卷绕角 α 的大小还直接影响筒子的卷绕密度。当 α 较小时，卷绕密度大，反之则小。但即使是交叉卷绕，α 一般只有几度。

形成两个基本运动的方法如下。

（1）使筒子旋转运动的方法。

①辊筒摩擦传动筒子。一般多用来络短纤纱和中长纤维纱线。

②锭子传动筒子，转速固定。主要用于络不耐磨的长丝和对卷绕结构有特殊要求的缝纫线。

③锭子传动筒子，圆周速度 v_1 固定。主要用于络化纤长丝，以及对退绕有特殊要求的筒子。

（2）导纱运动的方法。络筒机的导纱运动，一般用凸轮控制，具体可分为两种：一种是有导纱器，用转动的凸轮使导纱器带动纱线作往复运动；另一种是无导纱器，用转动的凸轮直接使纱线作往复运动。无导纱器时，络筒卷绕的噪声、振动冲击都很小，络纱速度也高得多。

2. 卷绕机构

络筒机大多采用槽筒来同时完成传动筒子和导纱的任务，其卷绕部件就是槽筒。槽筒是带有封闭式左右螺旋沟槽的辊筒（图 12-1-5）。络筒时，槽筒随槽筒轴高速回转，依靠表面摩擦传动筒子回转，凭借螺旋沟槽引导纱线往复运动。

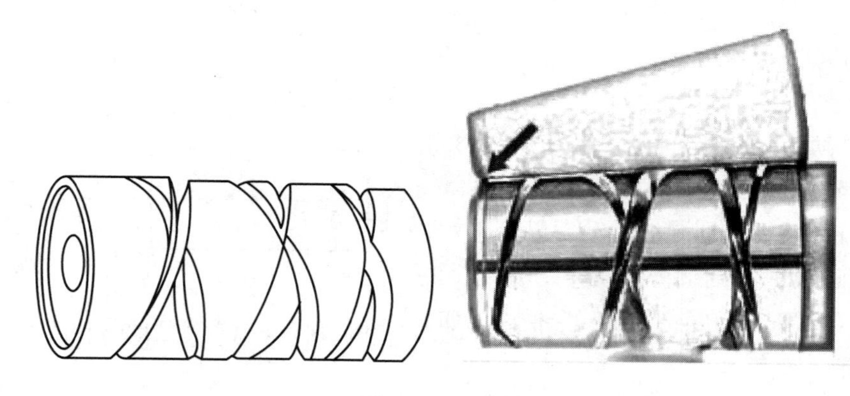

图 12-1-5　槽筒

为了使纱线在槽筒沟槽引导下能正确地作往复运动，对槽筒沟槽的形状，如宽度、深度和角度等，需作特殊设计（图 12-1-6）。在槽筒上，将纱线自槽筒中部导向边端的沟槽，称为离槽；将纱线从槽筒边端导回中部的沟槽称为回槽。一个槽筒上有左旋和右旋两条沟槽，两沟槽在槽筒边端处交汇，每条沟槽上的离槽、回槽各占一段，离、回槽在中部的连接点即为导纱中点。不同性质的沟槽曲线，其导纱中点的位置略有不同。

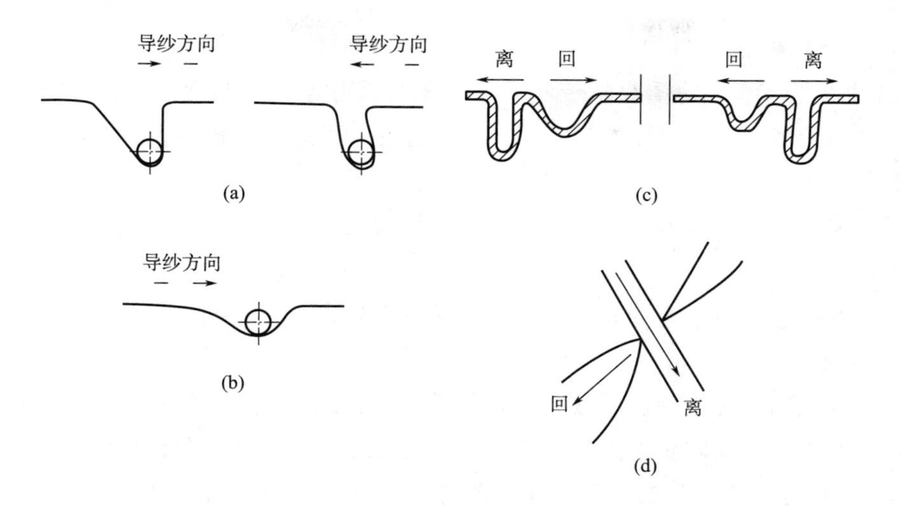

图 12-1-6　槽筒沟槽结构与交叉

(三) 纱圈重叠的产生与防控

1. 纱圈重叠的产生与消失

筒子在卷绕时，每一个后绕上筒子表面的纱圈应对它前面的纱圈有一定位移量，这样，纱圈就会均匀地分布在筒子的表面。但如果纱圈的位移量恰好等于零，即纱圈的位移角等于零时（图 12-1-7），后次导纱周期绕上筒子表面的纱圈仍在前次筒子表面的纱圈位置上，最终形成凸起的条带，这种现象称为纱圈的重叠卷绕（图 12-1-8）。当重叠纱条的厚度较明显地增加了筒子的卷绕半径时，筒子的绕纱圈数随即减少，并出现不足一圈的小数位，重叠就会消失。

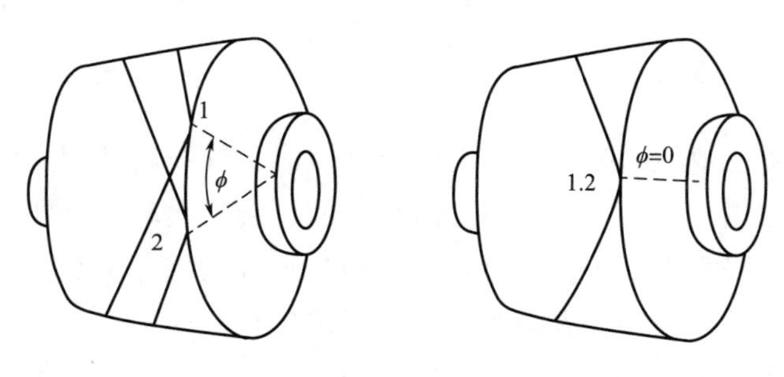

图 12-1-7　纱圈位移角

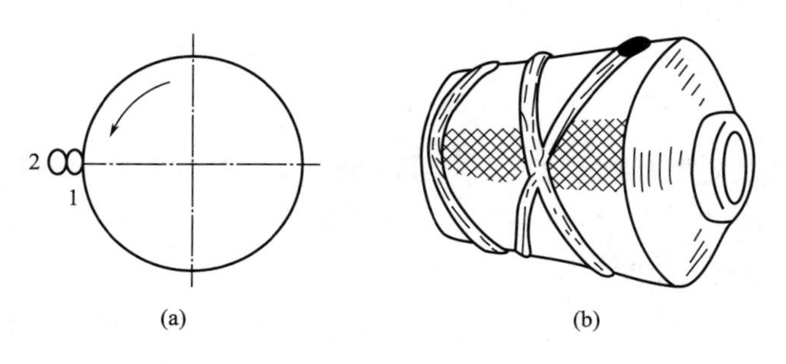

图 12-1-8　纱圈重叠的形成

2. 重叠筒子引起的问题

（1）筒子上凹凸不平的重叠条带使筒子与辊筒接触不良，凸起部分的纱线受到过度摩擦，产生损伤，造成后加工工序纱线断头，纱身起毛。重叠的纱条会引起筒子卷绕密度不匀，筒子卷绕容量减小。

（2）重叠筒子的纱线退绕时，由于纱线相互嵌入或紧密堆叠，退绕阻力增加，还会产生脱圈和乱纱。

（3）用于染色的筒子，重叠过于严重将会妨碍染液渗透，以致染色不匀。

3. 防叠措施

最常用的防叠措施是使辊筒（或槽筒）的转速忽快忽慢，筒子因惯性，与辊筒有较大的滑移，使新旧纱圈错位而防止了重叠。具体方法是通过间歇性地通断槽筒电动机，使槽筒按“等速—减速—加速—等速”的周期变化。此外，还可以使用变频电机控制槽筒周期性差微转速变化；筒子握管周期性的微量摆动；防叠槽筒；防叠精密卷绕；步进精密卷绕等措施。

四、络筒张力和张力装置

络筒时，纱线以一定的速度从管纱或绞纱上退绕下来，受到拉伸及各导纱件的摩擦作用而产生了张力。适当的张力能使筒子成形正确，结构稳定而坚固，卷绕密度符合需要。另一方面，适当的张力有利于除去纱上的疵点和拉断薄弱环节，提高纱线的均匀度。

若络筒张力过大，不仅筒子成形不良、卷绕密度不合要求，纱线也会因伸长过大而受到损伤，甚至把正常的纱线拉断。若张力过小，则筒子成形也不良，而且结构的稳定性和坚固性都较差，对除疵也不利，还会造成断头自停装置工作不正常（纱线未断而自停）。

（一）络筒张力的构成

1. 退绕张力

退绕张力即从纱管上退绕的张力。当由管纱喂入时，纱线就从固定的管纱上退绕，一边前进一边旋转，并形成空间曲面——气圈。因管纱的卷绕层次较为分明，所以退绕一般也较顺利，纱速较高而退绕张力也不大。但因管纱一般是短程卷绕，退绕的位置越来越低，越近管底则气圈又长又大，纱线与纱管表面摩擦的长度也越长。这不仅使退绕张力在管底急剧增加，而且容易造成多圈纱线一起退下的“脱圈”现象，这种现象在高速退绕时危害更加严重，造成大量断头和回丝。

2. 纱线在纱路中经过各机件的摩擦而产生的张力

此力并不大，但应力求稳定。

3. 附加张力

附加张力是由张力装置施加在纱线上，目的是产生一个纱线张力增量，提高络筒张力均匀度，确保卷绕成形良好、卷绕密度适宜的筒子卷装。

（二）张力装置及作用原理

张力装置（张力器）的种类较多，其原理都是使纱线通过摩擦而得到张力，可分为两类，一类是使纱线通过受有正压力的两平面之间而受到摩擦阻力；另一类是使纱线绕过曲面而受到摩擦阻力。常见张力装置如图 12-1-9 所示。

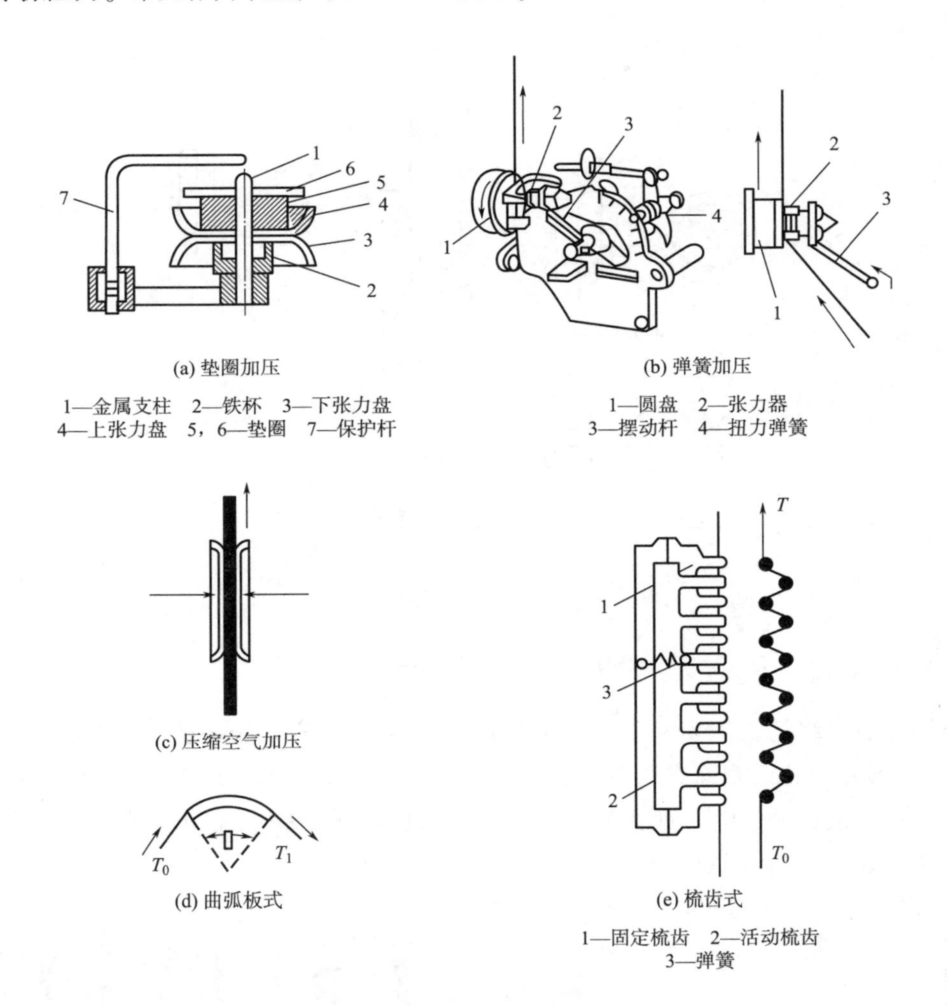

图 12-1-9　常见张力装置

(三) 均匀络筒张力的措施

为了改进络筒工艺，提高络筒质量，可采取适当措施，均匀络筒时的退绕张力，在进行高速络筒时尤为必要。

1. 正确选择导纱距离

导纱距离即纱管顶部到导纱部件的距离。导纱距离对退绕张力的影响较大，短距离与长距离导纱都能获得比较均匀的退绕张力。在实际生产中，可以选择 70mm 以下的短距离导纱或 500mm 以上的长距离导纱，而不应当选用介于两者之间的中距离导纱。

2. 使用气圈破裂器

气圈破裂器安装在退绕的纱道中，可以改变气圈的形状，减小纱线张力的波动。气圈破裂器的作用原理是：当运动中纱线气圈与气圈破裂器摩擦碰撞时，可将原来的单节气圈破裂成双节（或多节）气圈，从而避免退绕张力突增的现象，如图 12-1-10 所示。

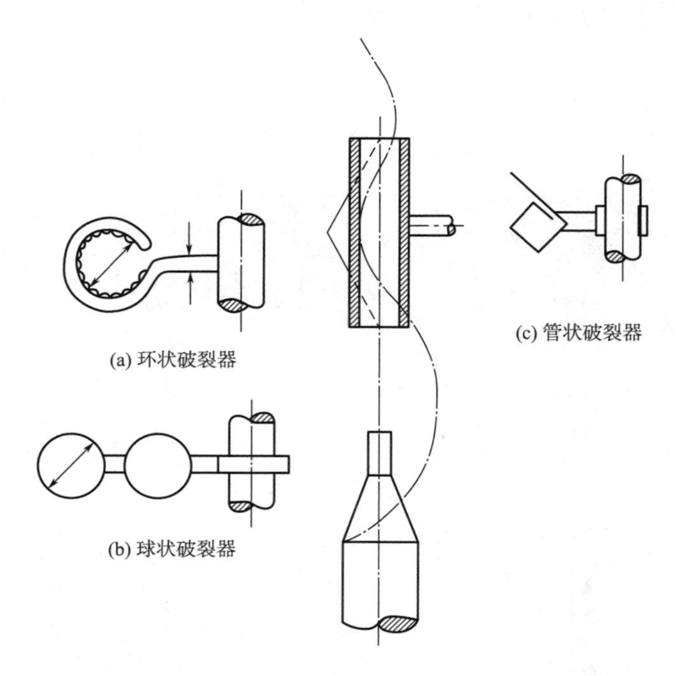

图 12-1-10　常见气圈破裂器

有些新型自动络筒机上安装了可以随管纱退绕点一起下降的新型气圈控制器，如村田NO. 21C 型自动络筒机的跟踪式气圈控制器，如图 12-1-11 所示。它能根据管纱的退绕程序自动调整气圈破裂器的位置，使退绕张力在退绕全过程中保持均匀稳定，有利于在高速络筒下退绕张力的均匀控制。

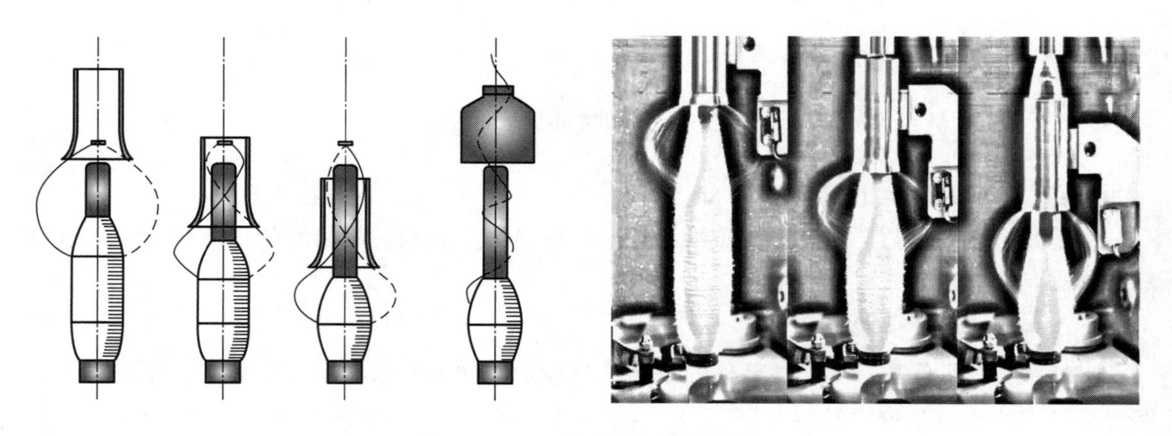

图 12-1-11　跟踪式气圈破裂器

3. 合理选择张力

使用张力装置的目的是适当增加纱线张力，提高张力的均匀程度，以得到卷绕成形良好、密度适当的筒子。但是张力不宜过大，过大的张力会造成纱线弹性损失，不利于织造。络筒张力要根据织物性质和原纱性能而定，一般为原纱强力的 10%～15%。

五、清纱装置及作用原理

清纱装置的作用是清除纱线上的粗节、细节、杂质等疵点。清纱装置有机械式和电子式两大类。

1. 机械式清纱装置

机械式清纱装置有板式清纱器和梳针式清纱器两种，如图 12-1-12 所示。板式清纱器的结构最为简单，纱线在板式清纱装置上的一狭缝中通过，缝隙大小一般为纱线直径的 1.5~2.5 倍。梳针式清纱器用梳针板代替上清纱板，其清除效率高于板式清纱器，但易刮毛纱线。机械式清纱器适用于普通络筒机，生产质量要求低的品种。梳针式清纱器还用于自动络筒机上的预清纱装置，可防止纱圈和飞花等带入，其间距较大，一般为纱线直径的 4~5 倍。

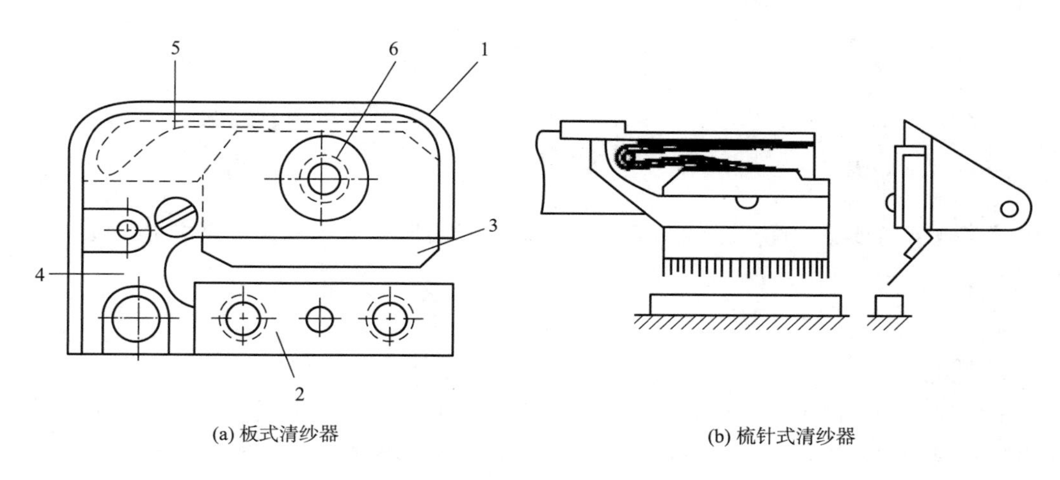

(a) 板式清纱器　　(b) 梳针式清纱器

图 12-1-12　机械式清纱装置

1—盖板　2—固定清纱板　3—活动清纱器　4—前板盖　5—弹簧　6—螺钉

2. 电子清纱器

电子清纱器按工作原理分为光电式电子清纱器和电容式电子清纱器。

（1）光电式电子清纱器。光电式电子清纱器是对纱疵形状的几何量（直径和长度），通过光电系统转换成相应的电脉冲传导来进行检测，与人的视觉检测比较相似。整个装置由光源、光敏接收器、信号处理电路和执行机构组成。光电式电子清纱器的工作原理如图 12-1-13 所示，光电检测系统检测到的纱线线密度变化信号由运算放大器和数字电路组成的可控增益放大器进行处理。主放大器输出的信号同时送到短粗节、长粗节、长细节三路鉴别电路中进行鉴别，当超过设定位时，将触发切刀电路切断纱线，清除纱疵，且通过数字电路组成的控制电路储存纱线平均线密度信号。

光电式电子清纱器的优点是检测信号不受纤维种类及温湿度的影响，不足之处是对于扁平纱疵容易出现漏切现象。

（2）电容式电子清纱器。如图 12-1-14 所示，电容式电子清纱器检测头是由两块金属极板组成的电容器。纱线在极板间通过时会改变电容器的电容量，使得与电容器两极相连的线路中产生电流的变化。纱线越粗，电容量变化越大；纱线越细，电容量变化越小，以此来间接反映纱线条干均匀度的变化。除了检测头是电容式传感器，其他部分与光电式电子清纱器类似，纱疵通过检测头时，若信号电压超过鉴别器的设定值，则切刀切断纱线以清除纱疵。

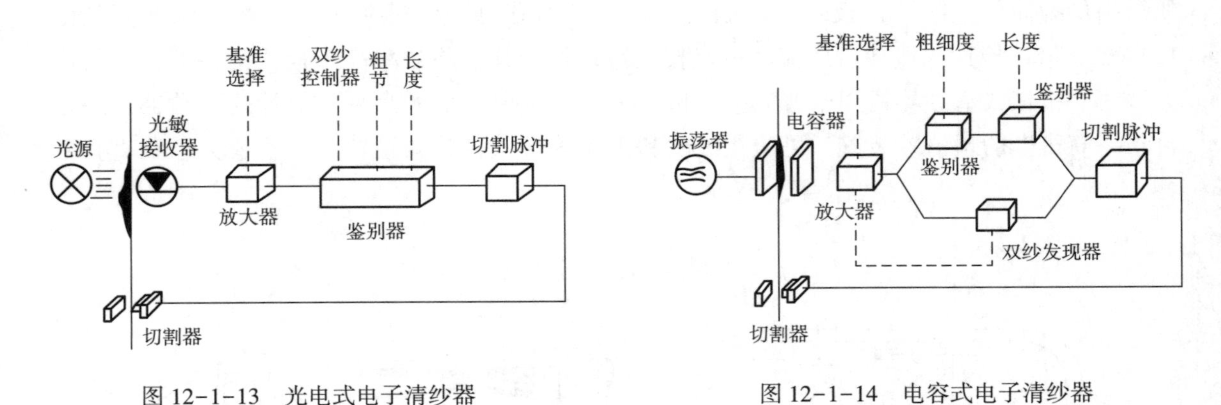

图 12-1-13　光电式电子清纱器　　图 12-1-14　电容式电子清纱器

电容式电子清纱器的优点是检测信号不受纱线截面形状的影响，不足之处是受纤维种类及温湿度影响较大。

六、捻接

目前络筒生产普遍采用捻接的方法，形成无结头的纱线连接方式，这种连接方法是将两个纱头分别退捻成毛笔状，再对放在一起加捻，将纱线连接起来。目前可以做到连接处的细度和强度与正常纱线非常接近，因而其连接质量高，彻底消除了因结头大小而影响纱线质量的问题。

现在比较成熟的主要有空气捻接与机械捻接这两种捻接方法，其中空气捻接是目前最常用的捻接方法。空气捻接原理与效果如图 12-1-15 所示。

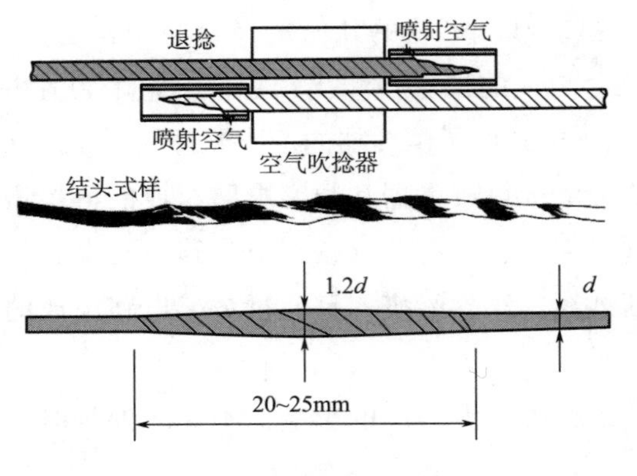

图 12-1-15　空气捻接原理与效果示意图

机械式捻接器是靠两个转动方向相反的搓捻盘将两根纱线搓捻在一起，搓捻过程中纱条受搓捻盘的夹持，使纱条在受控条件下完成捻接动作。机械捻接的纱具有接头条干好、光滑、没有纱尾等特点，捻接处的直径仅为原纱直径的 1.1~1.2 倍，结头强度约为原纱强度的 90%，接头外观和质量都优于空气捻接器，克服了空气捻接纱接头处纤维蓬松的缺点。但目前机械式捻接器仅适合于加工纤维长度在 45mm 以下的纱线。

七、自动络筒设备

（一）自动络筒机分类

1. 按功能分

（1）半自动络筒机，又称纱库型自动络筒机，每个络纱锭节设一盛纱库来供给管纱，每个纱库内盛放 6~9 只管纱，管纱的喂入由人工完成。

（2）全自动络筒机，又称托盘型自动络筒机，一台机器设一盛纱托盘（或称管纱准备库），托盘内盛放细纱机下来的散装管纱，而管纱的整理、输送、引头及换管前的准备到位均由机器完成，提高了络筒自动化程度。

2. 按接头器负担分

（1）小批锭接头自动络筒机是指每 5~10 个络纱锭用一个接头机巡回接头。

（2）单锭接头自动络筒机是指每一个络纱锭用一个接头机进行接头。

新一代自动络筒机都采用单锭接头方式，其生产率要高于小批锭接头式，故障维修时可把单个锭节拆下来而不影响全机继续运转。

（二）自动络筒机的发展

（1）单锭化电脑控制多电动机分部传动，具有机械结构简化、适应机器高速、噪声降低、操作和维修方便的优点。

（2）实现换纱、接头、落筒、清洁、装纱、管理自动化。

（3）使用多功能电子清纱器，提高了纱线质量。

（4）细络联技术进入了实际应用阶段。

八、络筒主要质量指标

络筒工序主要质量指标有百管断头次数、络筒卷绕密度、毛羽增加率、好筒率、电子清纱器正切率与清除效率、无结头纱捻接质量。

1. 百管断头次数

百管断头次数即络筒时卷绕每百只管纱的断头次数，断头数的多少直接反映前工序原纱的外观和内在质量，同时从断头原因的分析中，也可以发现因络筒工艺、操作、机械等因素造成的断头，便于采取措施降低断头，提高络筒的生产效率。

2. 络筒卷绕密度

络筒卷绕密度可衡量络筒卷绕松紧程度，进而了解经纱所受的张力是否合理。从卷绕密度也可以计算出络筒最大卷绕容量，筒子卷绕密度适当，可保证筒子成形良好，纱线张力均匀一致，为改善布面条影创造有利条件。卷绕密度过大，筒子卷绕紧，经纱受到张力大，筒子硬，纱身易变形，造成布面细节多，条影多；卷绕密度小，筒子卷绕松，筒子软，成形不良，在整经卷绕时易造成脱圈而引起整经断头。

3. 毛羽增加率

毛羽增加率为经过络筒后，单位长度筒子纱毛羽数比管纱毛羽数的增加量占原纱毛羽数的百分比，即：

$$毛羽增加率=\frac{筒纱毛羽数-管纱毛羽数}{管纱毛羽数}\times100\%$$

4. 好筒率

好筒率指标主要是检查筒子生产的外观质量，其计算公式为：

$$好筒率=\frac{检查筒子总只数-查出疵筒数}{检查筒子总只数}\times100\%$$

5. 电子清纱器正切率与清除效率

通过测试，既可以检查电子清纱器质量好坏，又可以了解电子清纱器清纱效率和检测系统的灵敏度和准确性。

6. 无结头纱捻接质量检验

无结头捻接纱外观与内在质量对织造效率及布面外观质量影响非常大，如捻接细节、捻接毛头、捻接区长度、捻接强力、成接率等。捻接纱质量试验可以检测捻接纱外观与内在质量是否符合工艺要求，同时还可检查捻接器质量与工艺设计是否合理。

思考练习

1. 筒子的卷绕形式有哪些？
2. 什么是筒子重叠？有什么危害？可采取哪些防叠措施？
3. 络筒时张力如何构成？均匀络筒张力可采取哪些措施？
4. 比较光电式和电容式电子清纱器的工作原理及使用特性。

拓展练习

1. 请思考提高络筒质量的措施。
2. 了解自动络筒机发展。

任务 2 整经工序

学习目标

1. 掌握整经的主要任务与要求以及整经方法分类。
2. 掌握整经典型设备的机构组成与生产工艺流程。
3. 掌握分批、分条整经主要工作原理。
4. 掌握整经质量控制指标。
5. 了解整经发展新技术。

相关知识

一、整经工序的任务与要求

1. 整经工序的任务

整经是把一定根数、一定长度的纱线平行排列成纱片，卷绕成轴的工艺过程。

整经的任务是把多根从筒子引出的经纱，平行排列卷绕成织机所需的卷装——织轴的基本形态，开始构成织物的经纱系统。对于色织生产，整经还有按配色顺序排列经纱即排花的任务。整经的纱线根数和每根纱线的长度分别称为整经根数和整经长度。

整经是织造前的必要过程，只有当织物的总经根数很少，如帘子布、带类织物的生产，可不整经，而直接将筒子置于织机后方引出作为经纱系统进行交织。当织物总经根数不太多时，整经所得的卷装可直接供作织轴，这时整经根数与总经根数相等，如帆布生产。但一般织物的总经根数往往是几千根，整经时不可能从这样多的筒子上引纱，因而整经根数一般比总经根数少得多，再通过一些方法并合起来，得到具有总经根数的织轴。

2. 整经工序的要求

（1）整经根数、整经长度和排列顺序符合工艺设计。

（2）纱线张力均匀一致，大小适当。

（3）纱线排列整齐均匀，卷装圆正，表面平整。

（4）少损伤纱线。

二、整经方法分类

整经有多种方法，主要有分批整经、分条整经、分段整经和球经整经。

1. 分批整经

分批整经又称为轴经整经，是将总经纱分为几批，每批纱线从筒子引出形成宽而稀的纱片，卷绕成整经轴，如图 12-2-1 所示。

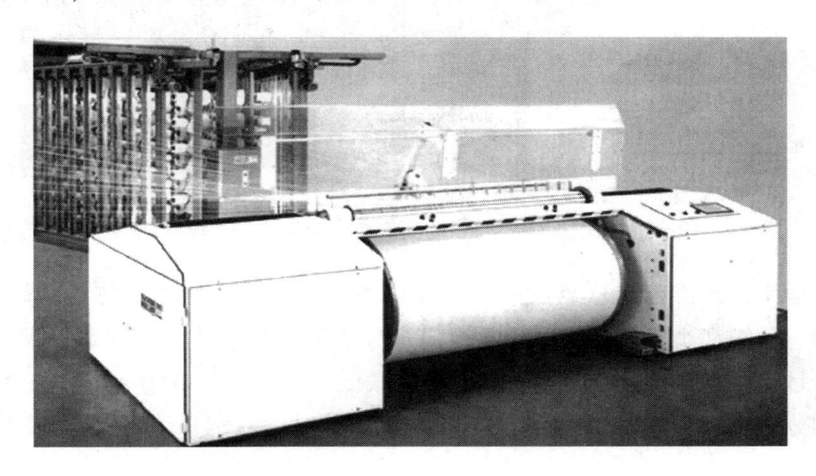

图 12-2-1　分批整经机

织轴的形成是在下工序，如浆纱或并轴时，将几个（即批数）整经轴的轴线平行，左右对正置于轴架上，各轴退出的纱片作无规律的镶嵌而并合，得到宽而密的纱片，卷绕成具有总经根数的织轴。

整经时各批（轴）的整经根数基本一致，批数或轴数即并合数。分批整经的整经长度很长，一般为织轴卷纱长度的几十倍，因而整经停车次数少，并易于高速，其生产率也高，而且纱线张力较为均匀，有利于提高产品质量。

但是分批整经主要用于大规模本色或单色织物的生产，但若色纱排列不太复杂，则色织可用分批整经，在整经和浆纱时进行排花。由于分批整经生产率高，产品质量好，所以在色织采用分批整经已逐渐增多。分批整经一般不能在本工序形成织轴，必须依靠浆纱或并轴工序。

2. 分条整经

分条整经又称带式整经，是将总经纱分成若干条，各条形成窄而密的纱片，依次卷绕于大辊筒上。其顺序是先在辊筒的一端绕第一条，到规定长度时剪断，将纱头束好，紧邻第一条绕第二条、再依次绕第三条……直到所需条数达到总经根数。条数到达后再把各条一起从辊筒上退出来，成为宽而密的纱片，卷绕成织轴。分条整经包括整经（牵纱）和卷绕织轴（倒轴）两步，它们在一道工序同一台机器上交替进行。条数即并合数，每条的根数为整经根数。各条的根数可相等也可不相等，如图 12-2-2 所示。

图 12-2-2　分条整经机

分条整经适于色纱排花或总经根数很多（如丝织）或没有大型浆纱、并轴设备等情况，如色织、毛织、丝织和小型本色棉织生产。但是分条整经的整经长度很短，大多等于一个织轴的纱长，而且牵纱和倒轴交替进行，其生产率很低。此外，分条整经纱线张力均匀性较差，整经质量不如分批整经。

3. 分段整经

分段整经是将总经纱分成若干片窄而密的纱片，分别卷绕于窄而有边盘的整经轴上，之后将若干个窄轴按同一轴线并列固结，置于织机上作为织轴（图 12-2-3）。

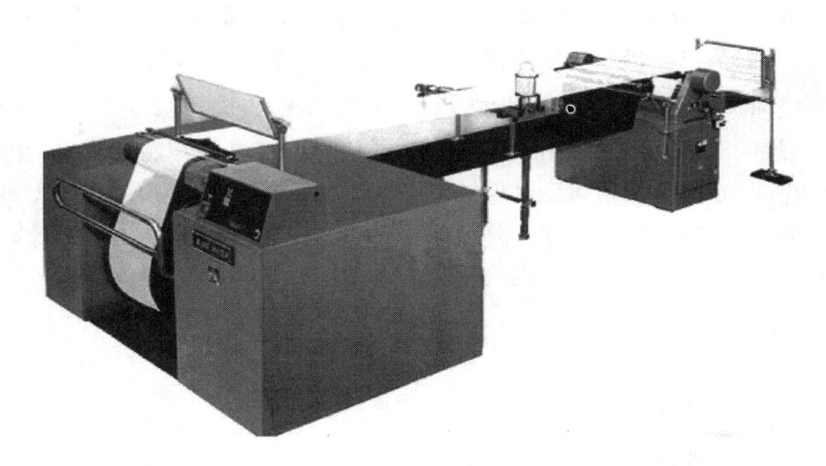

图 12-2-3　分段整经机

分段整经时织轴形成的并合方式同样是横向并列并合，具有分条整经利于排花的特点。而卷绕整经轴的过程又类似分批整经，只是纱片窄而密。由于分段整经不倒轴，所以生产率略高于分条整经，但因整经长度仍很短，其生产率比分批整经低得多。目前多用于针织经编生产。

4. 球经整经

球经整经的整经方法是束状整经，它是把总经纱分为若干份，每份（整经根数）由筒子引出集成束状，绕成纱球或卷绕在经轴上、辊筒上，也可置于架子上。将若干纱束（并合数）合并达到总经根数，用筘分开扩展成纱片卷绕成织轴。此法将牵纱与开幅（及并合）分两步进行，其生产率较低，但目前牛仔布生产中有一种采用束状整经、束状染纱，再开幅上浆卷绕成织轴的机械化生产工艺路线，其产品质量较好（图 12-2-4）。

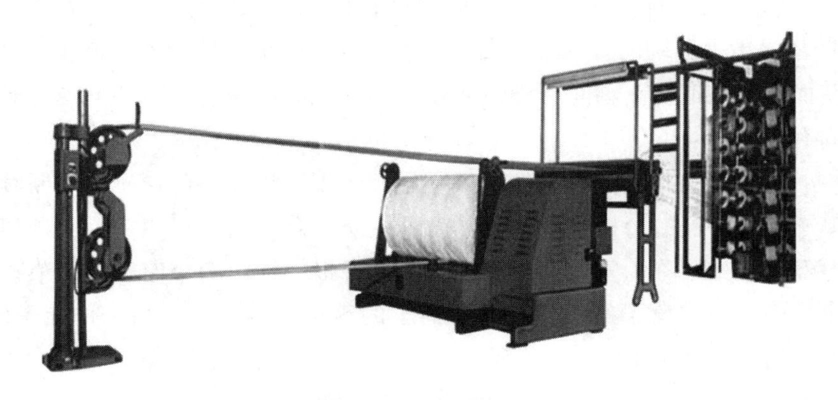

图 12-2-4　球经整经机

三、分批整经

（一）分批整经工艺流程

整经轴直接传动的整经机：如贝宁格 ZC-L 型分批整经机等。

图 12-2-5 所示为高速分批整经机的流程图。自筒子架上筒子引出的经纱 1，先穿过夹纱器 2 与立柱 3 间的间隙，经过断头探测器 4 向前穿过导纱瓷板 5，再经导纱棒 6 和 7，穿过伸缩筘 8，绕过测长辊 9 后卷绕到经轴 10 上。经轴由变速电动机直接传动。卷绕直径增大时，由与测长辊相连接的测速发电机发出线速度变化的信号，经电气控制装置自动降低电机的转速，即将线速度作为负的反馈信号，以保持经轴卷绕线速度恒定。加压辊 11 由液压系统控制压紧经轴，给予经轴必要的压力，使经轴卷绕紧实而平整。夹纱器的作用是在经纱断头或其他原因停车时，把全部经纱夹住，保持一定的张力，避免因停车而使纱线松弛，以保持整经纱路的清晰。

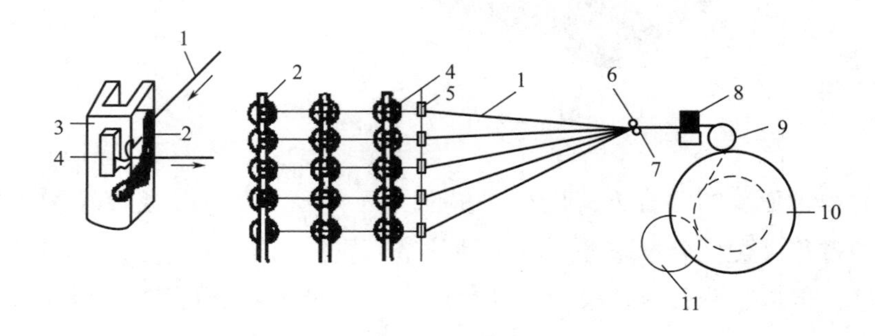

图 12-2-5　高速直接传动分批整经机工艺流程

1—经纱　2—夹纱器　3—立柱　4—断头探测器　5—导纱瓷板　6，7—导纱棒
8—伸缩筘　9—测长辊　10—经轴　11—加压辊

（二）筒子架

筒子架是整经时放置筒子用的，一般的结构是左右各一面，上下有若干层，前后有若干排，可容多个筒子的架子。

（1）按照外形根据其俯视形状可为 V 形、矩形或前 V 形后矩形的 V—矩形。

（2）纱线从筒子上退绕的方式分两类：一类是筒子固定，纱线轴向退绕；另一类是纱线拖动筒子回转而作切向退绕。轴向退绕张力较匀，并能高速退绕。而切向退绕缺点较多，仅在丝织生产尚有应用。

（3）按更换筒子的方法可分两类：断续整经筒子架和连续整经筒子架。断续整经筒子架又称为单式筒子架，整经的每根经纱由一个筒子供应，筒子的纱线用完，必须停止整经进行换筒。连续整经筒子架又称为复式筒子架，整经的每根经纱由两个筒子轮流供应。当一个工作时则另一个预备，工作筒子的纱尾与预备筒子的纱头打结相连。当工作筒子的纱线用完，纱线即跳至预备筒子，如图 12-2-6 所示。

复式筒子架换筒不停止整经，因而整经的生产率高。而且每个筒子的纱线，可全部用尽，没有需要处理的筒脚。但是这种筒子架很长，占地面积大，而且同一时间各根纱线的筒子直

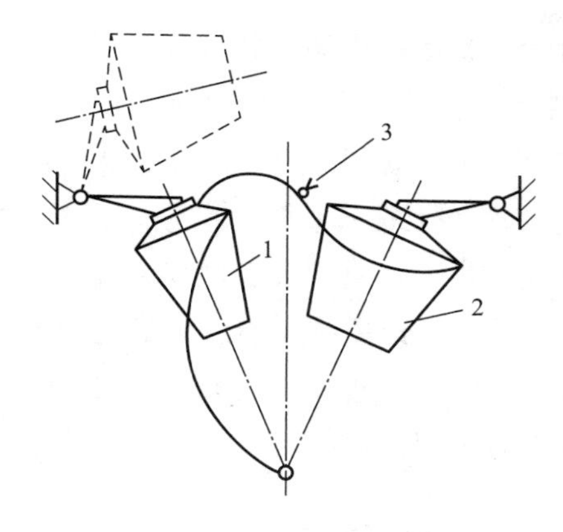

图 12-2-6　连续换筒示意图
1—工作筒子　2—预备筒子　3—结头

径不同而使纱线张力差异增大，尤其在跳筒时，纱线的张力和退绕条件突然变化，很容易断头；单式筒子架则相反。

（三）整经张力

整经张力包括单纱张力和片纱张力两个方面。整经张力一般不宜过大，在满足经轴适当卷绕密度的前提下，尽量采用较小的张力。

1. 整经时单纱张力的变化规律

构成张力的主要因素包括退绕张力、张力装量所引起的张力以及纱线与机件摩擦所形成的张力等。

（1）整经单纱张力的特点。退绕几个纱层时纱线张力基本呈周期性变化。筒子大端的退绕张力大于筒子小端的退绕张力。整只筒子退绕时的平均张力与筒子退绕直径有关。开始退绕时，筒子直径较大，造成较大的张力；当退绕至中筒时，张力较小；再退绕至小筒时，纱线张力又会增加。所以，一般筒管直径不宜过小，以避免筒子退绕时张力急剧增加。

（2）影响整经单纱张力值的主要因素有纱线密度、整经速度、导纱距离、空气阻力和导纱部件引起的张力变化和纱线重量引起的纱线张力变化。

①纱线线密度。纱线的线密度越大整经时的张力就越大。

②整经速度。整经速度越高，张力就越大，整经速度越低则张力就越小。

③导纱距离。当导纱距离不同时，纱线的平均张力也发生变化。实践表明，存在有最小张力的导纱距离，大于或小于此值，都会使平均张力增加。通常采用的导纱距离为 140～250mm。对于涤纶纱和棉纱一般选择较小的导纱距离。

④空气阻力和导纱部件引起的纱线张力变化。空气阻力所形成的张力增量与纱线线密度（即纱线直径）及纱线引出距离（即纱线长度）成正比，与整经速度的平方成正比。

⑤纱线重量引起的张力变化。悬索张力与纱线线密度成正比，与两个纱点之间纱段长度的一半成正比。

2. 整经时片纱张力的分布规律

前排筒子引出的纱线张力较小，而后排引中的纱线张力较大；同排的上、中、下层筒子之间：上、下层张力较大而中层张力较小。

3. 张力装置

（1）单张力盘式张力装置。单张力盘式张力装置如图 12-2-7 所示，经纱从筒子上退出并穿过导纱瓷眼后，绕过瓷柱 1，张力盘 2 紧压着纱线，绒毡 3 和张力圈 4 放在张力盘上，当经纱直径变化使张力盘上下

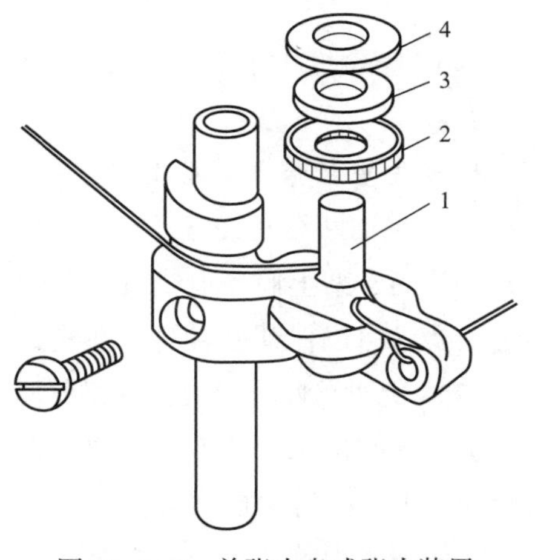

图 12-2-7　单张力盘式张力装置

振动时，绒毡能起缓冲吸振作用。该装置结构简单，但由于倍积法的因素，扩大了经纱的张力波动。遇到纱疵及结头时，张力盘会跳动，不适于高速整经。

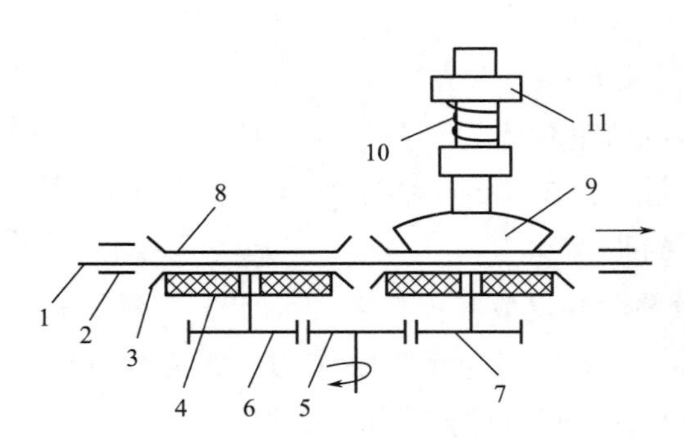

图 12-2-8　无柱式双张力盘张力装置

1—纱线　2—导纱眼　3—张力盘

4—吸振垫圈　5，6，7—齿轮

8，9—张力盘　10—弹簧　11—调节螺母

（2）无柱式双张力盘张力装置。图 12-2-8 所示为贝宁格 GZB 型无柱式双张力盘张力装置示意图。无立柱式双张力盘张力装置的两对张力圆盘，安放在一个从筒子架顶端直通底部的 U 形金属导槽内，因设有保护装置，张力盘不会跳出 U 形座。第一组张力盘起减震作用，第二组张力盘控制纱线张力。

（3）导纱棒式张力装置。图 12-2-9 所示为导纱棒式张力装置。纱线自筒子引出后，经过导纱棒 1 和 2，绕过纱架槽柱 3，再穿过自停钩 4 而引向前方。这种张力装置只能调节整排的纱线张力，不能调节单根经纱的张力。

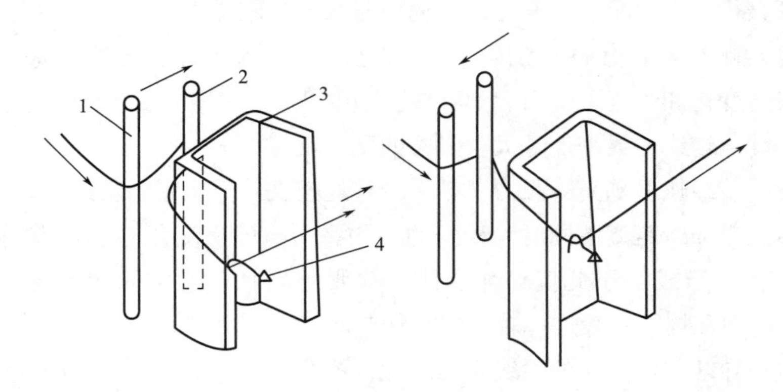

图 12-2-9　导纱棒式张力装置

（4）电磁张力装置。图 12-2-10 所示为电磁张力装置，它利用可调电磁阻尼力对纱线施加张力。

4. 均匀整经张力的措施

（1）采用断续整经方式和筒子定长。在中高速整经和粗特纱加工时应尽量采用断续整经方式，使筒子架上筒子退绕直径保持一致。采用断续整经方式，即集体换筒，对络筒工序提出定长要求，以保证所有筒子在换到筒子架上时具有相同的初始卷装尺寸，并可减少筒脚纱。

（2）合理配置张力装置提供的附加张力

①配置附加张力的方法：通过调整张力垫圈重量；调整纱线对导纱杆的包围角；调整气动或弹簧加压力等手段实现。

②使用张力盘式的张力装置时，通常采用分区段配置张力装置的附加张力。根据片纱张力差异的具体情况，前排配置较大的附加张力，后排配置较小的附加张力，中层的附加张力

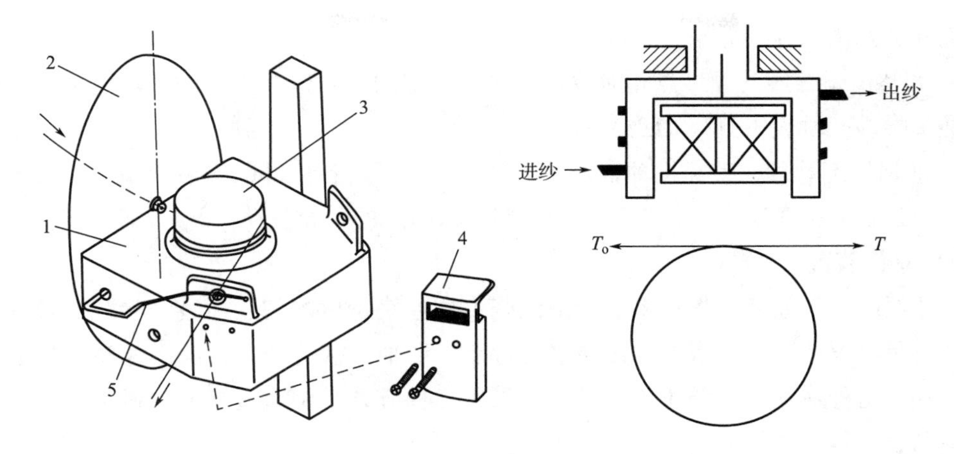

图 12-2-10　电磁张力装置

1—主座　2—气圈罩　3—旋转绞盘　4—光电式断头自停装置　5—电气接触式断头自停装置

应大于上、下层。

③需分区段配置时应视筒子架长短和产品类别等具体情况而定。常用的有前后分段法、前后上下分段和弧形分段法。

（3）合理穿入伸缩筘。纱线合理穿入伸缩筘，既要达到片纱张力均匀，又要适当兼顾操作方便。主要方法有分排穿法（又称花穿）和分层穿法（又称顺穿）。目前整经机较多采用分排穿法，如图 12-2-11 所示。

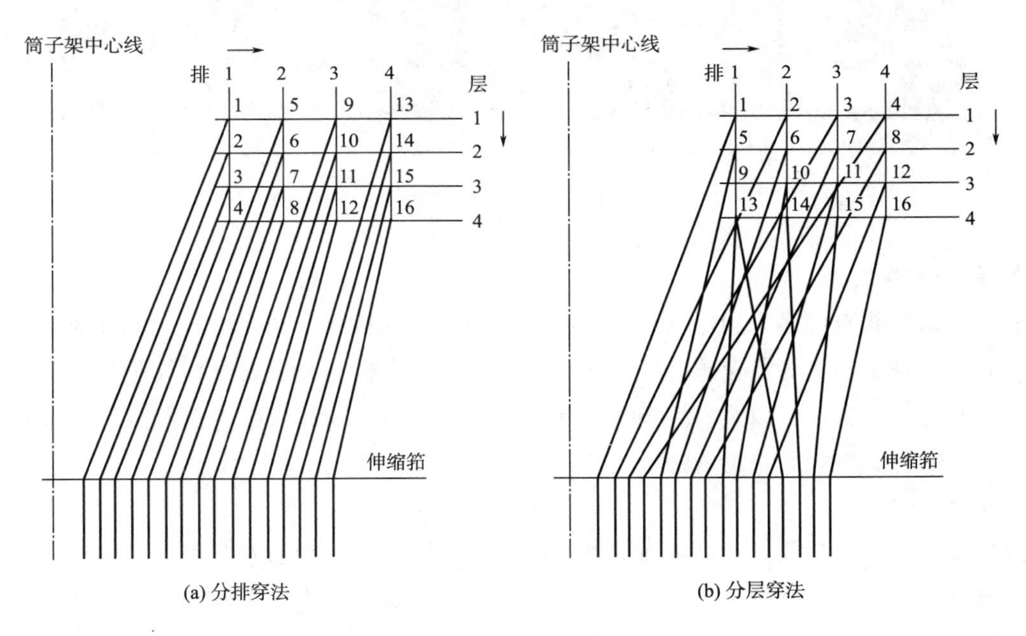

图 12-2-11　伸缩筘穿法

（4）适当增大筒子架到整经机头的距离。增大筒子架与机头的距离，可减少纱线进入伸缩筘时的曲折程度，减少对纱线的摩擦，也可以减少经纱断头卷入经轴的现象。一般筒子架与机头之间的距离为 3.5m。

(5) 调整筒子锭座与导纱点相对位置。在筒子架的安装保养工作中，规定筒子锭座的中心线应通过导纱孔垂直下方 (15±5) mm 处。

(6) 加强生产管理。整经机轴辊安装应平直、平行，各机件的安装调整应符合要求，尽量减少整经过程的关车次数，减少因启动、制动而引起的张力波动。

(四) 卷绕装置

分批整经时，对卷绕过程的要求是整经张力和卷绕密度均匀、适宜，卷绕成形良好。整经卷统过程具有恒线速、恒张力、恒功率的特点。经轴直接传动是目前高速整经机普遍采用的传动方式，这种对经轴的调速传动目前常采用三种方式：调速直流电动机传动、变量液压电动机传动、变频调速传动。

(五) 分批整经机其他装置

1. 伸缩筘

伸缩筘是整经机的重要部件，其作用是均匀分布经纱，控制纱片幅宽、排列密度和左右位置，使经轴能正确卷绕成形。若经纱分布不匀、纱片幅宽不正确或左右位置不当，则经轴成形不良，退绕后纱线张力差异很大。伸缩筘的横向宽度可以调节，如图 12-2-12 所示。

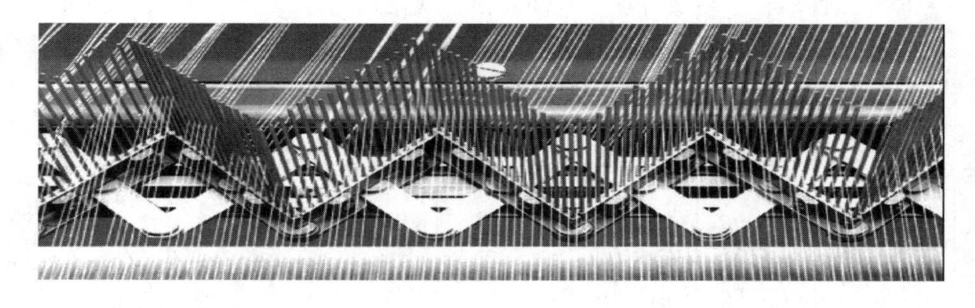

图 12-2-12 伸缩筘

2. 断头自停装置

整经机的断头自停多采用电气式，具体又可分为电气接触式和光电式，此外还有静电感应式。现代高速整经机为快速感应经纱断头，通常将断头自停装置安装在筒子架的每个筒子纱起始引出点，一方面可以及时探知纱线断头，另一方面可以加大断头探测点距经轴卷绕点的距离，有效避免纱线断头卷入经轴。

3. 经轴加压

经轴加压的目的是保证经轴表面平整，同时具有均匀、适度的卷绕密度。加压方式有机械式、液压式和气动式。直接传动整经机的经轴加压由液压压辊加压机构完成，现代高速整经机常采用间接加压的方式控制压辊的压力，如图 12-2-13 所示。

4. 经轴松夹和上落轴机构

直接传动整经机的经轴松夹和上落轴大多采用液压式。

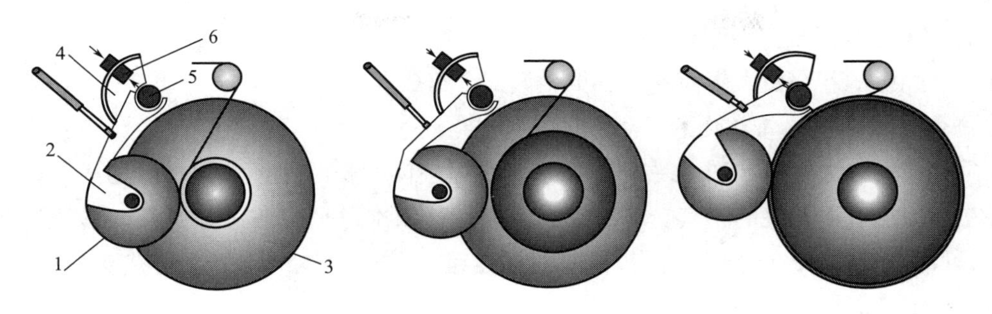

图 12-2-13　压辊的间接加压方式

1—压辊　2—支架　3—经轴　4—扇形制动盘　5—压辊轴　6—制动夹块

5. 整经机的启动与制动

分批整经机的启动应缓和，一般采用摩擦离合器作启动装置；采用内胀式制动装置，制动力可为机械力、液压力或气压力等。高速整经机普遍采用测长辊、压辊和经轴三者同步制动，其中压辊在制动开始时迅速脱离经轴并制动，待经轴和压辊均制停后，压辊再压靠在经轴表面。

四、分条整经机

（一）分条整经工艺流程

分条整经是将织物所需的总经根数按照筒子架容量和配色循环要求尽量相等地分成若干份，按工艺规定的幅宽和长度一条挨一条地卷绕在大辊筒上，再把全部条带从大辊筒上退绕下来，卷绕到织轴上。织轴的卷绕称为倒轴或再卷。

分条整经工艺流程如图 12-2-14 所示。纱线从筒子架 1 上的筒子 2 引出，绕过张力器（图中未示），穿过导纱瓷板 3，经分绞筘 5、定幅筘 6、导纱辊 7 卷绕至大辊筒 10 上。当条带卷绕至工艺要求的长度后剪断，重新搭头，逐条依次卷绕于整经大辊筒上，直至满足所需的总经根数为止。将整经大辊筒 10 上的全部经纱经上蜡辊 8、引纱辊 9，卷绕成织轴 11。

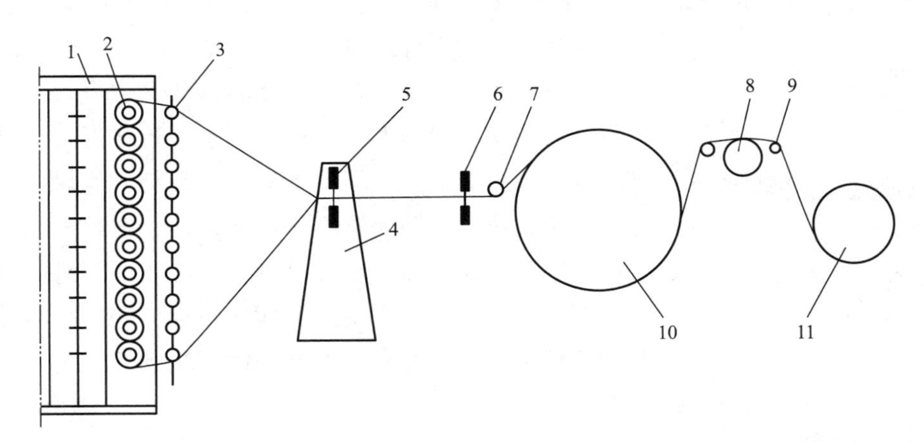

图 12-2-14　分条整经工艺流程图

1—筒子架　2—筒子　3—导纱瓷板　4—分绞筘架　5—分绞筘　6—定幅筘

7—导纱辊　8—上蜡辊　9—引纱辊　10—大辊筒　11—织轴

（二）分条整经原理与机构

分条整经机的卷绕由大辊筒卷绕和倒轴两部分组成。

1. 分条整经的大辊筒卷绕

分条整经机的大辊筒如图 12-2-15 所示，由呈一体的长圆柱体和圆台体构成，首条经纱是贴靠在圆台体表面卷绕的，其余各条以其为依托，依次以平行四边形的截面形状卷绕在大辊筒上。目前在新型分条整经机上普遍采用固定锥角的圆台体结构，锥角有 9.5°、14°等系列，可根据加工对象进行选择。

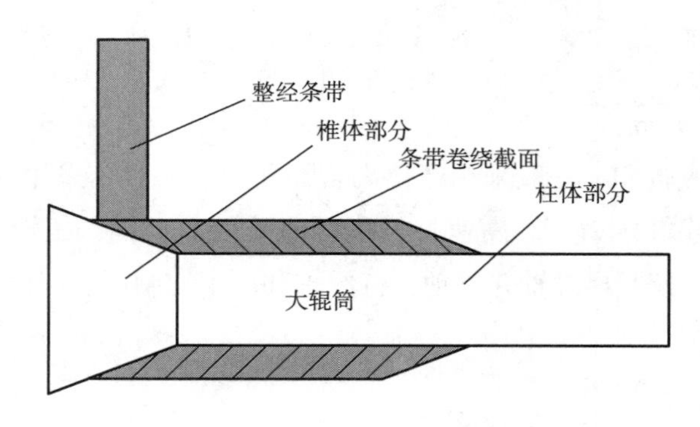

图 12-2-15　分条整经大辊筒卷绕示意图

分条整经的卷绕由大辊筒的卷绕运动（沿大辊筒圆周的切线方向）和导条运动（沿平行于大辊筒轴线方向）组成。

2. 导条

分条卷绕时，第一条带的纱条以辊筒头端的圆台体表面为依托，避免纱条边部倒塌。在卷绕过程中，条带随定幅筘的横移引导，向圆锥方向均匀移动，纱线以螺旋线状卷绕在辊筒上，条带的截面呈平行四边形，如图 12-2-16 所示。以后逐条卷绕的条带都以前一条带的圆锥形端部为依托，在全部条带卷绕之后，卷装呈良好的圆柱形状，纱线的排列整齐有序。

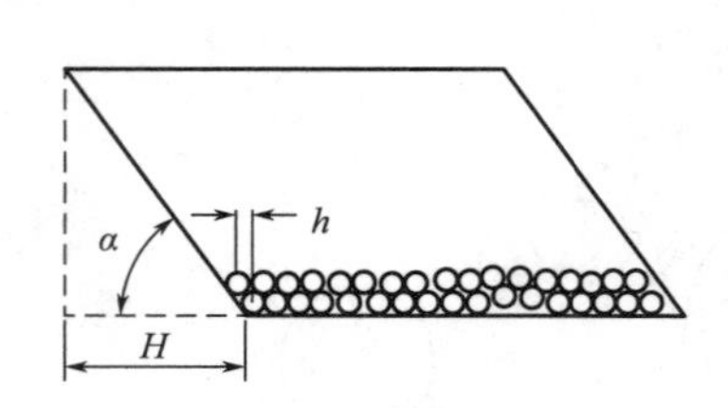

图 12-2-16　分条整经条带卷绕截面示意图

导条运动方式有两种：一种方式是大辊筒不作横向运动，在整经卷绕时由定幅筘横向移动将纱线导引到大辊筒上，而在倒轴时倒轴装置作反向的横向移动，始终保持织轴与大辊筒上经纱片对准，将大辊筒上的经纱退绕到织轴上；另一种方式是定幅筘和倒轴装置不作横向运动，在整经卷绕时由大辊筒作横向移动，使纱线沿着大辊筒上的圆台稳定地卷绕，而在倒轴时大辊筒再作反向的横向移动，保持大辊筒上经纱片与织轴对准，将大辊筒上的经纱退绕到织轴上。新型分条整经机大都采用大辊筒横移的导条运动方式。

定幅筘的作用是：

（1）确定条带的幅宽和经纱排列密度，各条幅宽之和等于织轴边盘内宽，而各条的排列密度等于织轴纱片排列密度。

(2) 确定各条在辊筒上的左右相对位置。

(3) 作横移导条运动，使条带卷绕成形。

3. 分绞

分绞筘是分条整经机的特有装置，其作用是把经纱逐根分绞，使相邻纱线排列次序有条不紊，以便穿经和织造，对色纱排花十分有利，同时使后工序经纱不易绞乱，便于工人操作。分绞筘及经纱分绞的结构如图 12-2-17 所示。

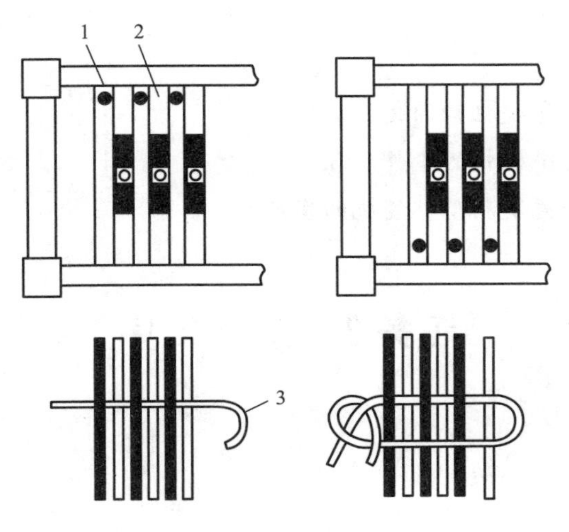

图 12-2-17 分绞筘及经纱分绞

1—长筘眼 2—小筘眼 3—绞绳

4. 倒轴

当全部条带卷绕完毕，将它们一起从辊筒上退出重绕于织轴上，称为倒轴，如图 12-2-18 所示。倒轴时通过离合界切断辊筒的动力并使织轴得到动力而卷绕。由于辊筒在卷绕时，每条都逐渐地作横移运动，所以在倒轴时，织轴也应反向横移，其横移量仍为辊筒一转，织轴横移 h，总横移量 $H=nh$，其中，n 为条带卷绕于辊筒的圈数。织轴横移的目的是使织轴的轴线与全幅经纱保持垂直，否则将造成织轴经纱张力不匀，成形不良和边部经纱受织轴边盘磨损。

图 12-2-18 倒轴

5. 倒轴卷绕对织轴的加压

新型的分条整经机采用织轴卷绕加压装置，利用卷绕时纱线张力和卷绕加压压力两个因素来达到一定的织轴卷绕密度，能用较低的纱线张力来获得较大的卷绕密度，既保持了纱线良好的弹性，又大幅增加了卷装中纱线的容量。

☞ 思考练习

1. 什么是分批整经法和分条整经法？这些方法各自的优缺点和适用范围是什么？

2. 分批、分条整经机的工艺流程是什么？

3. 常见筒子架的有哪几种类型？各自特点是什么？哪种效率最高？整经片纱张力随在筒子架上摆放的位置不同而有何规律？

4. 均匀整经张力可采取哪些措施？

☞ 拓展练习

1. 分批整经筒子架与卷绕机构的工作原理。

2. 分条整经分绞与卷绕机构的工作原理。

3. 提高整经质量的措施及新型整经机的发展。

任务 3　浆纱工序

学习目标

1. 掌握浆纱的主要任务及要求。
2. 了解浆料及其基本特性。
3. 掌握浆纱典型设备的机构组成与生产工艺流程。
4. 掌握浆纱主要工作原理及质量控制指标。
5. 了解浆纱发展新技术。

相关知识

一、浆纱工序的主要任务与要求

（一）浆纱的目的

通过上浆可以改善经纱织造性能，因而浆纱的主要目的就是提高经纱的可织性。经纱在织机上进行交织时，受到反复的拉伸、摩擦和弯曲等作用，造成纱线起毛、松散或断头，并使织造时开口不清晰，导致交织难以顺利进行，同时严重地影响了产品的质量。为此，往往在织造前用具有黏着性的物质——浆，施加于经纱的表面和内部，这样的工艺过程称为浆纱或上浆。

对不同的纱线上浆提高经纱的可织性的原理有一定的差别。上浆对于短纤纱的作用首先是增加其抗磨性，大部分浆液被覆于经纱表面，烘干后在纱线表面形成坚韧、光滑、均匀而且与纤维结合良好的保护膜，即浆膜。浆膜同时还伏贴毛羽，使经纱表面光滑，还可使经纱更耐磨，而且有利梭口清晰。还有一部分浆液浸透于纱线内部，将纤维相互黏结而防止滑移，这对经纱的一些力学性能（如强力）有益，但却使其弹性恶化。

各种长丝一般是由多根更细的单丝组成的复丝。通过上浆可把各根单丝集束起来，增加抱合力，并形成保护膜以增加抗磨性，防止起毛，从而提高了可织性。

但并不是任何经纱线都需上浆，当经纱光洁、强度好，而且不易松散分离时，就可以不上浆。如 14tex×2 及以上的棉股线、较粗而光洁或双股的毛纱线、光洁而有丝胶抱合的桑蚕丝，以及合成纤维网络丝等不需上浆。

当整经采用分批方式时，往往在浆纱同时进行并轴，以达到所需的总经根数并形成织轴。有的经纱虽可不上浆，但仍要在浆纱工序进行并轴或在专门的并轴机上并轴。因此，一般浆纱工序还能达到并轴的目的。

有的织物品种，还可以通过经纱上浆来改善产品的外观、手感或增加重量，图 12-3-1 所示为浆纱工序一般过程。

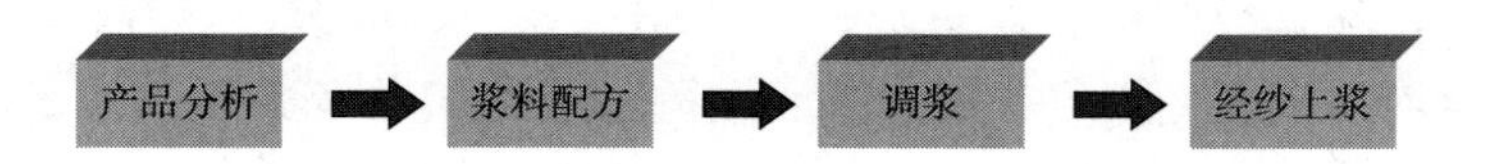

图 12-3-1　浆纱工序一般过程

（二）浆纱的要求

（1）浆液对所浆的纱线有良好的黏着性。

（2）浆液能够在纱上形成坚韧、平滑、柔软而完整的浆膜。

（3）浆液在纱线的内部和外表的比例应适当，它们分别称为浸透浆和被覆浆。

（4）上浆率、回潮率的大小符合工艺设计，并且应均匀，伸长率应小。

（5）浆液的物理和化学性质稳定，无毒、无臭、无色。浆料应来源充足、价廉、配方简单、使用方便。

（6）织物在染整等后加工时，浆料容易退净，退浆废液不污染环境。

（7）卷装良好，应圆正平整，分纱清楚，不乱不绞，长度正确。

（三）浆纱质量指标

在浆纱过程中，有较多的工艺参数和技术经济指标，其中最主要的有上浆率、回潮率和伸长率。

1. 上浆率

上浆率表示纱线上浆多少的程度。

$$上浆率=\frac{浆纱干重-经纱干重}{经纱干重}\times100\%$$

式中，浆纱干重与经纱干重之差即为纱线上浆料的干重。

上浆率的大小对上浆效果和上浆成本影响很大。上浆率过大，不仅增加了成本，而且会使已浆纱线发脆，浆料也容易从纱线上脱落，反而恶化织造性能，还会造成染整等后加工的困难。上浆率太小，则达不到上浆的目的。上浆率必须均匀，否则也不能达到浆纱的目的。

因此上浆率是浆纱重要的工艺参数。

2. 回潮率

回潮率泛指某物体所含水分重与该物体干重之百分比，由于纱线在上浆过程不同阶段的回潮率不同，这里特指浆纱的“工艺回潮率”，即经纱上浆并经一定的烘燥后卷上织轴时，纱上含水多少的程度。

$$回潮率=\frac{浆后纱线重-浆后纱线干重}{浆后纱线干重}\times100\%$$

式中浆后纱线干重包括纱线干重和浆料干重，而浆后纱线重还包括水重。可见式中分子即上浆烘燥后纱上水重。

回潮率太高，则浆后纱线上水分太多，浆料不能很好地发挥黏着作用，容易被织机上的一些机件刮掉，纱线间容易黏并，织造时开口不清晰，且易锈蚀机件。回潮率太低，则浆后纱线易发脆而断裂，浆也易脱落，而且在上浆烘燥过程中耗能费时，降低浆纱机的生产率。同样，回潮率也应均匀。

3. 伸长率

伸长率指浆纱过程中，纱线伸长的程度。

$$伸长率=\frac{浆后纱线长-浆前纱线长}{浆前纱线长}\times100\%$$

式中，浆后纱线长-浆前纱线长即伸长量。在织前准备过程中，由于纱线在浆纱工序多、路程长而曲折，经过多种机件并具有一定张力，而且由干态经润湿、上浆再烘干，容易伸长且随浆液的烘干而固定下来。因此经纱在浆纱过程伸长率大，弹性受到损失，断裂伸长率降低，织造时容易断头，因此要求在浆纱时伸长率应尽量小。

现代浆纱质量与效果还考虑应用黏附力、耐磨次数和毛羽减少率作为浆纱的重要指标。浆纱效果还可以从织造生产的质量与效率来考察，通过对停台率和好轴率的测试，判断浆纱的可织性能；通过对布机效率和下机一等品率的统计和分析，判断综合织造效果。

二、浆料

用于经纱上浆的材料称为浆料，由各种浆料按一定的配方用水调制成的可流动糊状液体称为浆液。为使浆纱获得理想的上浆效果，浆液及其成膜之后应具备优良的性能。

（1）浆液的化学、物理性质应具有均匀性和稳定性，浆液在使用过程中不易起泡、沉没、遇酸、碱或某些金属离子时不析出絮状物；对纤维材料应具有较好的亲和性及浸润性，浆液的黏度应适宜。

（2）浆膜对纤维材料应具有良好的黏附性，同时也应具有良好的强度、耐磨性、弹性、可弯性及适度的吸湿性、可溶性、防腐性。

浆用材料分两部分，即黏着剂和助剂。黏着剂在上浆过程中主要起改善经纱的织造性能的作用，而助剂主要可改善或弥补黏着剂在上浆性能方面的某些不足。

(一) 黏着剂

黏着剂是对纺织纤维具有黏着性的材料，为浆料的主体。无论被覆于经纱表面形成浆膜贴伏毛羽，还是浸透于经纱内部黏结纤维，都是通过该剂对纤维的黏着和该剂自身内部的黏着（称为自黏）而实现的。因此，黏着剂必须具有下列基本条件：一是对所浆纤维有良好的黏着性，但应是物理的结合而非化学结合，否则将使染整退浆困难。二是有良好的成膜性，即浆膜完整均匀，机械性质良好且不易再黏；三是为了便于上浆、退浆，必须有良好的水溶性或水分散性。

由于纺织纤维的种类不同（初步可分为亲水纤维和疏水纤维），相应的黏着剂也不同，对某种纤维黏着性好的黏着剂并不一定适于另一种纤维。黏着剂可分为天然黏着剂、变性黏着剂以及合成黏着剂三类，见表12-3-1。

表12-3-1 主要黏着剂分类

天然黏着剂		变性黏着剂		合成黏着剂	
植物性	动物性	纤维素衍生物	变性淀粉	乙烯类	聚丙烯酸类
各种淀粉：小麦淀粉、玉米淀粉、大米淀粉、甘薯淀粉、马铃薯淀粉、橡子淀粉、木薯淀粉 海藻类：褐藻酸钠 植物性胶：阿拉伯树胶、白芨粉、田仁粉、槐豆粉	动物性胶：鱼胶、明胶、骨胶、皮胶 甲壳质：蟹壳、虾壳等变性黏着剂	羧甲基纤维素（CMC）、甲基纤维素（MC）、乙基纤维素（EC）、羟乙基纤维素（HEC）	转化淀粉：酸化淀粉、氧化淀粉、可溶性淀粉、糊精淀粉衍生物——交联淀粉、淀粉酯、淀粉醚、阳离子淀粉 接枝淀粉：淀粉的丙烯腈接枝共聚物、淀粉的水溶性接枝共聚物、淀粉的其他接枝共聚物	聚乙烯醇（PVA） 乙烯类共聚物：醋酸乙烯—丁烯酸共聚物、乙烯酸—马来酸共聚物、醋酸乙烯—马来酸共聚物	聚丙烯酸、聚丙烯酸酯、聚丙烯酰胺、丙烯酸酯类共聚物

目前，从经纱所用的黏着剂用量的比例来看，主要是淀粉（包括变性淀粉），其次是聚乙烯醇和丙烯酸类。因此，淀粉、聚乙烯醇和丙烯酸类黏着剂有“三大浆料”之称。

1. 淀粉

淀粉是从植物的种子、地下茎和块根等提取而得，如小麦淀粉（不是面粉，面粉中还含有蛋白质等其他物质）、玉米淀粉、橡子淀粉和木薯淀粉等。淀粉结构有直链和支链两种，支链的淀粉聚合度 n 比直链的大得多，性质也有一定差异，直链淀粉和支链淀粉在上浆工艺中相辅相成，发挥各自的作用。

（1）淀粉浆液的上浆性能。

①黏度。黏度是淀粉浆液重要性质之一，它对经纱上浆工艺的影响很大，为使经纱上浆率的波动幅度小，必须保证浆液的黏度相对稳定。淀粉浆液的黏度随温度变化。淀粉在水中的变化大致可分为吸湿、膨胀、糊化三个阶段，只有淀粉糊化后黏度稳定期间进行上浆，才能获得良好的上浆效果。淀粉的聚合度越大，其浆液的黏度越大；淀粉浆液的浓度越大，黏度也越大。pH对淀粉浆液黏度的影响，随淀粉种类而异。另外，煮浆温度高、焖浆时间长、搅拌作用剧烈、浆液使用时间过长等，都会使浆液的黏度下降。

②黏附性。黏附性是两个或两个以上物体接触时互相结合的能力，在上浆中指浆液黏附纤维的性能。黏附性的强弱以黏附力（黏着力）大小表示，淀粉大分子中富有羟基，具有较强的极性。根据相似相容原理，淀粉对含有相同基团或极性较强的纤维有高的黏着力，如棉、麻、黏胶等亲水性纤维；而对疏水性合成纤维的黏附很差，所以不能用于纯合成纤维的经纱上浆。

③成膜性。淀粉浆膜比较脆硬、浆膜强度大，但弹性较差，断裂伸长小，其成膜性是较差的。以淀粉作为主黏着剂时，浆液中要加入适量柔软剂，以增加浆膜弹性，改善浆纱手感。

④浸透性。淀粉浆是一种胶状悬浊液，在水中呈粒子碎片或多分子集合体状态，浸透性差。淀粉经分解剂的分解作用或变性处理使其黏度降低后，浸透性可得到改善。

（2）变性淀粉的上浆性能。由于变性的原理和方法不同，变性淀粉的种类也较多，常用的种类如下：

①酸化淀粉。又叫酸解淀粉，具有黏度低、流动性好、易糊化的优点，对亲水纤维黏着性好，但浆膜性质无显著改善。由于其成本低、价格廉，因而得到较广泛使用。可用于粗特棉纱、苎麻纱或黏胶纱上浆，用于混纺纱可代替少量PVA（聚乙烯醇）。

②氧化淀粉。氧化淀粉浆黏度低而稳定，对亲水纤维的黏着性有所提高，浆膜性质也有一定改善，浆液色泽洁白而不易腐败。可用于细特棉纱、苎麻纱和黏胶纱上浆，用于混纺纱可代替部分PVA。

③酯化淀粉。淀粉的大分子含有酯基，提高了淀粉对涤纶等合成纤维的黏着性。醋酸淀粉酯对涤纶上浆效果更好，浆液黏度稳定，流动性好，低温下不易凝胶，浆膜也较柔韧，适于棉、毛和黏胶等纱线上浆；若用于涤棉混纺纱，可代替较多的PVA。尿素淀粉也属于此类，但对疏水纤维黏着性欠佳。

④接枝淀粉。接枝淀粉上浆后浆膜柔韧，对亲水和疏水纤维的黏着性都好，对涤棉混纺纱上浆时可代替全部或大部分PVA等合成浆料，但其价格在变性淀粉中最高。由于接入合成物的成分及接入量（接枝率）的不同，其性质也存在较大差异。

2. 聚乙烯醇

聚乙烯醇又称PVA，是合成高分子化合物。PVA的上浆性质如下。

（1）黏着性。完全醇解型对亲水纤维有良好黏着性，对疏水纤维较差，但优于淀粉等。部分醇解型对疏水纤维黏着性较好，对亲水纤维也有一定黏着性，但不及完全醇解型。

（2）成膜性。PVA的浆膜力学性质坚而韧，是目前所有浆用黏着剂中最好的，不仅强度高而且弹性好，尤其是耐磨性和耐屈曲等性质远远高于其他黏着剂。醇解度对浆膜性质有一定影响，但不显著。

（3）水溶性。PVA可溶解为溶液，但溶解的难易度视聚合度和醇解度而异。聚合度越高越难溶；而醇解度为88%时最易溶，在温水中搅拌即完全溶解；而PVAl799要在高温下长时间高速搅拌才能溶解。上浆烘燥时若温度太高，则PVA将结晶。更难溶解。

（4）稳定性。PVA各方面稳定性均好，部分醇解型，其溶液的黏度长时间很少变化，但完全醇解型则随时间延长而黏度增大，最后成为凝胶。化学稳定性也较好，且不腐不霉。

（5）混溶性。PVA 与其他浆料，特别是合成浆料能很好地混合，混溶性好且均匀而稳定，但与等量的淀粉混合会发生分层现象。

目前，PVA 主要用来上浆涤棉混纺纱，作主体黏着剂，也可与其他浆料混用，以改善这些浆料的性能。但随着人们环保意识的加强，应尽量少用或不用 PVA。

3. 丙烯酸类浆料

丙烯酸类浆料是由丙烯酸及其衍生物聚合而成，而且多是共聚物。其组分有丙烯酸、丙烯酸酯、丙烯酸盐、丙烯酰胺，以及甲基丙烯酸及其衍生物。

丙烯酸类浆料中，具体某种浆料一般是以某成分为主体，并含有其他成分的共聚物。主要有以下几种。

（1）聚丙烯酸酯。聚丙烯酸酯是以丙烯酸酯为主体并有丙烯酸、丙烯腈等组分的共聚物（如常用的甲酯浆 PMA），呈乳白色透明黏稠胶状体，含固率约 14%（其余为水），有大蒜气味，水溶性很好。浆膜光滑柔软，低强高伸，但其伸度中弹性变形小而永久变形大；吸湿性强，浆后烘干易吸湿而再黏严重。目前用于涤纶、锦纶等长丝的上浆。在涤棉混纺纱上浆时，作为辅助黏着剂以补偿 PVA 或淀粉浆料对涤纶纤维黏着性差的缺点。

（2）聚丙烯酰胺。聚丙烯酰胺为无色透明胶状体，含固率为 8%～10%，易溶于水，溶液低浓高黏，浆膜坚而不韧，即强度高而弹性、柔软性和耐磨性差，吸湿性强而易再黏。对亲水纤维黏着性好，可用于棉、毛、涤棉混纺纱的上浆，但不宜单独使用。

（3）聚丙烯酸及其盐类。聚丙烯酸（PAA）酸性强，对锦纶黏着性好。聚丙烯酸盐（钠盐、铵盐等）水溶性好，对亲水纤维有黏着性，浆膜低强、柔软而易再黏。它们都不宜作为浆料单独使用，一般以其单体作为共聚物的组分。

丙烯酸类浆料浆膜性质都不够好，再黏性强，多呈含水太多的黏稠体状。但因多以共聚形式存在，通过适当选择单体、比例和改进制成方法，可以改善浆料的性能。

4. 其他黏着剂

除以上外，黏着剂还有羧甲基纤维素钠，又叫 CMC；褐藻酸钠又叫海藻胶；动物胶类如骨胶、皮胶和明胶等。

（二）助剂

助剂是用来改善黏着剂的性能，增进上浆效果的一些用量较少的用剂，其分类、作用和典型用剂简述如下。

1. 淀粉分解剂

淀粉分解剂作用是使淀粉适当降解（降低聚合度），加速糊化，使淀粉浆有稳定而适当的黏度和可溶物质，从而具有适当的浸透性和被覆性。有些变性淀粉，事先已作降解处理，所以不再加入分解剂。常用的淀粉分解剂有硅酸钠、氢氧化钠等碱性剂，次氯酸钠、氯胺 T 等氧化剂。此外，α-淀粉酶等酶制剂也可用作淀粉分解剂。

2. 柔软剂

柔软剂作用是使浆膜柔软而有弹性、淀粉浆中加入柔软剂可减轻其浆膜脆硬和粗糙，也有一定的平滑作用。但应注意用量不能太多，否则会显著降低浆膜强度；由于柔软剂多为各种动植物油脂，为避免在纱线上形成油渍和使其在水中均匀分散，应在使用前作乳化或皂化处理。PVA 及丙烯酸类浆料的浆膜已较柔软，可少用或不用，但有时为了防黏、消泡和防止浆液结皮，也可少量用一些。

3. 平滑剂

平滑剂作用是使浆膜表面平滑，降低摩擦系数，有利经纱的耐磨性和开清梭口、减少断头，有的还有清除静电的作用。具体用剂是多种蜡，一般在经纱上浆烘干后，抹于浆纱表面，称为后上蜡。但有的平滑剂仍可混入浆液中。一般用于合成纤维或混纺纱线以及细特高密织物的经纱上浆。

以前平滑减摩的材料常用滑石粉，由于它严重磨损综筘，破坏浆膜的完整，起不到减摩作用反而增加磨损，所以现已少用或不用。但为了增加织物重量，改善手感，或使 PVA 浆分纱顺利等原因，有时也可适当加一些，但此时已不作平滑减摩剂而是增重填充剂，且要求粒度很细。

4. 防腐剂

防腐剂用来防止已浆纱线和坯布在贮存或远距离运输时发霉，并防止浆液腐败。常用的防腐剂有 2-萘酚、苯酚、菌霉净等。在干旱地区、干旱季节、坯布贮运时间短以及用氧化淀粉 PVA 浆料等情况，可少用或不用防腐剂。

5. 吸湿剂

吸湿剂用来使已浆纱线吸收空气中的水分，提高浆纱的含湿量，使其柔软而有弹性。常用的吸湿剂有甘油等。甘油还有防腐、柔软等作用。当气候潮湿或用丙烯酸类浆料时，可不用吸湿剂。

6. 浸透剂

用来降低浆液的表面张力，帮助浆液润湿和浸透纱线。常用的浸透剂多为表面活性剂，如土耳其红油、5881D、JFC、肥皂、平平加 O 等。浸透剂因含大量亲水基团，因而也有吸湿作用。

7. 消泡剂

一些浆料，如 PVA，浆液泡沫多，影响上浆质量且不便工人操作，故应消除其泡沫。常用的消泡剂有硬脂酸、碳链为 5~8 的醇类等。

8. 防静电剂

防静电剂用来防止疏水纤维的纱线积聚静电，使纱线更利于织造。一般离子型表面活性剂都有防静电作用，其中季铵盐型阳离子表面活性剂，如防静电剂 SN 的效果较好，但阳离子型表面活性剂会与浆料中的阴离子型用剂，如肥皂、CMC 等发生作用而彼此失效，所以不宜直接加入浆液中，而以后上蜡方式为宜。

9. 中和剂

中和剂用来调整浆液的酸碱度，使其达到所需的 pH。如淀粉浆液在加碱性分解剂之前，应先把浆液里的酸分中和，否则分解程度受影响。常用的中和剂有氢氧化钠和盐酸。

10. 溶剂

调浆的溶剂是水，其硬度应低，因硬水中含的钙镁物质会与肥皂等生成不溶于水的钙镁金属皂，给退浆和染色带来困难。目前正研究采用有机溶剂上浆，以节省蒸发溶剂时消耗的能量。

三、配浆、调浆和浆液输送

（一）配浆

配浆用的材料很多，应根据具体情况，选择适当的配方，使工艺性和经济性都能合理。

1. 黏着剂的选择

这是配浆的首要问题，应根据所浆纱线的纤维种类，选择对其有良好黏着性的黏着剂。一般可根据相似相容原理，当两者的化学结构、主要基团的极性相似时，则有良好的黏着性。常用的一些纤维和浆料的结构特点见表 12-3-2。

表 12-3-2 浆料及纤维的主要基团

纤维	主要基团	浆料	主要基团
棉、麻	羟基	淀粉	羟基
黏胶纤维	羟基	氧化淀粉	羟基、羧基
醋酯纤维	羟基、酯基	褐藻酸钠	羟基、羧基
羊毛	酰胺键	CMC	羟基、羧基
涤纶	酯基	完全醇解 PVA	羟基、很少酯基
锦纶	酰胺键	部分醇解 PVA	羟基、酯基
维纶	羟基、缩醛	聚丙烯酸酯	羟基、羧基
腈纶	腈基、酯基	聚丙烯酰胺	酰胺基
丙纶	羟基	水分散性聚酯	酯基、羟基

此外，还应结合浆膜性质、纱线线密度和结构、织物品种和经济性等进行综合考虑。而且还可以采用几种黏着剂混合使用，以能取长补短或节约成本。

各种纱线常用的黏着剂见表 12-3-3。

表 12-3-3 各种纱线常用的黏着剂

纱线种类	黏着剂
棉纱	淀粉、变性淀粉、淀粉与 PVA、淀粉与聚丙烯酰胺、淀粉与褐藻酸钠
苎麻	淀粉与 PVA、变性淀粉与 PVA
亚麻纱	淀粉、变性淀粉
低捻毛纱	PVA 与淀粉、变性淀粉、淀粉与 PVA
黏胶纱	淀粉、变性淀粉、淀粉与 PVA

续表

纱线种类	黏着剂
黏胶纱、铜氨丝	动物胶、PVA
醋酯丝	部分醇解 PVA、动物胶、马来酸酐—苯乙烯共聚物
聚酰胺纱	PVA、聚丙烯酸酯与 PVA
聚酰胺丝	PVA、聚丙烯酸
聚酯纱	部分醇解 PVA、聚丙烯酸酯与 PVA
聚酯丝	部分醇解 PVA、聚丙烯酸酯共聚物、水分散性聚酯
维纶纱	PVA、淀粉、变性淀粉
聚酯纤维和纤维素纤维的混纺纱	PVA 与聚丙烯酸酯、PVA 与淀粉、PVA、PVA 与变性淀粉、PVA 与褐藻酸钠

2. 助剂的选择

应根据纱线的种类和所选用的黏着剂为主要根据来确定助剂的种类、用剂和用量，同时还要考虑织物品种及用途、气候条件、贮运情况等。如浆棉纱，用淀粉作黏着剂，则助剂应有分解剂、柔软剂和防腐剂，而用氧化淀粉作黏着剂就不需分解剂和防腐剂。浆涤棉混纺纱若用 PVA 和 PMA 为黏着剂，则不需分解剂，而柔软剂和防腐剂可少用或不用，但宜用浸透剂和消泡剂。中和剂则随具体情况不同而在调浆时进行中和滴定来确定用量，因此不列入配方。

3. 配方

配方力求简单，种类不要太多，更不应相互抵消其作用。

4. 成本

应注意经济性，力求降低成本。

5. 配浆要求

应尽量满足后加工或用户的要求，如有利退浆、印染等。

（二）调浆

调浆是将配方中的各种浆料在水中溶解或分散，调煮成均匀、稳定、符合上浆要求的浆液。

1. 调浆的方法

（1）定浓法。原淀粉浆的调制。定浓法是将规定重量的浆料加水调成按比重（采用工业上常用的波美比重计）表示的一定浓度的浆液，再加热煮浆。淀粉浆多用此法。

（2）定积法。PVA 浆的调制。定积法是将规定重量的浆料加水达一定体积后，再加热煮浆。此法较简便，化学浆采用此法，现在调煮淀粉浆也逐渐用此法。

一些浆料在调煮前往往还要作准备工作，如淀粉需充分浸渍；2-萘酚因不溶于水，需加碱加热溶解；油脂应皂化或乳化。

2. 调浆设备

调浆设备有调煮浆液的调和桶，煮滑石粉或乳化油脂用的煮釜，淀粉浸渍池以及浆泵、输浆管路、阀门、蒸汽管路和附件等。调和桶及煮釜内均设有搅拌器，调煮 PVA 等难于溶解的浆料，需用高速搅拌的调和桶。目前还有高压煮浆桶、常压涡轮煮浆机等新型调浆设备。

（三）输浆

浆液调制完成后，需由输浆装置将浆液向浆纱机的浆槽输送，输浆装置主要包括输浆管和输浆泵等。浆液输送方式有三种：一是集体输浆，供应桶内的浆液经输浆管道顺序送入各浆纱机，浆液新鲜，质量容易控制；二是单独输浆，每台浆纱机设有一条输浆管道，浆液专配专用；三是综合输浆，供应浆槽的输浆管道用支管连通，配有专用管路开关，控制输浆路线。

（四）浆液质量指标

1. 浓度与含固率

浓度表示浆料在浆液中所占的比例，其大小直接影响上浆率的大小，浓度大则上浆率大，所以其大小和均匀性必须控制好，并经常检查。淀粉的生浆浓度以波美（Baume）比重计测定，其单位为 Be 度，它间接地反映了无水淀粉与溶剂水的重量比。

化学浆和糊化后的淀粉浆因黏度高，不能用波美计测量，一般采用取样烘干质量与烘干前质量之百分比表示，称为含固率。

2. 黏度

黏度表示浆液流动性能的大小，黏度高则不易流动，浆液浸透少而被覆多，当其他条件相同时，上浆率偏大。因此黏度的大小对浸透被覆比和上浆率影响很大。浆液的黏度由浆料的性质、浓度、温度、搅拌情况等因素而定。测定浆液黏度有绝对黏度和相对黏度两种。为了操作简单易行，目前企业的浆纱车间通常测定浆液的相对黏度。

3. 分解度

分解度是淀粉浆的特有参数，为淀粉浆中可溶的干物质与浆液干重之百分比，也影响浸透被覆比和上浆率。

4. 酸碱度

浆液的酸碱度对浆液的黏着性、浸透性等都有一定影响，也对助剂效能、调浆、浆纱设备以及纱线的腐蚀情况也有影响，所以必须控制。一般用 pH 试纸测定。棉纱的浆液一般为中性或弱碱性，毛纱则适宜于弱酸性或中性浆液，人造丝宜用中性浆，合成纤维不应使用碱性较强的浆液。

5. 浆液温度

浆液温度也是影响上浆的一个重要因素。浆液温度升高，分子热运动加剧，可使浆液黏度下降，浸透性增加；温度降低，则易出现表面上浆。浆液温度应根据纱线和浆料的特性而定。例如，黏胶纤维纱受湿热处理，强力和弹性都会有损失，浆液温度宜低一些；棉纱的表面存在蜡质，浆液温度宜高一些；淀粉浆低温时会凝胶，只适合于高温上浆，以 PVA 为主体的浆液，上浆温度可在 60～95℃。

6. 浆液黏着力

浆液黏着力是上浆质量的重要标志，黏着力的大小与浆料本身的内聚力和浆料与纤维之间的黏附性能有关，因此采取测定浆液的黏着力来衡量浆料的黏附性能。

7. 浆膜性能

测定浆膜性能可以从实用角度来衡量浆液的质量情况，这种试验也经常被用作评定各种黏着材料的性能。通常采用薄膜试验法测试与评价浆膜性能。浆膜性能测试前，先要制备标准的浆膜试样，再对试样进行拉伸强度、耐磨、吸湿、水溶等试验，并以各项试验的指标值综合评价某种黏着材料的浆膜性能。

除以上 7 项指标外，浆液质量还包括浆料是否充分溶解（尤其是浆液为化学浆时应注意）、浆液是否均匀、是否腐败变质、是否有杂物油污混入等。

四、浆纱机

浆纱机是经纱上浆用的机械，最常用的是轴经浆纱机，它首先是从若干个经轴引出经纱合并，进行上浆，再烘干卷绕成织轴，同时完成浆纱和并轴两项任务。因此它由经轴架、上浆、烘干和前车四个部分组成。若没有上浆和烘干两部分，就成了专门用来并轴的并轴机。图 12-3-2 所示为经纱在浆纱机上的生产工艺过程。经纱从置于经轴架上的几个经轴退解，汇合成一片。经引纱辊而进入浆槽，浆槽内盛有浆液并由加热装置加热保温。经纱经过浸没辊，浸入浆液中，并受上浆辊与压浆辊轧压。经纱经过浸轧而上浆，再进入烘燥部分。这种浆纱机的烘燥部分有两段，浆纱先在热风式烘房中初步烘燥开始形成浆膜，再由几个烘筒烘至预定的工艺回潮率。烘燥后的浆纱进入前车部分，经过拖引辊而卷绕于织轴上。在整个过程中，经纱还经过若干根导辊导向。

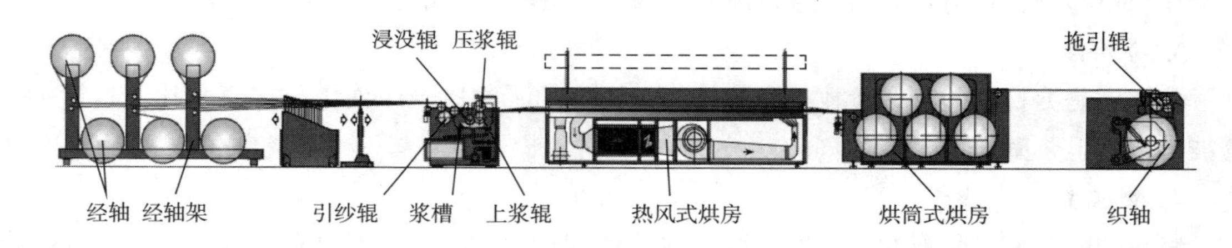

图 12-3-2　经纱在浆纱机上的生产工艺过程

按烘干的方法，浆纱机可分为烘筒式、热风式和热风烘筒联合式。如图 12-3-3 所示为热风烘筒联合式浆纱机的工艺过程。

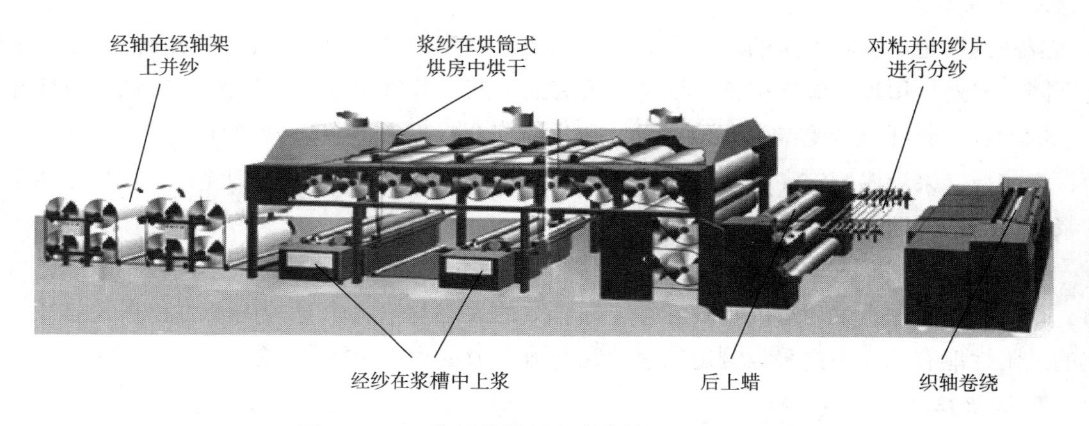

图 12-3-3　热风烘筒联合式浆纱机的工艺过程

轴经浆纱机与分批整经机（又叫轴经整经机）相配合，是目前采用最广泛的工艺方式，俗称“大经大浆”。此外，还有一些其他类型的浆纱机，如整浆联合机、染浆联合机、单轴上浆机、绞纱上浆机等。

（一）经轴退绕部分

经轴架简称轴架，用来放置经轴。要求各轴退出的纱片张力均匀，退绕轻快但停车时又不惯性回转，伸长小且一致，占地少且操作方便。一般浆纱机纱线从经轴退绕是由前方的引纱辊牵引而拖出。目前采用积极传动的退绕方式尚少。

轴架有山形式、单列式和双层式（图 12-3-4）。山形式占地较少但操作不太方便。双层式占地最少，一般四个轴为一组，各组之间有踏板作为操作通道，适于放置宽幅经轴，操作也较方便。

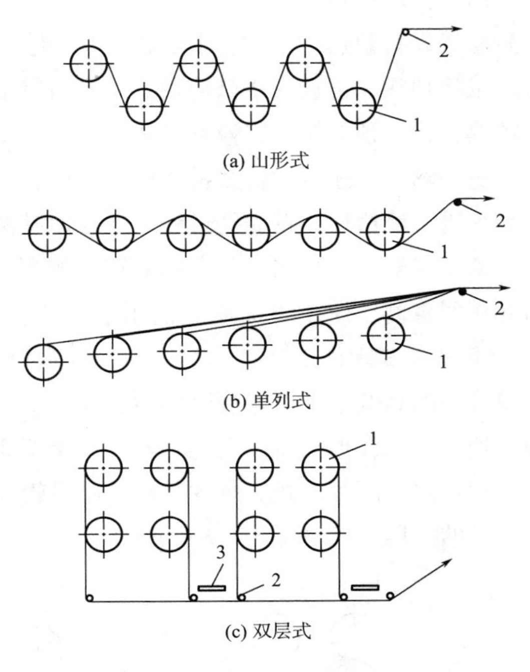

图 12-3-4　轴架

1—经轴　2—导辊　3—踏板

（二）上浆部分

上浆部分是浆纱机的核心，对产品质量影响很大。由浆槽、预热箱、浸没辊、上浆辊、压浆辊和加热装置等组成（图 12-3-5）。

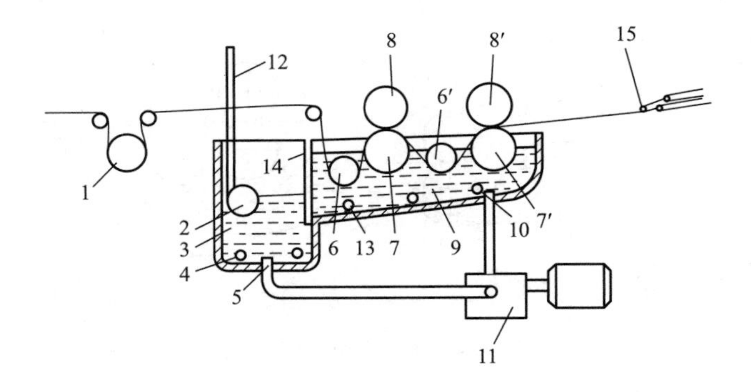

图 12-3-5　上浆装置

1—引纱辊　2—浮筒　3—预热箱　4，13—蒸汽管　5—出浆口　6，6′—浸没辊　7，7′—上浆辊　8，8′—压浆辊　9—浆槽　10—喷浆管　11—浆泵　12—进浆管　14—溢流口　15—湿分绞棒

1. 引纱辊

经纱的引入是由传动系统积极传动的引纱辊 1 主动回转，利用其粗糙的表面对纱线的摩擦牵引力将经纱引入浆槽，引纱辊与上浆辊之间的速度差会影响经纱的湿伸长和吸浆量。

2. 浆槽

浆槽9中盛有浆液，为了保持浆液的温度，应对浆液加热。可用蒸汽管13将蒸汽直接通入浆液中，也可采取在浆槽壁的夹层内装蒸汽管的间接加热方式。为了保温，浆槽采用夹层结构，内有保温材料。

浆槽旁设有预热箱3，它可与浆槽为一体，也可分离。预热箱作用一是把调浆室经管道输来的浆液预热，再进入浆槽使用。二是与浆槽形成循环，浆槽中多余的浆液可从溢流口14流入预热箱，而预热箱的浆液通过浆泵11、进浆管12而从喷浆管10进入浆槽。这样循环可使浆液更加均匀，还可保持浆槽液面高低位置，有利于上浆率的稳定。

经纱进入浆槽后，首先经过浸没辊6使其浸入浆液中。在浆槽中经浸没辊浸过浆液的经纱，受到压浆辊7和上浆辊8之间的挤压作用，浆液被压入纱线内部，多余的浆液被压浆辊挤出并放回浆槽，使纱线获得一定的浸透、被覆和上浆率。

3. 浆槽浸压方式

浸没辊的高低位置影响浸浆的纱线长度，对上浆率有影响，因此其位置应稳定。浸没辊可为一处或两处，根据浸没辊与轧辊（即上浆辊和压浆辊）的不同配合可分为单浸单压、单浸双压和双浸双压等形式。有的浆纱机浸没辊还可与上浆辊配合，侧向对带浆经纱轧压形成双浸四压的浸压方式（图12-3-6）。

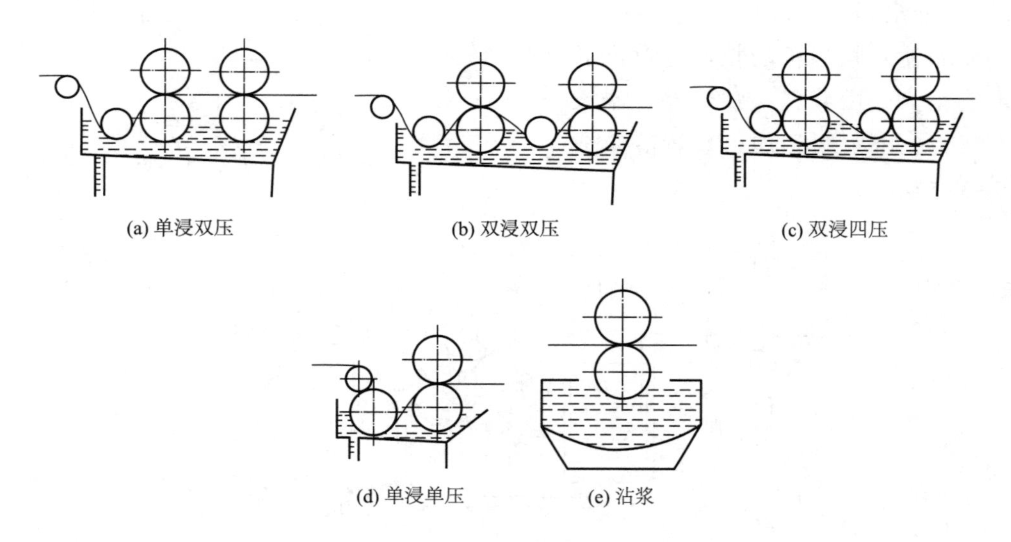

图12-3-6　浆槽浸压方式

经纱经受浸压的次数根据不同纤维、不同的后加工要求而有所不同。经纱上浆可采用相应的浸压方式。黏胶长丝上浆还经常采用沾浆。

4. 上浆机理

如图12-3-7所示，浆纱通过压浆辊与上浆辊时，浆液发生两次分配，第一次分配发生在加压区，第二次分配发生在出加压区之后。当浆纱进入加压区发生第一次浆液分配时，一部分浆液按压入纱线内部，填充在纤维与纤维的间隙中，另一部分被排除流回浆槽。纱线离开加压区时发生第二次浆液的分配，压浆力迅速下降为零，压浆辊表面微孔变形恢复，伴随着吸收浆液，但这时经纱与压浆辊尚未脱离接触，故微孔同时吸收挤压区压浆后残剩的浆液和经纱表面多余的浆液。如微孔吸浆过多，则经纱失去过量的表面黏附浆液，使经纱表面浆膜被覆不良；相反，经纱表面吸附的浆液过量，以致上浆过量。经过挤压后，纱线表面的毛羽倒伏、粘贴在纱身上。

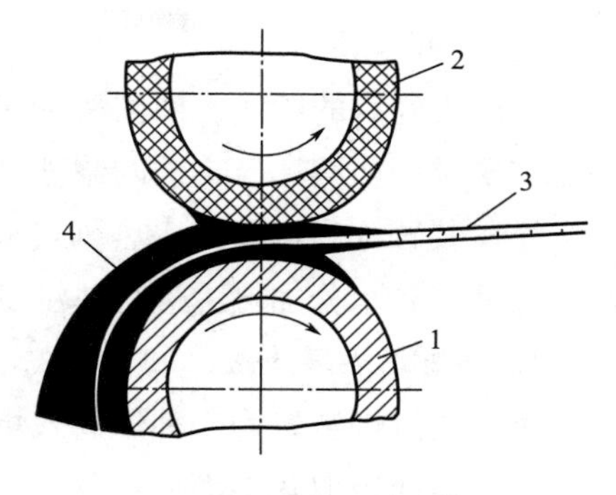

图 12-3-7　压浆过程示意图

1—上浆辊　2—压浆辊　3—浆纱　4—浆液

上浆辊采用机械传动，它是浆纱机上使经纱前进和影响伸长率的部件之一。

压浆辊表面包覆物的新旧、硬度、弹性和吸浆能力与压浆力的大小对上浆效果影响很大。压浆辊的压力增大时，上浆率减小；反之，上浆率增加。

压浆辊的压浆力除来自压浆辊的自重外，还来自在压浆辊的两端施加的附加压力，加压装置的形式有杠杆式、弹簧式、气动式、液压式和电动式等多种，新型浆纱机多采用气动式加压装置。

5. 湿分绞

经过浸轧后的经纱出浆槽后，由湿分绞棒把纱片分成几层而进入烘干部分，以使烘干后经纱上的浆膜完整。湿分绞通常使用 1~3 根湿分绞棒进行分绞，也有用 5 根的。

6. 多浆槽上浆

对于高经密织物可采用双浆槽或多浆槽上浆方式，使每个浆槽中的经纱根数和排列密度减少，这样就避免了以上现象。图 12-3-8 所示为双浆槽浆纱机上浆工艺流程图，经纱在各浆槽浸压后，也须分别初步烘燥，再合并烘至工艺回潮率。合并时还应注意整片纱线张力的均匀性。当经纱是两种或两种以上的原料时，若上浆性能差异较大，宜采用多浆槽上浆。当经纱是两种颜色时，为了防止相互粘色，也宜采用。

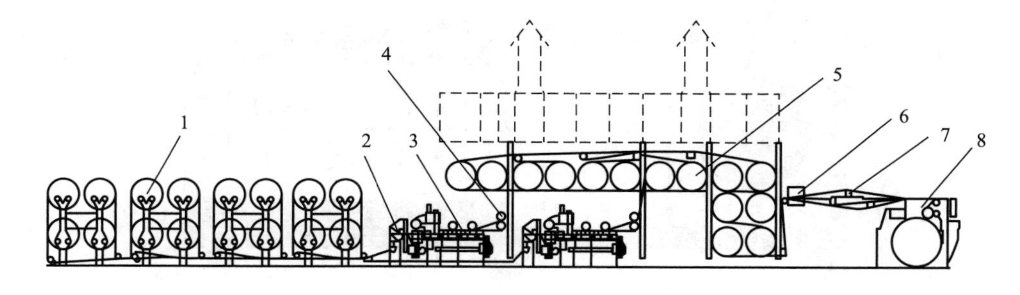

图 12-3-8　双浆槽浆纱机上浆工艺流程图

1—经轴架　2—张力自动调节装置　3—浆槽　4—湿分绞辊

5—烘燥装置　6—上蜡装置　7—干分绞区　8—车头

（三）烘燥部分

一般浸轧后的纱线，回潮率为130%~150%，尚有大量水分需除去，可以通过烘燥以达到工艺要求的回潮率。棉纱的浆纱工艺回潮率为7%~8%，涤棉混纺纱约为2%。

烘燥装置分为烘筒式、热风式和热风烘筒联合式。烘燥装置主要是利用热传导或热对流对上浆经纱和水分加热，进行热湿变换而使水分蒸发。

1. 烘筒式烘燥装置

烘筒式烘燥装置为一种烘筒式烘燥装置如图12-3-9所示，金属烘筒内通入蒸汽，湿浆纱覆于其表面吸取热能而使水分蒸发。烘筒式烘燥效率高，省能量，烘干快，车速和产量较高且纱线伸长小。

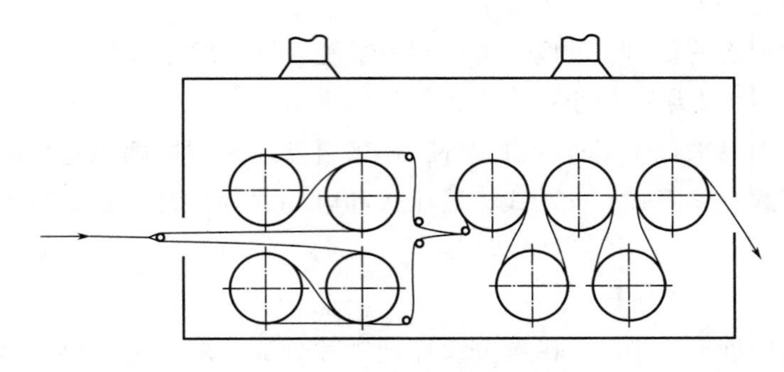

图12-3-9 烘筒式烘燥装置

2. 热风式烘燥装置

热风式又分为有喷嘴（热风喷射式）和无喷嘴（热风循环式）两类。湿浆纱在热空气室内，从热空气中吸取热能而使水分蒸发，由风机对热空气加速吹向湿纱，有利于吹散并带走湿纱周围的水气，但增加了电耗并可能吹乱纱片而造成黏并（图12-3-10）。

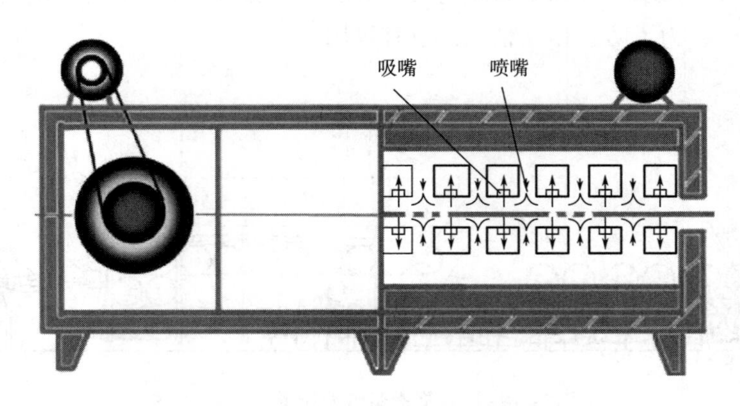

图12-3-10 热风烘燥装置

热风式烘燥优点是烘后纱线较圆整，防粘问题较易解决。但由于效率低，热能和电能耗用多，而且干燥速度低，绕纱长，伸长大，目前已很少单独采用这种烘燥装置。

3. 热风烘筒联合式烘燥装置

图 12-3-11 所示为热风烘筒联合式烘燥装置，装置工作时，先将湿浆纱送入热风室，由热空气进行预烘，待烘至半干，浆膜已初步形成，再由烘筒烘至工艺回潮率。采用烘筒既节能又可加快干燥速度，并且烘筒还有纱线伸长小的优点。但联合式的能耗仍高于全烘筒，烘燥速度也低于全烘筒。

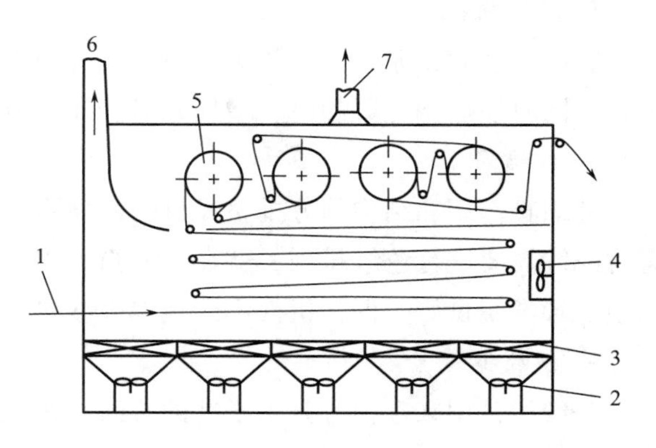

图 12-3-11　GA331 型热风烘筒联合式烘燥装置
1—经纱　2—小风机　3—加热器　4—推力风机　5—烘筒
6—热风区捧湿口　7—烘筒区排湿口

（四）前车部分

纱线从烘燥部分出来至织轴为浆纱机的前车部分，包括回潮率检测装置、测长打印记匹装置、上蜡装置、伸缩筘、分绞棒、浆纱全机计算机控制系统及传动部分等（图 12-3-12）。

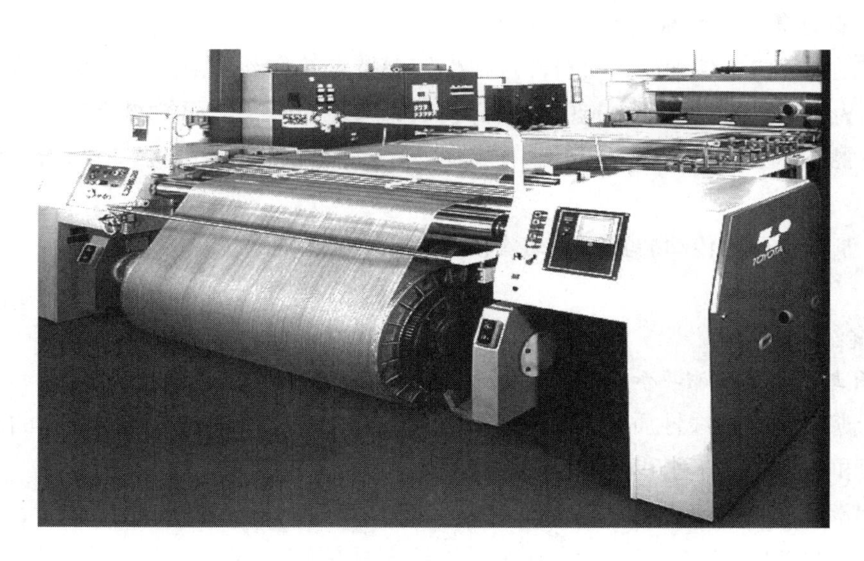

图 12-3-12　浆纱机前车部分

1. 回潮率检测装置

回潮率检测装置由测湿部件和回潮率指示仪两部分组成。在新型浆纱机上，浆纱回潮率检测系统不仅能指示回潮率的大小，还能把检测到的变化信号输送到自动控制装置，自动调节车速的快慢或汽压的大小，使浆纱回潮率保持稳定。

2. 测长打印记匹装置

测长打印记匹装置目前有机械式和电子式两类。探测浆纱的卷绕长度，可根据所需要的墨印长进行调节，使打印锤在浆纱上打墨印（或喷嘴喷墨印）。每打一次印还能自动记录匹数，以便掌握织轴卷绕了多少匹。

3. 上蜡装置

经纱上浆后，尤其是上浆率较高时，为增加浆膜的柔软性和耐磨性，需采用浆纱后上蜡工艺，同时能达到克服静电、增加光滑、开口清晰、减少织疵的目的。

4. 伸缩筘

伸缩筘作用和结构与分批整经机的伸缩筘相同，用来控制纱片的宽度、密度和左右位置。有时经纱需要进行色纱排列，就在伸缩筘上排花。有的浆纱机，伸缩筘也略作上下左右运动，以使织轴卷绕良好并保护机件不致很快被纱线磨损。

5. 分绞棒

分绞棒是用来逐根分开烘干后的浆纱，避免粘并和绞乱。一般是按经轴的个数用分绞棒分成相同的层数，有时还将每个经轴引出的—片经纱再分成两层，称为复分绞，这样使纱线分得更清楚。

6. 平纱辊

为两根转动的偏心圆辊，将分绞后的几层纱再平齐地汇成一片，并使纱片上下运动，以保护伸缩筘不易被纱线磨损。若伸缩筘可作上下运动时，平纱辊就不必是偏心辊了。

7. 浆纱全计算机控制系统及传动部分

拖引辊是浆纱机主传动的重要机件。拖引辊握持全片经纱向前，是计算浆纱机速度的部件。测长辊为一空心辊，紧压在拖引辊表面，依靠摩擦回转，从而给测长打印装置提供计长信号。压纱辊实际上是一根导纱辊，兼有增加纱片对拖引辊的摩擦包围角和均匀分布纱线的作用。

此外，浆纱机还有传动装置、自动落轴装置、安全装置、仪表等。

五、浆纱质量

1. 影响上浆率、回潮率和伸长率的因素

（1）上浆率。当纱线性质和浆料配方确定后，在实际生产中，影响上浆率的因素有浆液浓度、黏度和分解度、车速和浸浆长度、压浆力和压浆辊包覆物的性质等。

（2）回潮率。当浆液浓度、浸浆压浆等条件一定时，主要影响回潮率的是烘房烘燥情况，具体有温度、烘燥时间（包括车速和烘纱长度两方面）、排湿状况、气流速度和方向等。

（3）伸长率。上浆时影响伸长率的因素有经轴制动力、各区段经纱张力、烘房绕纱长度以及各辊的平行灵活程度等。

2. 质量指标

（1）一般常规质量指标。通常有上浆率、回潮率、伸长率。

（2）织轴卷绕质量指标。

①墨印长度。墨印长度的测试用作衡量织轴卷绕长度的正确程度。

②卷绕密度。卷绕密度是织轴卷绕紧密程度的重要质量指标。织轴的卷绕密度应适当，卷绕密度过大，纱线弹性损失严重；卷绕密度过小，卷绕成形不良，织轴卷装容量过小。

③好轴率表示浆纱的卷绕质量，指在检查的总织轴数中，无疵点轴所占的百分率。

$$好轴率=\frac{检查轴数-疵轴数}{检查轴数}\times100\%$$

疵轴包括倒断头、绞头、并头、墨印长和织轴长度不正确、边不良和各种斑迹等。

（3）经纱断头率。许多织厂把织机的经纱断头率［根/（台·h）］也作为浆纱质量的考核指标之一。因为浆纱的主要目的是提高经纱的可织性，即降低织机的经纱断头率。虽然织机的经纱断头率还受经纱本身质量、络筒、整经、穿经质量以及织造、空调等多种因素的影响，但浆纱的质量是主要因素。另外还有一些指标，如反映上浆后纱线强度增加的增强率，断裂伸长率下降的减伸率，以及毛羽降低率、浸透率、被覆率、浆膜完整率等，一般只作工艺参考，或检查新配方、新工艺、新设备的效果。

思考练习

1. 试述常用三大浆料的上浆性能及常见助剂的作用。
2. 浆纱上浆机理是什么？试从浸压原理方面作出分析。
3. 浆纱质量指标有哪些？上浆时影响“浆纱三大率”的因素有哪些？
4. 新型浆纱机常见的烘房形式是什么？该烘房有哪些优缺点？

拓展练习

1. 简述提高浆纱质量的措施。
2. 简述浆纱新技术。
3. 简述浆料配方选择。

任务 4　穿经工序

学习目标

1. 掌握穿经的主要任务及要求。
2. 掌握穿经设备的机构组成与生产工艺流程。
3. 掌握穿经机主要工作原理及穿经质量控制指标。
4. 了解穿经发展新技术。

相关知识

一、穿经工序的主要任务与要求

穿经是把织轴上的经纱按工艺设计依次穿过停经片、综眼和筘齿，如图 12-4-1 所示。

综是织造时的开口工具，经纱按工艺设计的示意图或文字说明穿入综丝的眼孔中，以能在织造时形成梭口并得到所需的织物组织。筘的功能较多，穿筘也是按工艺设计的示意图或

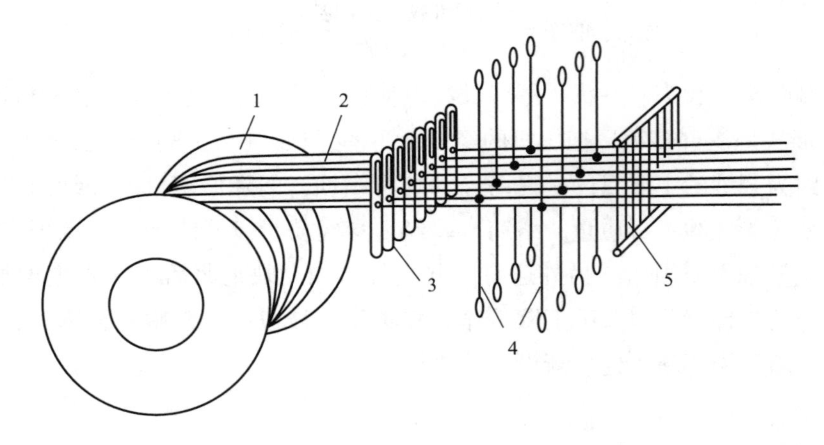

图 12-4-1 穿经示意图

1—织轴 2—经纱 3—停经片 4—综丝 5—筘

文字说明进行经纱分布。停经片是织机经纱断头自停装置的探纱元件，当织造时经纱断头，诱发织机自动停车。停经片的穿法在工艺设计中也必须说明。

对穿经的要求：一是必须符合工艺设计，不能穿错、穿漏、穿重、穿绞。二是综、筘、停经片的规格正确，质量良好。

二、综、筘和停经片的规格与选用

综、筘和停经片都是织机的重要器件，应规格正确，质量良好。

1. 综

综由综框架和综丝组成，综框架有金属制和木制两类。金属综框的结构如图 12-4-2 所示。综框架由上、下金属管（或铝合金条）1、两侧边铁 2、综丝杆 3、小铁圈 4 和综夹 6 组成。综丝杆上穿有综丝 5。

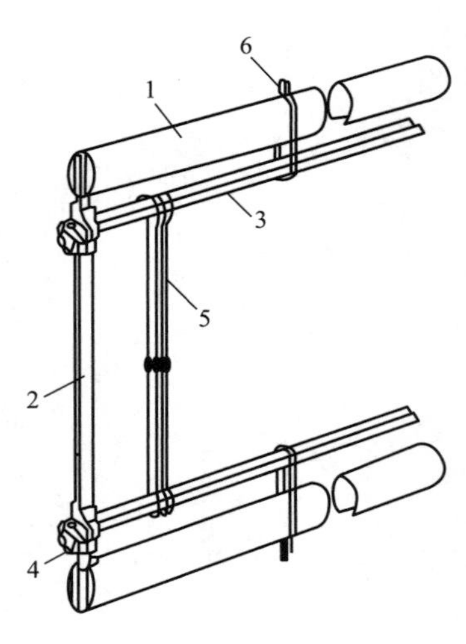

图 12-4-2 金属综框

1—金属管 2—边铁 3—综丝杆 4—小铁圈 5—综丝 6—综夹

无梭织机用的综框是由金属制成，但其结构和材料与传统的金属综框差异较大，如图 12-4-3 所示，上、下综框板 1 用铝合金等轻金属或异型钢管制成，上、下分别有硬木制成的导向板 2，以避免综框升降时相互撞击。综丝杆 6 为不锈钢条，由挂钩架 4、挂钩 5 连于综框板上。综框两侧的边框 7 为铝合金，外镶硬木条，便于与织机两侧的导槽配合，避免综框升降时晃动和碰撞。这种综框质轻而坚固不易变形，有利于高速运转。综丝都为钢片，但不同开口机构或不同机型所用的综丝型式也不同。

每页（或称为片）综框的综丝杆列数有单列或 2~4 列，单列称为单式综框，2~4 列称为复式综框。复式综框用于综框页数少而经密较高的情况，织造生产允许的综丝密度与纱

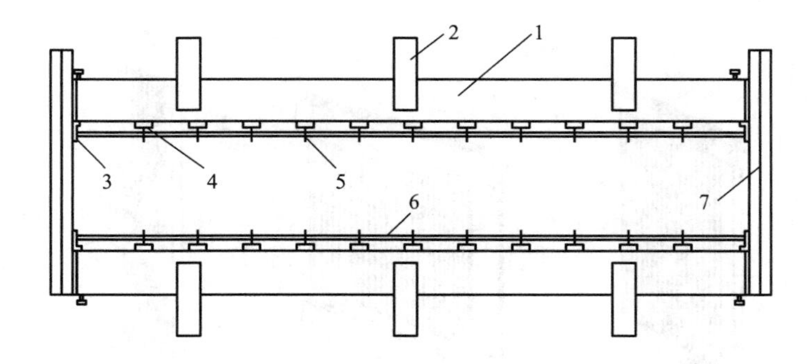

图 12-4-3　无梭织机用的综框

1—综框板　2—导向板　3—定位帽　4—挂钩架　5—挂钩　6—综丝杆　7—边框

线线密度有关，纱线越细，允许综丝密度越大，所用的综丝也越细。

综丝分钢丝综和钢片综两类。钢丝综由两根细钢丝焊合而成，两端有综耳，中间是综眼，分别穿入综丝杆和经纱；钢片综由薄钢片制成，比钢丝综耐用，而且便于机械穿经。钢丝综的主要规格是长度和细度，综丝长度由织物品种和梭口的大小而定，应大于最后一页综梭口高度的两倍。综丝的细度也应根据经纱的细度选择，综丝的细度用号数（S. W. G）表示。

无梭织机都使用钢片综，如图 12-4-4 所示，有单眼式和复眼式两种，复眼式钢片综的作用类似于复列式综框。钢片综的长度、截面尺寸、最大排列密度的选择原则与钢丝综类似。

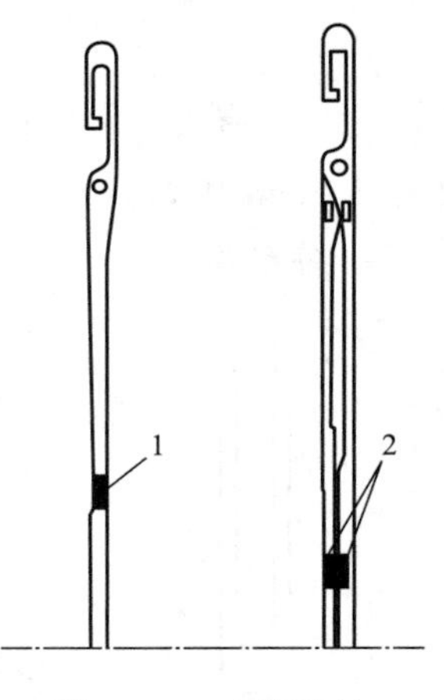

图 12-4-4　钢片综

1—单眼　2—复眼

2. 筘

筘的功能较多，一是分布经纱，确定经密和幅宽；二是打纬，在有梭织机上也可作为梭子飞行运动的导面，而在异形筘式喷气织机上，其异形筘的槽筘还可作引纬通道。

筘由许多筘片结合而成，按结合的方法分为胶合筘和焊接筘两类，如图 12-4-5 所示，（a）为胶合筘，（b）为焊接筘。

焊接筘比较坚固，适于织紧密织物，但维修较不便。胶合筘由筘片 1、筘边 2、筘线 3、木条 4 和筘盖 5 组成筘线把筘片扎于木条上，两端用筘边和筘盖固定。异形筘试用于喷气织机，如图 12-4-5（c）所示。

筘的规格有筘号、筘长和筘高等。筘号表示筘片的稀密程度，指单位长度中的筘齿数（筘齿指两筘片间的空隙）。本色棉织物每筘穿入数一般为 2~4 入，一般经密大的织物，穿入数大些；色织布和直接销售的坯布，穿入数小些；经过后处理的织物，穿入数可大些。一般而言，丝织用的筘号较高，筘齿很密；毛织用的筘号低，筘齿稀；棉织用的筘号居中，常用筘号为 80~200，一般取整数，特殊情况可取小数 0.5。筘的长度根据织机的主要规格最大工作宽度而定。筘的高度有筘全高和筘面高之分，若除去上下木条或筘梁，则为筘面高，它与

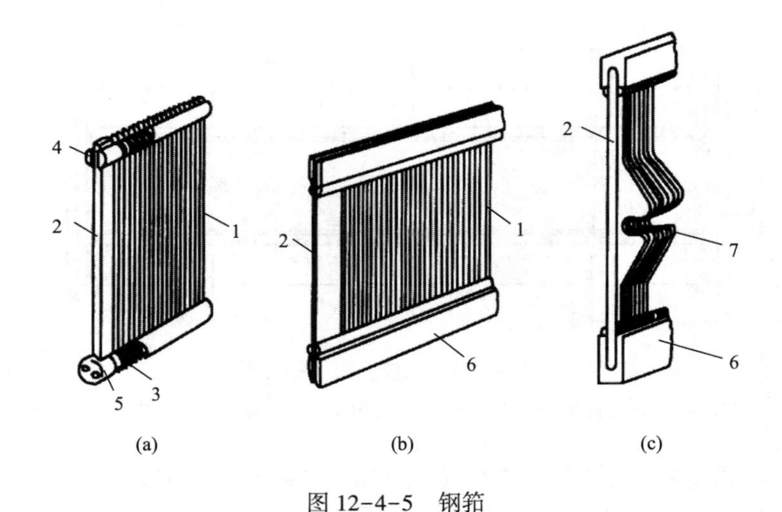

图 12-4-5　钢筘

1—筘片　2—筘边　3—扎筘线　4—扎筘木条　5—筘盖　6—筘梁　7—异形筘片

梭口的高度有关。筘片由碳素钢轧制而成，其断面为扁平状，两侧为圆角。棉织用的筘片宽度有 2.5mm 和 2.7mm 两种，而筘片的厚度与筘号有关，筘号越大则筘片越薄。

3. 停经片

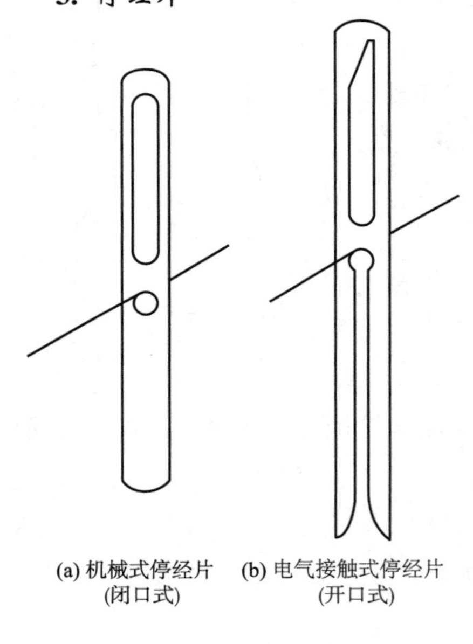

(a) 机械式停经片(闭口式)　(b) 电气接触式停经片(开口式)

图 12-4-6　停经片

停经片由经过回火处理的 60 号碳素钢片冲压而成，有两类，如图 12-4-6 所示，其中（a）为机械式停经片（闭口式），（b）为电气接触式停经片（开口式）。闭口式停经片穿经时，停经片先穿于停经杆上，用穿综钩将经纱引过停经片中部的孔眼。开口式停经片则在织轴穿好以后，把经纱拉直，再将停经片插到经纱上。无梭织机都采用电气式停经片。

每根经停杆上经停片的排列密度不可太大，要保证经停片下落灵敏，可以及时停车。停经片穿在停经杆上的最大允许密度与停经片的厚度有关，根据纤维性质、纱线线密度等因素选择，一般棉织用停经片厚度为 0.2mm。

停经片的尺寸、形式和重量的选择，依纤维原料、纱线线密度、织机种类和车速等条件而定。一般纱线线密度大，车速快，选用较重的停经片，反之则用较轻的停经片。毛织一般用较重的停经片，丝织用较轻的停经片，长时间大批量生产的织物用闭口式停经片，经常翻改品种且批量较小的用开口式停经片；毛织一般用开口式，丝织有用开口式的，也有用闭口式的。

三、穿经方法

1. 人工穿经

人工穿经分全手工穿经和三自动穿经。全手工穿经在穿经架上进行，织轴、停经片、综框和钢筘都置于其上，所用的工具是穿综钩和插筘刀。

穿综钩［图 12-4-7（a）］用于穿综和停经片，其形式有单钩、双钩、三钩和四钩，按织物的品种和穿综图选用。插筘刀［图 12-4-7（b）］用来插筘，每插一次能够自动由左至右移动一筘齿。

手工穿经的全部操作包括取综丝和停经片，穿综钩穿入综丝眼和停经片、引纱通过，取纱以及插筘都由手工进行，工人的劳动强度大而生产率低，每小时可穿 1000～1500 根。但手工穿经比较灵活，对任何复杂的组织都能适应。

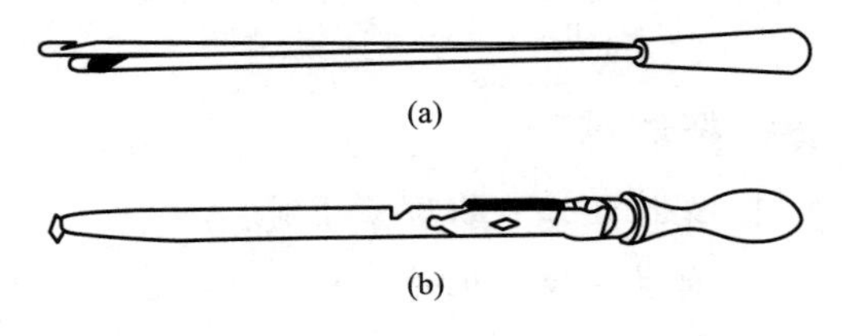

图 12-4-7　穿综钩和插筘刀

为了提高人工穿经的生产率同时降低劳动强度，在穿经架上加装三自动装置，即自动分纱(将纱片逐步分稀，以便取纱)、自动取停经片和旋转式自动插筘。三自动穿经又称半机械穿经，但主要操作仍由人工进行，生产率比全手工穿经略高，每小时可穿 1500～2000 根。目前国内棉织厂广泛使用三自动穿经方式穿经。

2. 机械穿经

机械穿经即采用自动穿经机，其各项动作与人工穿经类似，但都由机械执行，目前最先进的全自动穿经机每分钟能穿 150～200 根。操作工只需看管机器的运转状态和作必要的调整、维修及上、下机等工作。

由于采用先进的计算机控制技术，自动穿经机已适用于棉纱、混纺、毛、丝、竹节花式纱等各类织物组织，特别是生产复杂的织物组织结构品种时，其优势更加明显。

3. 结经

结经是将织机织剩且带有综、筘和停经片的经纱尾（即了机纱）和新织轴的纱头（即上机纱）逐根打结连接起来，再拉动纱线，使上机纱通过综、筘和停经片，其结果仍然是使新织轴的经纱穿过综、筘和停经片。结经适于新旧织轴为同一品种，穿法相同的情况。结经方法简便，而且采用自动结经机，生产率较高，失误比机械穿经少。但无论何种织造，当品种变更就必须重穿，不能用结经法。

现在大多采用自动结经机，分活动式和固定式两类。活动式结经机放于织造车间了机织机的机后进行工作，固定式结经机置于结经室或穿经间内。自动结经机打结应简单、快速、不易失误，但成结质量不高。

四、穿经质量指标

穿经质量指标用穿经好轴率表示。

$$穿经好轴率=\frac{抽验轴数-疵轴轴数}{抽验轴数}\times 100\%$$

抽验项目一般包括：穿错、穿绞、综丝不良、错筘号、多头少头、油污等。

思考练习

1. 简述穿结经工序的目的。
2. 简述停经片、综丝、钢筘的作用。
3. 什么是结经？分析其优势及要求。

拓展练习

1. 穿结经工序的质量控制。
2. 自动穿经纱机的发展。

任务5　纬纱准备工序

学习目标

1. 掌握纬纱准备的主要任务及要求。
2. 掌握纬纱准备设备的机构组成与生产工艺流程。
3. 掌握纬纱准备主要工作原理及质量控制指标。

相关知识

一、直接纬与间接纬

有梭织机所需纬纱的卷装形式是纡子，若纡子直接由纺厂细纱机或捻线机制得，不再重新卷绕就可供织造，称为直接纬；若经过卷纬制成纡子，称为间接纬。直接纬的纡子质量较差，其容量也少，但工序短、成本低，生产中低档织物时普遍采用。间接纬卷绕紧实、成形良好、容量大、退绕顺利且张力均匀，并有机会除去纱上的杂质和疵点（卷纬前一般先络筒），所以纡子的卷绕质量、纱线质量、容量优于直接纬，对提高织机的产量、质量效果非常显著。生产高档织物或色织厂、单织厂以及丝织、毛织厂一般采用间接纬，但工序较多，成本较高。

目前有梭织机几乎淘汰，主要使用无梭织机。无梭织机所用纬纱的卷装形式是筒子，其纬纱准备流程是络筒和热湿处理。

二、纬纱的热湿处理

（一）纬纱热湿处理的目的与要求

适当的回潮率有利于提高纱线的强力，稳定纬纱捻度，增大纱层间的附着力和通过梭眼的摩擦力，从而可减少纬纱断头，降低纬缩、脱纬等疵布。通常从纺厂来的直接纯棉纬纱回潮率只有5%~6%，而其织造时适宜的回潮率应为8%~9%，所以纯棉纬纱在织造前应进行给湿处理。但纯棉纬纱回潮率太大则会恶化其物理性能，使退绕困难，坯布上产生黄色条纹。

涤/棉混纺纬纱，因涤纶含量一般较大，而涤纶弹性好，抗捻性强，从纡子上退解易产生扭结和脱圈现象，而造成大量的纬缩和脱纬疵布。所以涤/棉混纺纬纱在织造前应进行定捻处理。毛纱的弹性好，也应定捻。

涤/棉混纺纬纱的定捻方法应选加热给湿的方法效果比较迅速而显著。但应注意加热的温度绝不能超过印染定形温度，否则印染定形困难且效果不良。此外热湿处理应很均匀，否则印染加工后可能形成疵点——裙子皱，这种疵点在坯布上并不显现出来。

对于起皱织物用的强捻纬纱，无论纯棉纱、涤/棉纱还是桑蚕丝，织造前也应定捻，否则将影响织造生产的顺利进行和起皱织物的质量。同样，用无捻或低捻桑蚕纬丝织非起皱织物，也要在织前给湿，另外毛股线织物的纬纱在织前也需要蒸纱，有利于织造生产和提高产品质量。

但是并不是所有纤维的纬纱都需给湿。黏胶人造丝在织造前不仅不能给湿，而且要保持干燥。因为人造丝的吸湿性很强，而且湿态下的强力和断裂伸长率比干态下低得多。所以在织造前应先低温烘燥，再取出用石灰和硅酸钠保燥，使其回潮率保持在12%左右。

（二）纬纱给湿

1. 堆存喷湿法

堆存喷湿法又称自然定捻（或给湿）法。把纬纱在潮湿环境下（空气相对湿度80%~85%）堆放12~24h，若空气湿度不足，可用喷雾器在空气中喷水。此法简单而不需特殊设备，工序也短，但费时、占地大，所需纬纱储备量大，且定捻给湿效果不显著。

2. 浸水法

将纬纱装于不锈容器（竹筐、铜丝篓等）内，浸入35~37℃的热水中约一分钟，取出后存在纬纱室4~5h后供使用，也可在热水中加入肥皂、土耳其红油、拉开粉等浸透剂，帮助水分浸入纱层。

3. 给湿机处理法

将纡子倒在给湿机的给湿帘子上，帘子低速前进将纡子送入给湿仓。仓内有若干喷头向纡子喷水和蒸汽，以对纬纱热湿处理，由给湿仓出来的纡子从帘子上落入纱筐内送至纬纱室存放供使用。给湿机多作给湿用，可连续进行。但给湿仓不密封，热湿浸透有限。有时也可在水中加入浸透剂，常见的纬纱给湿机如图12-5-1所示。

（三）纬纱定捻

将纬纱装入密封定捻锅（图12-5-2）中，锅内设有加热器和蒸汽管，一般还设有抽真空装置。抽真空后，再开蒸汽，使湿热空气容易进入纱层，且加快定捻过程。纬纱的卷装可为纡子或尺寸较小的筒子。此法定捻效果显著，耗时短，一般涤棉纱和强捻纱多用此法。定捻时，必须注意温度、时间、蒸汽压力和真空度等定捻工艺参数。

若没有定捻锅，也可采用蒸纱房蒸纱，蒸纱房具有一定密封性，将纬纱放于其中通入蒸

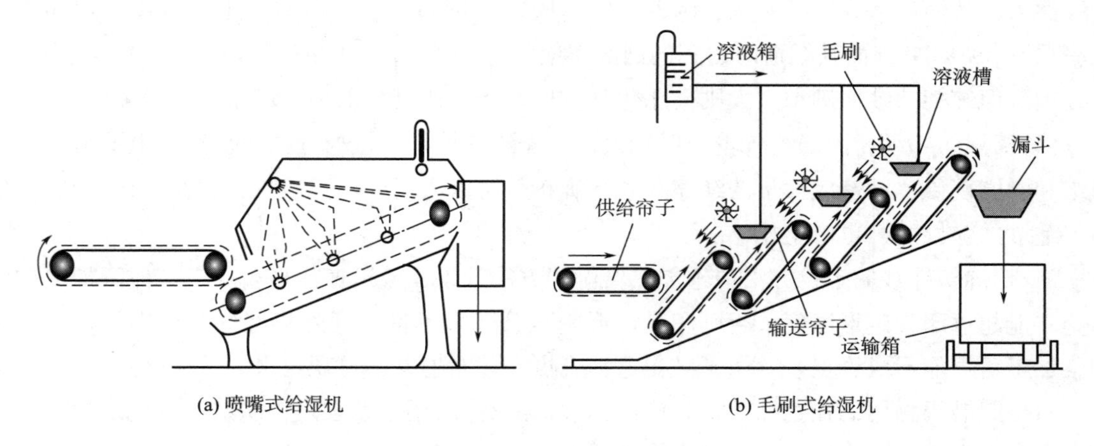

(a) 喷嘴式给湿机　　(b) 毛刷式给湿机

图 12-5-1　纬纱给湿机

图 12-5-2　密封定捻锅

汽蒸一定时间，但其效果不如定捻锅。

纬纱的定捻效果，主要取决于捻效率和内纬纱的定捻效果。涤/棉纱的定捻效率一般为40%～60%。

思考练习

1. 简述间接纬与直接纬相比有哪些优点。
2. 简述热湿定捻的目的和常用方法。

拓展练习

1. 提高穿经质量的措施。
2. 纬纱热湿定捻效果检测。

项目 13　织造

学习目标

1. 认识织机组成及其分类。

2. 了解开口运动原理、典型开口机构工作原理及其发展趋势。

3. 了解投梭机构工作原理，剑杆、喷气、片梭、喷水织机生产原理，无梭引纬机构及其辅助机构工作原理及发展趋势。

4. 了解打纬机构运动原理及其发展，织物形成过程。

5. 了解卷取与送经机构、织机主要辅助机构工作原理及发展趋势。

6. 提出问题、分析归纳能力与总结表达能力。

重点难点

1. 掌握开口机构、引纬机构、打纬机构、卷取机构和送经机构的典型设备的机构组成与工作原理。

2. 掌握各机构之间参数配合。

任务 1　织机概述

学习目标

1. 掌握织机的机构组成。

2. 了解织机的分类及主要规格。

相关知识

在纺织工业的织造部门中，新型无梭织机的劳动生产率是传统有梭织机的 3~5 倍。采用无梭织机的主要优点是用工成倍减少，劳动强度大幅度降低，以及单位厂房面积所能提供的生产量大幅提高。在品种适应性和坯布质量方面，现代无梭织机完全可与最好的有梭织机相媲美。我国广大纺织企业面临转型升级、产品档次提升及企业活力增强的形势，故采用先进技术的纺织厂家随之增多，加快了无梭织机的推广应用速度。

一、织机的组成

按直接参与形成织物与否，织机的机构分为主要机构与辅助机构。

1. 主要机构

（1）开口机构。将经纱按一定规律分成上、下两片，形成梭口。

（2）引纬机构。把纬纱引入梭口。

（3）打纬机构。把引入梭口的纬纱推到织口，形成织物。

（4）卷取机构。把织物引离织口，卷成一定的卷装，并使织物具有一定的纬密。

（5）送经机构。按交织的需要供应经纱，并使经纱具有一定的张力。

织物织造过程就是由这些主要机构配合完成的。五个主要机构的运动称为五大运动。

2. 辅助机构

为了提高产品质量、增加花色品种，提高机器生产率和劳动生产率，以及考虑生产的安全性等原因，在织机上需有辅助机构，辅助机构不直接参与形成织物，但与主要机构配合。常见的辅助机构如下。

（1）启制动机构。传递电动机的动力，按需要启动或制动织机。

（2）保护机构。在织机工作失常或经、纬纱发生断头时，可及时切断传动，并使制动机构发生作用，迅速停车，防止织疵产生，确保织机安全运转。

（3）自动补纬机构。在有梭织机上，当梭子中的纬纱即将用完时，自动更换梭子或纡管。

（4）选色机构。在有梭织机上使用多梭箱机构，在无梭织机上有具有各自特色的选色机构。

（5）织边机构。在有梭织机上，为了制织某种布边组织，有时需用织边机构；而无梭织机必须拥有一套布边装置。

（6）电气控制机构。以微电脑为核心，用于控制全机运动及工艺参数，在无梭织机上尤为突出。

（7）其他附属机构。如集中加油系统、喷水织机的抽吸系统或织物脱水系统、喷气织机的压缩空气站等。

二、织机的分类

为适应不同纤维、不同品种织物的生产，织机的种类很多，分类方法也较复杂。一般可按以下主要特征分类。

1. 按构成织物的纤维材料分

按构成织物的纤维材料可分为棉织机、毛织机、丝织机、黄麻织机等。

2. 按所织织物的轻重分

（1）轻型织机。用来织制轻薄型织物，如生产一般丝织物用的织机。

（2）中型织机。用来织制中等重量的织物，如生产一般服用棉布、亚麻布、精纺毛织物用的织机。

（3）重型织机。用来织制厚重织物，如生产帆布、粗纺毛织物用的织机。

3. 按所织织物的幅宽分

按织物的幅宽分宽幅织机和窄幅织机。通常，工作筘幅在160cm以下的为窄幅织机，工作幅宽在160cm以上的为宽幅织机，无梭织机大多为宽幅织机。

4. 按开口机构分

分踏盘（凸轮）织机、多臂织机和提花织机三种。分踏盘织机用于织制组织较为简单的织物，多臂织机用于织制小花纹织物，而提花织机用于织制组织较为复杂的大花纹织物。

5. 按引纬方法分

（1）有梭织机。用装有纡子的梭子作为引纬工具的传统织机。

（2）无梭织机。有多种，主要有：用流体喷射引纬的喷气织机和喷水织机；用杆或挠性带引纬的刚性剑杆织机和挠性剑杆织机；用夹持纬纱飞越梭口的片梭作引纬工具的片梭织机。

6. 按有梭织机纬纱补给情况分

（1）普通织机。不能自动补给纬纱。

（2）自动织机。能够自动补给纬纱，它又分为：自动换梭织机和自动换管织机。

无梭织机由大筒子供纬，不存在自动补纬问题。

7. 按多色供纬能力分

（1）单梭织机。不能多色供纬。

（2）混纬织机。只能用两三种纬纱作简单交替而不能任意供纬。

（3）多梭织机和多色供纬无梭织机。

8. 按生产的特种产品分

织机按生产的特种产品可分为绒织机、毛巾织机、带织机、帘子布织机等。

9. 按交织单元分

一台织机只有一个交织单元（开口、引纬、打纬）的称为单相织机，目前绝大多数织机属于这一类。

若一台织机同时有多个交织单元的则称为多相织机，如织塑料编织袋的圆型织机。多相织机生产率高，但还存在较多的问题，应用不多。

此外，为了工人操作方便等原因，有的织机（如GA615型棉织机）还按开关的位置分为左手织机和右手织机两种，它们相互对称，但许多零件不能互换。

三、织机的主要规格

1. 最大工作宽度

最大工作宽度指在筘内经纱片最大可织宽度（单位：mm）。由于所织织物的纬缩率不同，因此可织织物的最大宽度小于最大工作宽度，并因缩率不同而略有差异。这样，通过此规格可粗略地知道该织机可织最大布幅。以前，有梭织机常采用“公称筘幅”来表示最大工作宽度，它指该织机的走梭板长度而略宽于筘内经纱片最大可织宽度。

2. 车速

车速一般指织机的主轴——曲柄轴的转速（单位：r/min），即该织机每分钟的交织次数。它反映织机的生产能力。由于织机的公称筘幅、所织品种和实际经纱穿筘幅宽等因素的不同而不便比较，所以常采用入纬率即每分钟织入的纬纱长度（单位：m/min）来反映织机的生产能力，目前无梭织机多采用这种表示方法。

3. 开口能力

开口能力指织机的开口机构最多可控制多少页综框做独立运动，它反映可织织物组织的复杂程度。

4. 外形尺寸

外形尺寸指织机的长、宽、高的尺寸，反映织机占地和空间的尺寸。

此外，织机的主要规格还有多色供纬能力（有多少颜色）、自动补纬情况、织轴边盘直径、梭子尺寸等。

☞ 思考练习

1. 织机的机构如何组成。
2. 织机如何分类。

☞ 拓展练习

了解织机发展历史，并分析未来织机发展趋势。

任务 2　开口运动

学习目标

1. 掌握开口运动的任务及要求。
2. 掌握梭口、开口工艺的相关概念。
3. 掌握不同开口机构的工作原理。
4. 了解开口机构的发展新技术。

相关知识

开口运动的任务是使穿入综眼的经纱上下分开，形成梭口，以供纬纱引入。

在织机上，要实现经、纬纱的交织必须按一定的规律将经纱分成上下两层，形成能通过纬纱的通道即梭口，待纬纱引入梭口后，两层经纱再根据织物交织规律上下交替位置，形成新的梭口，如此反复循环的运动就称为开门运动，简称开口。

在织造生产中，织机的开口运动和织机其他机构的运动有着紧密的联系，它们是相互配合且相互制约的。合理调整开口机构和开口运动的各个参数，对提高织机的产量、织物的品质十分重要。开口机构需做到“清、稳、准、小”，即梭口开清、综框运动平稳、开口时间与梭口高度准确、经纱摩擦与张力小。对开口运动及开口机构的要求具体如下。

（1）开口机构具有结构简单、性能可靠、调节方便和管理容易的特点。

（2）形成的梭口清晰，梭口高度一致，利于引纬，即“清”。

（3）综框运动平稳，没有晃动和振动，即“稳”。

（4）开口时间与梭口高度准确，与其他机构的时间配合合理，即“准”。

（5）开口过程中尽量减少经纱的损伤，不使经纱受到过大的张力和摩擦，即“小”。

（6）适应多品种和高速化生产的需要。

一、梭口

织机上的经纱沿织机的纵向配置，如图 13-2-1 所示。经纱从织轴引出后，绕过后梁 E 和停经架中导棒 D，穿过综眼 C 和钢筘，在织口 B 处同纬纱交织成织物，再绕过胸梁 A 卷绕在卷布辊上。

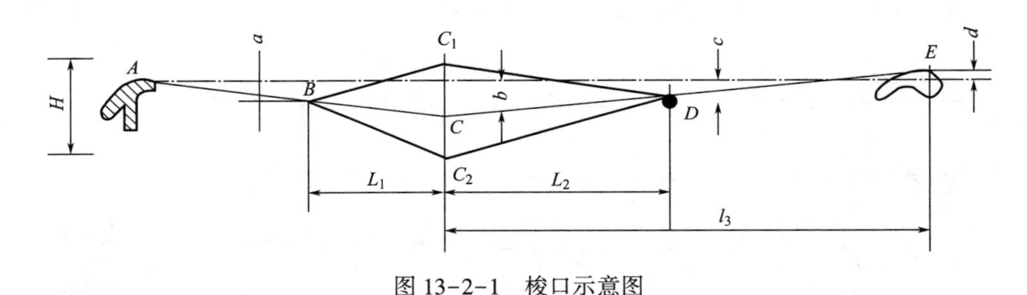

图 13-2-1　梭口示意图

（一）梭口的形状

开口时，全部经纱随着综框的运动被分成上、下两层，从织机侧面看到，形成一个四边形的通道 BC_1DC_2，即梭口。构成梭口上方的一层经纱 BC_1D 为上层经纱，而下方的 BC_2D 为下层经纱。梭口完全闭合时，两层经纱又随着综框回到原来的位置，此位置称为经纱的综平位置。

经纱处于综平位置时，经纱自后梁 E 经绞杆 D、平综时综眼 C 到织口 B 的连线 $EDCB$（图 13-2-1）称为经纱位置线（又称上机工艺线），经纱位置线的各点位置决定梭口的工艺特点，包括工艺设计中的重要参数。当生产不同品种时，该线需要进行调整，其位置变化将影响开口时梭口上下层纱线的张力差异。

如果 D、E 两点在 BC 直线的延长线上，则经纱位置线是一根直线，称为经直线，经直线只是经纱位置线的一个特例。此时，形成梭口的上、下层经纱张力相等。经直线是衡量梭口上下层经纱张力差异的参考线。

自后梁 E 经绞杆 D，平综时综眼 C、织口 B 到胸梁 A 的折线 $EDCBA$ 称为上机线。在一般情况下，梭口形状在口高度方向上并不对称，上机时各点的位置需要统一校正。

自胸梁表面引出的水平线称为胸梁水平线或经平线。用于衡量后梁对胸梁的相对高度。

梭口的尺寸通常以梭口高度、长度和梭口角等衡量。开口时经纱随同综框做上下运动时的最大位移 C_1C_2 称为梭口的高度 H，从织口 B 到经停架中导棒 D 之间的水平距离为梭口的长度，它由前半部长度 L_1 和后半长度 L_2 组成，L_1 与 L_2 的比值称为梭口的对称度。梭口的前半部 BC_1C_2 是梭口的工作部分，引纬器从这里通过并纳入纬纱，完成经纬交织，$\angle CBC_1$ 称为梭口前角，$\angle C_1DC_2$ 称为梭口后角。通常，在口的高度相同的条件下，为了得到比较大的梭口前角和箱前口高度（上、下层经纱与钢箱交点的距离）以利于引纬，常采用前半部口长度小于后半部长度的不对称口。

在织机上机线上，ABC 必为一条直线，经停架中导棒位置 C 随后梁高度 d 的改变而改变，使 CDE 始终成一条直线。一般胸梁高度不变，胸梁表面常作为基准，用于衡量织口、综平时的综眼以及后梁相对于梁的高度。实际生产中，胸梁高低、织口位置、综平时的综眼位置一旦确定一般不再改变，经纱位置线的调整主要是改变后梁的高低、前后位置。

（二）开口方式

梭口的开口方式是指开口过程中经纱的运动方式，由开口机构中传动综框的机构运动决定。不同的开口机构，在开口过程中形成梭口的方式不完全相同，按开口过程中经纱的运动特征共分为三种方式，分别是中央闭合梭口、全开梭口和半开梭口，如图 13-2-2 所示。

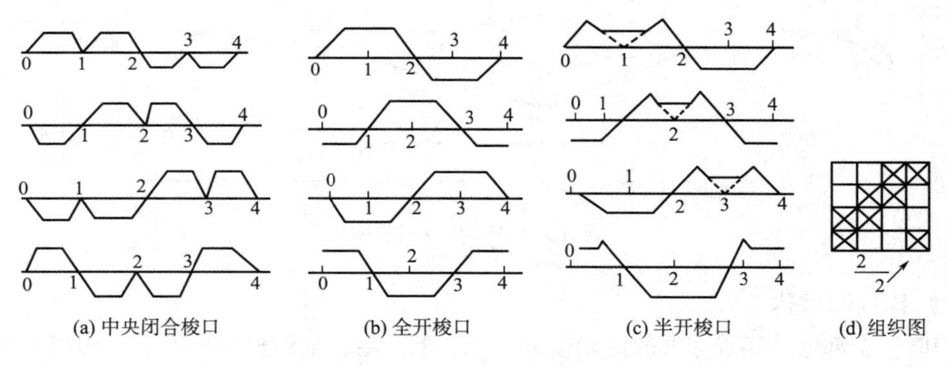

(a) 中央闭合梭口　(b) 全开梭口　(c) 半开梭口　(d) 组织图

图 13-2-2　梭口的形成方式

1. 中央闭合梭口

每完成一次开口运动时，所有经纱都要回到中央经位置线，再上下分开形成梭口，如图 13-2-2（a）所示。

中央闭合梭口有以下特点：优点是在形成梭口各个时期，上下层经纱所受张力相同；从平综到梭口满开，经纱的位移距离仅为梭口高度的一半，形成梭口所需的时间较少；平综时，所有经纱均处同一层面，便于处理经纱断头后穿入综筘。缺点是经纱运动频繁，摩擦增多，断头机会增加的问题；所有经纱都处在移动状态，下层经纱变位机会多，引纬时对载纬器通过梭口不利等。

一般平纹织物织造采用的是中央闭合梭口。

2. 全开梭口

每形成一次梭口时，重复原位的综框（经纱）保持不变，需变位的综框（经纱）上下移动，如图 13-2-2（b）所示。

全开梭口有以下特点：优点是开口时经纱运动次数少，梭口比较平稳，有利于梭子飞行；经纱摩擦损伤少，动力节省。缺点是开口运动中，各片经纱处于不同状态，各片综框经纱张力不一致；全幅经纱没有同时综平的机会（除平纹外），不便于操作，需另设平综机构等。

3. 半开梭口

半开梭口的开口方式与全开梭口基本相似，不变位的上层经纱，在开口过程中略下降，再随同其他上升的经纱一起回升到原来的位置，如图 13-2-2（c）所示。

半开梭口有以下特点：与全开梭口基本相似，但不变位的上层经纱，在开口过程中略为下降，降低了该层经纱张力的差异。

半开梭口是因早期多臂开口机构设计存在缺陷，现代高速多臂开口机构已改进了这一缺陷。

（三）梭口清晰度

采用多页综框织造时，各页综框到织口的距离各不相等，不同的动程配置将形成不同清晰程度的梭口。

1. 清晰梭口

在梭口满开时，梭口前部的上、下两层经纱各处在一个平面中，这种梭口叫清晰梭口，如图 13-2-3 所示。在其他条件相同的情况下，清晰梭口的前部具有最大的有效空间，引纬条件最好，适合于任何引纬方式，对喷射引纬尤为重要。但是当综片较多时，前后综的综框动程差异较大，后综的经纱张力大于前综的经纱张力，纱线易断头。因此，在穿综时，应将上下运动次数较多或弹性和强力较差的经纱穿在前综，以减少经纱断头。

2. 非清晰梭口

梭口满开时，上、下层经纱均不处于同一平面内，这种梭口叫非清晰梭口，如图 13-2-4 所示。很明显，这种梭口的前部有效空间最小，梭口不清晰，对引纬极为不利，易造成经纱断头、跳花、轧梭及飞梭等织疵或故障。但由于各页综框动程差异小，故经纱张力比较均匀。同时，由于上、下层经纱不在同一平面内，对防止经纱相互粘连有利。

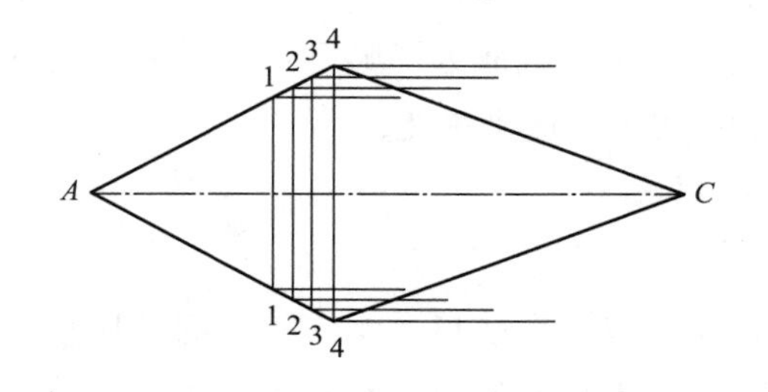

图 13-2-3　清晰梭口

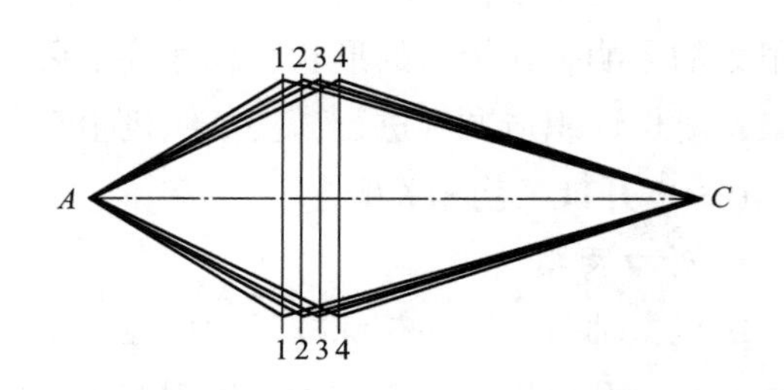

图 13-2-4　非清晰梭口

织制细特高经密平纹织物（如府绸、羽绒布）时，通常采用小双层梭口，如图 13-2-5 所示。在形成小双层梭口的过程中，第三、四页综的经纱总是分别高于第一、二页综的经纱，以使第一、二页综的综平时间与第三、四页综的综平时间错开，经纱交错时的密度减半，有利于开清梭口。

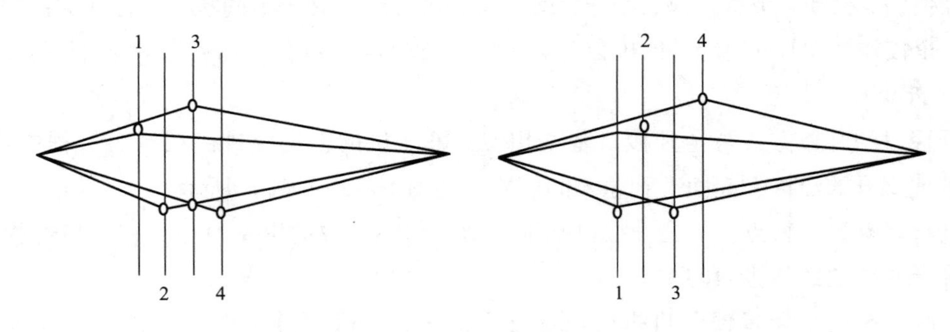

图 13-2-5　小双层梭口

小双层梭口属非清晰梭口，用于织制细号高密织物。因为采用四页综，分两次平综，经纱的相互摩擦和由于静电引起的粘连下降，有利于开清梭口，减少织疵。

3. 半清晰梭口

在梭口满开时，梭口前部下层（或上层）经纱处在同一平面内，而上层（或下层）经纱不在同一平面内，这样的梭口称为半清晰梭口，如图 13-2-6 所示。半清晰梭口由于有一层经纱完全平齐，因而比不清晰梭口更有利于引纬；由于各页综框动程差异较小，因而经纱张力比清晰梭口均匀。

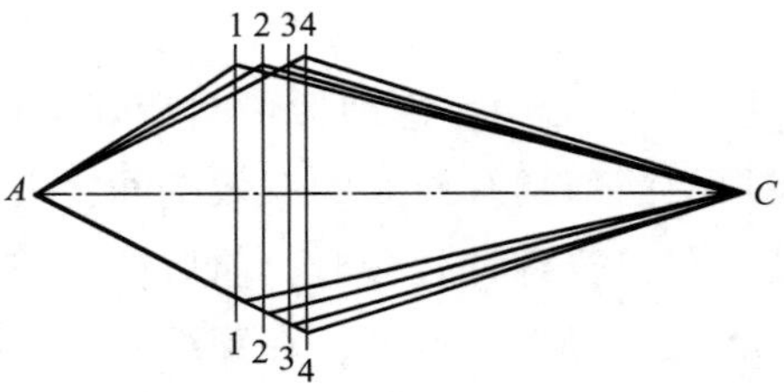

图 13-2-6　半清晰梭口

梭口的清晰程度与能否顺利引纬以及经纱是否断头等都有密切的关系。在织造实践中，梭口的清晰程度还受经纱毛羽、经纱密度以及开口和引纬时间配合的影响。

二、开口工艺

在开口过程中，经纱由综框带动作升降运动形成梭口，综框运动的性质对经纱的断头有着很大的影响。在梭口的形状和尺寸确定后，综框运动规律就成为影响开口运动效果的根本因素，对保证织造顺利进行，提高织机生产率及织物质量有重要意义。

（一）开口工艺相关概念

1. 开口周期

织机主轴每一回转，综框运动使经纱上下分开，形成一次梭口，织入一根纬纱所用的时间称为一个开口周期。在一个开口周期中，经纱随时处于不同的位置和状态。可由此将梭口的形成分为三个时期，即开口时期、静止时期和闭合时期。

开口时期：经纱离开综平位置，上下分开，直到梭口满开为止。

静止时期：使纬纱有足够的时间通过梭口，经纱有一段时间静止不动。

闭合时期：经纱从梭口满开位置返回到综平位置。

形成一次梭口的三个阶段为织机主轴转过360°，此后又形成另一次梭口，另一次开口、静止、闭合的循环。第一次梭口的闭合阶段与第二次梭口的开放阶段连续，其分界即为综平对应的时间，由此可见综平是瞬时状态；而满开状态有一段时期，即静止阶段；但有的开口机构，满开也是瞬时状态，即没有静止阶段。

2. 开口工作圆图

（1）织机工作圆图。织机各主要机构的运动，都是在主轴回转一周的时间里循序完成的，各运动之间应有严格的时间协调关系，必须合理配合，才能使织机正常运转。由于织机各主要机构的运动都是主轴传动的，因此，各机构的作用时间常以主轴回转角度来表示，即形成织机的工作圆图，并以此来分析和调整织机各运动的相互关系，达到各机构协调运动的目的。对一些织机而言，其打纬时间基本是固定不变的，而开口、引纬运动的时间随织物风格特征、布幅大小、织机车速等因素的变化而有所不同，这是在确定织造工艺参数时必须要考虑的问题。

一般织机主轴的转向顺序为前死心→下心→后死心→上心→前死心，称为下行式；也有个别织机转向顺序为前死心→上心→后死心→下心→前死心，称为上行式，如H212型毛织机，其投梭在上心附近，综平在下心附近。

织机打纬终了的瞬间主轴所在位置一般称为前止（死）心，一般设定该点的主轴位置角为0°，以此作为度量基准，如图13-2-7（a）所示。

（2）开口工作圆图。把一次开口运动的三个时期按织机主轴所在位置标志在织机工作圆图（曲柄圆图）上，即为开口运动的工作圆图，如图13-2-7（b）所示。

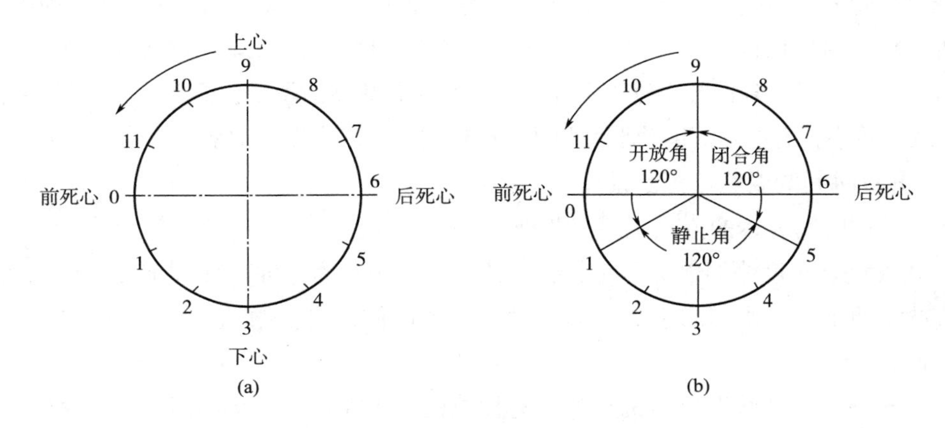

图13-2-7　开口工作圆图

3. 开口周期图

以织机主轴回转角 α 为横坐标，以梭口在其形成过程中的高度梭口高度 H 变化为纵坐标，

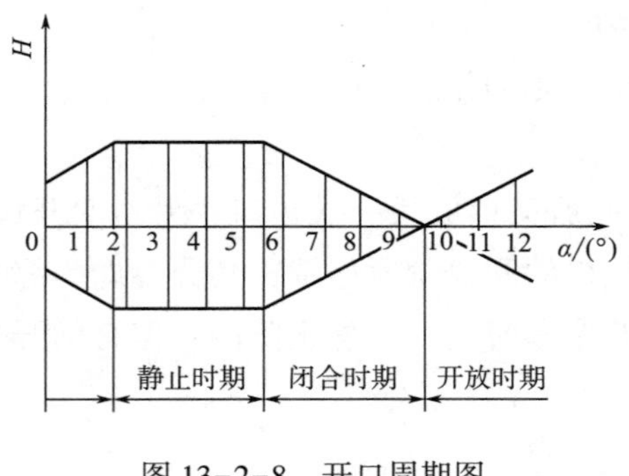

图 13-2-8 开口周期图

描绘出的曲线图为开口周期图，如图 13-2-8 所示。

4. 综平时间

综平时间即开口时间，是开口运动的主要工艺参数。它指开口过程中，上下交替运动的经纱达到综平位置的时刻，即梭口开启的瞬间，也为上下交替运动的综框闭口与开口的交接点。

5. 开口循环与开口循环图

在若干次开口之后，重复出现综框位置相同的梭口的过程为一个开口循环。

把开口周期图的时间坐标延长为织成一个完全组织的织机主轴转数，可以表示一个开口循环中经纱运动的情况，如图 13-2-2 所示为$\frac{2}{2}$斜纹织物一个完全组织中各根经纱的开口循环图。

（二）开口运动的时间配合

开放角、静止角和闭合角的分配，随织机筘幅、织物种类、引纬方式和开口机构形式等因素而异。开口运动的时间配合应遵循以下原则：按时开清梭口，有利于梭子飞行；综框运动平稳，避免振动、晃动、跳动；经纱损伤小，断头率低。

在有梭织机上，为使梭子能顺利地通过梭口，要求综框的静止角大些，但增加静止角，势必缩小开放角和闭合角，从而影响综框运动的平稳性。因此，对一般平纹织物来说，为了兼顾梭子运动和综框运动，往往使开放角、静止角和闭合角各占主轴的三分之一转，即120°；随着织机筘幅的增加，纬纱在梭口中的飞行时间也将增加，因此，综框的静止角应适当加大，而开放角和闭合角则相应减小；在采用三页以上综框织制斜纹和缎纹类织物时，为了减少开口凸轮的压力角，改善受力状态，常将开放角和闭合角扩大；在喷气织机上采用连杆开口机构时，由于机构的结构关系，开放角和闭合角较大，而静止角为零；在设计高速织机的开口凸轮时，考虑到在开口过程中开口机构所受载荷逐渐增加，而在闭合过程中开口机构所受载荷逐渐减小，为使综框运动平稳和减少凸轮的不均匀磨损，常采用开放角大于闭合角。

（三）开口时间的表达与工艺设计

工艺上开口时间表达的方式主要有两种：

（1）角度法。角度法即以综平时织机主轴（有梭织机为弯轴）转离前死心的角度表示开口时间。此法便于在工作圆图上表示与其他运动的时间配合。数值小的表示开口时间较早，反之则较迟。

（2）距离法。距离法即以织机主轴（有梭织机为弯轴）转至上心附近，综平时筘到胸梁内侧的距离表示开口时间。此法便于机上测量。数值小的表示开口时间较迟，反之则较早。

三、开口机构

开口机构一般由提综装置、回综装置和综框（综丝）升降次序的控制装置所组成，如果提综机构及回综机构均由机构积极控制，则称为积极式开口机构；提综机构及回综机构之一由弹簧控制，则称为消极式开口机构。织机织制不同类型的织物和织机的速度不同，应采用不同的开口机构。

1. 凸轮开口机构

开口机构的两项任务都由凸轮担任，但开口能力小，最多为 8 页综，一般为 2～5 页综，只能织简单组织，图 13-2-9 所示的凸轮开口机构只能织平纹。

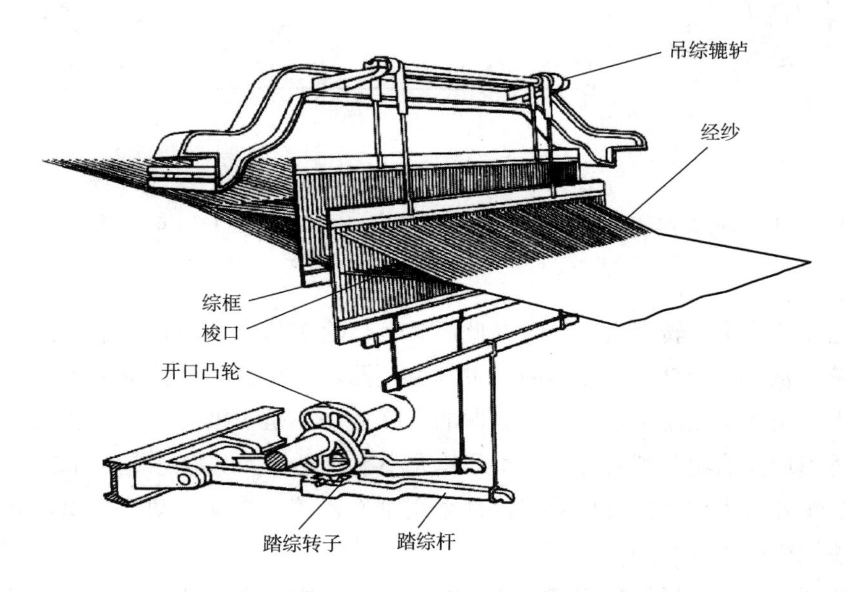

图 13-2-9　凸轮开口机构

凸轮开口机构的主要机件是凸轮，其种类较多，目前使用广泛的是利用径向尺寸变化使从动件作单向运动的凸轮—踏盘机构。两个踏盘（即图中的开口凸轮）固装于踏盘轴上，两踏盘相互错开 180°，前后两页综框上端分别用皮带悬吊于吊综辘轳上，两页综框的下端分别与踏综杆相连，踏综杆以其后端为支点摆动，踏综杆上的踏综转子分别与踏盘接触。

踏盘开口机构若用来织其他组织，须多页综织造，其结构与二页综的有些不同，不仅踏盘形状相异而且踏盘的个数也多，等于综框页数，几个踏盘按一定的方式组合起来固装于轴上，构成踏盘开口机构的主要部分。

踏盘本身只能使综框作下降的单向运动。综框的上升是由吊综轴和辘轳将各综相互关连而实现的。此外，也可用弹簧使综框上升，多页综制织时常采用弹簧回综的方式。这类做单向运动的踏盘开口机构属于消极式凸轮开口机构。

现代无梭织机常采用共轭凸轮开口机构，它分别由主、凸轮驱动综框的升降，且凸轮机构位于织机墙板之外，又称外侧式共轭凸轮开口机构。共轭凸轮开口机构利用双凸轮积极地控制综框的升降运动，不需吊综装置。如图 13-2-10、图 13-2-11 所示，在共轭凸轮轴 1 上最多可装 14 组共轭凸轮 2，2′，每组的两只凸轮控制一页综框，凸轮转动方向如图 13-2-10 中的箭头所示。

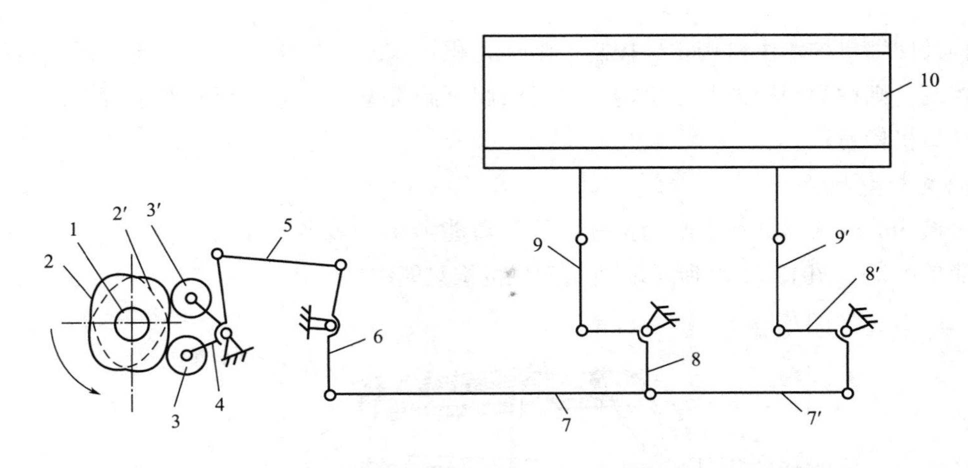

图 13-2-10　共轭凸轮开口机构

1—凸轮轴　2，2′—共轭凸轮　3，3′—转子　4—摆杆　5—连杆　6—双臂杆
7，7′—拉杆　8，8′—传递杆　9，9′—竖杆　10—综框

共轭凸轮 2 从小半径转至大半径时（此时共轭凸轮 2′从大半径转至小半径）推动综框下降，共轭凸轮 2′从小半径转至大半径时（此时共轭凸轮 2 从大半径转至小半径）推动综框上升，两只共轭凸轮依次轮流工作，因此综框的升降运动那是积极的。出于共轭凸轮装在织机外侧，可以适当加大凸轮基圆直径和缩小凸轮大小半径之差，以达到减小凸轮压力角的目的。此外，共轭凸轮开口机构从摆杆到提综杆都采用刚性连接，综框运动更为稳定和准确，可以适应现代无梭织机的高速生产。

沟槽凸轮开口机构为另一种积极式凸轮开口机构，其传动过程如图 13-2-12 所示。当凸轮从小半径转向大半径时，综框上升，此时沟槽内侧受力；反之，凸轮从大半径转向小半径时，综框下降，此时沟槽外侧受力。此类机构的综框的升降运动是积极的。

图 13-2-11　共轭凸轮开口机构内部结构

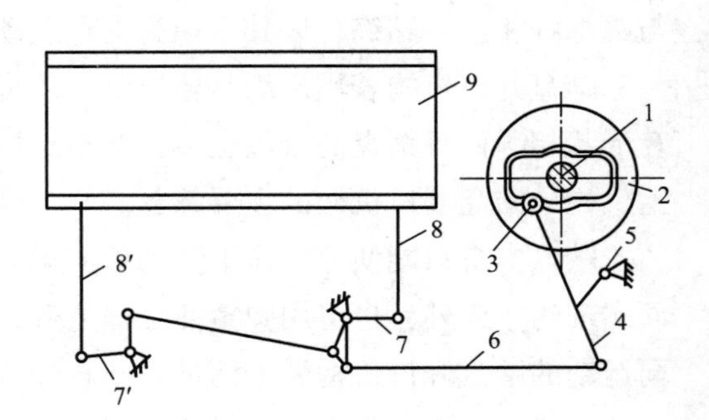

图 13-2-12　沟槽凸轮开口机构

1—凸轮轴　2—沟槽凸轮　3—转子　4—摆杆
5—支点　6—连杆　7，7′—提综杆　8，8′—传递杆

凸轮开口机构，结构简单，故障较少，综框运动准确而平稳，凸轮的外廓可按需要进行

设计，能适应高速。但其开口能力小，只能织简单组织，改变组织时一般要更换凸轮及相关的机构。

2. 连杆开口机构

凸轮开口机构能按照要求的综框运动规律进行设计，所以工艺性能好，但凸轮容易磨损，制造成本高，因此织造平纹类织物时，需要更为简单的高速开口机构，连杆开口机构正好满足这种需求。

如图 13-2-13 所示，由织机主轴按 2∶1 传动的辅助轴 1 的两端装有相差 180°的开口曲柄 2 和 2′，通过连杆 3 和 3′与摇杆 4 和 4′连接；摇杆轴 5 和 5′上分别装有提综杆 6 和 6′（错开安装），而提综杆 6 和 6′又通过传递杆 7 和 7′与综框 8 和 8′相连。当辅助轴 3 回转时，提综杆 6 和 6′便绕各自轴心上、下摆动，两者的摆动方向正好相反，因此综框 8 利 8′便获得平纹组织所需要的一上一下的开口运动。

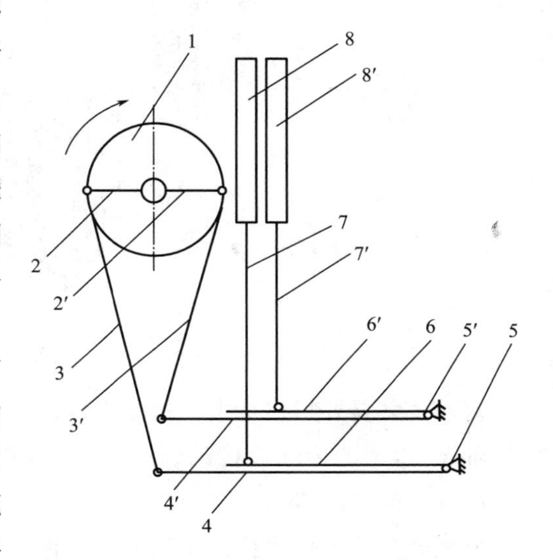

图 13-2-13　六连杆开口机构

1—辅助轴　2，2′—开口曲柄　3，3′—连杆　4，4′—摇杆　5，5′—摇杆轴　6—提综杆　7，7′—传递杆　8，8′—综框

在连开口机构中，综框处于上下位置时没有绝对静止时间，相对静止时间则由曲柄和连杆的长度以及各结构点的位置而定，不能像凸轮开口机构那样可以按需要来设计，而只能在一定的范围内进行选择，这种开口机构仅仅适用于加工平纹织物的高速喷气织机和喷水织机上。

3. 多臂开口机构

多臂开口机构又称多臂机，开口的两项任务由该机构的不同部件分别担任，仍具有综框。其开口能力较大，最多达 32 页，一般在 16 页以内，可织小花纹组织，如图 13-2-14 所示。

多臂开口机构之所以可以控制 20~30 页综框，主要是将综框的升降运动与每次开口相应综框的升降顺序选择（即织物的花纹控制）分别由不同的机构装置控制。因此，多臂开口机构主要由下列装置组成：纹板、阅读装置、提综和回综装置。纹板的作用是储存综框升降顺序的信息，它一般都是在机下根据织物纹板图的要求预先设计与制备好。阅读装置用于将纹板信息转化为控制提综动作，从而完成每次开口相应综框的升降顺序选择。提综和回综装置则分别执行提综和回综动作。

（1）多臂开口机构按拉刀往复一次所形成的梭口数分为单动式和复动式两种类型。

单动式多臂开口机构的拉刀往复一次仅形成一次梭口，每页综框只需配备一把拉钩，拉动拉钩的拉刀由织机主轴按 1∶1 的传动比传动。因此主轴一转，拉刀往复一次，形成一次梭口。由于拉刀复位是空程，造成动作浪费。

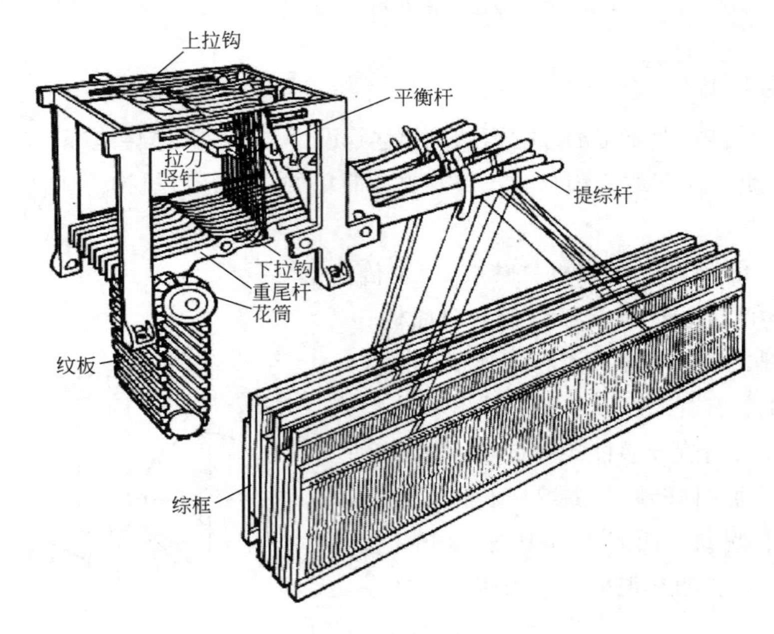

图 13-2-14　多臂开口机构

复动式多臂开口机构上，每页综框配备上、下两把拉钩，由上、下两把拉刀拉动。拉刀由主轴按 2：1 的传动比传动。因此，主轴每两转，上、下拉刀相向运动，各做一次往复运动，可以形成两次梭口。

单动式多臂开口机构的结构简单，但动作比较剧烈，织机速度受到限制，因此仅用于织物试样机、织制毛织物和工业用呢的低速织机。相对而言，复动式多臂开口机构动作比较缓和，能适应较高的速度，获得了广泛的应用。

（2）按纹板形式和阅读装置的不同组合，多臂开口机构可分成机械式、机电式和电子式三类（表 13-2-1）。机械式多臂开口机构采用机械式纹板和阅读装置，纹板有纹钉方式和穿孔带方式。纹钉能驱动阅读装置工作；在使用穿孔带时，阅读装置的探针主动探测纹板有无纹孔的信息。机电式多臂开口机构采用纹板纸作信号存储器，阅读装置通过光电系统探测纹板纸的纹孔信息（有孔、无孔）来控制电磁机构的运动，该电磁机构与提综装置连接，于是电磁机构的运动便转化成综框的升降运动。在电子多臂开口机构中，储存综框升降信息的是集成芯片——存储器（如 EPROM 等），作为阅读装置的逻辑处理及控制系统，依次从存储器中取出纹板数据，控制电磁机构乃至提综装置的运动。电子多臂开口机构简单、紧凑，适合高速运转，其信号存储器的信息储存量大，更改方便，为织物品种的翻改提供极大便利，是多臂开口机构的发展方向。

（3）按提综装置的结构不同，多臂开口机构又可分成拉刀拉钩式和回转式两类。拉刀拉钩式多臂开口机构历史悠久，但机构复杂，较难适应高速运转；回转式多臂开口机构采用回转偏心盘原理，机构简单，适合高速运转。

表 13-2-1 复动式多臂开口机构主要装置

类型	信号存储器	阅读装置	提综装置	回综装置
机械式	纹钉	重尾杆	拉刀、拉钩式	消极式
	穿孔带	探针	拉刀、拉钩式	积极式、消极式
			偏心盘回转式	积极式
机电式	穿孔纸	逻辑处理与控制系统	拉刀、拉钩式	消极式
电子式	存储芯片	逻辑处理与控制系统	拉刀、拉钩式	消极式
			偏心盘回转式	积极式

（4）若按回综方式不同，多臂开口机构也可分成积极式和消极式两种。积极式多臂开口机构的回综由多臂机构积极驱动，消极式多臂开口机构则由回综弹簧装置完成。拉刀、拉钩式提综装置可配积极回综装置，也可配消极回综装置，而回转式多臂均采用积极式回综装置。

4. 提花开口机构

提花开口机构又称提花机，开口的两项任务也是由不同的部件分别担任，并且各综丝可以各自独立运动而不要综框。所以，其开口能力很大，一般少则几百根综丝，多则数千根，可织大花纹织物，如图 13-2-15 所示。

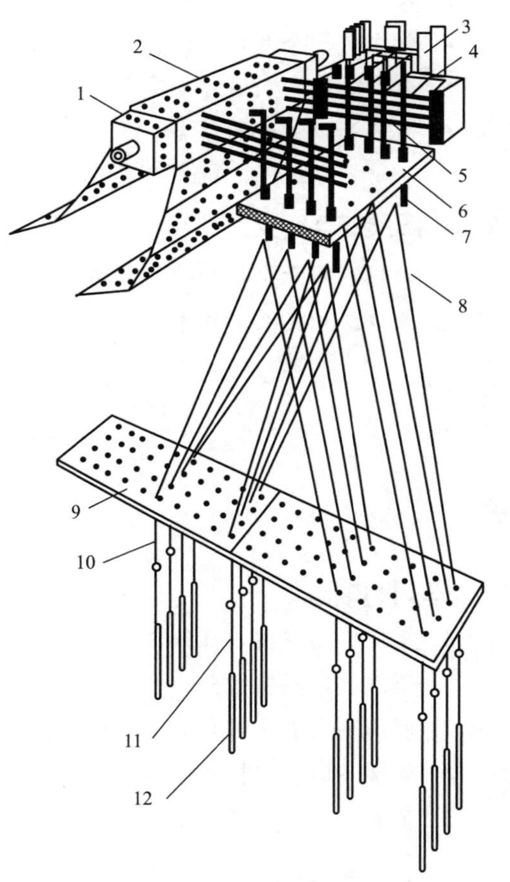

图 13-2-15 提花开口机构示意图

1—花筒 2—纹板 3—提刀 4—横针 5—竖钩 6—底板 7—首线 8—通丝 9—目板 10—综线 11—综丝 12—重锤

若织制复杂的大花纹组织（如各种图案、风景、人物等）织物时，必须采用提花开口机构。提花开口机构的主要特点是取消了综框，而由综线控制经纱，可实现每根经纱独立上下运动。提花开口机构由提综执行机构和提综控制机构两大部分组成，提综执行机构同提刀、刀架一起传动竖钩，再通过与竖钩相连的综线控制经纱升降形成所需的梭口；而提综控制机构是对经纱提升的次序进行控制，有机械式和电子式两种方式。机械式是由花筒、纹板和横针等实现对竖钩的选择，进而控制经纱的提升次序，而电子式是通过微机、电磁铁等实现对竖钩的选择。

提花开口机构的容量（即工作能力）是以竖钩数目的多少来衡量的，竖钩数也称口数。提花开口机构的常用公称口数有 100，400，600，1400，…，2600 等，实际口数较公称口数略多。100 口的提花开口机构常用于织制织物的边字。

与多臂开口机构一样，提花开口机构也有单动式和复动式、单花筒和双花筒之分。复动式双花筒提花开口机构由于机构的运动频率较低，因此适应织机的高速运转。提花开口机构三种开口方式均可形成。低速提花开口机构多采用中央闭合梭口和半开梭口，而高速提花开口机构多采用全开梭口。

思考练习

1. 简述开口运动的任务及要求。
2. 什么是经纱的综平位置？
3. 比较三种开口方式的特点。
4. 什么是一个开口周期，包括哪几个阶段？
5. 开口时间的表达方式有哪几种？
6. 简述开口机构的分类。

拓展练习

1. 比较不同开口机构的特点与适用范围。
2. 开口机构发展新技术。

任务 3　引纬运动

学习目标

1. 掌握引纬运动的任务及要求。
2. 了解引纬机构的分类。
3. 理解不同引纬机构的工作原理及主要装置。
4. 掌握不同引纬机构的品种适应性。
5. 了解引纬机构发展新技术。

相关知识

传统有梭织机的引纬是利用梭子完成的，纬纱卷绕在纬纱管上形成纡子，将纡子置入梭腔内，在投梭机构的作用下，梭子飞过梭口，将一根纬纱留在梭口中，完成引纬工作。采用梭子引纬，织机的造价较低，机械结构简单，织物的布边完整、牢固，有梭织机一直发挥着重要作用。随着社会的进步和科学技术的发展，人们逐步发现了梭子引纬存在的许多弊病，而这些弊病大都难以解决。例如梭子体积大、重量大、能耗大、机物料消耗大、噪声大、织物幅宽窄、织机入纬率低等。随着织造技术的发展，为提高织机的入纬率，可减少纬纱的回丝率、消除缺纬、减少横档、降低噪声、提高自动化水平等。随着织机速度的不断提高，用于引纬的绝对时间很短，在引纬过程中，载纬器在很短的时间内将纬纱准确平稳地引入整个梭口，笨重的有梭引纬显然不满足使用条件，剑杆、喷气、喷水、片梭等新型引纬方式的应用来越普遍。

织机由开口机构形成梭口后，用梭子、剑杆、喷射流体、片梭等载纬器或介质将纬纱引入梭口的运动称为引纬运动，完成引纬运动的机构叫引纬机构。

通常根据引纬方式的不同，分为有梭引纬与无梭引纬和无梭引纬，无梭引纬又分剑杆引纬、喷气引纬和喷水引纬（喷射引纬）、片梭引纬四种。

引纬是织机五大运动中比较重要的组成部分，对其有以下要求。

（1）与开口、打纬配合协调。

（2）引纬运动平稳准确，机构安全可靠。

（3）高速适应性好，动力与机物料消耗少，运转费用低。

（4）产品适应性广，布边能适应后加工要求。

（5）纬纱断头率低，补纬方便等。

（6）操作方便，自动化程度好。

（7）冲击小，噪声小，环保性好。

一、有梭引纬

（一）梭子

梭子是传统织机的引纬工具，由坚硬细密的木材或塑料制成，外观呈流线型且表面光洁，以减少运动的阻力，两端镶有钢制梭尖，增加耐冲击性且便于分开经纱穿越梭口。梭子的中段为胴体部分，内有空腔以容纳纡子，要求空腔大小适当且内壁光滑，以免挂断纬纱。

梭子的尺寸主要取决于经纱原料性质和纬纱的细度。毛织的纬纱粗，经纱弹性好，因而梭子的尺寸大；丝织的纬纱细，经纱不耐伸长，梭子尺寸小；棉织用的梭子则尺寸居中，但帆布、制毯等情况，纬纱粗，经纱强度好，因而其梭子也较大。至于纡子的尺寸则由梭子的尺寸确定，其直径比梭腔的宽度小 1~3mm，能使纬纱顺利退绕，又尽可能增大卷纱长度。

梭子的种类很多，随织机的种类而异，常见的梭子如图 13-3-1 所示。

图 13-3-1 中（a）为自动换梭织机用的梭子，梭腔内有梭芯，用以插纡子。由人工将纡子插上梭芯并把纬纱头穿过导纱眼。

图 13-3-1 中（b）为自动换纡织机用的梭子。梭腔内没有梭芯，而用强硬的弹簧夹夹持纡子。弹簧夹的内侧有几道凹槽，而每只纬管的根部有几圈钢环，钢环与凹槽相啮合，使纡子的位置固定，梭子的一端有自动导纱头。这种梭子的纡子由织机自动装入，纬纱也自动穿过导纱眼。

图 13-3-1 中（c）为边尖平头换纡式梭子。其梭尖很小，偏于后侧，用来分开经纱。端

部的大部分为平面，作为投梭时皮结的打击处，可以延长梭子和皮结的寿命。

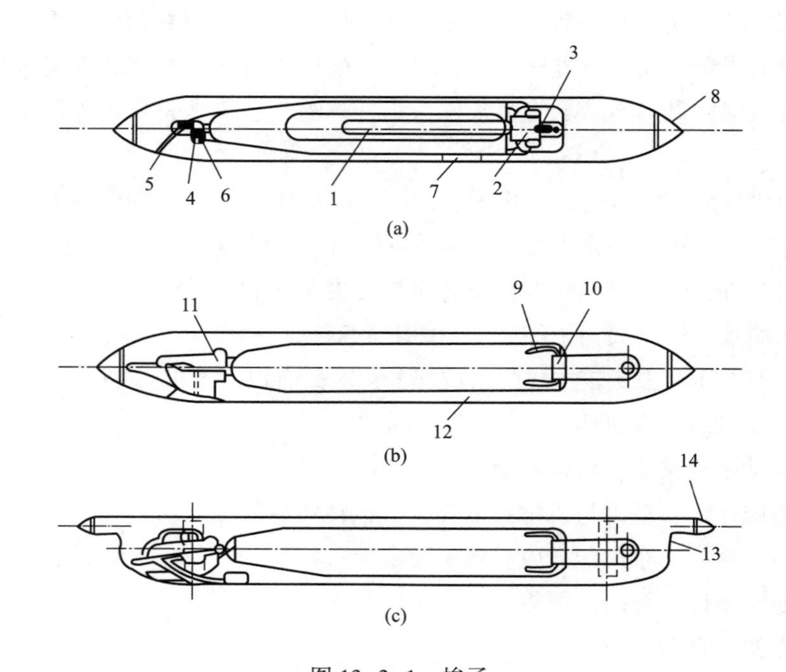

图 13-3-1 梭子

1—梭芯 2—尼龙套 3—纡子座 4—导纱瓷眼 5—导纱槽 6—导纱钢丝

7，12—探针孔 8—梭尖 9—弹簧夹 10—导纡片 11—导纱头 13—边尖 14—平头

（二）投梭与制梭

1. 投梭机构

梭子是凭惯性穿过梭口而引纬的，在进入梭口之前，梭子必须具有足够的速度和动能，投梭机构正是给予梭子动能和正确的飞行方向。当梭子穿过梭口后，必须迅速停止于一定位置，以便下次投梭，制梭机构就是对引纬后的梭子制动和定位的机构。

织机的投梭机构有多种类型，最常见的是侧板式下投梭机构。如图 13-3-2 所示，织机底轴 1 的两侧有投梭盘 2，当底轴转动，装于投梭盘上的转子 3 转至下方，将侧板 4 上的投梭鼻 5 往下压，使侧板以其后端为支点转一角度而前端压投梭棒脚帽 6，使投梭棒 7 向织机内侧摆动；投梭棒的上方穿过筘座的长槽，并于其上套有皮结 8，此时皮结向织机内侧移动打击梭子 9，梭子从梭箱投出。当转子转过投梭鼻后，由投梭棒脚帽上的扭簧 10 使侧板、投梭棒和皮结等复位。

在底轴的两侧各有一个投梭盘，两者的转子位置相差 180°，底轴半转投梭一次，两侧交替进行，底轴与主轴的转速比为 1∶2。

由于这种投梭机构的投梭动力来自投梭棒的下部，所以称为下投梭。下投梭也有多种形式，侧板式仅是下投梭的一种。

侧板式下投梭机构的结构简单，调整容易，为 GA611 型和 GA615 型织机所采用，但是其投梭急促，机构变形大，故障较多，而且投梭棒以其下端为支点，上部做圆弧运动，从而皮

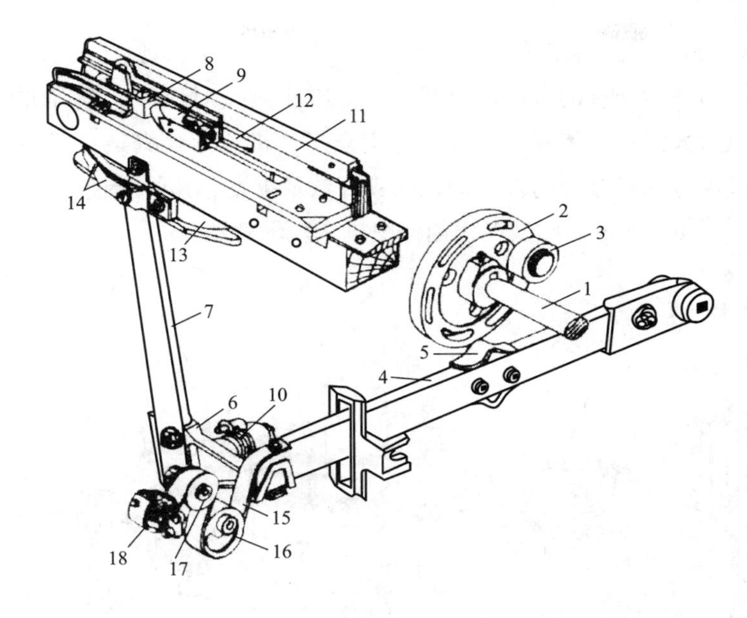

图 13-3-2　侧板式下投梭机构

1—底轴　2—投梭盘　3—转子　4—侧板　5—投梭鼻　6—投梭棒脚帽　7—投梭棒
8—皮结　9—梭子　10—扭簧　11—梭箱后板　12—制梭板　13—胶圈　14—胶圈弹簧
15—缓冲带　16—偏心盘　17—中间盘　18—弹簧盘

结不能固于其上，不仅影响皮结和梭子运动的稳定，而且容易损坏皮结和投梭棒。

此外还有投梭动力来自投梭棒中部的中投梭（K251 型丝织机、H212 型毛织机以及国外大多数有梭织机采用）；投梭棒处于织机上方的上投梭（J211 型黄麻织机采用）等，它们的结构与侧板式下投梭有较大的差异。

2. 制梭机构

制梭是对引纬后的梭子进行制动并使梭子停于正确位置，为下次投梭做准备。从能量观点而言，制梭是把梭子的剩余动能转化为其他形式而消耗掉。制梭可分为制梭板制梭和缓冲制梭两个阶段。

3. 自动补纬装置

当纬纱即将用完时，需及时补充纬纱卷装，这是由自动补纬装置完成的。自动完成补纬运动的织机称为自动织机。自动补纬装置分为自动换纡和自动换梭两大类。自动换纡是由纡库中的满梭子替换梭子的空纡子，自动换梭是由梭库中的满梭子替换梭箱中的空梭子。由于换纡过程较换梭过程难控制，自动织机基本采用自动换梭装置。自动换梭装置由探纬诱导和自动换梭两大部分组成。

二、剑杆引纬

剑杆织机是无梭织机的一种，它利用往复移动的剑状杆将梭口外固定筒子上的纬纱引入梭口，与有梭织机相比，它的入纬率高，织物质量优，机器噪声低，劳动生产率高。

自20世纪50~60年代以来，各类剑杆织机相继投入使用，现已发展成为数量较多的一种无梭织机。在提高纬纱交接的可靠性以及尽可能减小剑头对经纱摩擦等方面取得突破性进展之后，其竞争力大大提高。剑杆织机制造厂家众多，机器形式繁杂，但各类剑杆织机的最大区别仍是引纬机构形式和原理的差异，包括剑杆数量配置、纬纱交接方式、剑杆的刚挠性、传剑机构位置等。图13-3-3为典型现代剑杆织机全貌示意图。

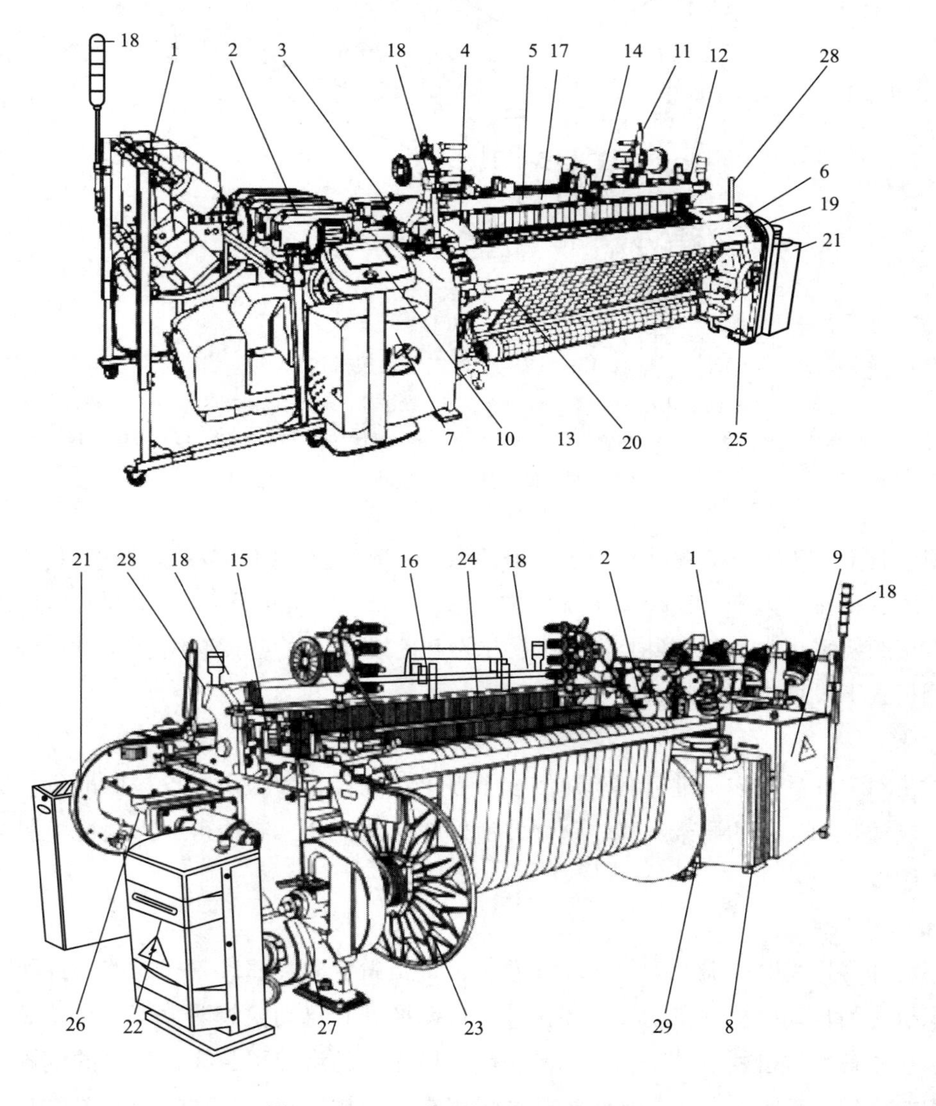

图13-3-3 现代剑杆织机全貌示意图

1—锥形筒子架 2—储纬器 3—纬纱检测器 4—选纬器 5—上横梁 6—胸梁 7—电动机 8—主电控箱 9—主开关 10—计算机操作盘 11—绞边、废边纱筒子架 12—电子绞边装置 13—卷布辊 14—综框 15—综框侧导板 16—综框中央导板 17—钢筘 18—警示灯 19—按钮板 20—卷取辊 21—废边箱 22—送经与卷取驱动控制箱 23—织轴 24—经停装置 25—卷取变速箱 26—剑带驱动箱 27—送经装置 28—安全保护装置 29—电动机驱动控制箱

（一）剑杆织机的分类

剑杆引纬的形式很多，可按以下几个特征分类。

1. 按剑杆的配置

（1）单剑杆织机。单剑杆引纬时，仅在织机的一侧装置比布幅宽的长剑杆及其传剑机构。由此将纬纱送入梭口至另一侧，或由空剑杆伸入梭口到达另一侧握持纬纱后，在退剑过程中将纬纱拉入梭口而完成引纬。

单剑杆织机引纬时，纬纱不经过梭口中央的交接过程，故不会发生纬纱交接失误以及因交接过程造成的纬纱张力峰值，剑头结构简单，但剑杆尺寸大，动程也大。但其机器速度低，占地面积大，多数已被双剑杆织机代替。

（2）双剑杆织机。双剑杆引纬时，织机两侧都装有剑杆和相应的传剑机构。这两根剑杆分别称为送纬剑和接纬剑。引纬时，送纬剑和接纬剑由机器两侧向梭口中央运动，纬纱首先向送纬剑握持并送至梭口中央，两剑在梭口中央相遇，然后送纬剑和接纬剑各自退回，在退回的过程中，纬纱由送纬剑转移到接纬剑上，由接纬剑将纬纱拉过梭口。

双剑杆引纬时，剑杆轻巧，结构紧凑，便于达到织机幅宽和高速度运转的要求。双剑杆织造时，梭口中央的纬纱交接目前已十分可靠，一般不会出现失误。因此，剑杆织机目前多采用双剑杆引纬。

（3）双层剑杆织机。双层剑杆织机织造时，经纱形成上、下两个梭口，每一梭口内由一组剑杆完成引纬，上、下两组剑杆由同一传动源传动。双层剑杆织机通常用于双重和双层织物的生产。织机采用双层梭口的开口方式，每次引纬同时引入上、下各一根纬纱。在加工双层起绒织物的专用剑杆绒织机上，还配有割绒装置。双层剑杆织机不仅入纬率高，而且生产的绒织物的手感和外观良好，无毛背疵点，适且于加工长毛绒、棉绒、天然丝和人造丝的丝绒、地毯等织物。

2. 按纬纱交接方式

（1）叉入式引纬。叉入式的特征是送纬剑与接纬剑之间以纱圈交接纬纱。叉入式又可分为单纬叉入式和双纬叉入式。

①单纬叉入式引纬。单纬叉入式引纬过程如图13-3-4所示，纬纱从筒子引出，经过张力器1和导纱器2、6后，纬纱头端夹持在供纬夹纱片3中，送纬剑4和接纬剑5在梭口开启时相向进入梭口，当送纬剑头经过导纱器6时，纬纱便挂在送纬剑的叉口中，但纬纱纱端仍夹持在夹纱片3中，如图13-3-4（a）所示。在梭口中央交接时，接纬剑5勾住纬纱纱圈，纬纱纱端则从夹纱片3中释放，

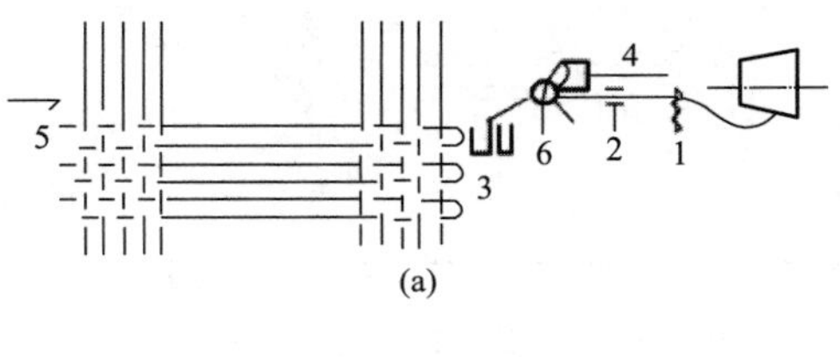

(a)

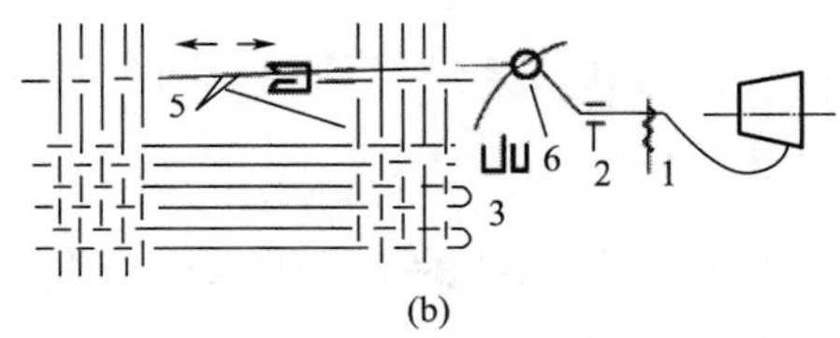

(b)

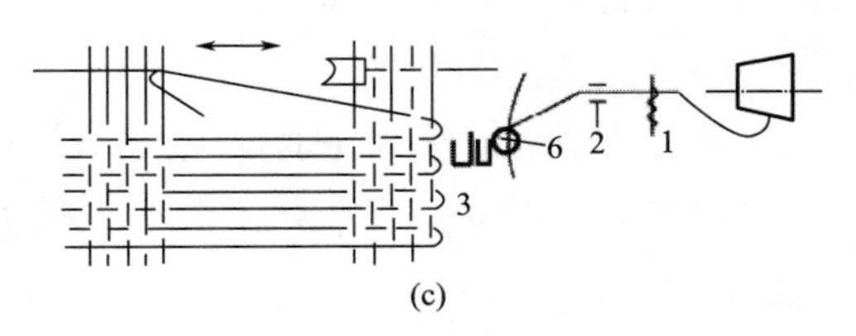

(c)

图13-3-4 单纬叉入式引纬过程

1—张力器 2，6—导纱器 3—夹纱片 4—送纬剑 5—接纬剑

随接纬剑退出梭口，纬纱不再从筒子退绕，接纬剑将纬纱拉成单根留在梭口中，打纬后已织入的一纬仍与筒子相连，如图 13-3-4（b）所示。待送纬剑 4 将下一纬的纬纱纱圈交付结接纬剑时，导纱器 6 已将纬纱纳入刃刀剪断。与筒子相连的纬纱纱端又由夹纱片 3 夹持做下次供纬准备，引入的纬纱由接纬剑拉过梭口，如图 13-3-4（c）所示，至此引纬过程经历了两纬一个循环，刚引入到织物中的两纬相连但处于两个接口中，如“发夹”状，每一梭口中仅有一根纬纱，故称单纬叉入式。单纬叉入式引纬时，纬纱与送纬剑剑头叉口和接纬剑剑头钩端之间有摩擦，接纬剑将纬纱拉出时纬纱稍有退捻且处于无张力状态，不易形成良好的布边，且纬纱从筒子上退绕时的速度为剑杆速度的两倍，附加的纬纱张力过大，不利于高速生产。

②双纬叉入式引纬。双纬叉入式引纬过程如图 13-3-5 所示。纬纱经张力器 1、导纱器 2 后，穿入送纬剑 4 的孔眼中，被送纬剑送入梭口，两剑在梭口中央交接，接纬剑钩端 6 伸入送纬剑中勾住纬纱。接纬剑 5 已勾住纱圈退出梭口，在打纬的同时由撞纬片 3 使纱圈从接纬剑钩头上脱下来套到成边机构的舌针上，由舌针将它与上一个纬纱纱圈套变成针织边。送纬剑在退剑时，纬纱仍穿在剑头的孔内，接纬剑退回时，纬纱继续从筒子上退绕，这样每次引入梭口的纬纱为双根纬纱。双纬叉入式引纬只适于织制双纬织物，且无法换纬，故只能用于单色纬纱织制，有很大的局限性。

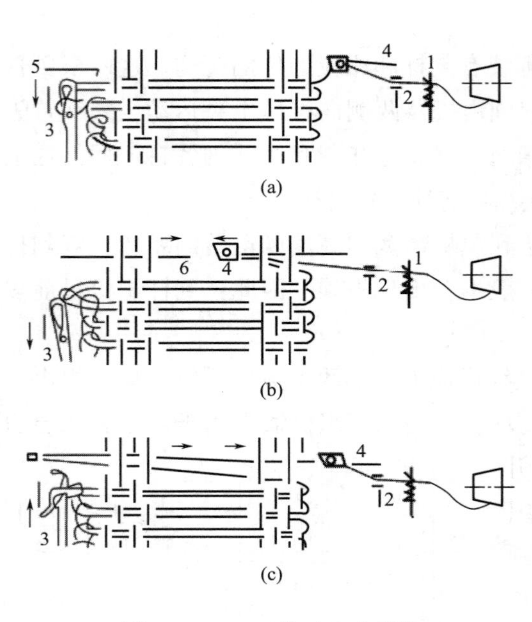

图 13-3-5 双纬叉入式引纬

1—张力器 2—导纱器 3—撞纬片

4—送纬剑 5—接纬剑 6—接纬剑钩端

（2）夹持式引纬。夹持式的特征是送纬剑与接纬剑之间以纱端形式交接纬纱。夹持式引纬过程如图 13-3-6 所示。当送纬剑 4 向梭口中进剑时，将梭口外处于引纬路线上的纬纱夹持住，同时纬纱剪刀 3 将与上一纬相连的纬纱剪断，送纬剑便夹持住纬纱的头端进入梭口引纬。送纬剑与接纬剑 5 在梭口中央相遇，纬纱便自动转移到接纬剑上，当接纬剑退出梭口时，剑头与开夹器相碰，使接纬剑夹纱钳口打开，释放纬纱纱端，完成一次引纬。

夹持式引纬时纬纱无退捻现象，且纬纱与剑头之间无摩擦，不损伤纬纱，纬纱始终处于一定的张力作用下，故有利于其在织物中均匀排列。但两侧布边均为毛边，需设成边装置，剑头结构也较复杂。

3. 按剑杆的类型

按剑杆的类型，剑杆织机可分为刚性剑杆与挠性剑杆。

（1）刚性剑杆。刚性剑杆由剑杆和剑头组成，剑杆为一刚性的空心细长杆，截面呈圆形或长方形。刚性剑杆的最大特点是不需用导剑器材，在引纬的大部分时间里，剑杆、剑头可悬在梭口中运动，不与经纱接触，减少了对经纱的磨损，对于不耐磨的经纱织造十分有利，如玻璃纤维等。但刚性剑杆的长度是织机筘幅的一倍以上，引纬之前刚性剑杆必须从梭口中退出，因此机台宽度方向占地面积较大，而且剑杆笨重，惯性大，不利于高速生产。

（2）挠性剑杆。挠性剑杆织机的剑头装在弹簧钢或复合材料制成的扁平条带，靠挠性剑带的伸卷使剑头往复运动完成引纬，挠性剑带退出梭口后可卷绕在传剑轮盘上或到机架下方。挠性剑杆织机占地面积小，剑带质量轻，有利于高速生产，能达到的幅宽也大。

4. 按传剑机构位置

按传剑机构位置，剑杆织机可分为分离式筘座与非分离筘座剑杆引纬两种方式。

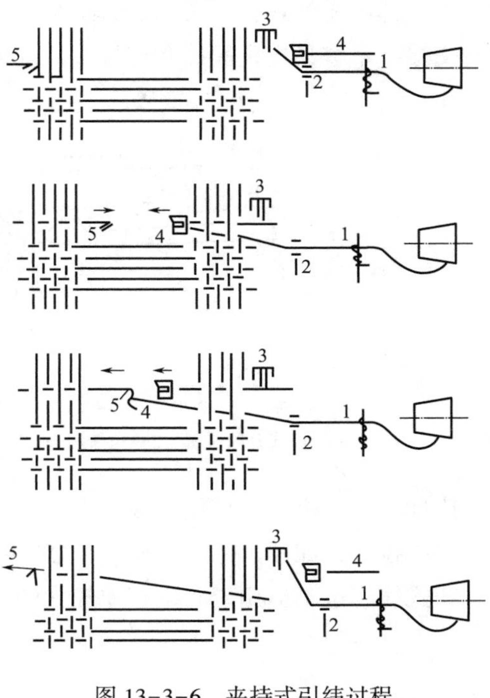

图 13-3-6　夹持式引纬过程

1—张力器　2—导纱器　3—纬纱剪刀　4—送纬剑　5—接纬剑

剑杆织机的传剑机构固装在机架或筘座上，传剑机构固装在机架上的因引纬部分与打纬部分的运动分开而称为分离式筘座，而传剑机构固装在筘座上的被称为非分离式筘座。

（1）分离式筘座引纬。在分离式筘座的剑杆织机上，传剑机构不随筘座前后摆动，筘座由共轭凸轮驱动。引纬时筘座静止在最后方，而当筘座运动时，剑头不能在筘的摆动范围内，因而在分离式筘座的剑杆织机上，钢筘的剩余长度有限制，超过时应将其裁短。分离式筘座的剑杆织机由于引纬时筘座静止在最后位置，因而所需梭口高度较小，打纬动程也小，加之筘座质量轻，有利于提高车速。因而，目前的高速剑杆织机普遍采用分离式筘座引纬。

（2）非分离式筘座引纬。在非分离式筘座的剑杆织机上，剑杆及其传剑机构随筘座前后摆动，同时剑杆相对筘座左右运动，完成引纬。它可采用普通的曲柄连杆打纬机构，但打纬动程较大，以配合剑杆在梭口中的运动，且要求梭口高度较大，避免剑头进出接口时与经纱的过分挤压，加之筘座的转动惯量也大，这些都影响车速的进一步提高。

（二）剑杆引纬主要装置

1. 剑头

（1）夹持式剑头。目前在剑杆织机中普遍使用的夹持式引纬的两只剑头，实质上都是用来握持纬纱的夹纱器，送纬剑的剑头比较大，但夹持力比较小；接纬剑的剑头细长，但夹持力比较大。在交接纬纱时接纬剑伸入到送纬剑的剑头中，在交接过程中纬纱能够顺利从送纬剑传递给接纬剑，夹持力的大小可根据纱线品种作适当的调整。

夹持式剑头可分为积极式和消极式两种。如图 13-3-7 所示，积极式夹持剑头是指送纬剑头 2 在拾取纬纱时和接纬剑头 3 在梭口中央位置交接纬纱时，以及接纬剑头出梭口后释放纬纱时，都由积极式打开关闭装置 1 来完成。对于各种粗细和花色的纬纱，该装置均能实现顺利交接，不容易出现脱纬和交接失败现象，引纬质量好。

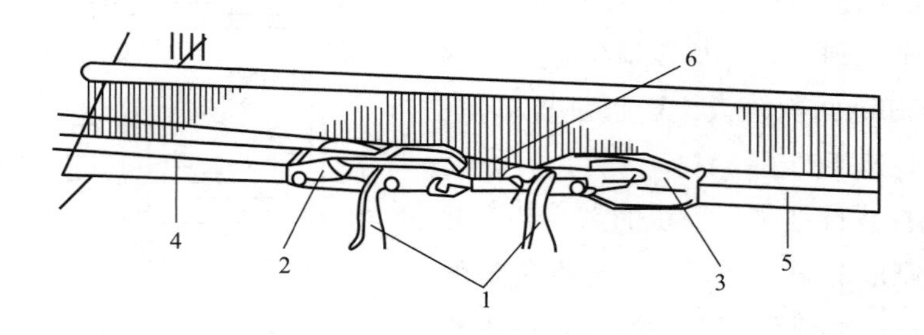

图 13-3-7　刚性剑杆积极夹持式剑头

1—积极式开闭装置　2—送纬剑头　3—接纬剑头　4—送纬剑杆　5—接纬剑杆　6—纬纱

挠性剑杆织机一般使用消极式夹持剑头，在梭口中央位置，接纬剑头将纬纱从送纬剑头的钳口中拉出，如图 13-3-8 所示。交接时纬纱受到较大的附加拉力，所以不利于加工结子纱等花式线，也不适用于条干相差较大的纱线，通常用于常规纱线的织造。

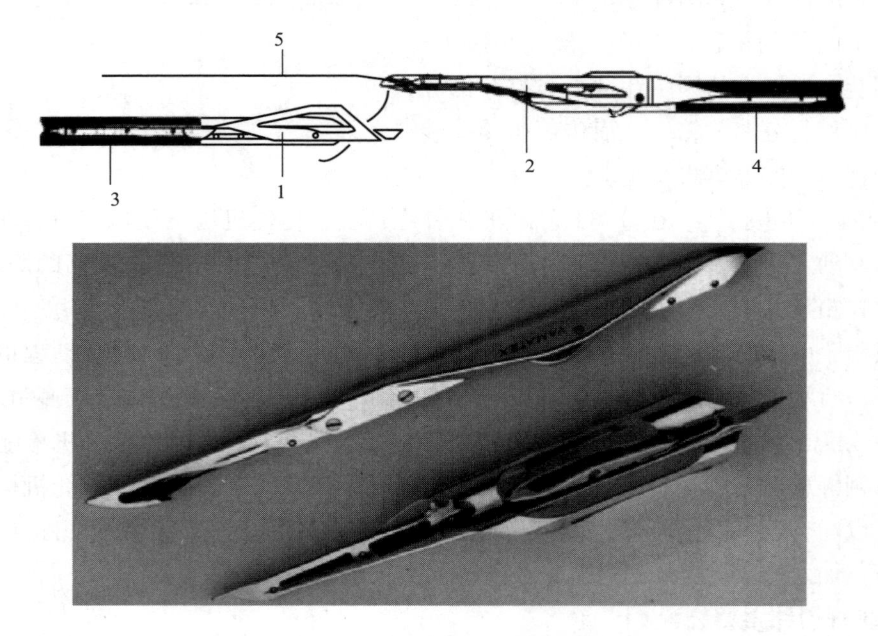

图 13-3-8　挠性剑杆消极夹持式剑头

1—送纬剑头　2—接纬剑头　3—送纬剑带　4—接纬剑带　5—纬纱

（2）叉入式剑头。图 13-3-9 所示为单纬叉入式剑头结构，图 13-3-10 所示为双纬叉入式剑头结构。送纬剑头上有一个导纱孔 1，纬纱 2 穿入其中，再经过下叉口从下面引出；接纬剑头是一个简单的钩子。

2. 剑带或剑杆

刚性剑杆由轻而强度高的材料制成，一般采用铝合金杆、碳素纤维或复合材料。挠性剑

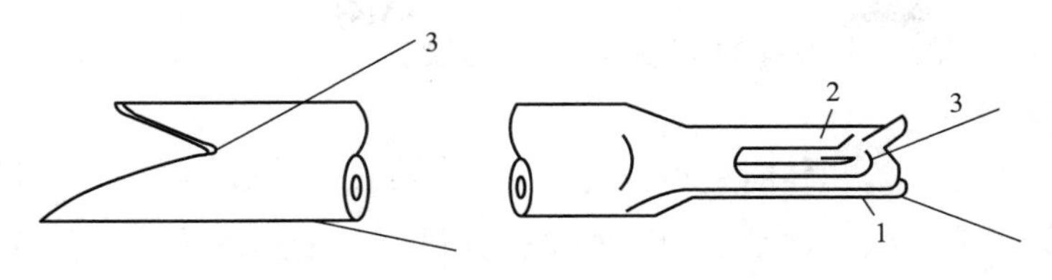

图 13-3-9　单纬叉入式剑杆头

1—上叉口　2—下叉口　3—纬纱

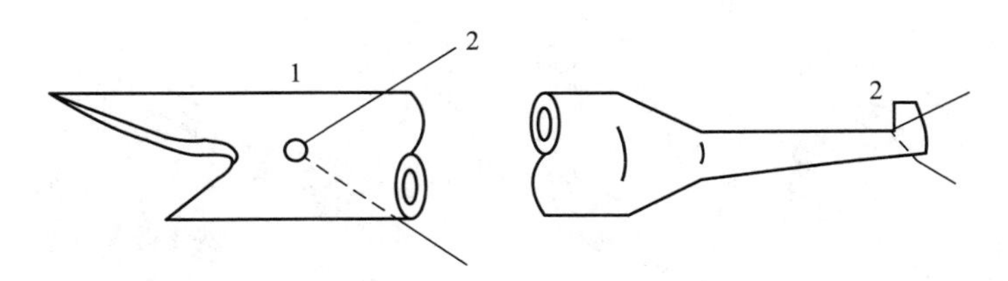

图 13-3-10　双纬叉入式剑杆头

1—导纱孔　2—纬纱

杆多采用多层复合材料制成，一般以多层高强长丝织物为基体，浸渍树脂层和碳素纤维压制而成，表面覆盖耐磨层，一般厚度为 2.5~3mm。多冲有齿孔，工作时齿孔与剑带轮上的齿啮合。剑带轮往复转动，使剑带进、出梭口并引纬。剑带退出梭口绕过剑带轮后，可以弯曲而引伸到织机下方，占地面积相对减少（图 13-3-11）。

剑带工作时要经受反复的弯曲变形，要求其弹性回复性能好、耐磨且有足够的强度。在工作寿命期内，剑带表面应光滑、不起皮，带体不分层、不断裂。

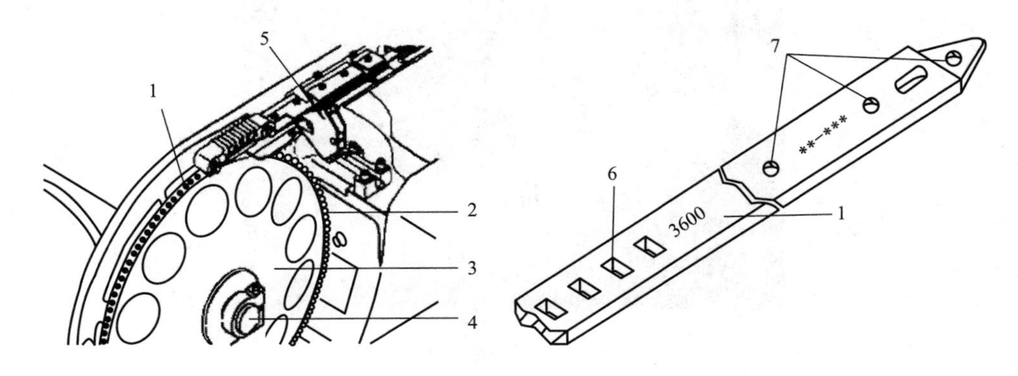

图 13-3-11　剑带与剑带轮

1—剑带　2—剑带轮齿　3—剑带轮　4—剑带轮传动轴

5—剑带轮润滑装置　6—齿孔　7—剑带与剑头连接孔

3. 剑带轮

剑带轮齿与剑带上的齿孔啮合，啮合包围角通常为 120°~180°。高速引纬时要求剑带轮轻，而且有足够的强度，可用铝合金或高强复合材料制成。剑带轮的直径一般为

250～450mm，轮齿与剑带孔两者的节距应相互配合。

4. 剑带导向器件

剑带导向器件有导剑钩和导向定剑板（图 13-3-12、图 13-3-13）。导剑钩分为单侧导剑钩和双侧导剑钩。为了减少剑带与经纱的摩擦，目前多采用悬浮式导剑钩。这种导剑钩稍稍托起剑带，“浮”在下层经纱之上 1～3mm。导向器件起到两方面作用：一是稳定剑头和剑带在梭口中的运动；二是托起剑带，减少剑头、剑带与经纱的摩擦。

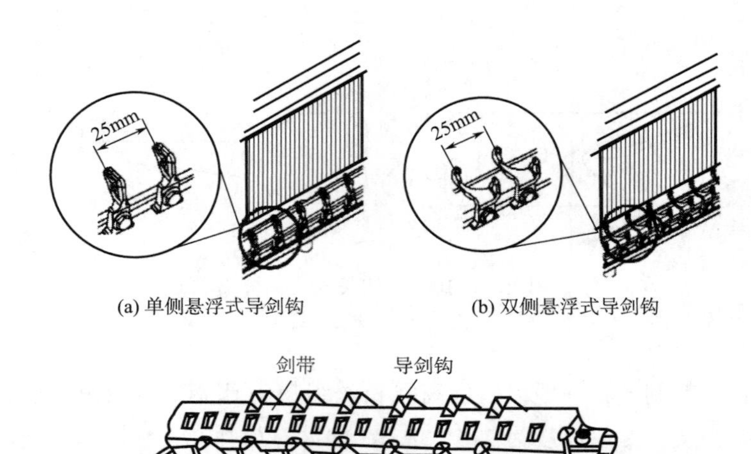

图 13-3-12　剑带导向器件示意图

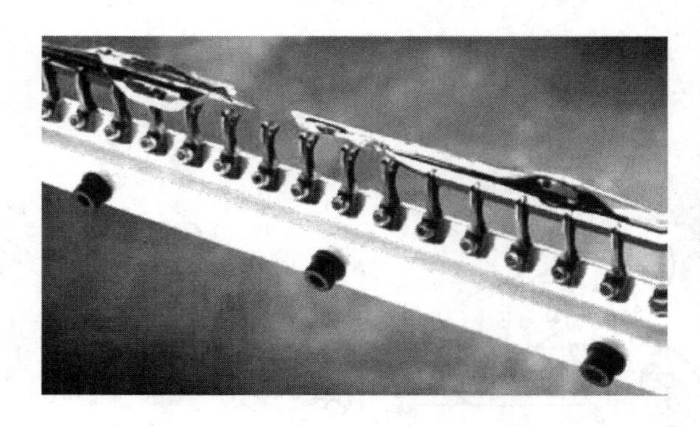

图 13-3-13　剑带导向器件局部

（三）剑杆引纬的品种适应性

剑杆引纬的特点决定了品种适应性。剑杆由传剑机构传动，设计合理的传剑机构使剑头运动具有理想的运动规律，保证了剑头在拾取纬纱、引导纬纱和交接纬纱过程中纬纱所受的张力较小、较缓和。与片梭引纬相比，剑杆头在启动纬纱时的加速度仅为片梭引纬的 1/20～1/10，这显然对一些细特纱、低强度纱或弱捻纱等一类纬纱的织造是有利的，从而保持较低的断纬率和较高的织机生产效率。

剑杆引纬以剑头夹持纬纱，纬纱完全处于受控状态，属于积极引纬方式。在织造强捻纬纱织物时（如长丝绉类织物、纯棉巴里纱织物等），抑制了纬纱的退捻和织物纬缩疵点的形成。目前，大多数剑杆织机的剑头通用性很强，能适应各种不同原料、不同粗细、不同截面形状的纬纱，而无须调换剑头。因此，剑杆引纬十分适宜于加工装饰织物中纬向采用粗特花式纱（如圈圈纱、结子纱、竹节纱等）或细特、粗特交替间隔形成粗、细条，以及配合经向提花而形成不同层次和凹凸风格的高档织物，这是其他无梭引纬所难以实现或无法实现的。

由于良好的纬纱握持和低张力引纬，剑杆引纬还被广泛用于天然纤维和人造纤维长丝的织造生产以及毛圈织物生产。

剑杆引纬具有极强的纬纱选色功能，能十分方便地进行8~16色的任意换纬，并且选纬运动对织机速度不产生任何影响。所以，剑杆引纬特别适合于多色纬织造，在装饰织物加工、毛织物加工和棉型色织物加工中得到了广泛使用，符合小批量、多品种的生产特点。

双层剑杆织机适用于双重织物、双层织物的生产。织机采用双层梭口的开口方式，每次引纬同时引入上、下各一根纬纱。在加工双层起绒织物的专用剑杆绒织机上，还配有割绒装置。双层剑杆织机不仅入纬率高，而且生产的绒织物手感、外观良好，无毛背疵点，适宜于加工长毛绒、棉绒、天然丝和人造丝的丝绒、地毯等织物。

在产业用纺织品的生产领域中，由于刚性剑杆引纬不接触经纱，对经纱不产生任何磨损作用，同时，剑头具有理想的引纬运动规律和对纬纱强有力的握持作用，因此在玻璃纤维和一些高性能纤维的特种工业用技术织物的织造加工中，刚性剑杆织机得到应用。

三、喷气引纬

喷气引纬是利用喷射空气对纬纱的摩擦所产生的牵引力，将纬纱带过梭口。喷气引纬的原理早在1914年就由美国人申请了专利，但直到1955年的第二届ITMA上才展出了样机，其筘幅只有45cm，而喷气织机真正成熟是在二十多年之后。经过这么长的时间，是因为喷气织机的引纬介质是空气，而如何控制容易扩散的气流并行效地将纬纱牵引到适当的位置，符合引纬的要求，是一个极难解决的技术问题，直到一批专利逐步进入实用阶段，喷气引纬才正式走向应用。技术主要包括美国的Ballow异型筘、捷克的Savty空气管道片方式及荷兰的Testrake辅助喷嘴方式等。随着电子技术、微机技术在喷气织机上的广泛应用，其主要机构部分大为简化，工艺性能更为可靠，在织物质量、生产率及品种适应性等方面都有了长足的进步。

（一）喷气引纬原理

1. 圆射流的性质

喷气引纬一般是将空气从圆管中喷出，这种气流称为圆射流，具有“喷射成束”的特点。空气从圆管中喷出后，与相邻的静止空气相互掺混而发生扩散作用和卷吸作用，射流截面不断扩大，流速很快下降（卷吸作用是指周围的静止空气被射流带着向前运动）。如图13-3-14所示，圆射流呈圆锥状，开始一段由核心区和混合区组成，核心区也呈圆锥形（图中斜线部分），区内各处的流速保持喷口的初速度 v_0，但随喷出距离 x 的增加，核心区逐渐缩小，至距离为 A 时核心区消失。而混合区随距离 x 加大而加大，呈喇叭状，其中心点速度高，速度随半径的加大而急剧减小。

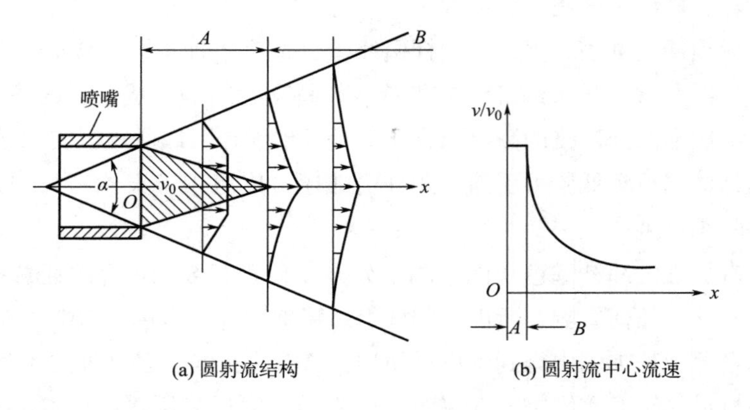

(a) 圆射流结构　(b) 圆射流中心流速

图 13-3-14　圆射流结构和流速

纬纱从喷嘴喷出后，由于气流速度很高（气流速度为 100~200m/s），因此牵引纬纱向前飞行。进入混合区后，气流速度急剧下降，而纬纱因具有一定质量，由于惯性作用其速度下降较为缓和，这时气流不仅起不到牵引作用，反而阻碍纬纱前进。这样就出现喷气引纬的两大困扰，一是纬纱难以顺利到达对侧，在对侧布面出现大量缺纬，从而使可织布幅很窄。二是纬纱前慢后快、前阻后拥，无张力，布面呈现严重的纬缩织疵。此外，还有纬纱飘动而与梭口经纱纠缠，也是喷气引纬须解决的重要问题。

2. 管道式喷气引纬

为了解决上述问题可在梭口中加引纬管道，它由许多管道片组成，如图 13-3-15 所示。

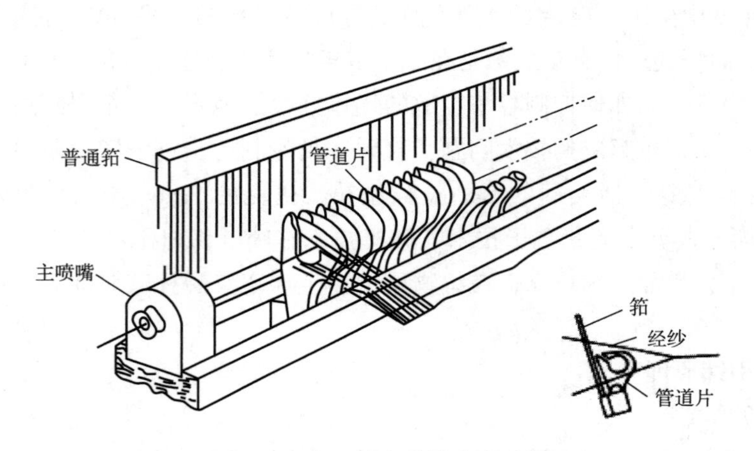

图 13-3-15　单喷嘴管道式引纬

管道的作用是约束气流，减少扩散，同时给予纬纱正确的通道。由于管道要进出梭口，不能将它密封，而由许多管道片组成。各片间的间隙小，虽有利防止气流扩散，但管道片对经纱磨损严重，而间隙大则相反，气流易扩散，但可减少磨损。管道片固装于筘座上，引纬时处于梭口中，打纬时处于布面之下（类似片梭织机的导梭片）。每片管道片的后上方有脱纱槽，纬纱引入管道后，管道片随筘座前摆抽出梭口，而纬纱从脱纱槽中出来留于梭口中。这种单喷嘴喷气引纬其布幅较窄，一般不超过 1m，要再增加宽度非常困难，而且使缺纬、纬缩等织疵增加。为解决幅宽问题，可采用多喷嘴接力喷射与管道片结合的方式，在引纬途中加装一些辅助喷嘴，接力式地补充气流，使纬纱保持一定的速度通过梭口，因此管道式喷气引纬可织宽幅织物。无论是单喷嘴还是多喷嘴管道式喷气引纬，管道片对经纱磨损严重，不适于细特高密和不耐磨的纱线，而且车速低于槽筘式，所以目前采用已不多。

3. 槽筘式喷气引纬

槽筘是一种异形筘，将筘片的前侧作成凹形，各筘片整齐排列在一起而形成凹槽作为气流和纬纱前进的通道，如图 13-3-16 所示。

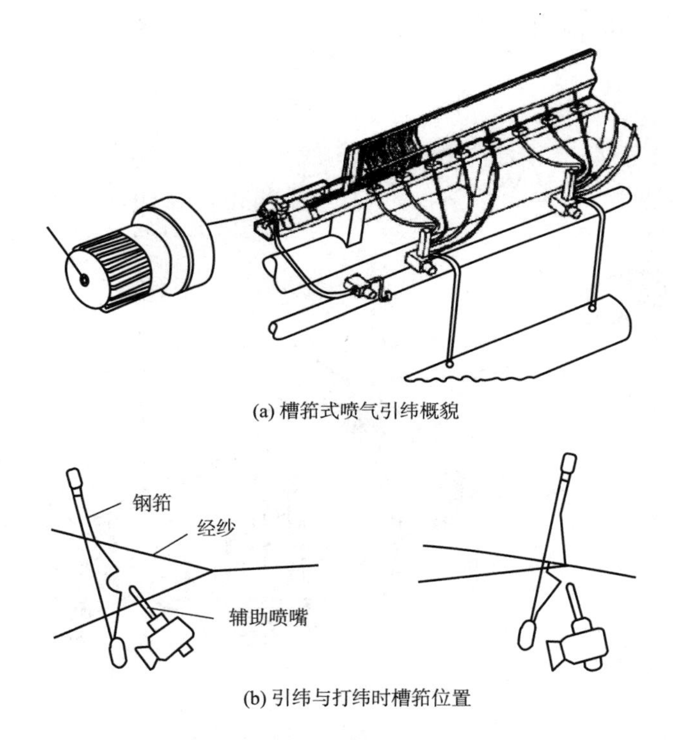

(a) 槽筘式喷气引纬概貌

(b) 引纬与打纬时槽筘位置

图 13-3-16　槽筘式喷气引纬

槽筘式必须采用多喷嘴接力喷射，能使纬纱顺利达到对侧，而且布幅也可较宽。辅助喷嘴的个数随幅宽而异，一般分成若干组，每组 3～5 个，喷嘴之间距离为 60～80mm，但最后一组间距较小，约 40mm，利于伸直纬纱。喷射时间依次分组陆续而行，一般由电子系统或计算机通过电磁阀来控制，传统机型有的采用凸轮组来控制。槽筘的槽形、尺寸以及辅助喷嘴的孔形，与引纬槽的角度、距离等都必须严格设计和安装，以达到最佳的引纬条件，降低气耗。槽筘除作为引纬通道外，同时还和普通筘一样起打纬和分布经纱的作用。异型筘除槽筘外还可做成其他形式，如管道片状，有的脱纱槽在引纬时可以封闭等。

槽筘式喷气引纬，经纱受损少，因而对纱线及品种的适应性优于管道式，而且因引纬允许时间较长，其入纬率也高于管道式。但槽筘的制造要求高、价格昂贵，不利翻改品种，此外，它约束气流效果不如管道式，且能耗较高。尽管如此，目前在喷气引纬中仍以槽筘式为多。

4. 喷气引纬过程

喷气引纬是利用高速流动的空气对纱线表面所产生的摩擦牵引力，将纬纱引过梭口。典型的喷气引纬过程如图 13-3-17 所示。纬纱从筒子 1 引出，通过导纱眼 2，进入储纬器 3，纬纱卷绕在储纬鼓表面；储纬鼓上方有个活动磁性插针，用来控制纬纱的储存与释放。从储纬器上退绕下来的纬纱经过引纬监测器 9、纱夹 4 后，进入主喷嘴 5，由主喷嘴喷出高速气流引送纬纱进入梭口；梭口是由异形筘 8 构成的风道，在一排辅助喷嘴 7 接力式牵引力的继续作用下，穿越梭口到达出口侧布边，探纬器 10 检测纬纱头端是否及时到达；打纬时纬纱剪刀 6 剪断纬纱，完成一次引纬。织物边部留下的纬纱头一般用附加的边经纱绞着固定，形成毛边织物，也可以用钩针将其折入下一梭口，或配置气动布边折入装置，折入布边，获得整洁而较厚的布边。

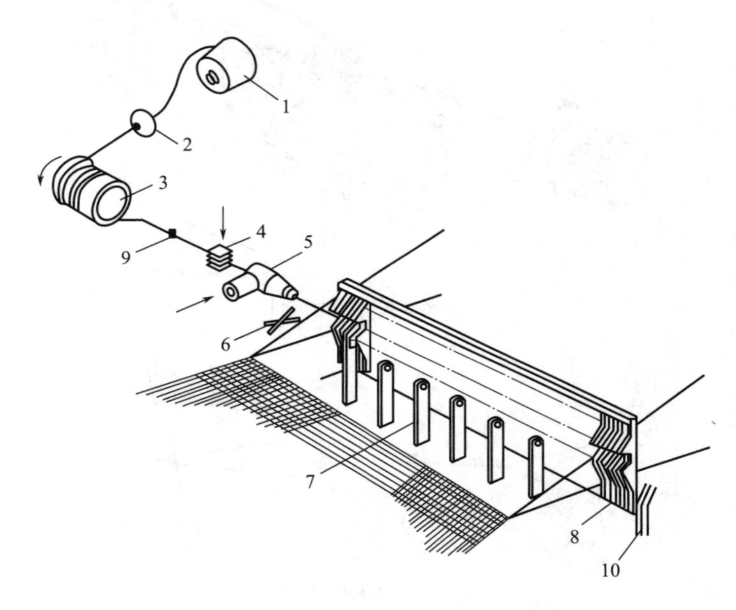

图 13-3-17　喷气引纬示意图

1—筒子　2—导纱眼　3—储纬器　4—纱夹　5—主喷嘴

6—剪刀　7—辅助喷嘴　8—异形筘　9—引纬监测器　10—探纬器

（二）喷气引纬主要装置

1. 主喷嘴

主喷嘴是用于气流引纬的主要零件，由供气系统提供具有一定压力的压缩空气，经主喷嘴形成具有一定方向和一定速度的射流。纬纱经储纬定长装置后到达主喷嘴，通过进纱孔进入主喷嘴，在主喷嘴射流作用下，被直接喷射到梭口中。一般情况下，在供气压力和车速一定的条件下，主喷嘴的结构尺寸将影响喷射气流的速度。

主喷嘴有多种结构形式，其中应用极为普遍的一种为组合式喷嘴，结构如图 13-3-18 所示。组合式喷嘴由喷嘴壳体 1 和喷嘴芯子 2 组成。压缩空气由进气孔 4 进入环形气室 6 中，形成强旋流，经过喷嘴壳体和喷嘴芯子之间的环状栅形缝隙 7 所构成的整流室 5，整流室截面的收缩比根据引纬流速的要求设计，整流室的环状栅形缝隙起“切割”旋流的作用，将大尺度的旋流分解成多个小尺度的旋流，使垂直于前进方向的流体的速度分量减弱，而前进方向的速度分量加强，达到整流目的。

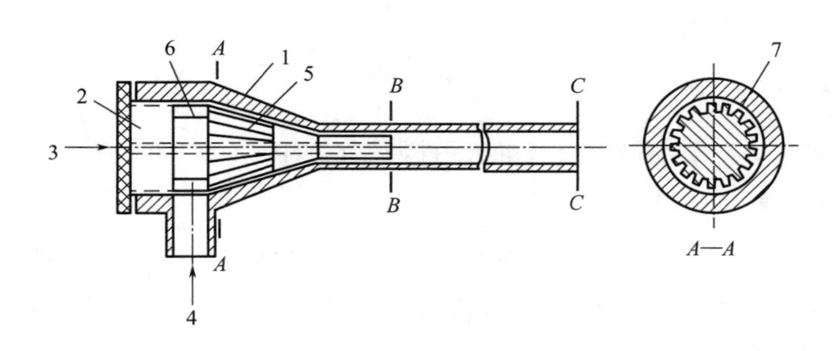

图 13-3-18 组合式主喷嘴结构

1—喷嘴壳体 2—喷嘴芯子 3—导纱孔 4—进气孔

5—整流室 6—环形气室 7—环状栅形缝隙

在 B 处汇集的气流，将导纱孔 3 处吸入的纬纱带出喷口 C。BC 段为光滑圆管，称为整流管，对引纬气流进一步整流，当整流段长度与管径之比大于 6~8 时，整流效果较好，从主喷嘴射出的射流扩散角小，集束性好，射程远。喷嘴芯子在喷嘴壳体中的进出位置可以调节，使气流通道的截面积变化，从而改变射流的出流流量。

主喷嘴的固装有两种形式，一种是主喷嘴固定在机架架上，不随筘座一起前后摆动，即分离式，最初几乎所有的喷气织机都采用这种方式。为使主喷嘴在引纬时能与筘槽对准，要求筘座在后止点有相当长的相对静止时间，这会使筘座运动的加速度增大，不利于车速提高，筘座相对静止期间筘座仍有少量位移，会造成防气流扩散装置内的气流压力出现驼峰，易造成纬纱头端的卷曲飞舞。另一种形式是主喷嘴固装在筘座上，随筘座一起前后摆动，它可以保证喷嘴与筘槽始终对准，允许的引纬时间角延长，加之筘座无需静止时间，打纬运动的加速度小，有利于产品幅宽大和高速生产，同时可降低引纬所需的气压和耗气量。

目前，现代喷气织机为了在高速引纬中实现稳定引纬，通常采用固装在机架上的固定主喷嘴（也称串联喷嘴、预备主喷嘴或辅助主喷嘴）与安装在筘座上的主喷嘴（也称移动主喷嘴）串联组合的方式，固定主喷嘴可以使纬纱在低压中加速，防止纬纱受损伤。图 13-3-19 所示为串联式配置双主喷嘴，其中 A 为安装在机架上的固定主喷嘴，B 为安装在筘座上的移动主喷嘴。

2. 辅助喷嘴

为实现宽幅织造和高速运行，喷气织机必须采用接力引纬方式，依靠辅助喷嘴补充高速气流，保持气流对纬纱的牵引作用。对于采用异形筘的喷气织机，辅助喷嘴单独安装在异形

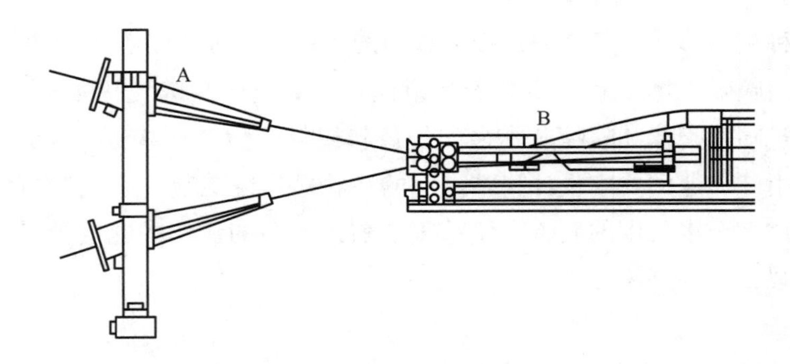

图 13-3-19　串联式配置双主喷嘴

筘筘槽的前方，气流从调节阀输出后，进入电磁阀气室中心，电磁阀开启后。气流通过软管进入辅助喷嘴内腔，将气流喷出。

辅助喷嘴的喷孔大致可分为单孔型和多孔型，如图 13-3-20 所示。单孔型辅助喷嘴的圆孔直径为 1.5mm 左右，而多孔型的孔径为 0.05mm 左右。较典型的多孔则有 19 孔辅助喷嘴，19 个孔分 5 排，各排的孔数分别为 3、4、5、4、3。多孔型还可设置成放射条状或梅花状。就喷出气流的集束性而言，多孔型比单孔型效果好，因为辅助喷嘴的壁厚很薄，当壁厚和孔径之比<1 时，气流的喷射锥角增大，集束性也差。在壁厚一定的情况下，用多个微孔取代单个圆孔将有助于增大壁厚与孔径之比值，从而提高气流的集束性。

辅助喷嘴的喷孔所在的部位通常是微凹的，可防止喷孔的毛头刺破或刮毛经纱。辅助喷嘴的喷射角度与主射流的夹角应小，约 90°，这使得两股射流碰撞后的变化率小，可充分利用合流后的气流速度。辅助喷嘴同装在筘座上（图 13-3-21），其间距取决于主射流的消耗情况，一般靠近主喷嘴的前、中段较稀而后段较密，这有助于保持纬纱出口侧的气流速度较大，从而减少纬缩疵点。

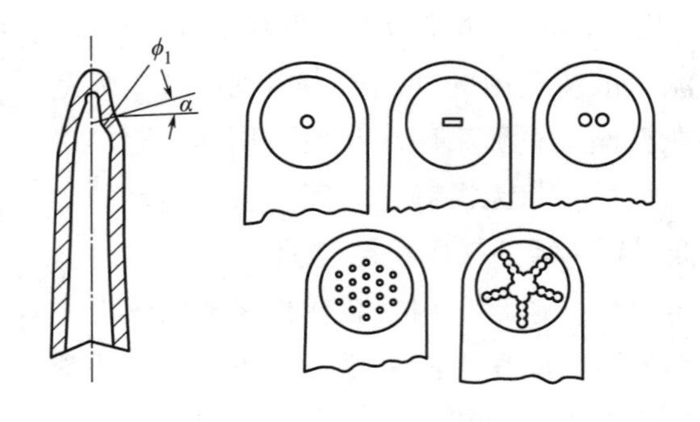

图 13-3-20　辅助喷嘴结构

图 13-3-21　辅助喷嘴在梭口中的配置

使用辅助喷嘴增加了喷气引纬的耗气量，为节约压缩空气，一般采用如图 13-3-22 所示的分组依次供气方式。通常由 2~5 个辅助喷嘴成一组，各组按纬纱行进方向相继喷气。

现代喷气织机上，控制主喷嘴和辅助喷嘴的阀门均为电磁阀，电磁阀对喷射时间调节方便，便于实现自动控制。在喷气织机上所采用的电磁阀具有工作频率高、响应快的特性，以适应织机的高速生产。

在有的喷气织机的出口侧安装一种特殊的辅助喷嘴，称牵伸喷嘴（又称延伸喷嘴、拉伸喷嘴），主要用来确保纬纱在梭口闭合前后都始终处于伸直状态，避免高捻纱、氨纶包芯纱、长丝纱等在高速织造时，出现松弛、纬缩、露丝等现象。

3. 异形筘

如图 13-3-23 所示，异型筘筘片的槽口十分光滑，槽口的高度和宽度各为 6mm 左右，梭口满开的尺寸也很小，在钢筘处的梭口高度（即有效梭口高度）只有 15mm 左右，钢筘打纬的动程只有 35mm，有利于织机的高速。筘齿的密度和间隙与普通筘一样，按上机筘幅和每筘穿入数确定筘号。

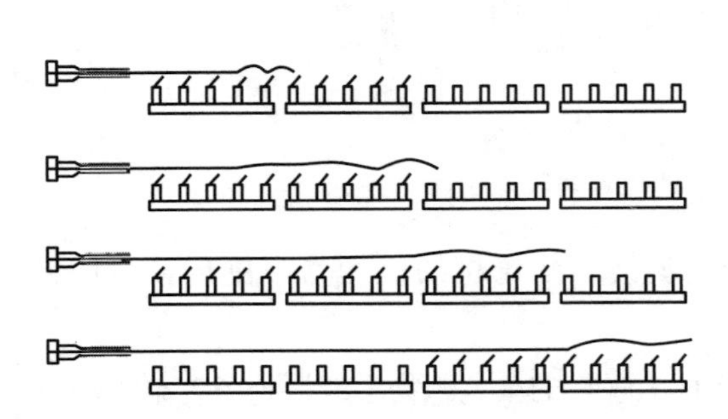

图 13-3-22 辅助喷嘴分组接力喷气引纬示意图

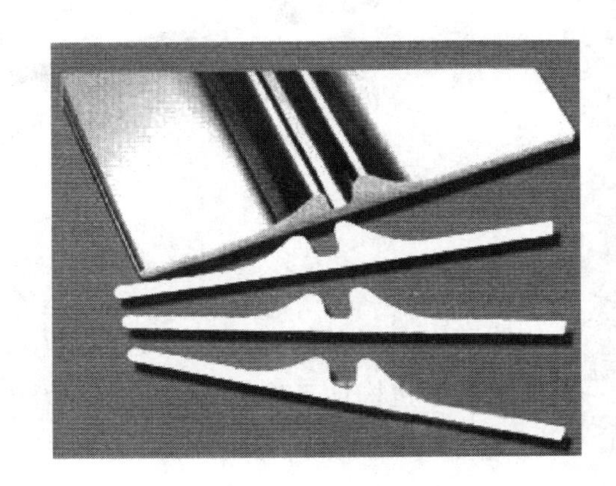

图 13-3-23 异形筘

4. 喷气织机的空气输送系统

一般在喷气织机车间旁有独立的空压室，由空气压缩机输出的洁净、干燥的压缩空气，通过输气管道分送到织机。织机的净化、调压、供气系统将压缩空气分送到喷射装置或气动装置的各执行器件。

（三）喷气引纬的品种适应性

喷气引纬特别适宜于细薄织物加工，在生产低特高密单色织物时具有明显的优势。喷气织机制织多色纬织物时，每一种纬纱需要配置一只主喷嘴，以防止纱线之间的缠绕，且要使每一只主喷嘴与防气流扩散装置对准，以达到良好的防扩散效果。目前喷气织机可以配备二色、四色、六色其至八色的选纬机构或混纬机构。选纬机构和混纬机构的工作原理完全相同。由于异型筘的筘槽尺寸较小，在多个主喷嘴的情况下，难以保证每个主喷嘴喷射的气流都处于筘槽中的最佳位置，故应在纬纱进口端采用一组槽口为前大后小的锥形专用异型筘。因此对于多色纬制织，喷气织机不及剑杆织机，喷气织机目前较为成熟的最大色纬数为四色，此外还有两色任意引纬（也可用来混纬），如图 13-3-24 和图 13-3-25 所示。

与剑杆引纬机构和片梭引纬机构相比，喷气引纬机构的结构简单、零件轻巧、振动小，可以采用非分离式筘座，将引纬部件直接安装在筘座上，随同筘座摆动，这为连杆式打纬机

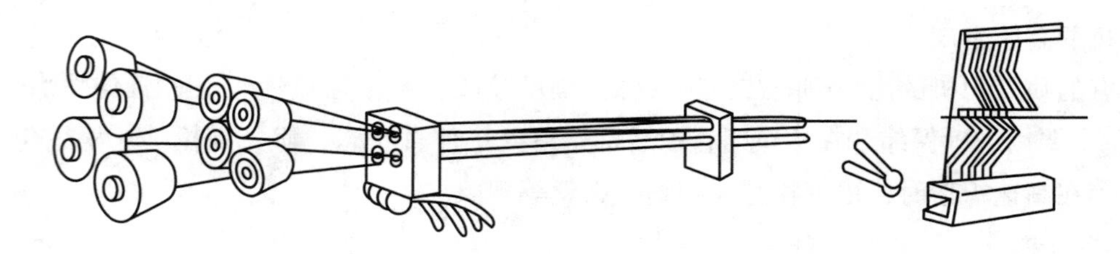

图 13-3-24 喷气织机的四色选纬装置

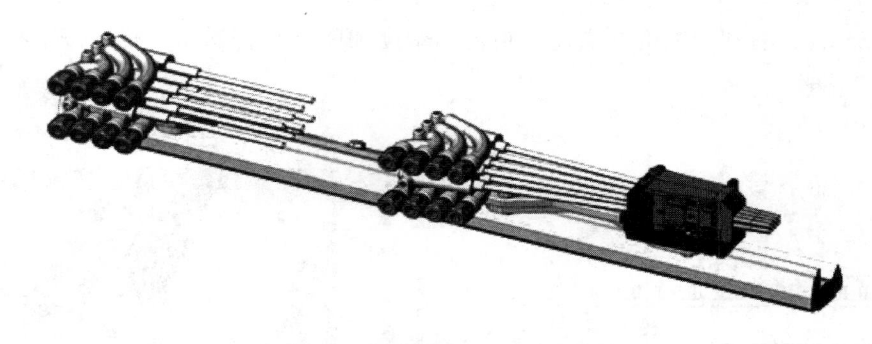

图 13-3-25 喷气织机的八色选纬装置

构的使用创造了条件。连杆式打纬机构为低副传动，共轭凸轮打纬机构为高副传动。因此，连杆式打纬机构加工比较方便，零件磨损较少。

喷气引纬产量高、质量好、成本低，十分适宜于面大量广的单色织物生产，经济效益较好。

喷气引纬属于消极引纬方式，引纬气流对某些纬纱（如粗重结子线、花式纱等）缺乏足够的控制能力，容易产生引纬疵点。气流引纬对经纱的梭口清晰度也有很严格的要求，在引纬通道上不允许有任何的经纱阻挡，否则会引起纬停关车，影响织机效率。应该注意，喷气织造的高速度和经纱高张力特点（经纱高张力有利于梭口清晰）对经纱的原纱质量和前织准备工程的半成品质量有很高的要求。

四、片梭引纬

片梭织机的引纬方法是用片状夹纱器夹持纬纱，经投射将纬纱引入梭口，这个片状夹纱器称为片梭。片梭引纬的专利最初是在 1911 年由美国人 FOSTER 申报，片梭织机的研制工作开始于 1924 年，由瑞士苏尔寿（SULZER）公司独家研制，到 1953 年首批片梭织机止式投入生产使用，使得片梭织机成为最早实现工业化的无梭织机。

（一）片梭引纬原理

1. 分类

片梭引纬大致可分为单片梭引纬和多片梭引纬两种类型。

（1）单片梭引纬。单片梭引纬在织造过程中始终用一支片梭引纬，当片梭由一侧到达另一侧完成一次引纬后，片梭要调转 180°，再进入投梭位置，将纬纱纱端送入片梭尾部的钳口中，再从对侧返回原来的一侧，又引入一纬，如此循环形成织物。单片梭引纬类似于有梭织造，属于双侧引纬。由于只用一支片梭，需两侧供纬和投梭，加之片梭引纬后的调头也限制织机速度的提高，故单片梭织机使用效果不够理想，数量也很少。

（2）多片梭引纬。瑞士苏尔寿公司的片梭织机属于多片梭织机，这种片梭织机在织造过程中，由若干支片梭轮流引纬，仅在织机的一侧设有投梭机构和供纬机构，属于单侧引纬。进行引纬的片梭在投梭侧夹持纬纱后，由扭轴投梭机构投梭，片梭以高速通过分布于筘座上的导梭片所组成的通道，将纬纱引入梭口，片梭在对侧被制梭装置制停，释放掉纬纱纱端，然后移动到梭口外的空片梭输送链上，返回到投梭侧，再等待进入投梭位置，以进行下一轮引纬。

对于多片梭织机，一台织机的片梭只数的配备：

$$配备只数=\frac{上机筘幅（mm）}{254}+5$$

2. 片梭结构

片梭的结构如图 13-3-26 所示，实物如图 13-3-27 所示，由梭壳 1 及其内部的梭夹 2 组成，梭壳与梭夹靠两颗铆钉 3 铆合在一起，梭壳前端（图中右侧）呈流线型，有利于片梭的飞行。梭夹是用耐疲劳的优质弹簧钢制成的，梭夹两臂的端部（图中左侧）组成一个钳口 5，钳口之间有一定的夹持力，以确保夹持住纬纱。

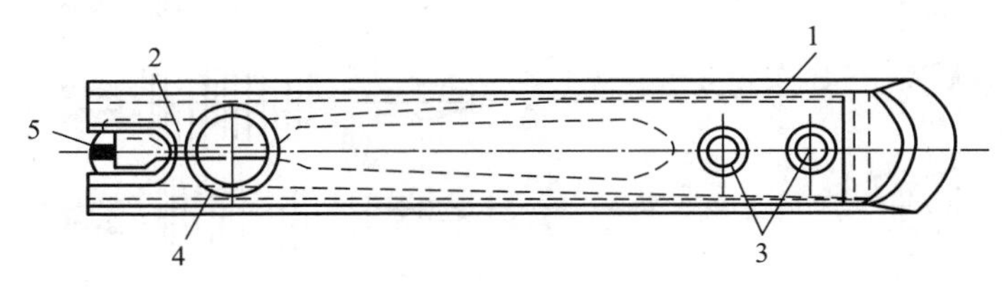

图 13-3-26 片梭结构

1—梭壳 2—梭夹 3—铆钉 4—圆孔 5—钳口

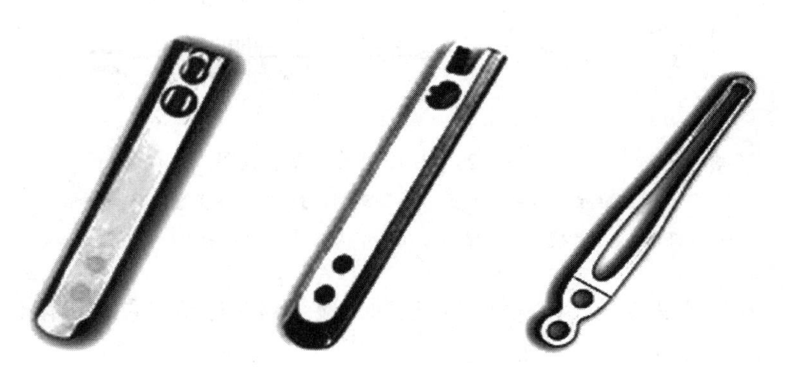

图 13-3-27 片梭实物

在织造过程中，每引入一根纬纱，梭夹钳口需打开两次，第一次打开是在投梭侧，是为了让递纬器将纬纱纱端置于钳口之中；第二次打开是在片梭飞越梭口后，是为了把片梭钳口中的纬纱释放掉。钳口的开启是靠梭夹打开器插入片梭尾部的圆孔 4 中实现的。片梭尾部有一个圆孔与一个缺口，靠前部的圆孔供第一次打开递纬用，能将钳口 5 打开到 4mm，供递纬器进入钳口内，而靠后部的缺口是引纬结束后打开钳口释放纬纱用的，其张开程度比递纬时小得多。

3. 片梭引纬过程

片梭引纬过程可根据片梭及纬纱的状态分为 10 个阶段，如图 13-3-28 所示。

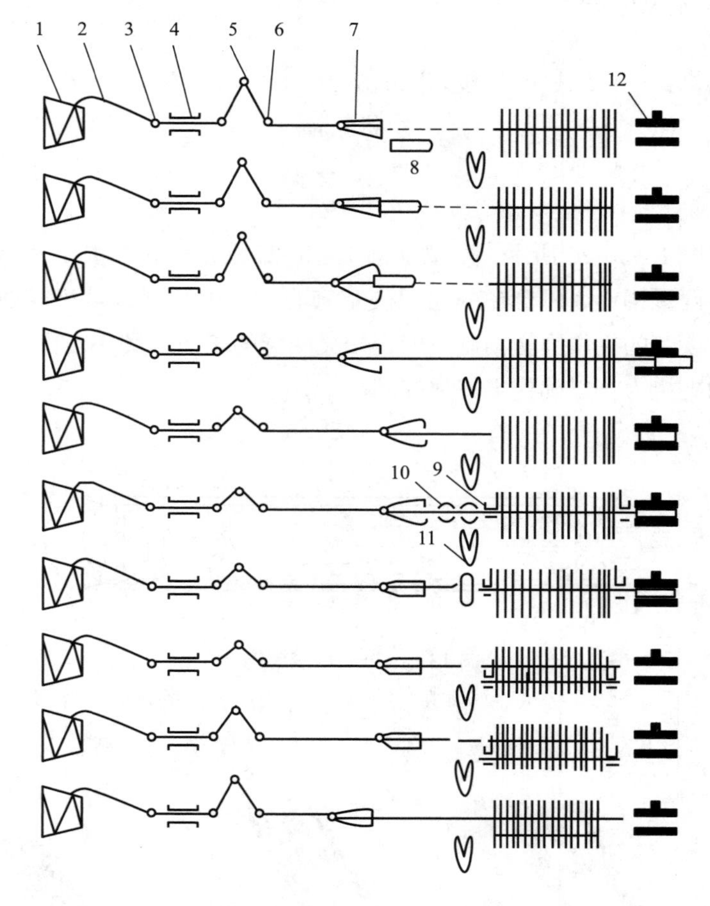

图 13-3-28　片梭引纬过程示意图

1—筒子　2—纬纱　3—导纱眼　4—制动器　5—张力补偿器　6—导纱孔
7—递纬器　8—片梭　9—钳纱器　10—定中心器　11—剪刀　12—制梭器

状态（1）：片梭 8 从输送链向引纬位置运动，递纬器 7 停留在左侧极限位置，张力补偿器 5 处于最高位置，制动器 4 压紧纬纱 2。

状态（2）：片梭钳口打开，向夹有纬纱的递纬器靠近，补偿器与制动器同状态（1）位置。

状态（3）：递纬器打开，片梭钳口闭合并夹持递纬器上的纬纱，准备引纬。制动器开始上升、释放纬纱，补偿器开始下降。

状态（4）：击梭动作发生，梭子带着纬纱飞越梭口。击梭时，制动器上升到最高位置，补偿器下降。递纬器开放，并停留在左侧极限位置。

状态（5）：进入右侧制梭箱的梭子被制梭器 12 制动，然后回退一段距离，以保证右侧布边外留有的纱尾长度为 15~20mm。补偿器上抬，使得因片梭回退而松弛的纬纱张紧。制动器压紧纬纱，并精确地控制着纬纱的张力（该张力可以调节）。这时，递纬器向左侧布边移动。

状态（6）：递纬器准备夹纱，定中心器 10 将纬纱移到中心位置。同时，两侧织边装置的钳纱器 9 钳住纬纱。制动器和补偿器停留在状态（5）位置。

状态（7）：递纬器夹持纬纱，张开的剪刀 11 上升，准备剪切纬纱，制动器和补偿器位置不变。

状态（8）：左侧剪刀剪断纬纱，右侧片梭钳口开放，释放纬纱。片梭被推出制梭箱，进入输送链，再由输送链送回击梭侧。

状态（9）：递纬器向左侧极限位置移动，制动器压紧纬纱，补偿器上抬，拉紧因递纬器左移而松弛的纱线。梭口中的纬纱两端由钳纱器握持，被钢筘推向织口。

状态（10）：递纬器夹持着纬纱退回到左侧极限位置，制动器压紧纬纱，补偿器上升到最高位置。这时，两侧由钳纱器夹持的纬纱头端被钩针钩入新形成的梭口中，形成折入边。

（二）片梭引纬主要装置

片梭织机的引纬机构主要包括筒子架、储纬器、纬纱制动器、张力平衡装置、递纬器、片梭、导梭装置、制梭装置、片梭回退机构、片梭监控机构、片梭输送机构等。这里仅介绍扭轴投梭机构、导梭装置和制梭装置。

1. 扭轴投梭机构

片梭引纬运动的动能来自扭轴投梭机构中扭轴扭转的变形能，因而击梭后片梭初始速度与织机车速无关，只取决于扭轴的扭转变形量。图 13-3-29 所示为苏尔寿片梭织机采用的扭轴投梭机构，该投梭机构的核心部件为扭轴，称扭轴投梭机构，它由扭轴部分、四杆机构部分、投梭凸轮部分、液压缓冲四个部分组成。

扭轴投梭机构的工作原理是，在投梭前相当长时间内，通过对扭轴的加扭来储存投梭所需的能量，投梭时，扭轴迅速恢复原状态，将储存的弹性势能释放，使片梭加速到所需的飞行速度。整个工作过程分为四个阶段。

（1）储能阶段。在这一阶段，投梭扭轴被加扭，储存弹性势能。随着投梭凸轮转向大半径，驱动转子，使摆杆逆时针方向转动，连杆向上移动，推动摇臂顺时针方向转动，扭轴受到加扭，直到投梭凸轮半径不再增大为止，而此时回转轴的轴心恰好与连杆的两端中心三点呈一直线，且定位螺钉也恰好与摆杆下端相接触。

（2）自锁阶段。储能阶段结束时，四杆机构进入了自锁状态（摇杆的作用力不能使摆杆转动），并继续保持这一状态。扭轴保持在最大扭转状态，投梭棒及投梭滑块静止在外侧位置，等待引纬片梭就位以及递纬器递纬等动作的完成。在这一阶段中，投梭凸轮仍然保持匀速回转，转子将脱开与投梭凸轮的接触。

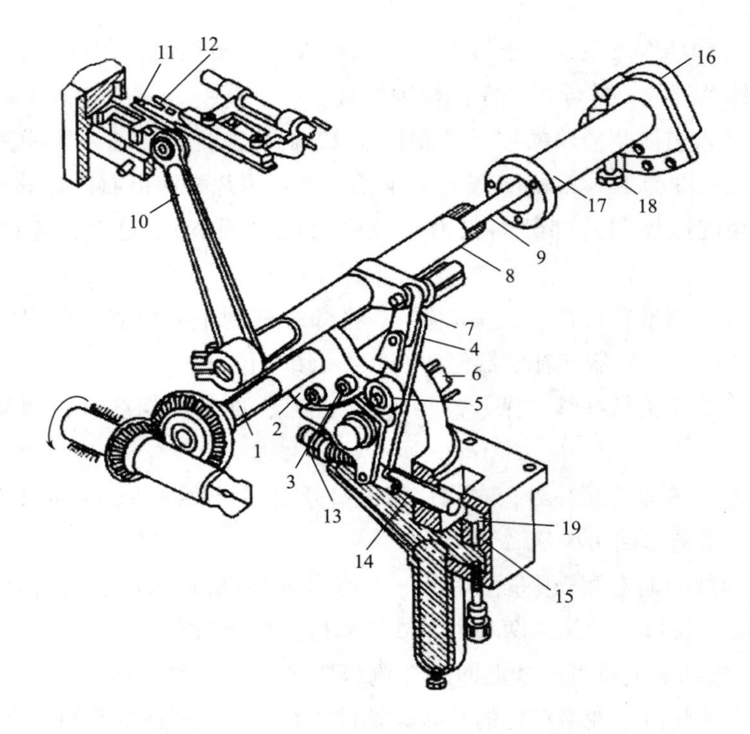

图 13-3-29　片梭织机扭轴投梭机构

1—投梭凸轮轴　2—投梭凸轮　3—解锁转子　4—三臂杆　5—转子　6—三臂杆轴　7—连杆　8—轴套　9—扭轴　10—击梭棒　11—击梭块　12—片梭　13—定位螺栓　14—活塞　15—缓冲油缸　16—扇形套筒板　17—外套筒　18—调节螺栓　19—阻尼腔

（3）投梭阶段。四杆机构的自锁状态被解除，扭轴迅速复位使投梭滑块完成击梭动作这一阶段的开始是当投梭凸轮回转到其上的转子推动摆杆上的弧形臂时，转子的推动将使摆杆稍有转动，从而解除了原来的自锁状态，扭轴迅速复位通过投梭棒使击梭滑块加速片梭进入导梭片。

（4）缓冲阶段。缓冲阶段使整个投梭机构在投梭后迅速而平稳地静止在初始位置上。当摆杆复位到一定位置时，液压缓冲器开始起作用，此时片梭已经获得了所需速度，即投梭已经完成，整个投梭系统受缓冲作用而平稳地向初始状态恢复，到达初始位置时静止下来，这样可避免扭轴反向扭转，不致出现自由扭转振动，提高了扭轴的寿命。

2. 导梭装置

片梭在梭道中飞行如图 13-3-30（a）、图 13-3-31 所示。梭道由导梭片 2 按一定的间隔均匀排列并安装在筘座上。由于导梭片需插入和退出下层经纱，对经纱有夹持和磨损作用，新型的导梭片已由原来的上、下唇相对改为上下唇左右错开一定距离，如图 13-3-30（b）所示，使集中的经纱磨损得到分散，有利于高密织物和不耐磨经纱的织造。

片梭飞行时受到导梭片的摩擦阻力、纬纱张力和空气阻力等作用，其飞行速度逐渐下降。有资料介绍，片梭出梭口的末速度比进梭口的初速度下降 10%～18%。

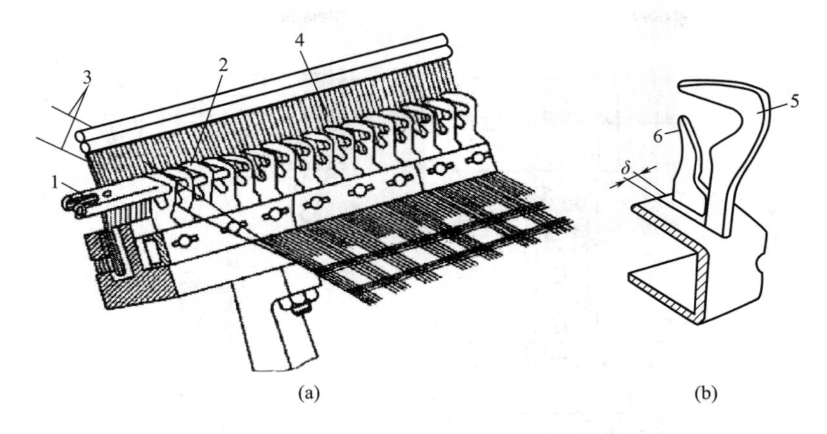

图 13-3-30 片梭在梭道中飞行示意图

1—片梭 2—导梭片 3—经纱 4—钢筘 5—上唇 6—下唇

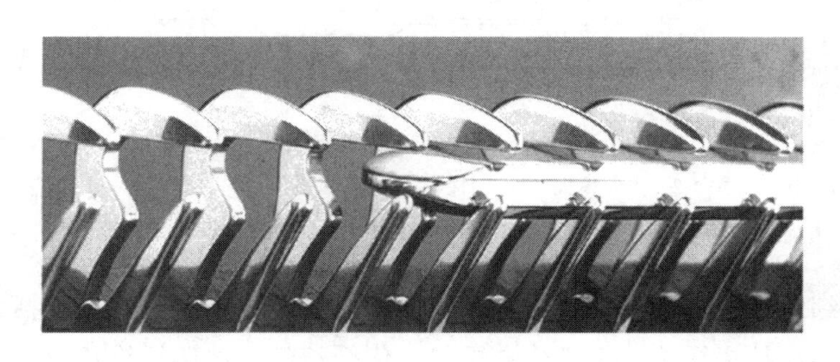

图 13-3-31 片梭在梭道中飞行实物图

3. 制梭装置

片梭织机的制梭机构如图 13-3-32 所示。制梭器有两个滑块，装在接梭箱的滑槽内，制梭器的上滑块 7 与斜面滑块 8 接触，斜面滑块左右运动可调节下滑块的上下位置，达到调节制梭力的目的；伺服电动机 10 上的调节螺杆 9 正转或反转带动斜面滑块向左或向右运动。安装在下滑块上的制梭脚 3 的下表面上有三个接近开关 a、b、c。b 用于检测梭子到达时间；a、c 用于判别制梭力，片梭尾超过 a 则制梭力偏小，片梭头没到达 c 则制梭力偏大。信号送到控制中心处理后驱动伺服电动机 l0 转动，自动校正制梭力，直到制梭结束时，片梭处在 a、c 的下方。

上滑块 7 通过上铰链板 6、下铰链板 4 铰链在一起。两块铰链板又与连杆 5 由一销轴铰链在一起，连杆 5 由共轭凸轮通过摆臂驱动而做往复运动，下滑块做上下运动。制梭时，下滑块运动到最低位置；片梭回退时，下滑块运动到最高位置。下滑块的下表面装有制梭材料（合成橡胶片、层压胶布等）。

（三）片梭引纬的品种适应性

片梭引纬属于积极引纬方式，对纬纱有良好的控制能力，片梭对纬纱的夹持和释放是在两侧梭箱中静态条件下进行的，因此引纬故障少，质量好。纬纱在引入梭口后，它的张力受到一次精确调节。这些性能部十分有利于高档产品的加工。

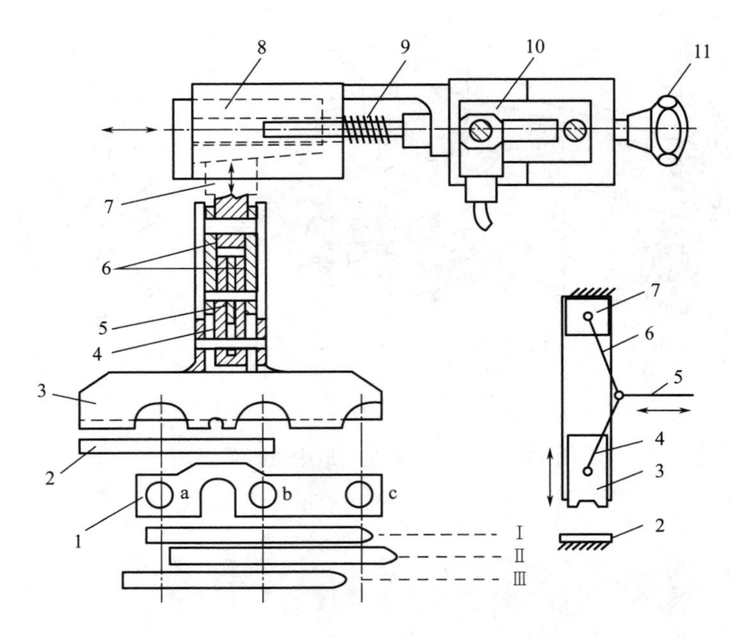

图 13-3-32　片梭引纬制梭装置

1—接近开关　2—下制梭板　3—制梭脚　4—下铰链板　5—连杆　6—上铰链板

7—下滑块　8—斜面滑块　9—调节螺杆　10—伺服电动机　11—手柄

由于片梭对纬纱具有良好夹持能力，因此可加工的纱线范围很广，包括各种天然纤维和化学纤维的纯纺或混纺短纤纱、天然纤维长丝、化纤长丝、玻璃纤维长丝、金属丝及各种花式纱线。但片梭起动加速度很大，达到 $1200\times9.8m/s^2$，因此使用弱捻纱、强度很低的纱线做纬纱时，容易断裂，不适宜片梭引纬织造。

片梭引纬可以进行 1∶1 混纬和 4~6 色多色纬织造，换纬时，选色机构动作和惯性较大，在非相邻片梭更换时，这种缺点较明显。

片梭幅宽可达 540cm，能织制单幅或同时织制多幅不同幅宽的织物。单幅织造时，移动制梭箱位置，可方便地调整织物幅宽。多幅织造时，最窄上机筘幅为 33cm，几乎能满足所有织物加工的幅宽要求，如加工特宽织物和筛网织物。

片梭引纬能配合多臂或提花开口机构，用于加工高附加值的装饰织物和高档毛织物，如床上用品、窗幔、高级家具织物、提花毛巾被、提花毛毯、精纺呢绒等。

片梭引纬通常采用折入边，在各类无梭织机布边中，经纬纱回丝最少，在加工毛织物（如加装边字提花装置）时，还可织制织物边字。

五、喷水引纬

喷水织机是继喷气织机问世后不久出现的另一类无梭织机。由捷克人斯瓦杜（Svaty）发明，1955 年在第二届 ITMA 上第一次展出样机。

喷水织机和喷气织机一样属于喷射织机，两者的原理极为相似，只是以水代替气流而引纬介质不同。正是因为引纬介质不同，使喷水引纬具有有别于喷气引纬的一些特点：水射流集束性远高于气流，对纬纱的摩擦牵引力大；能增加纱线的导电性能；喷水引纬车速高，可织织物幅宽大，噪音低、动力消耗少，特别适合于合成纤维等疏水性纤维纱线织造，但对于亲水性纤维的纱线，因其织物机上脱水效果欠佳，下机烘布能耗高，效率低，故一般未采用喷水织机织造。

（一）喷水引纬原理

喷水引纬的织造原理如图 13-3-33 所示。纬纱从纬纱筒子 1 退绕并绕在储纬器 2 上，同时纬纱前端进入环状喷嘴 5 的中心导纬管待喷。喷射水泵 3 在引纬凸轮的大半径作用下，通过连杆 7 控制喷射水泵 3 从稳压水箱 8 中吸入水流，在凸轮转至小半径的瞬间，靠柱塞泵体内压缩弹簧的弹性释放力的作用，对缸套内的水流进行加压，使具有一定压力的水流（即射流），经管道从径向进入环状喷嘴 5，再经内腔整流后，由喷嘴口喷出，此时储纬器放出预定长度的纬纱，在喷嘴处，纬纱和水合流，以 30~50m/s 的速度向梭口喷射，水射流携带纬纬纱通过梭口后打纬机构把纬纱打向织口，使经纬纱交织成织物。打纬时左侧电热割刀 6 把纬纱割断，左右侧边经纱各受其绳状绞边装置 4、10 与假边装置 9、12 的共同作用，形成良好的锁边组织。探纬器 11 的作用是探测每纬的纬纱到达出口边的状态，一旦发生断纬或纬缩等现象，就会发出停车信号。经纬纱交织好的织物经左右两侧电热割刀 6 作用，从织物边上割去假边组织，并经导丝轮送入假边收集器中。织物经胸梁 13 的狭缝吸去其中含有的大部分水分，被送入卷取辊。

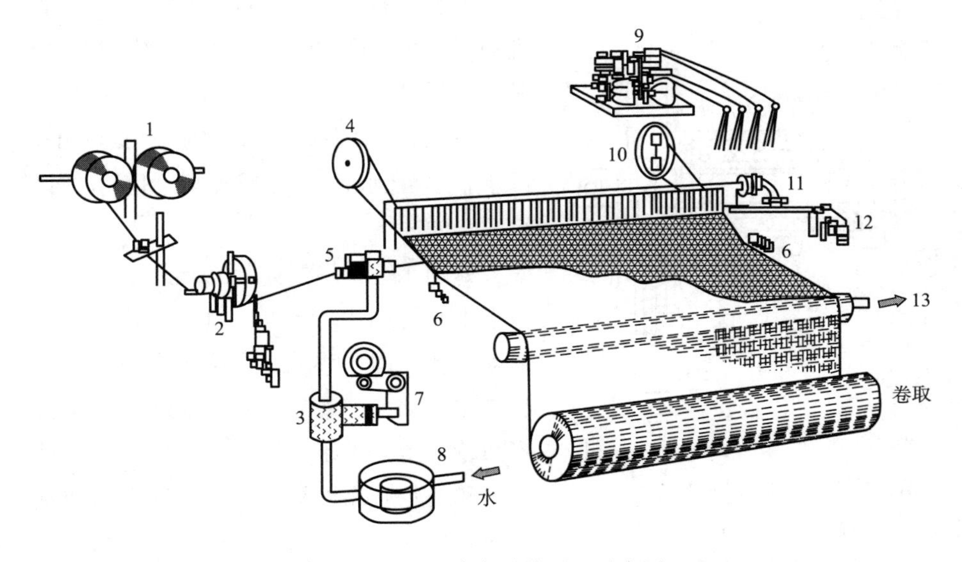

图 13-3-33　喷水引纬原理示意图

1—纬纱筒子　2—储纬器　3—喷射水泵　4，10—绳状绞边装置　5—环状喷嘴　6—电热割刀　7—连杆　8—稳压水箱　9—假边纱　11—探纬器　12—假捻装置　13—吸水胸梁

（二）喷水引纬主要装置

1. 喷嘴

由于水射流的集束性远远优于气流，因而喷水织机的喷嘴长度比喷气织机短，但结构更

复杂、更精密。图 13-3-34 所示为典型的喷嘴结构，由导纬管 1、喷嘴体 2、喷嘴座 3 和衬管 4 等组成。压力水流进入喷嘴后，通过环状通道 a 和 6 个沿圆周方向均布的小孔 b、环状缝隙 c，以自由沉没射流的形式射出喷嘴。环状缝隙由导纬管和衬管构成，移动导纬管在喷嘴体中的进出位置，可以改变环状缝隙的宽度，调节射流的水量。6 个小孔 b 对涡旋的水流进行切割，减小其旋度，提高射流的集束性。

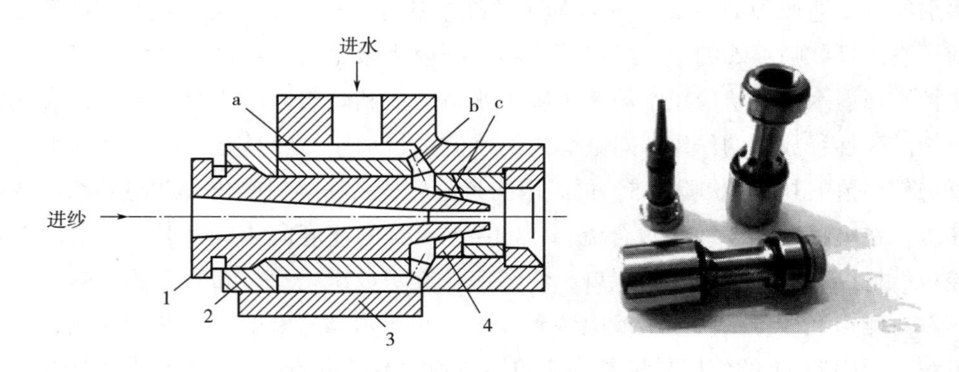

图 13-3-34　喷水织机喷嘴结构

1—导纬管（喷针）　2—喷嘴体　3—喷嘴座　4—衬管

2. 喷射水泵

喷射泵是喷水引纬机构的主要部件，它在织机的每一回转中提供可引入一纬的高压水流。喷射泵按活塞在工作时的状态分为立式和卧式。图 13-3-35 所示为卧式喷射泵，主要由引纬水泵、进水阀、出水阀、稳压水箱和辅助引纬等装置组成。

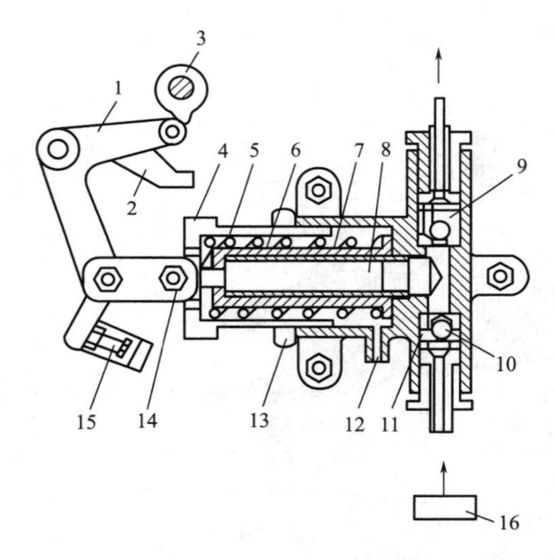

图 13-3-35　喷射水泵

1—角形杆　2—辅助杆　3—凸轮　4—弹簧座　5—弹簧　6—弹簧内座　7—缸套　8—活塞　9—出水阀　10—进水阀　11—泵体　12—排污口　13—调节螺母　14—连杆　15—限位螺栓　16—稳压水箱

如图 13-3-35 所示，凸轮 3 做顺时针转动，由小半径转向大半径时、通过角形杆 1 和连杆 14 拖动活塞 8 向左移动，则弹簧内座 6 连同弹簧 5 一起向左移动，弹簧被压缩，同时水流被吸入泵体。当凸轮转至最大半径后，随凸轮继续转动，角形杠杆 1 和凸轮脱离而被释放，活塞 8 在弹簧 5 的作用下向右移动，缸套内的水被加压，增大的水压使出水阀 9 打开，射流从出水阀经喷嘴射出，牵引纬纱进入梭口飞行。进水阀 10 与出水阀 9 都为单向球阀，其作用原理相同。

当活塞 8 在凸轮作用下向左运动时，缸套 7 内为负压状态，出水阀 9 的钢球与阀座下方密接，出水阀被密封；进水阀的钢球被顶起，水流被吸入缸套内。当活塞向右移动对水流进行加压时，进水阀关闭，出水阀打开。图 13-3-36

为双喷嘴用双压力水泵装置。

3. 夹持器与张力器

如图 13-3-37 所示，夹持器的主要作用是控制纬纱的飞行时间，即在纬纱不需要飞行时将纬纱夹住，而在纬纱需要从梭口的一侧飞向另一侧时开启，使纬纱顺利飞过梭口，完成引纬。

图 13-3-36　双喷嘴用双压力水泵

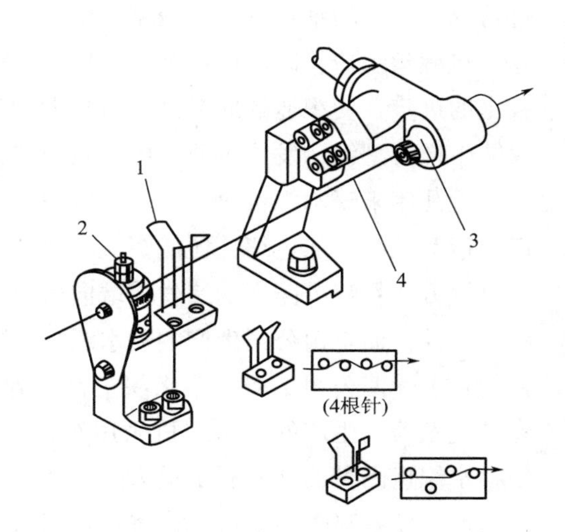

图 13-3-37　夹持器与张力器

1—张力器　2—夹持器　3—喷嘴　4—纬纱

如图 13-3-37 所示，门栅式张力器对通过的纬纱有“刹车”的功能，如遇不易形成先行水的纬纱（主要是亲水性纤维，即回潮率较高的纤维），或者将先行角放大时，因喷射水压的关系使纬纱的尖端容易断的纱线，在进行投纬时，需要将纬纱“刹车”，放慢纬纱飞行速度，使其产生先行水而防止纬丝尖端摆动。“刹车”强度通过装配 4 根针或 3 根针进行调整。

（三）喷水引纬的品种适应性

喷水引纬以单向流动的水作为引纬工质，有利于织机高速。在几种无梭引纬织机中，喷水引纬速度最高，由于机电一体化技术的采用，喷水织机制造厂对水泵结构（采用陶瓷水泵）、凸轮和喷嘴进行了改进设计，特别是喷水织机采用新型喷嘴和稳定器，使水束集中在喷水孔上，喷射水流更加集聚。采用新型喷嘴可以减少耗水量，也使喷水织机能在较小开口和较少水量的条件下实现稳定生产，提高了引纬能力，再辅以其他技术措施，使喷水织机的织幅从过去的 230cm，提高到 350cm；高度刚性的两侧箱形机架，减轻了高速运转时织机的振动，使引纬和打纬更加稳定，保证了织物的高质量；而机架和横梁的加固，使喷水织机能承受较大打纬力，为织制轻薄织物向厚重织物发展创造了条件；主传动齿轮为油浴润滑，以达到高速稳定；采用小梭口引纬和较少水量，使车速进一步提高。正常生产的织机车速从过去的 500～700r/min 普遍提高到 700～900r/min，甚至可达 1200r/min，入纬率最高可达 3000m/min 左右。

喷水织机适用于大批量、高速度、低成本织物的加工。喷水引纬通常用于疏水性纤维的织物加工，加工后的织物要经烘燥处理。由于市场的需要、世界合成纤维仿真丝绸技术的发展以及喷水织机的技术进步，喷水织造的品种和原料已从单一常规的涤纶、锦纶，向开发差别化纤维及织制仿真丝绸、仿毛织物发展。过去进行织造以使用75dtex（68 旦）、77dtex（70 旦）、110dtex（100 旦）、165dtex（150 旦）等常规涤纶丝、锦纶丝为主，现在不但能进行常规丝织造，还能进行低弹丝、强捻丝、异收缩丝织造；不但能进行普通丝织造，而且能进行细旦丝、超细旦丝、分裂型超细丝织造；不但能进行单一的纤维织造，而且能进行复合丝、包缠丝织造，因而桃皮绒、浇皮绒、弹力织物大量出现。原料是品种开发的基础，织造技术的进步，使织造的原料品种有较大的突破，使喷水织机织造的品种局限性大为减少，从仅能生产薄型织物发展至薄、中、厚织物，斜纹、缎纹和提花织物都能生产。

近几年来喷水织机改变了过去以织制单喷为主的一色纬状况，广泛采用双喷、三喷，可以织造双色纬、三色纬，还能织造强捻丝。日本津田驹公司生产的喷水织机在织造强捻丝时，用机械方法将喷嘴露出的纬丝前端向后拉直，避免了下一次喷纬时纬丝的扭结，提高了投纬的准确性；而丰田公司生产的喷水织机用气体吸丝装置，可防止纬丝间相互缠绕，引纬更加稳定；上述两公司生产的喷水织机都有弹力丝专用引纬装置。津田驹公司、沈阳宏大公司、青岛允春公司生产的喷水织机采用双泵，实现细度和性质相差很大的两种纬丝的稳定投纬，使喷水织机品种的开发有了更大的可能。一些喷水织机在织制双色纬时可采用摆动式喷嘴进行切换，使各喷嘴处于最佳位置进行引纬；提高了引纬的稳定性。

喷水引纬为消极引纬方式、梭口是否清晰是影响引纬质量的重要因素。喷水引纬耗用水量较大，生产废水会污染环境，要进行污水净化处理。

各类无梭织机，各有长处和不足。比较而言，剑杆织机和片梭织机能积极控制纬纱，在产品质量（织物风格和布面疵点等）方面占有优势，而且对原料种类限制少，织物品种适应性好。剑杆织机在品种适应性方面更为突出，其结构简单、多样，在无梭织机中机型最多，有高、中、低各种档次，可按需要选择，生产高附加值或低成本的产品。剑杆织机生产率视机型而定，有 500m/min 左右，也有 1000m/min 以上的；片梭织机价格昂贵、结构复杂，但产品质量很好；可在高档及特宽幅产品等领域发挥其长处。喷气织机和喷水织机控制纬纱消极、产品质量及稳定性不如前两者，对织物原料及生产品种也有一定限制，但生产率高是其最大优势，适于大批量产品的生产。其中喷气的品种适应性较好，因此广为采用，应用前景广泛。喷水织机噪声很低，生产率最高，在疏水纤维织物的生产中最为适合。

思考练习

1. 简述引纬运动的任务及要求。
2. 简述剑杆织机、喷气织机、片梭织机、喷水织机的特点和品种适应性。
3. 为什么说无梭织机必将取代有梭织机？

☞ 拓展练习

1. 比较不同引纬机构的特点和品种适应性。
2. 引纬机构的发展技术。

任务4 打纬运动

学习目标

1. 掌握打纬运动的任务及要求。
2. 了解打纬机构的分类。
3. 掌握打纬机构的工作原理及主要装置。
4. 掌握打纬过程对织物形成的影响。
5. 掌握织机工艺与织物形成的关系。
6. 了解打纬机构发展新技术。

相关知识

引入梭口的纬纱，距离织口还有一段距离，为了织制具有一定纬密的织物，纬纱需要在打纬机构的推动下移向织口，并与经纱交织。打纬机构是织机的主要机构之一。打纬机构的作用主要有以下三个方面：

（1）用钢筘将引入梭口的纬纱打入织口，使之与经纱交织。

（2）由打纬机构的钢筘来确定织物幅宽和经纱排列密度。

（3）钢筘及筘座兼有导引纬纱的作用。如有梭织机上钢筘与走梭板组成梭道，作为梭子稳定飞行的依托；在一些剑杆织机上，借助钢筘控制剑带的运行；在喷气织机上，异形钢筘起防止气流扩散的作用。

对打纬机构的要求主要有以下五个方面。

（1）钢筘及其筘座的摆动动程在保证顺利引纬，即在提供一定的可引纬角情况下，应尽可能减小。筘座的摆动动程一般是指筘座从后止点摆动到前止点的距离，钢筘上的打纬点在织机前后方向上的水平位移，这个位移量也称为打纬动程。打纬动程越大，筘座运动的加速度也越大，不利于高速生产。在保证引纬器顺利通过梭口的条件下，筘座的摆动幅度应尽量小，以减少对经纱摩擦和织机振动。

（2）在具有足够打纬力的条件下，应尽量减轻筘座机构的重量，以减少动力消耗和织机振动。

（3）筘座运动应平稳，其速度变化应符合工艺要求。在打纬过程中，筘座的速度应逐渐减小，即打纬终了时速度为零，平稳地把纬纱推向织口，而不是突然冲击，以防止打纬时使经纱张力骤然增加。

（4）引纬运动和开口运动应与打纬运动配合协调，前者是为了保证引纬器飞行稳定，正常通过梭口；后者则是织物形成时的一个重要条件，对所形成织物的内在质量和外观及织物结构都有很重要的影响。

（5）打纬机构的构造应简单坚固。常用的打纬机构按其结构形式的不同，可分为连杆式打纬机构、共轭凸轮打纬机构及圆筘片打纬机构。打纬机构还可按其打纬动程变化与否分为恒定动程的打纬机构和变化动程的打纬机构。目前常用的主要有连杆式打纬机构和共轭凸轮打纬机构，圆筘片打纬机构主要用于多梭口织机。恒定动程的打纬机构主要用于普通织机，变化动程的打纬机构主要用于毛巾织机。

一、打纬机构

（一）连杆式打纬机构

1. 四连杆式打纬机构

四连杆打纬机构是有梭织机广泛采用的打纬方法。曲柄、牵手、筘座脚和机架（指主轴中心和摇轴中心）构成四连杆，如图 13-4-1 所示。织机的主轴（曲柄轴）1 转动，其上的曲柄 2 带动牵手 3，通过牵手栓 4 使筘座脚 5 和其上的筘座 6、钢筘 7 以摇轴 9 为支点做前后摆动而进行打纬。

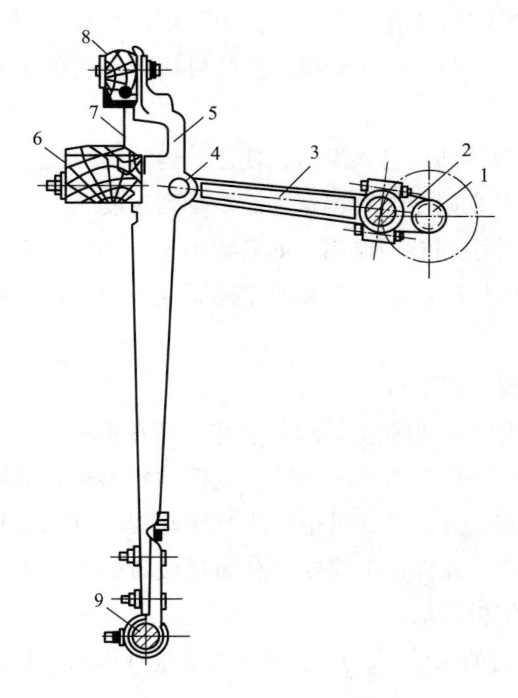

图 13-4-1　四连杆筘座打纬机构

1—主轴　2—曲柄　3—牵手　4—牵手栓　5—筘座脚

6—筘座　7—钢筘　8—筘帽　9—摇轴

2. 现代喷气织机上的四连杆与六连杆式打纬机构

为了适应高速运转时的强打纬，织制高质量的高密度织物，一些喷气织机的摇轴采用实心轴带中支撑的装置，提高了打纬机构的刚性，保证了织机在高速运转中具备方向准确力度足够的打纬力。实践证明，四连杆打纬机构具有高速适应性，因此，一些现代喷气织机的窄幅织机采用四连杆打纬机构，而宽幅织机采用了使引纬时间充裕的六连杆打纬机构，实现了高速时引纬的稳定（图 13-4-2）。

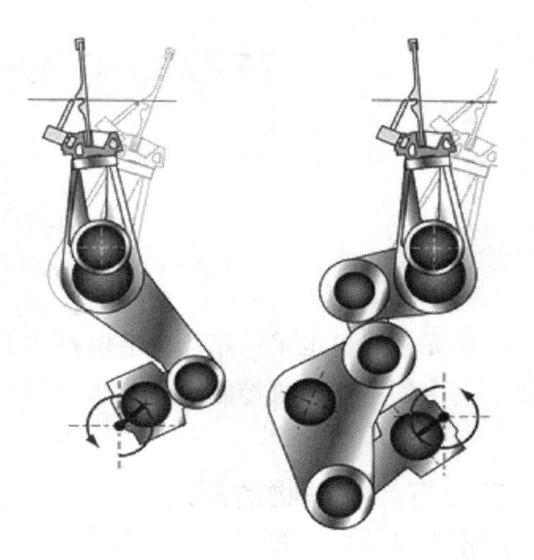

图 13-4-2　新型四连杆与六连杆打纬机构

（二）共轭凸轮打纬机构

共轭凸轮打纬机构的组成如图 13-4-3 所示，在主轴 1 上装有主凸轮 2（共轭凸轮）和 9（副凸轮），与它们分别配对的转子 3 和 8 装在筘座脚 4 上，筘座脚 4 支撑着筘座 6 和钢筘 7。主凸轮回转一周，凸轮推动转子带动筘座作一次往复摆动；其中主凸轮 2 使筘座向前摆动实现打纬运动，副凸轮 9 使筘座向后摆动，使钢筘撤离织口。因凸轮机构可以通过精确设计凸轮廓线而得到理想的从动件（筘座）运动规律，所以在无梭织机上，由于工艺和机构的原因，要求引纬阶段筘座有较长的静止时间，让引纬器穿过梭口，因而采用共轭凸轮打纬机构。

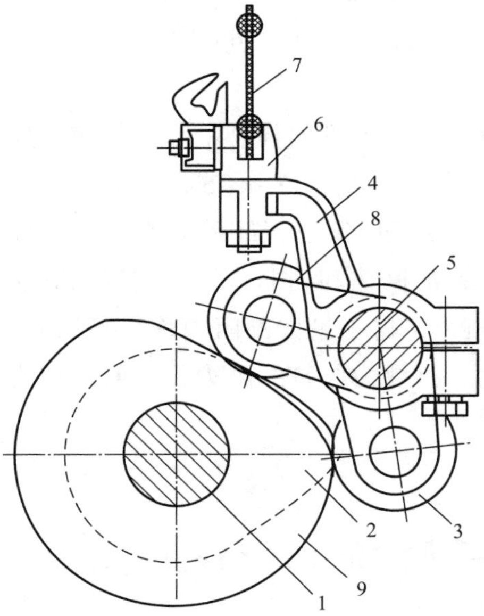

图 13-4-3　共轭凸轮打纬机构

1—主轴　2—主凸轮　3，8—转子　4—筘座脚　5—摇轴　6—筘座　7—钢筘　9—副凸轮

（三）毛巾打纬机构

毛巾织机的打纬机构分筘动式打纬机构（钢筘前倾式、钢筘后摆式）和织口移动式。

有梭毛巾打纬仍属于四连杆打纬，但打纬时钢筘的动程作有规律的变化。在形成一次毛圈的过程中，钢筘在前 2~3 次打纬时，只把纬纱打到距织口有一定距离的地方，称为短打纬；最后一次（即第三或第四次）打纬时，再将这几根纬纱一道打至织口，称为长打纬。在长打纬时，几根纬纱夹持毛经纱 A、B 一起沿紧张的地经纱 Ⅰ 、Ⅱ 前进，使毛经纱形成毛圈。毛圈的形成过程如图 13-4-4 所示。

无梭织机所配用的毛巾打纬装置一般为钢筘位置不变的打纬机构，但另有一套机构周期性地改变胸梁和边撑的位置，即改变织口的位置，从而周期性的控制打纬终了时钢筘距织口的距离，达到起毛圈的目的，即通常说的布动式打纬机构（织口移动式打纬机构）。

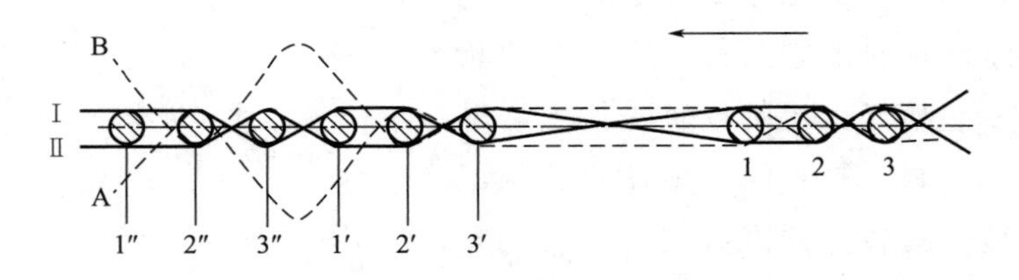

图 13-4-4　毛巾织物毛圈的形成

1，2，3—纬纱　4—毛经纱　Ⅰ，Ⅱ—地经纱

一些无梭织机也采用筘动式毛巾打纬机构，这类机构一般是采用共轭凸轮控制打纬动作，另设一套由伺服电动机控制调节打纬动程的变化机构。

二、打纬与织物的形成

用钢筘将新引入的纬纱推向织口，使之与经纱交织形成织物，是一个极其复杂的过程。在打纬过程中经纱的上机张力、后梁高低、开口时间等打纬工艺条件，对织物形成过程具有决定性的影响。

（一）打纬过程对织物形成的影响

1. 打纬的开始时间

综平后的初始阶段，经、纬相互屈曲抱合而产生摩擦与挤压，形成了阻碍纬纱运动的阻力。但由于此时钢筘与织口还有一段距离，这种阻力并不明显。当新引入的纬纱被钢筘推到离织口一定距离（上一纬所在位置）时，会遇到显著增长的阻力，这一瞬间被称为打纬开始。对于不同的织物品种，因经纬交织时作用激烈程度不同，故打纬开始时间不同。

2. 打纬力与打纬阻力

在打纬开始后，打纬作用波及织口，随着钢筘继续向机前方向移动，织口将被推向前方，同时新纬纱在钢筘的打击下，将压力传给相邻的纬纱。如图 13-4-5 所示，使织口处原第一根纬纱 A 向第二根纬纱 B 靠近，而第二根纬纱 B 又向第三根纬纱 C 靠近，依此类推，相对于经纱略作移动。同时，经纬纱线间产生急剧的摩擦和屈曲作用，当钢筘到达最前方位置时，这些作用最为剧烈，因而产生最大的阻力，这个最大的阻力称为打纬阻力。此刻，钢筘对纬纱的作用力也达到最大，称为打纬力。打纬力与打纬阻力是一对作用力与反作用力。

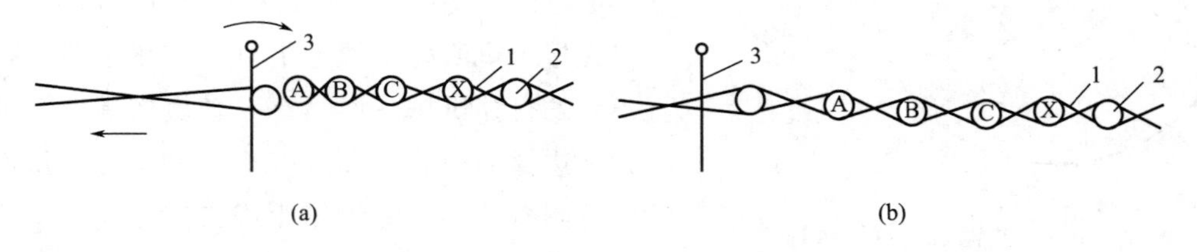

图 13-4-5　织物形成区的纬纱变化

1—经纱　2—纬纱　3—钢筘

打纬力的大小表示某一织物可设计的经纬密度与打紧纬纱的难易程度。一定的织物在一定的上机条件下，打紧纬纱并使纬密均匀所需的打纬力是不变的。在织机开车和运转过程中，打纬力的变化会引起织物纬密的改变，而产生稀密路织疵。由于影响织口位置变化的因素比较复杂，如经纱的缓弹性变形，以及机构间隙的存在等。对机件连接间隙较大的刚性打纬机构而言，织造过程尤其是开车过程中，很难保证打纬状态不变化。在原打纬机构上增设弹性恒力装置，使其能在一定范围内根据织口位置变化调节打纬动程，以维持恒定的打纬力，这也是解决织物稀密路织疵的一种有效途径。

打纬阻力是由经、纬纱之间的摩擦阻力和弹性阻力合成的。在整个打纬过程中摩擦阻力和弹性阻力所占比例在不断地变化，在打纬的开始阶段，摩擦阻力为主，随打纬的进行，经纱对纬纱的包围角越来越大，纬纱之间的距离越来越近，弹性阻力迅速上升，对于大多数织物而言，此时弹性阻力往往超过摩擦阻力。

打纬阻力的大小在很大程度上取决于织物的紧密程度、织物的组织以及纱线的性质等因素，具体分析如下。

（1）织物的紧度。织物的经、纬向紧度越大，打纬阻力越大。纬向紧度对打纬阻力的影响尤为明显，织物的纬向紧度大，则打纬阻力大；反之，打纬阻力则小。

（2）织物的组织。经纬纱平均浮长小的织物组织，打纬阻力大；经浮多而交织次数少的组织，打纬阻力小。因此平纹组织的打纬阻力较斜纹、缎纹组织的织物大。

（3）纱线的性质。纱线的表面摩接系数大，打纬阻力大；抗弯强度大的纬纱，打纬阻力大；刚性系数小的经纱，打纬阻力大。

3. 打纬过程中经、纬纱的运动

自打纬开始至打纬终了，经、纬纱的移动也是一个复杂的过程，可用图 13-4-6 所示模型来说明。

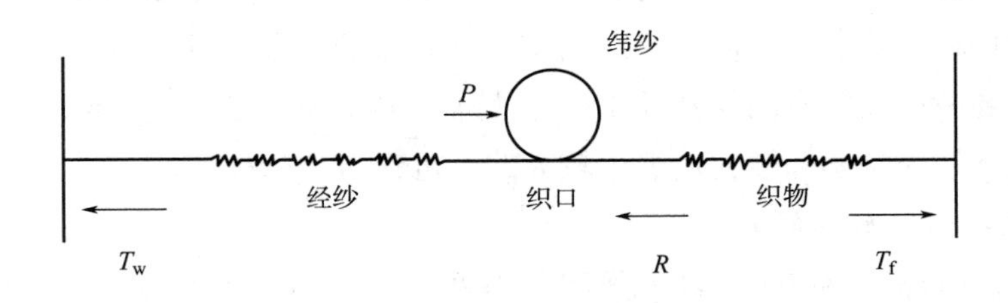

图 13-4-6　打纬时经、纬纱的移动

打纬开始之前，纬纱与经纱的摩擦阻力可忽略，则经纱张力 T_w 等于织物张力 T_f。打纬开始以后，随纬纱向前移动，打纬阻力显著增加。当 $R>$（T_w-T_f）时，经纱和纬纱一起向右移动（图 13-4-6），使经纱被拉而发生伸长，经纱张力增大，而这期间因为经纱被拉伸，织物产生松弛张力减小，使（T_w-T_f）增大。随着打纬的进行，会出现 $R<$（T_w-T_f）的状态，这时纬纱沿经纱作相对滑移，经纱在其本身的张力作用下回缩，而织物伸长，（T_w-T_f）随即下降，同时随纬纱相对于经纱向前运动，打纬阻力显著增大，便又出现 $R>$（T_w-T_f）的状态，经纱便又与纬纱一起移动，这种移动又引起经纱张力的增加和织物张力的减小，随后又出现纬纱相对于经纱的运动。

另外，当筘座到达最前方以后便向机后移动，在最初阶段，织口是随着钢筘向机后移动的，直到经纱张力和织物张力相等时为止，钢筘便离开织口。在钢筘停止对织口作用后，织口处的纬纱在经纱的压力作用下，便离开已稳定的纬纱向机后方向移动，如图 13-4-5 中（b）所示。刚打入的新纬纱移动最大，原织口中第一根纬纱 A 次之，第二根纬纱 B 又次之，依此类推。待以后逐次打纬时，这时纬纱将紧密靠拢，逐渐依次过渡为结构基本稳定的织物的一部分。

由此可见，织物的形成并不是将刚纳入梭口的纬纱打向织口即告完成，而是在织口处一定根数纬纱的范围内，继续发生着因打纬而使纬纱相对移动和经纬纱相互屈曲的变化，即每一根纬纱是在几次打纬之后到离织口一定距离后才能获得稳定的位置，即织物的稳定结构是在一定的区域内逐渐形成的。

当钢筘离开织口至平综时，自最后打入的一根纬纱到不再作相对移动的那根纬纱为止的一个区域，称为织物形成区。织物形成区的大小一般是用纬纱根数来表示的。织物形成区的存在加剧了经、纬纱间的摩擦，有利于织物布面的丰满和纬纱的均匀排列。

（二）织机工艺与织物形成的关系

1. 经纱上机张力与织物形成的关系

经纱的上机张力是指综平时的经纱静态张力。上机张力大，打纬时织口处的经纱张力大，经纱屈曲少，纬纱屈曲多，使交织过程中经、纬纱的相互作用加剧，打纬阻力增大，因经纱不易伸长，打纬区宽度减小。反之上机张力小，打纬时织口处的经纱张力小，经纱屈曲多，纬纱屈曲少，使交织过程中经纬纱的相互作用减弱，因经纱易伸长，打纬区宽度有所增大。

经纱上机张力大，有利于打紧纬纱和开清梭口，适应经、纬密较大的织物的生产。生产中要选择适宜的上机张力，若上机张力过大，经纱因强力不够，断头将增加；若上机张力过小，打纬时使织口移动量过大，同时经纱与综眼作用加剧，断头也会增加。另外，在织制斜纹组织织物时，要考虑其特有的纹路风格，不宜采用过大的上机张力；而平纹织物，在其他条件相同的情况下，为打紧纬纱，应选用较大的上机张力。

2. 后梁高低与织物形成的关系

后梁高低决定打纬时上、下层经纱间的张力差异的大小。在织机上，一般都是上层经纱张力小于下层经纱张力，故后梁位置越高，上层经纱张力越小，而下层经纱张力越大，上、下层经纱间的张力差异也就越大。下层经纱张力大，有利于引纬时作为一个支撑通道。上、下层经纱间的张力差异大，纬纱易与紧层经纱作相对移动，受到的弹性阻力小，故打纬阻力小，且因紧层经纱的作用，织口移动也小，即打纬区小。

后梁位置高，上、下层经纱间的张力差异大，造成经纬交织过程中松层经纱屈曲较大，在打纬后易发生横向移动，有助于消除因筘齿厚度而造成的筘痕。

在生产中应视具体情况来确定后梁高低。除从织物外观质量考虑，要求上、下层经纱张力比例不同外，还应顾及这种比例是否影响织造生产的顺利进行。如在制织中线密度中密的织物时，宜采用较高的后梁位置，以消除筘痕的影响；对于低线密度高密织物，后梁位置可略低些，以免上层经纱张力过小而引起开口不清，造成跳花等织疵和造成下层经纱的断头增加。织制斜纹织物时，宜采用较低的后梁工艺，使上、下层经纱张力接近相等，这是由斜纹织物的外观质量（即纹路的匀、深、直）决定的。在织制缎纹和小花纹织物时，一般将后梁配置在上、下层经纱张力相等的位置上，即后梁更低而处于经直线位置上，使经纱的断头率减小，花纹匀整。但在制织较紧密的缎纹织物时，后梁也应略微抬高。

3. 开口时间与织物形成的关系

开口时间的迟早，决定着打纬时梭口高度的大小，而梭口高度的大小，又决定着打纬瞬间织口处经纱张力的大小。开口时间早，打纬时梭口高度大，经纱张力大，筘对经纱的摩擦作用增强，且上、下层经纱张力差异大。因此开口时间早，相当于增加了上机张力和提高了后梁高度。开口时间早，打纬时经纱张力增大，其作用大于上、下层经纱张力差异的影响，故打纬阻力增加，对构成紧密织物有利；同时开口时间早，因打纬时经纱张力增大，且上、下层经纱张力差异也增大，故有利于减小织口的移动，即打纬区减小。

但是，开口时间对织造能否顺利进行有独特的影响，由于打纬时梭口高度不同，织口处下层经纱的倾斜角不同，经纱层受到的摩擦作用长度也不同，开口时间越早，摩擦作用长度越大，使纱线更容易遭受破坏而产生断头，所以开口时间的迟早，会影响经纱的断头率。由于打纬时梭口高度不同，打纬时两层经纱对纬纱的包围角也不一样，这将造成打纬阻力和打纬后纬纱产生的反拨量也不同。开口时间早，打纬阻力小，纬纱反拨量就小，易形成厚实紧密的织物；反之，则相反。另外，开口时间的迟早还将影响引纬器进出梭口的挤压程度。

在实际生产中，应根据不同品种的要求，选用合适的开口时间，使开口时间与引纬、打纬运动相协调。当织制平纹织物时，根据不同品种的要求，选用不同的开口时间，一般采用较早的开口时间。在织制斜纹和缎纹织物时，遇到经纱密度大的，则必须采用迟的开口时间，以减少经纱的张力和摩擦长度，防止产生过多的经纱断头。另外从纹路清晰和花纹匀整方面考虑，通常在织制斜纹和级纹织物时，宜采用迟开口。在织制纬密较大的织物时，为防止钢箱对经纱摩擦过分而引起断头，在不影响坚实打纬条件下，应采用较迟的开口时间。

思考练习

1. 简述打纬运动的作用及要求。
2. 分析影响织物形成的主要因素。

拓展练习

1. 织机工艺与织物形成的关系。
2. 打纬机构的发展新技术。

任务5 卷取和送经运动

学习目标

1. 掌握卷取、送经运动的任务、要求及分类。
2. 掌握理解卷取、送经机构的工作原理。
3. 了解卷取、送经机构发展新技术。

相关知识

在织造生产过程中，当纬纱被推向织口形成织物后，织物必须不断地引离织口，卷绕到卷布辊上，这个过程称为卷取运动；同时，织轴需不断送出相应长度的经纱，并保持一定的经纱张力，以保证织造生产正常进行，这个过程称为送经运动。进行卷取运动与送经运动的机构分别为卷取机构和送经机构。

一、卷取运动

卷取的目的是将经纬交织所形成的织物牵引离开织口，卷于布辊上（个别情况不卷于布辊），每次交织所牵引的织物长度（即卷取量）决定了织物的纬密。

对卷取的要求如下。

（1）纬密均匀，大小符合工艺规定。

（2）纬密调节方便，可调的纬密范围广而分布密。

（3）结构简单，操作方便，可根据需要而退布或卷布。

（4）卷装良好。

（一）卷取装置的分类

（1）卷取装置按传动性质可分为间歇式和连续式。

（2）卷取装置按卷布方法可分为接触式和分离式。

（3）卷取装置按纬密的调节方法可分为齿轮式、连杆式、无级变速式、联合调节式和电动式。

（二）卷取机构形式

卷取机构形式很多，可以归纳为消极式卷取机构和积极式卷取机构两大类。

1. 消极式卷取机构

在消极式卷取机构中，从织口处引离的织物长度不受控制，所形成织物中纬纱的间距比较均匀。这种机构比较陈旧，但适宜于纬纱粗细不匀的织物加工，如废纺棉纱、粗纺毛纱等，所形成的织物具有纬纱均匀排列的外观。

2. 积极式卷取机构

在积极式卷取机构中，从织口处引离的织物长度由卷取机构积极控制，所形成的织物中纬纱同侧间距相等，但纬纱距却因各纬纱的粗细不匀而异，在条干织制时，织物可以取得均匀的外观，加工提花织物也能取得比较规整的织物图形。

积极式卷取机构有连续卷取和间歇卷取两类，在织造过程中又可分为卷取量恒定和卷取量可变两种形式。

（1）积极式连续卷取机构。新型织机通常采用积极式连续卷取机构，在织造过程中，织物的卷取工作连续进行。部分积极式连续卷取机构以改变齿轮齿数的方式来调节加工织物的纬密，存在纬密控制不够精确的问题。随着织机技术的发展，产生了以无级变速器来调节加工织物纬密的机构，使纬密的控制精确程度得以提高。电子式卷取机构的出现，不仅简化了机械结构，实现纬密精确控制，而且在织造过程中可以随时改变卷取量，调整织物的纬密。

电子式卷取装置一般应用在新型无梭织机上。图 13-5-1 所示为喷气织机上的电子卷取装置的原理框图。控制卷取的计算机与织机主控制计算机双向通信，获得织机状态信息，其中包括主轴信号。它根据织物的纬密（织机主轴每转的织物卷取量）输出一定的电压，经伺服电动机驱动器驱动交流伺服电动机转动，再通过变速机构传动卷取辊，按预定纬密卷取织物。测速发电机实现伺服电动机转速的负反馈控制，其输出电压代表伺服电动机的转速，根据与计算机输出的转速给定值的偏差，调节伺服电动机的实际转速。卷取辊轴上的旋转轴编码器可实现卷取量的反馈控制。旋转轴编码器的输出信号经卷取量换算后可得到实际的卷取长度，与由织物纬密换算出的卷取量设定值进行比较，根据其偏差，控制伺服电动机的启动和停止。由于采用了双闭环控制系统，该卷取机构可实现卷取量精密的无级调节，适应各种纬密变化的要求。

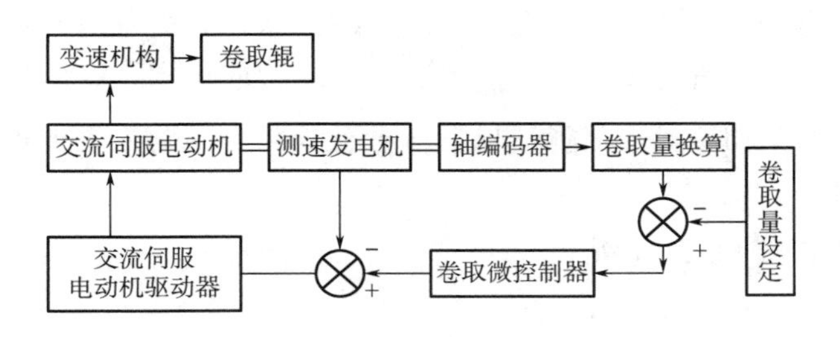

图 13-5-1　电子卷取的原理框图

电子卷取装置（图 13-5-2）可以通过织机键盘和显示屏十分方便地进行纬密设置。在屏幕提示下，同时输入纬密值及相应的纬纱根数，在一个循环中可设置 100 种不同的纬密。电子式卷取机构的优点在于：不需要变换齿轮，节省了大量变换齿轮的储备和管理，使翻改品种、改变纬密变得十分方便；纬密的变化是无级的，能准确地满足织物的纬密设计要求；织造过程中不仅能实现定量卷取和停卷，还可根据要求随时改变卷取量，调整织物的纬密，形成不同的外观特色，如在织纹、产品颜色、织物手感及紧度等方面产生独特的效果。

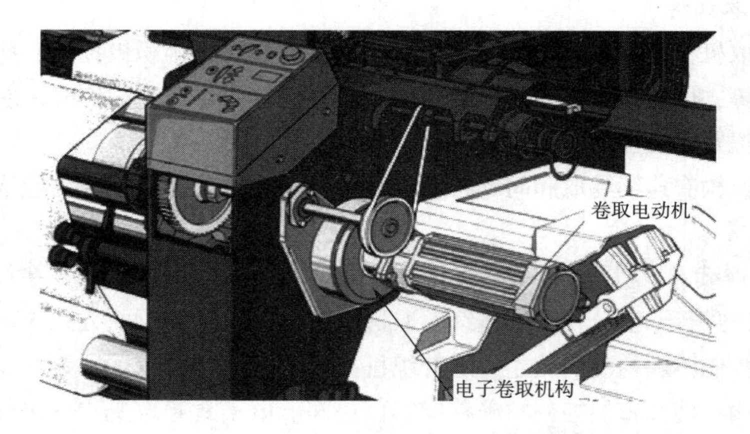

图 13-5-2　多尼尔剑杆织机的电子卷取机构

（2）积极式间歇卷取机构。积极式间歇卷取机构的卷取运动是断续进行的，卷取作用发生在筘座由后方向前方的运动过程中，与连续卷取机构相比，间歇卷取机构的断续运动有两方面问题：一是机构的运动带有冲击性，容易引起机件磨损、动作失误、产生织物的纬向稀密路疵点，在织机高速运转时，这种缺点尤为显著。二是布面游动较大，容易造成断边纱。

二、送经运动

送经的目的是按交织的需要，送出相应长度的经纱，并使经纱具有一定张力。

对送经的工艺要求如下。

（1）能根据交织的需要，送出相应长度的经纱。

（2）经纱张力的大小符合需要，张力均匀稳定，且不随织轴直径的逐渐减小而变化。

送经在织造中一直备受重视，因为它决定了经纱的张力，而且对开口、引纬和打纬有重要影响。此外，送经对一些重要织疵，如横档的产生起主要作用，对织物的结构风格也有明显的影响。随着人们对织物质量要求越来越高，对经纱张力问题也更加重视，新型的送经方法和机构也越来越多。

送经机构的分类如图 13-5-3 所示。

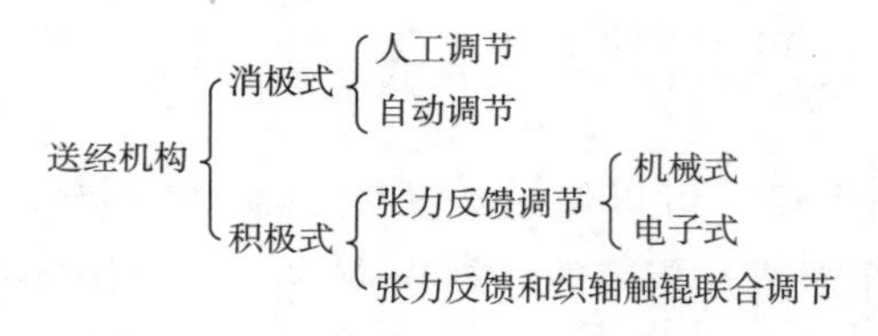

图 13-5-3　送经机构的分类

1. 消极式

消极式送经机构是由经纱张力拖转织轴而送（放）出经纱。为了达到所需张力，对织轴须施以制动力矩。但随交织进行，织轴直径越来越小，为了使张力稳定，制动力矩的大小也应作调节，最简单的方法是人工移动或增减重锤。此法不仅费人力，而且调节不能连续进行，张力也难于稳定。

为此可采用织轴触辊来探测织轴直径变化而自动调节，也可以根据经纱张力的变化反馈给该机构进行自动调节，如 H212 型毛织机。但这些方法取得的效果并不理想，最终经纱张力波动仍然很大。因此，消极式虽然结构简单，但已趋于淘汰，目前只在一些需要经纱张力很大的厚重织物织机上采用。

2. 积极式

积极式送经机构是由机构传动织轴使其主动退绕（有时仍有拖出的现象）而送出经纱。织轴可以由织机上某运动部件传动，也可由单独电机传动。由于经纱张力受多种因素影响，织造中必然有波动，为此，这类送经机构一般都设有张力反馈系统，用机械方法或电子方法取得张力变化的信息，并通过执行装置（也称织轴回转装置）改变织轴的转速或转角等传动量，使送出的经纱长度和张力符合需要。

（1）机械式送经的结构复杂，经纱张力的感测、调节的灵敏度和精度都不够理想，导致经纱张力不匀。因此，许多新型织机采用电子送经。电子送经机构一般由经纱张力信号采集系统、信号处理和控制系统、织轴驱动装置三部分组成。

（2）电子送经的型式也有多种，且还不断发展中。一般无论哪种电子送经机构，其织轴驱动装置变化不大，通常织轴用一只伺服电动机经减速器传动，减速器中一般包括蜗杆蜗轮、轮系及阻尼器等，而伺服电动机由电子信号采集系统和有关处理电路来控制其运转状态。以计算机为核心的电子送经控制系统由电阻应变片式经纱张力传感器、送经控制微机系统、伺服放大器、送经伺服电动机、测速发电机及相关电路组成。图 13-5-4 所示为电子送经的工作原理。

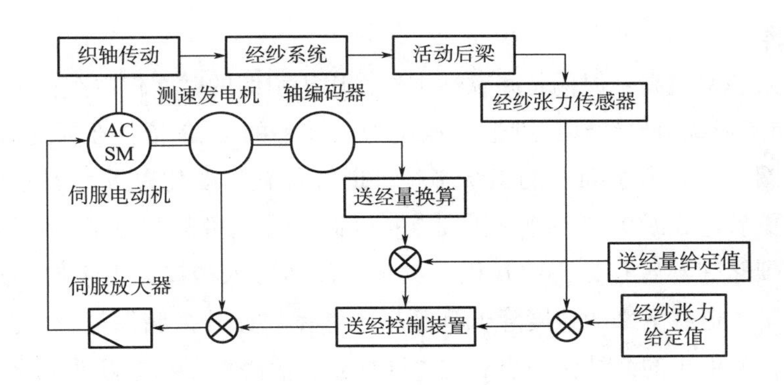

图 13-5-4　电子送经的工作原理

（3）积极式送经机构还可由张力反馈和织轴触辊装置结合进行联合调节，来改变织轴的传动量，织轴触辊装置直接探测织轴直径的变化（逐渐减小）。不考虑张力波动，只有固定送出长度的积极式送经，除个别情况，如长毛绒织机上绒经的送经装置外，其他很少采用。

思考练习

1. 简述卷取运动的任务及要求。

2. 简述送经运动的任务及要求。

任务 6　织机辅助装置

学习目标

1. 了解储纬器的分类，掌握储纬器的工作原理。

2. 了解布边的作用，了解布边的分类，掌握布边的应用。

3. 了解探纬装置的作用，了解探纬装置的分类，掌握探纬装置的工作原理。

4. 了解断经自停装置的作用，了解断经自停装置的分类，掌握断经自停装置的工作原理。

相关知识

为了操作方便，提高工作效率，织机上必须配置各种辅助机构和装置。无梭织机替代有梭织机已成为必然，并且先进的无梭织机已发展成为精密、高度自动化、机电一体化的机械设备，织机上的辅助机构类型相应地发生了变化。任务 6 织机辅助装置主要介绍各类无梭织机的主要辅助机构。

一、储纬器

无梭织机的入纬率很高，但仍是间歇性工作，用于引纬的时间仅占织机运转时间的 1/3～1/2，若直接从筒子退绕引出纬纱，则退绕速度为入纬率的 2～3 倍，在如此高的速度下，极易出现断头和脱圈。同时由于筒子的退绕半径、退绕位置的变化以及筒子卷绕质量的影响，张力波动很大，更易造成断头和各种引纬疵点。因此无梭织机都配备了储纬器，即先把纬纱从筒子上退下绕到储纬器暂存，再由片梭、剑头或流体带入梭口。由于储纬过程接近连续，从而将纬纱从筒子上退绕下来的速度降低到近于入纬率。此外，储纬过程中张力低，加之储纬器的特殊结构，使引出的纬纱张力小而匀，这样就显著降低了纬纱断头和引纬疵点。

另外，采用喷射引纬方式是以流体作为载体，每次引纬长度不像片梭、剑杆引纬易于控制，容易造成布面缺纬或回丝太多。因此要求每次引纬长度一定，这时，储纬器还要起定长作用。

储纬器有多种，如气流式、黏附式、动鼓式及定鼓式等。气流式用于喷射织机，纬纱先经定长轮输送一定圈数（即长度），利用气流储于匣形储纬槽中再行供纬。这种方法简单，但纬纱易发生扭结，工人操作不方便，所以新机已较少采用。黏附式是用导纱器将纬纱摆放于运动着的循环绒布上而储存，张力不够均匀，也不利于高速引纬，现也较少采用。

动鼓式储纬器是将纬纱绕于略带（或一端略带）锥度的储纬鼓轮上，如图 13-6-1 所示。纱线从固定的导纱器引出，卷于转动的鼓轮上，纱线因鼓轮的锥度，向小直径端滑动，依次排列。当鼓轮表面的光源（或反射镜）7 被纱线遮盖，光电接收器 3 收不到信号，说明储纬量已够，小电动机和鼓轮 2 停转。引纬时光源或反射镜因纬纱退下而露出，接收器收到信号，使小电动机及鼓轮转动而储纬。鼓轮的转速可以调节，以使其停转时间很短而近于连续转动。纱线引出时经过环形毛刷 5，用以控制纬纱从鼓轮退绕，防止气圈太大、退出太多或纱线扭结。纱罩 6 用来防止气圈过大（有的储纬器不设）。动鼓式结构简单，但因鼓轮较大，对频繁起动制动不利，所以新机也逐渐减少使用。

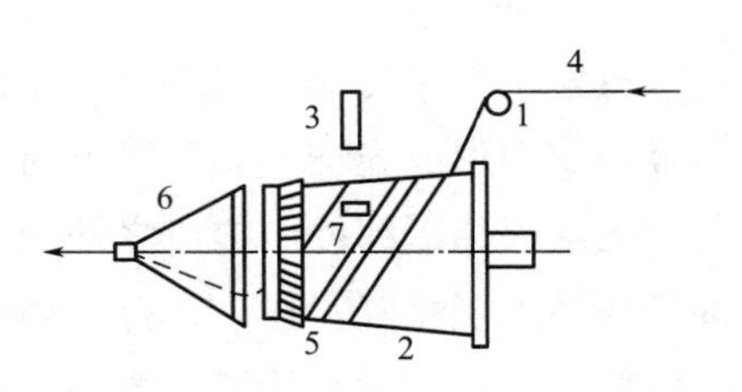

图 13-6-1　动鼓式储纬器

1—导辊　2—鼓轮　3—光电接收器

4—纬纱　5—环形毛刷　6—纱罩

7—光源（或反射镜）

图 13-6-2 所示为定鼓式储纬器，由小电动机带动导纱器 2 转动将纬纱绕于不动的鼓轮 3 上。纱线的排列可利用鼓轮的锥度自动进行，称为消极式排纱；也可利用专门的排纱装置来完成，称为积极式排纱，积极式排纱效果更好（动鼓式也可采用）。当用于剑杆、片梭的储纬器时，不要求每次定长准确，用上述光电方法控制储纬量即可。而用于喷射引纬的储纬器还须准确定长，每一纬的长度由插针 4 和插针 5 的进出确定，而插针的运动由电磁作用或机械方法控制。插针 5 插入鼓轮，作为定长的起点，到所需圈数后，插针 4 插入，作为定长的终点。新绕的纬纱被挡在插针 4 之左，两插针之间的纱长即为每次引纬长度。引纬时，拔出插针 5，该段纬纱被引入梭口，插针 4 左侧的纬纱因被阻挡而不能引出。引纬结束，插针 5 插入，插针 4 拔出，其左侧纬纱圈依次滑下被插针 5 阻挡而作为下次定长储纬，每次引纬长度由圈数和每圈长度确定。这种鼓轮是由若干筋板或钢丝组成的多边形，调节其直径，可以调节每圈纱长。

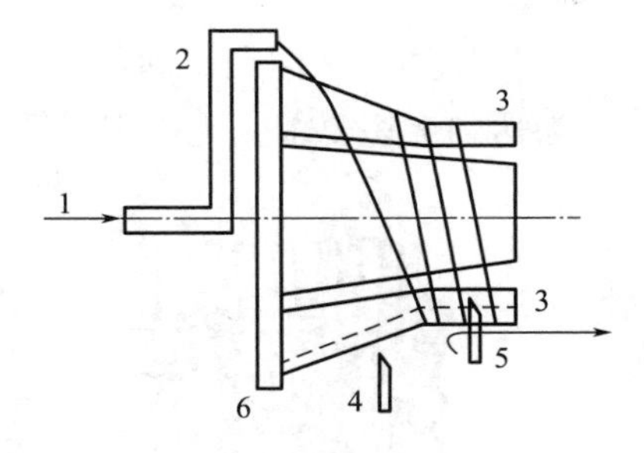

图 13-6-2　定鼓式定长储纬器

1—纬纱　2—导纱器　3—鼓轮

4，5—插针　6—底板

图 13-6-3 所示为新型的定鼓式定长储纬器，只设一根插针，由计算机通过电子线路控制电磁作用使插针运动。该储纬器上设多个传感器，储纬时插针插入，导纱器转动而储纬，并有积极式排纱装置排纱。当储纬满足所需时，由储纬传感器送出信号通过计算机指令使小电动机及导纱器停转。引纬时插针拔出，纬纱由喷嘴喷出，到达规定长度（即圈数）后由退绕传感器送出信号，计算机指令插针插入，握持纱线不再继续退绕。

图 13-6-3　现代无梭织机用储纬器

因转动件小而轻，技术先进，适应高速引纬，所以新机大多采用定鼓式储纬器，其缺点是结构较复杂，价格昂贵。

二、布边

有梭引纬采用梭子引纬，纡子随梭子左右往复运动，引出的纬纱呈连续状态而不剪断，与经纱交织形成光洁整齐而坚牢的布边，称为自然边。

无梭引纬，纬纱由梭口之外的筒子供应，除个别情况外，基本是每一纬都剪断，这样边部经纬纱不能相互锁住。在打纬和染整时的拉幅作用下，边经纱会向外侧运动而造成边部经纬脱散。因此，对无梭织机的布边必须作特殊处理，采用特殊的布边结构，这些布边结构除满足一般要求外，还须做到以下几点。

（1）经纬结合坚牢，能承受打纬和染整的拉幅作用。

（2）布边布身的厚度应尽量一致，以免染整时造成色差和横向轧压受力不匀，也便于服装剪裁。

（3）织边方法简便，回丝少。

为达到上述要求，无梭织机采用了以下几种布边结构（图 13-6-4）：

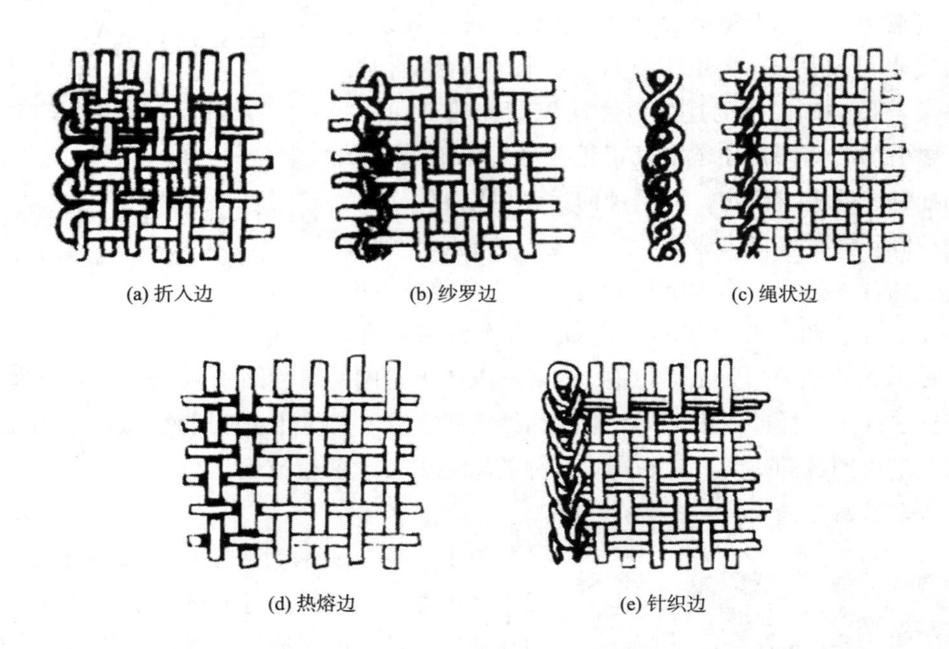

图 13-6-4　布边示意图

1. 折入边

如图 13-6-4（a）所示，将引入梭口的纬纱两端伸出部分，折入下次梭口中，布边外观光洁，颇似自然边，也较牢固。目前，片梭织机常用折入边，采用专用的织边装置，由钩边针将纬纱头钩入下次梭口。若该片梭织机进行多幅织造，在织机中间也要安置织边装置，使每幅织物两侧都形成折入边。钩针式织边装置较复杂，而且运动配合要求也较严格，但形成布边良好，边阔约 15mm，且可与专门的开口装置配合织出边字。喷气织机在初期也曾用折入边，由梭口两侧的边喷嘴于下次开口时将纬纱头回喷入内。

折入边虽然光洁牢固，但布边纬密为布身的两倍，造成布边厚而硬，影响染整效果，而且不便多层剪裁。若为高纬密或高纬向紧度织物则织造也有困难（边经易断）。因此，可采用值较小的边组织，如布为平纹，则布边可用$\frac{2}{2}$经重平，还可将布边经密减小，采用细而强度高的边经纱等。

2. 纱罗边

如图 13-6-4（b）所示，布边组织采用纱罗组织，利用边经纱中的一些经纱（绞经）的绞转，并与纬纱交织，而将纬纱锁牢是，称为纱罗边。这种布边并不光洁而是呈毛边状，但能承受打纬和染整的拉幅作用，其厚度略大于布身。剑杆织机常用这种布边，其形成方法有多种，如采用特殊的钢片综开口时，绞经在地经左右运动而绞转，织边装置的结构一般不复杂。

3. 绳状边

如图 13-6-4（c）所示，由两根经纱搓绳似地相互缠绕并与纬纱交织而成的一种布边称为绳状边。其牢度比纱罗边高，厚度与布身很接近，织造过程中经纱受的磨损也较小。这种布边能适应高速织造，所以在喷气喷水织机中应用广泛。绳状边形成方法分简单和稍复杂的，而稍复杂的方法还可以对边经纱起加捻作用，有利于布边的坚固。绳状边与纱罗边类似，都是不光洁的毛边。

4. 热熔边

如图 13-6-4（d）所示，当生产合成纤维织物时，可利用其热熔性，在机上或机下将边部经纬纱热熔黏合而成为光滑坚牢的热熔边。但热熔边较硬，而且染整后其效果与布身有差异。由于喷水织机多制织合成纤维等疏水纤维的织物，而热熔方法很简单，所以喷水织机多用这种布边。

5. 针织边

如图 13-6-4（e）所示，若引纬为双纬引入，在纬纱的出口端呈圈状，可利用一根针织舌针作前后运动，将纱圈逐个串联而成针织边。针织边光洁，也较坚固，但布边很厚而且织物两侧不同（纬纱的入口侧形成的是自然光边），只适用于叉入式剑杆双纬引入的特殊情况。

在形成纱罗、绳状等布边结构时还需在这些布边的外侧再设假边（又叫赘边、废边），即另外选用若干根边经纱（假边经纱）与纬纱头交织，再沿纵向剪开，由假边牵引轮引入假边箱中作回丝处理。采用假边的目的：一是在形成纱罗边、绳状边时，张紧纬纱，以便边经纱绞转或缠绕；二是因纬纱出梭口时，纱头呈自由状态（若为剑杆引纬，此时接纬剑的钳口已将纬纱放开），此时由假边经纱握持纬纱头，以防止纬纱头回缩而形成织疵。为此，出口侧假边经纱的平综时间应比布身早些。由于假边的存在，造成回丝增多，而采用宽幅织造则有利降低回丝率，假边经纱也宜采用高强而价廉的纱线。

三、探纬装置

探纬装置的作用是当纬纱断头或纬纱用完而未能补充时，使织机停止运转，以防因缺纬造成织物纬密不足或织物组织破坏形成的稀纬、双纬和百脚等织疵，又称为断纬自停装置，简称纬停装置。无梭织机（尤其是喷射式无梭织机）的引纬故障也由纬停装置来检查保护。

纬停装置有多种类型，基本原理是定时探测引纬通道中纬纱的有无，若没有纬纱或纬纱张力太小，就立即发动停车。探测的元件可为叉状或针状的机械件，也可利用电气原理进行探测。

1. 压电陶瓷纬停装置

压电陶瓷纬停装置是利用压电效应原理的一种纬停装置，如图 13-6-5 所示。

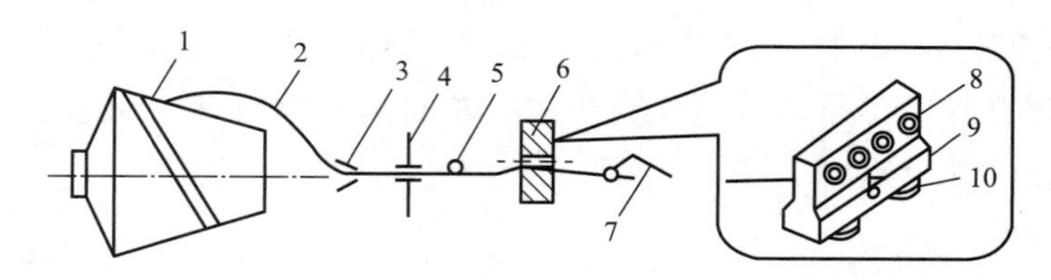

图 13-6-5　压电式纬停装置

1—纬纱筒子　2—纬纱　3—导纱器　4—张力装置　5—压纱器　6—压纱陶瓷传感器
7—选纬杆　8—压电陶瓷体　9—检测座　10—防振垫

具有一定张力和速度的纬纱 2，在引纱通路中经过压电陶瓷体 8 的小孔并接触小孔的下沿，由于纬纱张力和运动，压电效应使陶瓷体发出信号，织机正常运转。若纬纱断头或张力不足，则无压电现象，不发出信号，织机停车。这种纬停装置灵敏，结构简单。在片梭和剑杆织机上得到广泛应用。

2. 喷射引纬的纬停装置

喷射引纬属于消极式引纬，纬纱张力很小而波动大，无法采用压电陶瓷等型式的纬停装置。

（1）光电式纬停装置。光电式纬停装置可用于喷气织机，如图 13-6-6 所示，原理是在梭口出口处设 1~2 个光电探头，将纱线反光被光敏元件吸收转换为电信号，经有关电路处理，决定是否停车。双探头一个设于边经纱与假边之间，第二探头设于假边之外一定距离。若探头 1 探有纬纱，而探头 2 无纬纱，则表示正常引纬不停车。若两探头都探无纬纱说明断纬或引纬不到头（喷射引纬易出现的引纬故障）即发动停车。若两探头都有纬纱说明纬纱过长，表示不正常引纬，应发动停车以待处理。

若为多色供纬，因不同色纱反射光线强弱不同，会引起纬停失误，所以应有增益自控功能，可根据纬纱颜色自动调节。另外，这种纬停装置还可起到纬纱飞行监测的作用。

（2）电阻式纬停装置。用于喷水织机，它利用湿润的纬纱具有一定导电性的原理，探测纬纱是否断头或到达，决定织机停车与否。喷水织机电阻式纬停装置如图 13-6-7 所示。

在梭口出口处边纱与假边之间设电阻传感器，主要是两个绝缘的电极，它们正对筘上的

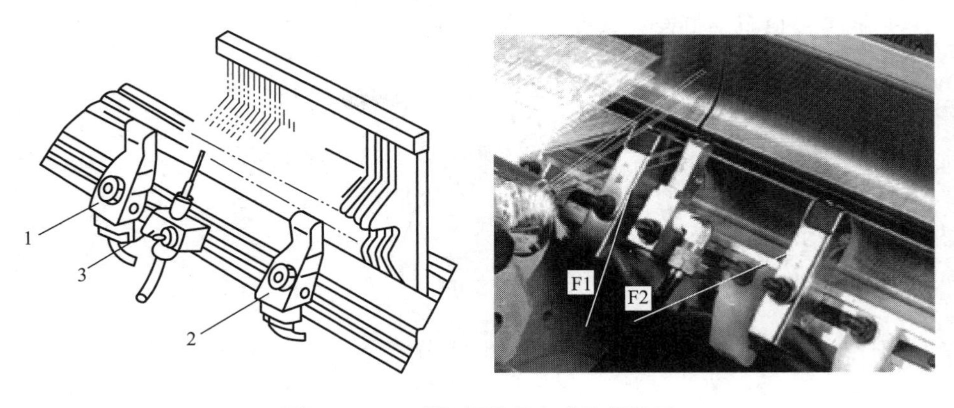

图 13-6-6　喷气织机光电式纬停装置

1，2—探头　3—延伸喷嘴

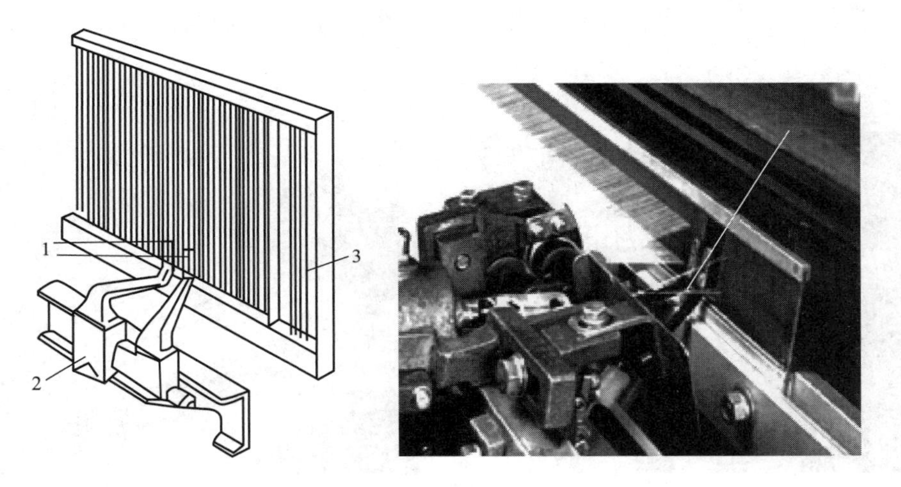

图 13-6-7　喷水织机电阻式纬停装置

1—电极　2—电阻传感器　3—钢筘

空档处（即无筘片处）。若纬纱正常引过，梭口闭合，这一段纬纱被边经纱和假边夹持而具一定张力，打纬时筘将这段纬纱向前推至两电极将电路导通，不停车。而断纬或引纬不到头时，就会因此处无纬纱，两电极不导通而停车。

四、断经自停装置

织机在运转中，任何一根经纱断头都应立即停车，否则织物会由于缺经而造成织疵。若断纱在梭口中与邻纱纠缠而使开口不清晰时，将造成跳花等织疵，甚至引起有梭织机轧梭或飞梭，无梭织机则会引纬失败。因此，一般织机都有断经自停装置，简称经停装置，如图 13-6-8 所示。

经停装置分机械式和电气式两类，都采用停经片作为探测元件，每根经纱穿一片，由经纱张力支持其位置。若经纱断头，该停经片因自重而下落，阻碍机件的运动或接通电路而诱

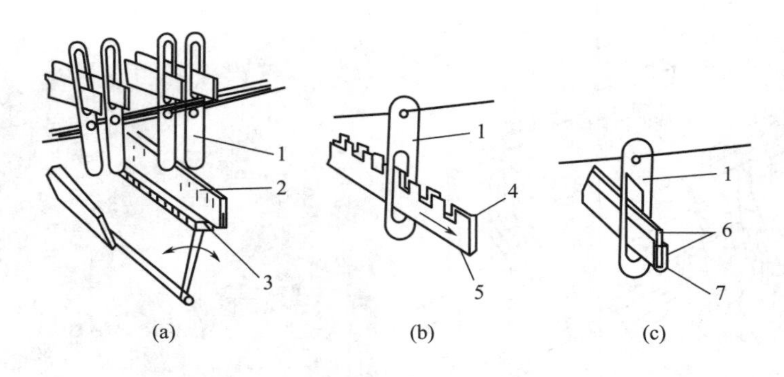

图 13-6-8　经停装置

1—停经片　2—刻齿棒　3—摆动齿杆　4—固定齿杆
5—滑动齿杆　6—电气触头　7—绝缘物

发停车，无梭织机上的断头自停装置如图 13-6-9 所示。丝织机因经丝脆弱，不耐摩擦，采用停经片易使经丝起毛或断头，所以使用经停装置的并不多。无停经片的经停装置，还处于研究阶段。

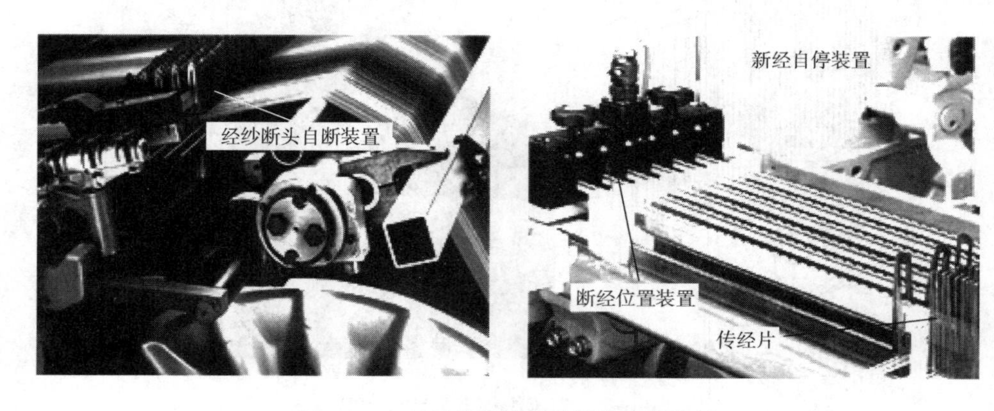

图 13-6-9　无梭织机上的断头自停装置

无论是机械式还是电气式经停装置，停车位置最好在综平位置，这时经纱张力小，便于工人处理断经。

思考练习

1. 简述储纬器的作用。
2. 分析织物为什么要有布边，对布边有何要求。

拓展练习

1. 探纬装置的分类及其应用。
2. 断经自停装置的分类及其应用。

项目 14　原布整理与织物质量

学习目标

1. 原布整理的任务与要求。
2. 织物整理的工艺与设备。
3. 织物常见疵点及其成因。
4. 织造质量控制指标。
5. 提出问题、分析归纳能力与总结表达能力。

重点难点

1. 织物常见疵点及其成因。
2. 织物质量控制指标。

任务 1　原布整理

学习目标

1. 了解原布整理的任务与要求。
2. 了解织物整理的工艺与设备、任务与要求。

相关知识

在织机上形成的织物卷于布辊上，到达一定长度（规定联匹长度）后，取下布辊送入整理车间进行检验、折叠、整修、定等和成包等，以供市场销售或印染厂加工，这一系列工作称为原布整理。

原布整理的任务包括以下几点。

（1）按国家标准和用户要求，保证出厂的产品质量和包装规格。

（2）在一定程度上消除产品疵点，提高质量。

（3）通过整理，找出影响质量的原因，便于分析追踪，并落实产生疵品的责任。

（4）测量织机和织布工人的产量。

原布整理的工艺过程根据织物的种类与要求的不同而不同，一般棉型织物的工序是验布、折布、定等、成包。一些疵点还可通过整修予以消除。对有特殊要求的织物还要在验布之后进行烘布或刷布，再行折叠成包。

对原布整理的要求如下。

（1）检验、评分和定等应力求准确，减少和避免漏验、错评、错定。

（2）计长正确，避免差错，成包合格。

（3）在有关标准的允许下，尽可能提高产品产量，但不应给用户和印染厂带来不利因素。

一、验布

验布的目的是按标准规定，逐匹检查织物的外观疵点并给予评分，并在布边做上各种标记。同时对部分小疵点，如拖纱、杂物织入等，在可能的条件下，予以清除。若遇上匹印、班印等，也在布边做标记，以便后工序掌握。验布的设备是验布机，如图 14-1-1 所示。

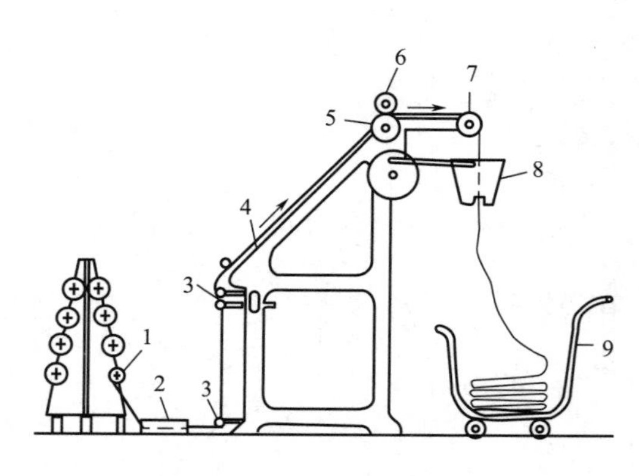

图 14-1-1　GA801 型验布机

1—布辊　2—踏板　3—导辊　4—验布台　5—拖布辊　6—压辊　7—导辊　8—摆布斗　9—运布车

用目光检验运动着的织物上的疵点，不仅影响视力、工效低，而且准确性很不稳定。传统人工验布时，验布工在 1h 小时内最多发现 200 个疵点，人工验布集中力最多维持 20～30min，超过这个时间会产生疲劳，验布速度仅为 5～20m/min，超过这个速度会出现漏验。

自 20 世纪 80 年代，国际上就开始研究电子自动验布机以取代人工验布，1987 年在巴黎展览会上展出了乌斯特 Visotex 自动验布机，在一些纺织厂得到应用。随着电子计算机技术、微电子技术的发展，自动验布机扩大了对各类疵点的识别能力，应用范围得到扩大。现代自动验布机主要功能体现在以下五个方面：

（1）原色布经过两个照射光源即反射光或传导光。光源类型的选择主要考虑织物密度、疵点种类及能指出纺织生产过程中发生疵点的环节。依据被检验织物的宽度，在光源上方放置 2~8 个专用 CCD 高清晰度在线摄像机。验布时，织物宽度为 110～440cm，摄像机对织物进行连续扫描检测，间距为 1m，可高清晰度检验通过的平面。

（2）对新的疵点，自动验布机具有对第 1m 织物初始认识阶段，记录储存疵点的外观，使织物通过自动识别程序。

（3）正常的检验速度为 120m/min 自动验布系统可对布面外观的局部问题进行检验和分析，判断是否属于疵点，根据判断分析结果，自动验布体系在布面上做出标记并进行分级。自动验布体系是由计算机终端控制系统控制工作的，特殊疵点的检验标准及分级依据均被记录、储存或由条形码的形式输出，由终端器进行报告。

（4）被检验出的疵点在荧光屏上生成即时显示报告，快捷简便。对发生频率高的疵点或很少发生的新的、特别的疵点，自动验布系统都能适应，给出直观显示、正确评定和纠正性的检验结果。

二、折布

折布是按规定的折幅折叠织物，并按班印标记测量计算织机和织布工人的下机产量。一般折幅的公称长度为 1m，考虑出厂后织物长度还会继续缩短，所以应适当加放，加放长度随品种等因素而定。折布是在折布机上进行，常用折布机如图 14-1-2 所示。

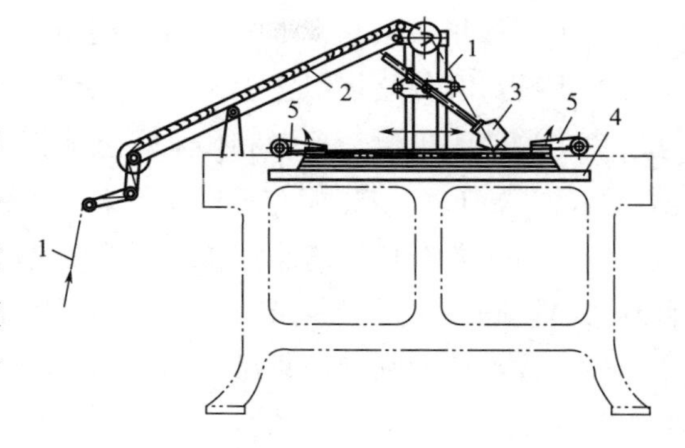

图 14-1-2　折布机

1—织物　2—导布板　3—折刀
4—折布台　5—压布针板

三、刷布和烘布

刷布的目的是除去织物上的棉结杂质，使织物表面光洁。一般市销布或出口布可根据需要，在出厂前经刷布处理，而需印染加工的坯布，一般不必刷布。

刷布是在刷布机上进行的，如图 14-1-3 所示。织物 1 受拖布辊 2 的牵引，经过几根导辊进入刷布箱 3；先经两根纱辊 4 和 5，再经四根毛刷辊 6~9。织物经过这些辊的磨刷，而把棉结杂质除去。织物与辊的包围角及相对速度应适当，若过度磨刷，将降低织物的强度。

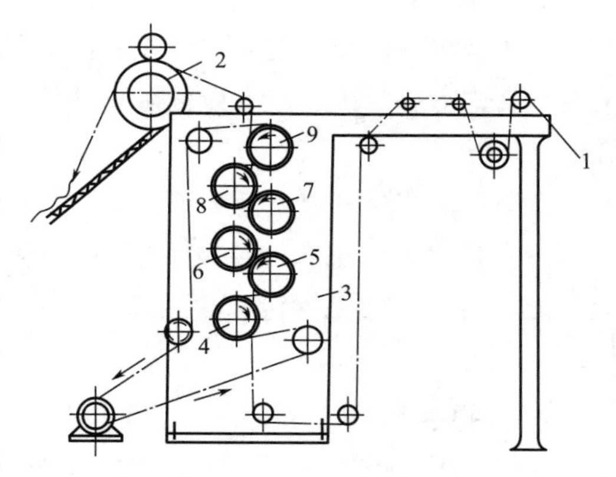

图 14-1-3　G321 型刷布机工艺过程

1—织物　2—拖布辊　3—刷布箱
4，5—纱辊　6，7，8，9—毛刷辊

为防止织物在潮湿环境或潮湿季节长期储存而发霉，可进行烘布处理。因烘布既费蒸汽又易使织物伸长。若储存期短或直接供印染厂加工，则不必烘布。

烘布机主要由两个烘筒构成，内通蒸汽，织物绕其表面被熨烫而烘干。烘布机一般与刷布机相连，刷布机与烘布机应置于验布机与折布机之间。

四、定等

1. 复验

复验是根据验布工在布边作的标记，逐匹检查其检验结果是否正确，最后决定该织疵的评分。

2. 定等

定等是根据布面疵点的评分数，按国家标准的分等规定，确定每匹织物的品等。定等工序由人工在布台上进行。

3. 开剪定修

开剪定修指按国家标准的开剪规定和修织洗范围，对某些织疵进行开剪，并确定应进行整修的织疵。开剪是将织物上某些织疵剪开或剪下，可以提高织物的质量和品等，更主要的是避免了这些织疵给消费者和印染厂造成损失。但是开剪之后，会将规定长度的整段布剪成不规则的零段布，给剪裁、销售和印染加工带来不便。为方便动及压布运印染连续加工，不在印染厂将零段布再行缝头连接。因为缝头不仅减少了布的长度，增加印染厂的工作量，而且缝头会影响印染质量。所以，对一些不影响印染加工的织疵可作假开剪处理，即假开剪织疵但暂不在织厂剪断，而是做上标记，待印染加工之后再行开剪。

4. 分类

分类是准确地按品种、品等、已开剪或未开剪、需整修或不需整修等差别分开，定点堆放，以便整修或成包。

五、整修

为了减少降等布，提高出厂织物的质量，在不影响使用牢度和印染加工的条件下，可对某些织疵进行修、织、洗，以消除这些织疵。国家标准对织物的修、织、洗范围和方法作了规定。

整修的内容包括以下几方面。

（1）修织补。如织补跳花、断经、更换粗经，修除粗竹节，刮匀小经缩等。

（2）洗涤。如洗油污、铁锈等。

六、打包

打包是织厂最后一道工序，凡作为商品销售的市销布或运往印染厂加工的坯布，均需进行打包。而对于织染联合厂，用绳捆紧即可。

国家标准对织物的成包方法作出规定，并规定需在包装外刷上厂名、商标、布名、规格、长度、日期等标志。供印染厂的坯布还需标明漂白坯、染色坯、印花坯等。

打包一般用油压打包机进行，有些还配有自动上包装置。

☞ 思考练习

简述原布整理的工艺流程。

☞ 拓展练习

1. 原布整理的任务和要求。
2. 原布整理的设备发展。

任务 2　织物质量

学习目标

1. 掌握织物常见疵点及其成因。
2. 了解织造质量控制指标。

相关知识

织物的质量包括多方面内容，如外观疵点、物理指标、棉结杂质、风格特征等，因此对织物的质量评价也应从多方面考虑，还要视织物的用途和种类而定。各类织物质量评价因素、方法、术语、标准差异颇大，本书仅从棉型本色织物出发，介绍织物质量的评价因素。

一、布面疵点

布面疵点简称织疵，是影响织物的质量、决定织物品等的主要因素。

织疵的种类很多，形成原因也是多方面的，有纺部责任，有织前准备责任，也有织造本身的责任，部分品种织疵成因百分比的综合分析见表 14-2-1。由表可以看出，根据织物品种和各厂的具体情况不同，三个部分造成织疵的比例不同。虽然织造本身造成的比例一般较大，但纺部所造成的比例也不少，有时甚至达 2/3 以上。因此，要提高织物的质量，不仅是织厂的任务，而是在形成织物的全过程的各工序、各环节的共同职责。纺织厂各工序、各环节的工作好坏，都将反映在织物质量上。因此应进行工序控制，防止本工序产生疵品，并防止疵品流入下工序，积极地防止织疵的产生。另一方面，整理车间检验所得的织疵也将通过信息反馈，进行质量追踪，找出形成该织疵的责任工序、机台和个人。这样不仅落实了责任，而且也有利于改进技术和工作方式，提高质量。

表 14-2-1　织疵的综合分析

品种	棉府绸	细平布	棉府绸	中平布	涤/棉府绸	丙/棉细平布	涤/腈中长平纹呢	黏胶中平布	涤/棉卡其
经/纬纱/tex	14.5/14.5	19.5/16	19.5/14.5	28/28	13.1/13.1	18.3/18.3	18.5×2/18.5×2	24.6/36.2	13.1×2/28
经密/纬密/[根·$(10cm)^{-1}$]	523.5/283	283/271.5	393.5/236	236/228	523.5/283	287/271.5	216.5/204.5	169/161	511.5/275.5
纺部疵点/%	31.3	65.1	38.8	33.5	28.7	74.3	70.8	45.0	39.0
织前准备疵点/%	3.2	1.25	4.0	4.0	15.0	1.9	1.7	0.8	9.0
织造疵点/%	65.5	33.7	57.2	62.5	56.3	23.8	27.5	54.2	52.0
织部合计/%	68.7	34.9	61.2	66.5	71.3	25.7	29.2	55.0	61.0

棉型织物的布面疵点分为四大类：经向明显疵点、纬向明显疵点、横档、严重疵点。

现对部分疵点及主要形成原因进行说明。

1. 部分经向明显疵点

（1）竹节。纱线上短片段粗节，由纺厂造成。

（2）粗经。直径偏粗，长 5cm 以上的经纱织入布内，由纺厂造成。

（3）断经。织物内经纱断缺。主要由织机断经自停不良所致，也与原纱和织轴质量、经纱太密等因素有关。

（4）断疵。经纱断头，纱尾织入布内。

（5）经缩。部分经纱受意外张力后而松弛等原因，使织物表面呈块状。轻度经缩称为经缩波纹，重度经缩称为经缩浪纹（属严重疵点类）。主要由织轴片纱张力不匀，梭口中有回丝、杂物纠缠和轧梭后处理不当等原因形成。

（6）跳纱。1~2 根纱线脱离组织跳过另一方向纱线 5 根以上。主要由开口不清、运动时间配合不当造成。

（7）星跳。一根纱线脱离组织跳过另一方向的纱线 2~4 根成星点状，原因同跳纱。

（8）结头。布面上结头密集影响后工序加工或外观。一般由轧梭轧断处理不当等造成。

（9）边撑疵。边撑或卷取刺辊不良将织物中纱线钩断或起毛。

（10）烂边。边组织内单断纬纱，一般由梭子不良或边经穿错与穿绞造成。

（11）拖纱。拖于布面或布边的纱头，由工人处理断经、断纬未及时剪去造成。

2. 部分纬向明显疵点

（1）双纬。单纬织物一梭口内有两根纬纱。

（2）脱纬。一梭口内有三根及以上纬纱或连续双纬，主要由纡子太松、投梭制梭不良和纬纱回潮率不足造成。

（3）百脚。斜纹、缎纹类织物，因缺纬造成的组织破坏（平纹缺一纬则成双纬）。这是由于织造时纬停不良、备纱和诱导不良造成的。

（4）纬缩。纬纱扭结织入布内或在布面起圈，这是由纬纱张力不足或投梭力不当所致。喷气引纬也容易出现这种疵点。

（5）云织。纬密不匀、稀密相间，并呈规律性的段稀段密现象，这是由于送经卷取不良造成的。

（6）毛边。因边剪不良等原因，纬纱不能正常带入织物内。

（7）条干不匀。多由纺厂造成。

（8）错纬。直径偏粗或偏细、捻度太大或太小的纬纱织入布内，多由纺厂造成。

3. 横档

（1）拆痕。拆布后布面上留下的起毛痕迹。

（2）稀纬。纬密少于工艺标准规定，由送经卷取故障、打纬部件磨损及开车操作不良造成。

（3）密路。纬密大干工艺标准规定，原因同稀纬。

4. 部分严重疵点

（1）破洞。3 根及以上经纬纱共断或单断（包括隔开 1～2 根好纱），经纬纱起圈高出布面 0.3cm，反面形似破洞。主要是因意外的机械故障或工人操作不慎造成。

（2）豁边。边组织内 3 根及以上经纬纱共断或单断经纱（包括隔开 1～2 根好纱），造成布边豁开。一般由梭子不良、开口装置不良所致。

（3）跳花。3 根及以上的经纬纱相互脱离组织（包括隔开一个完全组织）。一般由开口不清或三个主运动配合不良造成。

（4）稀弄。稀纬严重形成空档。

二、织物分等

各类织物的综合质量，可由其品等反映，而织物的品等是按国家标准评定。国家标准在执行一段时间后，常根据具体情况进行修订。各类织物的标准和评等方法也不一定相同。现行棉本色布标准（GB/T 406—2018）的主要分等规定如下：棉本色布的品等分为：优等品、一等品、二等品，低于二等品的为等外品。评等以匹为单位，织物组织、幅宽偏差率、布面疵点按匹评等，密度偏差率、单位面积无浆干燥质量偏差率、断裂强力偏差率、棉结杂质疵点格率、棉结疵点格率按批评等，以内在质量和外观质量中最低一项品等为该匹布的品等。

三、织物的质量

织物的质量包括多方面内容，仅按布面疵点、密度、强力等物理指标等因素而定出的品等并不能全面地反映织物的质量。即使是同一品种的一等品，各个织厂仍然存在许多明显的差异。由于国内外对织物质量提出了更高的要求和厂际之间同种产品的评比的需要，采用实物质量作为考评织物质量的另一种方法，更深入地反映了织物质量和纺织厂的技术管理水平。

织物的实物质量目前还没有确切的定义，各时期、各品种所指的内容也不一定相同。但都着眼于织物的外观，主要包括五个方面：纱线条干；棉结杂质；织物风格；布面平整程度；布边平直程度。其中以织物的风格最为重要。

这五项的检验评定方法：纱线条干用仪器检查原纱；棉结杂质用原纱黑板棉结杂质数和布面疵点格率检验；而织物风格、平整程度和布边则由评定人员感官鉴别评定。目前虽已研制了一些反映织物风格的仪器，但还存在一定的不足，并未推广使用。

1. 各类棉织物的风格要求

（1）平纹类。布面平整、丰满、条影浅短。

（2）府绸类。粒纹突出均匀，爽滑如绸，条影浅短。

（3）斜卡类。纹路清楚，匀、深、直。

（4）缎纹类。平滑匀整，富有光泽，质地柔软，有丝绸感。

（5）提花类：花形清晰均匀。

2. 棉织物对平整度的要求

一般织物均要求布面平整，提花织物要求地纹平整。

3. 对布边的要求

各种织物均要求布面平直光洁。

思考练习

1. 主要纬向、经向织疵有哪些?
2. 横档疵点包括哪些?
3. 简述织物的质量包括的内容。

拓展练习

分析织物常见的疵点，知道常见疵点的成因。

参考文献

[1] 罗建红．纺纱技术［M］．上海：东华大学出版社，2015.

[2] 上海纺织控股（集团）公司，《棉纺手册》（第三版）编委会．棉纺手册［M］．3版．北京：中国纺织出版社，2004.

[3] 任家智．纺纱原理［M］．北京：中国纺织出版社，2002.

[4] 杨锁庭．纺纱学［M］．北京：中国纺织出版社，2005.

[5] 刘国涛．现代棉纺技术基础［M］．北京：中国纺织出版社，2004.

[6] 郁崇文．纺纱工艺设计与质量控制［M］．北京：中国纺织出版社，2005.

[7] 史志陶．棉纺工程［M］．4版．北京：中国纺织出版社，2007.

[8] 孙卫国．纺纱技术［M］．北京：中国纺织出版社，2005.

[9] 常涛．多组分纱线工艺设计［M］．北京：中国纺织出版社，2012.

[10] 任秀芬，郝凤鸣．棉纺质量控制与产品设计［M］．北京：中国纺织出版社，1990.

[11] 薛少林．纺纱学［M］．西安：西北工业大学出版社，2002.

[12] 徐少范．棉纺质量控制［M］．北京：中国纺织出版社，2003.

[13] 顾菊英．纺纱工艺学［M］．北京：中国纺织出版社，1998.

[14] 于新安．纺织工艺学概论［M］．北京：中国纺织出版社，1998.

[15] 朱友名．棉纺新技术［M］．北京：中国纺织出版社，1992.

[16] 中国纺织大学棉纺教研室．棉纺学：下册［M］．北京：中国纺织出版社，1988.

[17] 中国纺织大学棉纺教研室．棉纺学：上册［M］．北京：中国纺织出版社，1988.

[18] 中国纺织总会教育部组织编写．棉纺工艺学：上册［M］．北京：中国纺织出版社，1998.

[19] 中国纺织总会教育部组织编写．棉纺工艺学：下册［M］．北京：中国纺织出版社，1998.

[20] 孙庆福．中国纺织机械选用指南［M］．北京：中国纺织出版社，1999.

[21] 梁平．机织技术［M］．上海：东华大学出版社，2017.

[22] 朱苏康，高卫东．机织学［M］．2版．北京：中国纺织出版社，2014.

[23] 吕百熙，梁平．机织概论［M］．3版．北京：中国纺织出版社，2011.

[24] 范雪荣，荣瑞萍，纪惠军．纺织浆料检测技术［M］．北京：中国纺织出版社，2007.

[25] 江南大学，无锡市纺织工程学会，《棉织手册》编委会．棉织手册［M］．3版．北京：中国纺织出版社，2006.

[26] 毛新华．纺织工艺与设备：下册［M］．北京：中国纺织出版社，2004.

[27] 周永元．纺织浆料学［M］．北京：中国纺织出版社，2004.

[28] 萧汉斌．新型浆纱设备与工艺［M］．北京：中国纺织出版社，2006.

[29] 荆妙蕾．织物结构与设计［M］．5版．北京：中国纺织出版社，2014.

[30] 梁平．机织技术［M］．上海：东华大学出版社，2017.

[31] 周惠煜．花式纱线开发与应用［M］．2版．北京：中国纺织出版社，2009.

[32] 肖丰．新型纺纱与花式纱线［M］．北京：中国纺织出版社，2008.

[33] 崔鸿钧．现代机织技术［M］．上海：东华大学出版社，2010.

[34] 黄柏龄，于新安．机织生产技术 700 问［M］．北京：中国纺织出版社，2007.
[35] 崔鸿钧．机织工艺［M］．上海：东华大学出版社，2014.
[36] 蔡永东．现代机织技术［M］．上海：东华大学出版社，2014.
[37] 郭兴峰．现代织造技术［M］．北京：中国纺织出版社，2004.
[38] 高卫东．机织工程：上册［M］．北京：中国纺织出版社，2014.
[39] 高卫东．机织工程：下册［M］．北京：中国纺织出版社，2014.
[40] 佟昀．机织试验与设备实训［M］．北京：中国纺织出版社，2008.
[41] 严鹤群，戴继光．喷气织机原理与使用［M］.2 版．北京：中国纺织出版社，2006.
[42] 张平国．喷气织机引纬原理与工艺［M］．北京：中国纺织出版社，2005.
[43] 萧汉滨．祖克浆纱机原理及使用［M］．北京：中国纺织出版社，1999.
[44] 陈元甫，洪海沧．剑杆织机原理与使用［M］.2 版．北京：中国纺织出版社，2005.
[45] 裘愉发，吕波．喷水织机原理与使用［M］．北京：中国纺织出版社，2008.
[46] 中国纺织工程学会.2012—2013 纺织科学技术学科发展报告［M］．北京：中国科学技术出版社，2014.
[47] 秦贞俊．紧密纺环锭纱的纺纱技术［J］．现代纺织技术，2002（2）：3-6.
[48] 秦贞俊．现代纺纱工程中的棉结问题探讨［J］．纺织科技进展，2006（1）：1-5.
[49] 刘荣清．棉纺异物检测清除机的现状分析［J］．上海纺织科技，2006（1）：12-14，18.
[50] 黄传宗.ZFA113 型单轴流开棉机电气设计的探讨［J］．纺织机械，2002（3）：18-20.
[51] 张新江.FA322 型高速并条机性能分析与生产实践［J］．纺织导报，2002（5）：7.
[52] 史志陶．梳棉机锡林盖板梳理区棉结产生机理的研究［J］．棉纺织技术，2004（8）：17-21.
[53] 吕恒正．棉精梳机顶梳梳理功能探讨［J］．棉纺织技术，2002（1）：20-24.
[54] 刘东升．亚麻 Codplus 棉混纺色纱的开发［J］．棉纺织技术，2010，38（5）：40-42.
[55] 费青．新型针布的梳理工艺特性分析［J］．棉纺织技术，2001（11）：649-634.
[56] 王婵娟．细络联发展方向与研发探讨［J］．纺织器材，2013（3）：114-118.
[57] 洪海沧．近期国产无梭织机的技术进步与展望［J］．棉纺织技术，2014（2）：26-31.
[58] 胡玉才．国内外新型自动络筒机发展综述［J］．现代纺织技术，2014，22（3）：52-56.
[59] 郭圈勇．整经张力控制要点［J］．棉纺织技术，2012，40（11）：3.
[60] 卢雨正，张建祥．泡沫上浆与经纱预湿协同工艺的浆纱效果［J］．纺织学报，2014，35（12）：5.